“十二五”高等职业教育能源类专业规划教材
国家示范性高等职业院校精品教材

太阳能风能电站远程监控技术

孙　兵　主　编
李金喜　梁海峰　副主编

中国铁道出版社
CHINA RAILWAY PUBLISHING HOUSE

内 容 简 介

本书立足于新能源的开发和利用，结合国内太阳能、风能发电及其监控技术的发展现状，以太阳能、风能电站远程监控技术为核心内容，全面系统地阐述了现代工业控制网络及其通信技术在太阳能、风能电站远程监控中的最新应用，包括基于 RS485 总线的太阳能电站远程监控系统设计、基于 CAN 总线的风能电站远程监控系统设计、户用风光互补电站远程监控系统设计、风光互补充电站远程监控系统设计、船用风光互补电站远程监控系统设计等内容。本书题材新颖，内容丰富，采用了针对项目化课程教学的全新体系结构，具有很强的实用性和可操作性。**本书配教学 PPT 课件，可登录 www.51eds.com 下载。**

本书适合作为高职院校新能源技术应用、电子信息、通信技术等专业的教材，也可供从事太阳能、风能发电技术研发、应用、推广和维护的工程技术人员及其他相关专业的学生参考。

图书在版编目(CIP)数据

太阳能风能电站远程监控技术/孙兵主编. —北京：
中国铁道出版社，2013.8
“十二五”高等职业教育能源类专业规划教材
ISBN 978-7-113-16618-2

Ⅰ.①太… Ⅱ.①孙… Ⅲ.①太阳能发电-电站-远程网络-计算机监控-高等职业教育-教材②风力发电-电站-远程网络-计算机监控-高等职业教育-教材
Ⅳ.①TM615-39②TM614-39

中国版本图书馆 CIP 数据核字(2013)第 159707 号

书　　名：太阳能风能电站远程监控技术
作　　者：孙　兵　主编

策　　划：吴　飞　　　　读者热线：400-668-0820
责任编辑：吴　飞　彭立辉
封面设计：付　巍
封面制作：白　雪
责任印制：李　佳

出版发行：中国铁道出版社(北京市西城区右安门西街 8 号　**邮政编码：**100054)
网　　址：http://www.51eds.com
印　　刷：北京海淀五色花印刷厂
版　　次：2013 年 8 月第 1 版　2013 年 8 月第 1 次印刷
开　　本：787mm×1092mm　1/16　**印张：**16　**字数：**434 千
印　　数：1～3000 册
书　　号：ISBN 978-7-113-16618-2
定　　价：32.00 元

前言

FOREWORD

能源、环境是当今人类生存和发展迫切需要解决的问题，当前不断增长的矿物燃料能源消耗所造成的环境污染和安全问题已经成为社会发展的突出矛盾，因此世界各国越来越重视可再生、洁净能源的开发和利用，将清洁能源的发展作为21世纪能源发展的基本选择。太阳能、风能作为一种重要的可再生能源，具有无污染、安全、储量丰富的特点，加大对太阳能、风能的开发和利用，有利于增加能源供应、保护环境、促进经济社会可持续发展。

太阳能、风能发电是对太阳能和风能进行有效开发利用的重要手段之一，得到了越来越多的推广和应用。由于太阳能、风能发电基站一般作为独立电源系统，应用在大电网覆盖不到的偏远地区，且运行时间较长，因此需要采用无人值守远程监控技术，对站内设备及其运行状况进行统一监测、管理和控制，与监控中心系统进行实时、有效的信息交换、信息共享，优化操作，从而保证供电系统安全、稳定、持续、可靠地运行。

太阳能、风能电站远程监控技术是一项系统、综合的新能源控制技术，涉及太阳能、风能发电技术、工业控制网络技术、嵌入式系统等多个专业和技术领域，从设计人员到实际操作人员，有许多急需解决的实用技术问题。为此，本书遵循以能力为本位、以职业实践为主线的编写原则，全面系统地介绍了远程监控技术在太阳能、风能电站控制中的应用，重点从监控方案设计、工程设计、安装、调试、运行等方面帮助读者掌握太阳能风能电站远程监控系统的设计方法与应用技术。本书具有以下特色：

(1) 在内容组织方面，以太阳能、风能电站远程监控系统的具体设计任务为主线，以设计工作过程为导向，通过设计不同的项目载体，将太阳能、风能电站远程监控技术所涉及的主要知识和技能融入各个项目的组织结构之中。内容选择上以“必需”与“够用”为度，对知识点进行有机整合，由浅入深，循序渐进，强调实用性、可操作性和可选择性。

(2) 在教学实施方面，将理论教学与技能训练有机结合，以精心设计的具体学习情境为平台，便于采用项目教学法完成理实一体化教学，通过教、学、做紧密结合，能够有效促进操作能力、设计能力和创新能力的培养和提高。

(3) 充分反映了目前太阳能、风能发电远程监控技术的最新发展与成果，使学生对新能源合理利用的相关控制和通信技术有较为全面深入的认识。

(4) 密切联系生产生活实际，各项目所针对的学习情境均有实际应用背景，能够真实反映远程监控技术在新能源利用领域的应用情况。

本书参考学时为48学时，各项目的参考学时分配如下：

序号	内 容	参考学时
1	项目一　基于 RS485 总线的太阳能电站远程监控系统设计	10
2	项目二　基于 CAN 总线的风能电站远程监控系统设计	10
3	项目三　户用风光互补电站远程监控系统设计	12
4	项目四　风光互补电站远程监控系统设计	8
5	项目五　船用风光互补电站远程监控系统设计	8

本书由南通纺织职业技术学院孙兵任主编，李金喜、梁海峰任副主编。具体编写分工：孙兵编写项目一～项目三，李金喜编写项目四，梁海峰编写项目五。全书由孙兵负责统稿工作。

本书在编写过程中，引入了南通纺织职业技术学院的相关科研成果，并得到了北京凌阳爱普科技有限公司的大力支持和帮助，在此表示衷心的感谢。

由于时间仓促，编者水平有限，书中疏漏和不妥之处在所难免，敬请广大读者批评指正。

编　者

2013 年 3 月

CONTENTS

目 录

项目一 基于RS485总线的太阳能电站远程监控系统设计

太阳能光伏发电技术是根据光生伏打效应原理制成的将太阳能转化为电能的发电技术，具有不消耗化石燃料、电能就地产生不需长距离输送、没有环境污染、可靠性高、寿命长、安全性能好、适合分散供电、扩充能量方便、与其他电源系统兼容和储能比较方便等优点。

如图1-1所示，太阳能光伏发电技术广泛应用于偏僻山区、无电区、海岛、通信基站和路灯等应用场所。离网型太阳能电站由一个个分散的小型发电系统组成，其建设不仅需要相关理论的指导设计和配套设备，更需要将这些分散的能源系统进行集中调度管理，以达到有效使用的目的。太阳能电站系统运行状态的实时监控技术已经成为光伏发电技术推广应用的关键技术之一。

图1-1　太阳能电站的应用

本项目所涉及的太阳能电站远程监控系统，借助于现有的RS485工业控制网络总线，可对太阳能电站的运行状况进行实时监测和控制，使太阳能电站无须人员值守，减少人为干扰，节省人力，降低维护费用，实现智能监测。同时，对太阳能电站的实时监控，还可以获得各方面的原始测量数据，为系统的改进与优化以及科学研究提供参考依据。远程监控由于没有人为干扰因素，所获得的数据资料是最原始、最准确的，同时也是最方便和快捷的方式。因此，只有理解和掌握太阳能电站远程监控技术，才能进一步提高光伏发电技术推广和应用的水平。

项目描述

对离网型太阳能电站的运行状态进行远程监控，实时了解外界环境参数（如环境温度、日照光强等）以及太阳能电站的运行参数（光伏阵列电压、蓄电池电压、蓄电池充电电流等），并能在蓄电池电压过低的情况下切断对相关负载的供电。

项目目标

（1）选取合适的传感器与执行元器件，使其能够实现对太阳能电池板组件的运行状态进行数据采集与控制。

（2）选取合适的通信方法，能够将太阳能电池板组件中各种运行状态数据发送到工业智能监控触摸屏中，并通过触摸屏人机界面进行显示。同时，还能通过触摸屏人机界面发送控制命令，实现对太阳能电站运行的实时控制。

项目分析

一、项目分解

（1）了解离网型太阳能电站的组成及工作原理。根据离网型太阳能电站的组成确定监控对象，根据工作原理确定监控方案。

（2）明确离网型太阳能电站的监控对象。围绕离网型太阳能电站的工作过程确定各种相关的检测和控制对象。

（3）设计离网型太阳能电站远程监控总体方案。基于RS485总线网络设计和构建离网型太阳能电站远程监控系统。

（4）离网型太阳能电站数据检测与控制硬件电路设计。

➢ 相关传感器结点电路设计；

➢ RS485总线终端结点电路设计；

➢ RS485总线网络硬件系统连接与调试。

（5）离网型太阳能电站控制软件程序设计。

➢ 相关传感器结点程序设计；

➢ RS485总线终端结点通信设置；

➢ 触摸屏人机界面设计。

（4）触摸屏与RS485总线网络中各终端结点的通信调试。

二、系统参数设置

设计太阳能电站，首先应该明确负载的有关指标，然后才能进一步确定太阳能电池和蓄电池的容量。在本项目中，拟定负载的有关指标如下：

（1）工作电压：48 V；

（2）工作电流：3 A；

（3）工作方式：24 h连续供电，在连续7天阴雨天的情况下照常供电；

（4）功耗＝工作电压×工作电流×供电时间＝48 V×3 A×24 h＝3.456 kW·h。

本项目中，光伏阵列共计使用32块太阳能电池组件，每块组件的发电功率为35 W，工作电压为16.5 V，最大工作电流2.12 A。由于电站系统的电压为48 V。考虑到蓄电池正常工作时其端电压允许波动范围在36～72 V之间，所以光电阵列采用4块串联，然后8组并联的连接方式发电总功率为1.12 kW。其中，每两串光电组件组成一个子阵列，由一个电子开关控制，这样，整个光电阵列就由4个分别受电子开关控制的阵列组成，如图1-2所示。

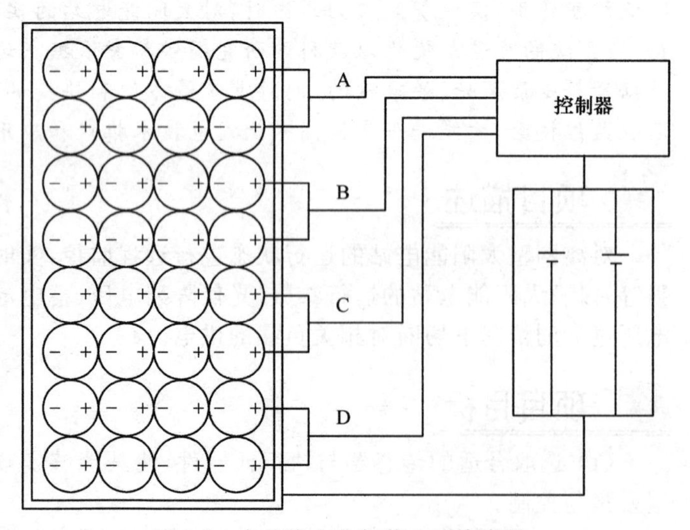

图1-2 太阳能电池与蓄电池接线图

相关知识

一、离网型太阳能电站工作原理

离网型太阳能电站系统一般由太阳能电池组件组成的光伏方阵(太阳能板)、太阳能充放电控制器、蓄电池组、离网型逆变器、直流负载和交流负载等构成,如图 1-3 所示。光伏方阵在有光照的情况下将太阳能转换为电能,通过太阳能充放电控制器给负载供电,同时给蓄电池组充电;在无光照时,通过太阳能充放电控制器由蓄电池组给直流负载供电,同时蓄电池还要直接给独立逆变器供电,通过独立逆变器逆变成交流电,给交流负载供电。

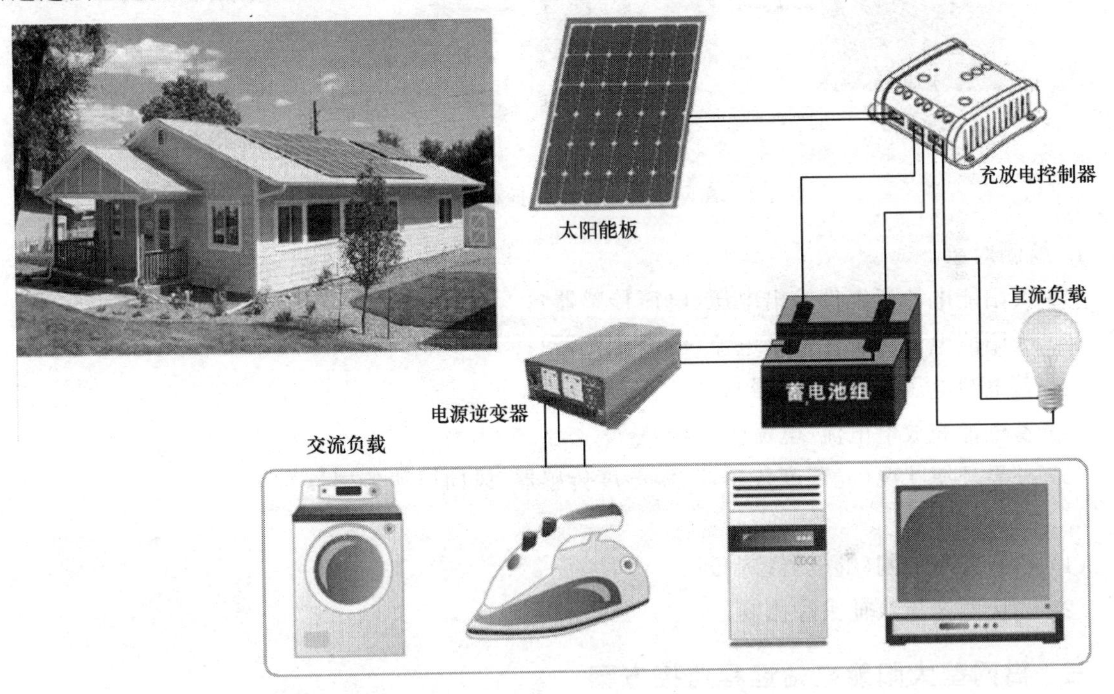

图 1-3　离网型太阳能电站远程监控系统的组成

(1) 太阳能电池组件:它是太阳能供电系统中的主要部分,也是太阳能供电系统中价值最高的部件,其作用是将太阳的辐射能量转换为直流电能。

(2) 太阳能充放电控制器:也称“光伏控制器”,其作用是对太阳能电池组件所发的电能进行调节和控制,最大限度地对蓄电池进行充电,并对蓄电池起到充电保护、放电保护的作用。在温差较大的地方,光伏控制器应具备温度补偿的功能。

(3) 蓄电池组:其主要任务是储能,以便在夜间或阴雨天保证负载用电。

(4) 离网型逆变器:它是离网发电系统的核心部件,负责把直流电转换为交流电,供交流负荷使用。为了提高光伏发电系统的整体性能,保证电站的长期稳定运行,逆变器的性能指标非常重要。

二、离网型太阳能电站远程监控对象

如图 1-4 所示,本项目中的离网型太阳能电站远程监控系统由光伏组件、控制器、数据采集装

置、总线网络、显示终端等部分组成。

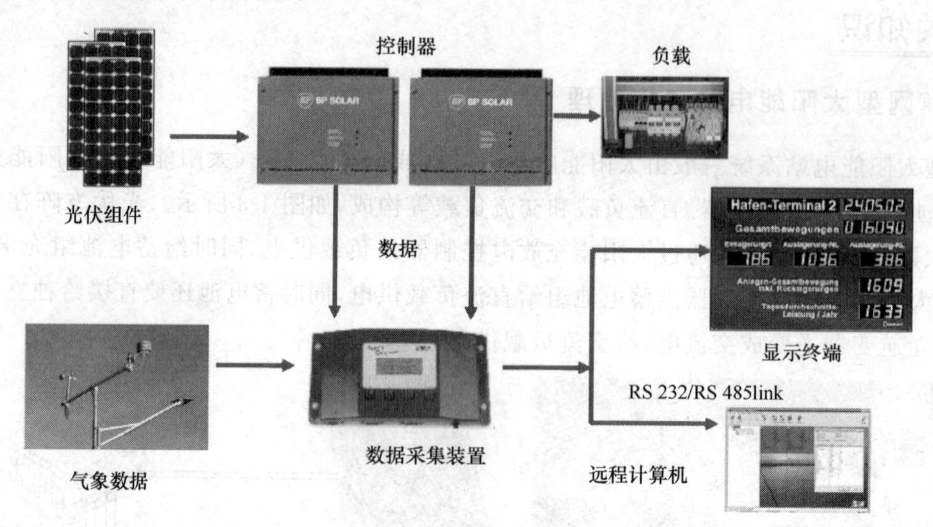

图 1-4　离网型太阳能电站远程监控系统的组成

1. 检测对象

(1) 太阳能电池板组件输出电压(电压传感器);

(2) 太阳能电池板组件输出电流(电流传感器);

(3) 蓄电池电压(电压传感器);

(4) 蓄电池充放电电流(电流传感器);

(5) 外界环境状况(光照度传感器、温湿度传感器、风向风速传感器)。

2. 控制对象

(1) 负载通断控制(继电器控制);

(2) 光伏电池板双轴跟踪控制。

三、离网型太阳能电站远程监控方案

离网型太阳能电站远程监控系统网络拓扑如图 1-5 所示,通过 RS485 总线在监控网络中进行数据通信。触摸屏控制部分作为 RS485 总线网络的主机,从机结点一方面包括与光伏发电相关的太阳能电池板电压传感器结点、太阳能电池板电流传感器结点、蓄电池电压传感器结点、蓄电池电流传感器结点等;另一方面包括与环境监测相关的光照度传感器、温度传感器、湿度传感器、风向传感器、风速传感器等。

四、RS485 总线通信网络结构与通信原理

1. RS485 简介

智能仪表是随着 20 世纪 80 年代初单片机技术的成熟而发展起来的,现在世界仪表市场基本被智能仪表所垄断。究其原因就是企业信息化的需要,企业在仪表选型时,其中的一个必要条件就是要具有联网通信接口。最初是数据模拟信号输出简单过程量,后来仪表接口是 RS232 接口,这种接口可以实现点对点的通信方式,但这种方式不能实现联网功能。随后出现的 RS485 解决了这个问题。

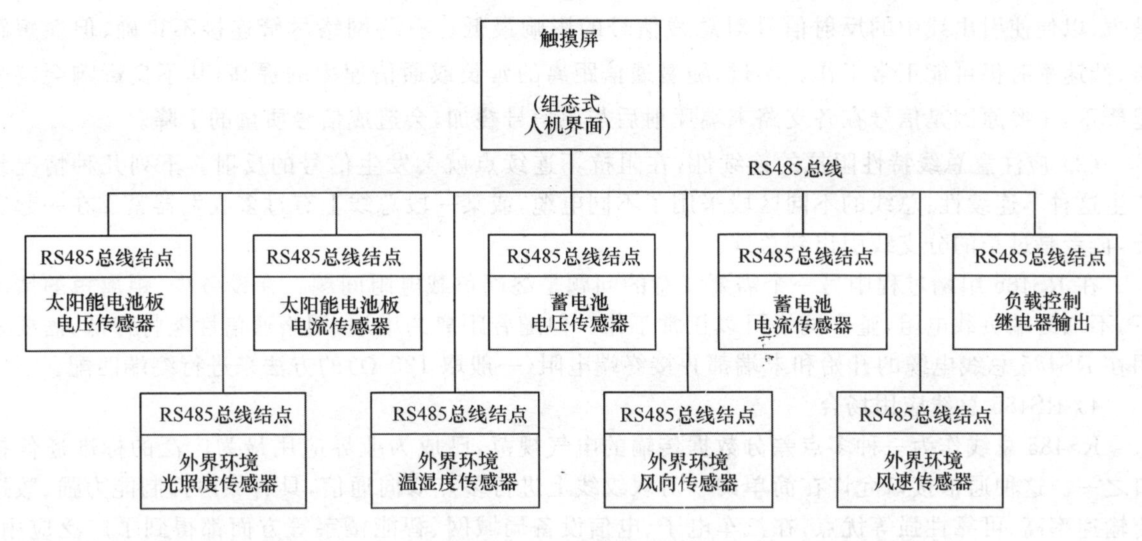

图 1-5　RS485 总线网络拓扑图

1）RS485 数据

RS485 采用差分信号负逻辑，＋2～＋6 V 表示“0”，－6 V～－2 V 表示“1”。RS485 有两线制和四线制两种接线方式，四线制只能实现点对点的通信方式，采用较多的是两线制接线方式，这种接线方式为总线式拓扑结构，在同一总线上最多可以挂接 32 个通信结点。在 RS485 通信网络中一般采用的是主从通信方式，即一个主机带多个从机。很多情况下，连接 RS485 通信链路时只需简单地用一对双绞线将各个接口的“A”“B”端连接起来即可。

由于 PC 大多带有 RS232 接口，所以有两种方法可以将 PC 作为上位机接入 RS485 总线网络之中。一是通过“RS232/RS485 转换电路”将 PC 串口 RS232 信号转换成 RS485 信号，对于情况比较复杂的工业环境最好选用防浪涌带隔离的产品；二是通过 PCI 多串口卡，可以直接选用输出信号为 RS485 类型的扩展卡。

2）RS485 电缆

在低速、短距离、无干扰的场合可以采用普通的双绞线。反之，在高速、长线传输时，则必须采用阻抗匹配(一般为 120 Ω)的 RS485 专用电缆(STP-120 Ω)，而在恶劣的环境下还应采用铠装型双绞屏蔽电缆(ASTP-120Ω)。在使用 RS485 接口时，对于特定的传输线路，从 RS485 接口到负载，其数据信号传输所允许的最大电缆长度与信号传输的波特率成反比，这个长度数据主要是受信号失真及噪声等影响。理论上，通信速率在 100kbit/s 及以下时，RS485 的最长传输距离可达 1 200 m，但在实际应用中传输的距离也因芯片及电缆的传输特性而有所差异。在传输过程中可以采用增加中继的方法对信号进行放大，最多可以加 8 个中继，也就是说理论上 RS485 的最大传输距离可达到 9.6 km。如果还需要更长距离传输，可以采用光纤为传播介质，收发两端各加一个光电转换器，传输距离可达 50 km。

3）RS485 布网

网络拓扑一般采用终端匹配的总线型结构，不支持环形或星形网络。在构建网络时，应注意如下几点：

(1) 采用一条双绞线电缆作总线，将各个结点串接起来，从总线到每个结点的引出线长度应尽量短,以便使引出线中的反射信号对总线信号的影响最低。有些网络尽管连接不正确,但在短距离、低速率时仍可能正常工作。不过,随着通信距离的延长或通信速率的提高,其不良影响会越来越严重,主要原因是信号在各支路末端反射后与原信号叠加,会造成信号质量的下降。

(2) 应注意总线特性阻抗的连续性,在阻抗不连续点就会发生信号的反射。下列几种情况易产生这种不连续性:总线的不同区段采用了不同电缆,或某一段总线上有过多收发器紧靠在一起安装,再者是过长的分支线引出到总线。

在 RS485 组网过程中另一个需要注意的问题是终端负载电阻问题。在设备少、距离短的情况下,不加终端负载电阻,整个网络可以正常工作。但随着距离的增加,网络通信性能将降低,需要采用在 RS485 总线电缆的开始和末端都并接终端电阻(一般取 120 Ω)的方法来进行终端匹配。

4) RS485 总线应用场合

RS485 总线作为一种多点差分数据传输的电气规范,已成为业界应用最为广泛的标准通信接口之一。这种通信接口允许在简单的一对双绞线上进行多点双向通信,具有噪声抑制能力强、数据传输速率高、可靠性强等优点,在汽车电子、电信设备局域网、智能楼宇等方面都得到了广泛应用。这项标准得到广泛接受的另外一个原因是它的通用性,RS485 标准只对接口的电气特性做出规定,而不涉及接插件电缆或协议,在此基础上用户可以建立自己的高层通信协议,如 ModBus 协议。

5) RS485 总线电气性能

RS485 总线电气性能如表 1-1 所示。

表 1-1　RS485 总线电气性能

性能指标	RS485 总线
工作模式	差分传输(平衡传输)
允许的收发器数目	32(受芯片驱动能力限制)
最大电缆长度	1 219 m
最高数据速率	10 Mbit/s
最小驱动输出电压范围	±1.5 V
最大驱动输出电压范围	±5 V
最大输出短路电流	250 mA
最大输入电流	1.0 mA
驱动器输出阻抗	54 Ω
输入端电容	≤50 pF
接收器输入灵敏度	±200 mV
接收器最小输入阻抗	12 kΩ
接收器输入电压范围	−7～+12 V
接收器输出逻辑高	>200 mV
接收器输出逻辑低	<200 mV

6) RS485 总线的不足之处

(1) RS485 总线的通信容量较少,理论上最多仅容许接入 32 个设备,不适合以楼宇为结点的多用户容量要求。

(2) RS485 总线的通信速率低,常用传输速率为 9 600 bit/s,而且其速率与通信距离有直接关系,当达到数百米以上通信距离时,其可靠通信速率小于 1 200 bit/s。

(3) RS485 总线构成的网络只能采用串行布线,不能构成星形等任意分支,串行布线有时会对实际布线设计及施工造成难度，不遵循串行布线规则又将大大降低通信的稳定性。

（4）RS485总线通常不带隔离，当网络上某一结点出现故障时会导致系统整体或局部瘫痪，而且又难以判断其故障位置。

（5）RS485总线采用主机轮询方式，存在通信吞吐量较低的弊端，不适用于通信量要求较大的场合。

2. RS485接口电路

1）RS485接口规范

按照RS485标准的定义，RS485是用于DTE（Data Terminal Equipment，数据终端设备）与DCE（Data Circuit-terminating Equipment，数据电路端接设备）之间的一种接口标准。其中，DTE一般是一个I/O设备或一台计算机，只要具备一定的数据处理、发送、接收能力即可；而DCE的典型代表是Modem，要求有信号交换和编码能力。DTE与DCE之间的关系协议就是物理接口协议。

RS485接口属于OSI参考模型物理层的范畴，而物理层作为该参考模型的最底层，是各种总线的基础，所以这也为将来系统的升级提供了物理设备条件。下面将具体介绍RS485的接口规范。

（1）机械特性：RS485接口规范一般使用DB9连接器（针或孔）。在DCE设备上采用孔式结构，在DTE设备上则采用针形结构。需要注意的是，针形或孔形结构的引脚排列是不一样的，使用或设计电路板时需要特别注意。

（2）电气特性：DTE/DCE接口标准的电气特性主要规定的是发送端与接收端的信号电平、负载容限、传输速率以及传输距离等相关内容。RS485接口标准的接收端和发送端都采用如图1-6所示的平衡传输方式。

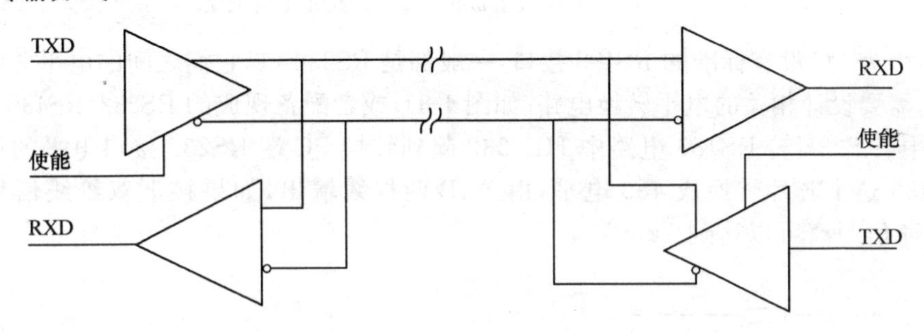

图1-6　RS485平衡传输方式

（3）功能特性：RS485接口的功能特性主要是对其采用的DB9连接器引脚进行定义或规定。虽然标准的DB9连接器有9根信号线，但是RS485接口一般并没有完全使用。例如，常采用的二线制方式就只使用了其中的TXD和RXD两根线，采用双绞线或者同轴电缆进行连接即可。

2）RS485多机通信系统

图1-7所示为PC与单片机组成的RS485多机通信系统。其中，PC就是DTE，单片机就是DCE。

PC与单片机之间的通信关系是按照以下步骤建立的：

（1）PC发送带有地址的命令，所有的单片机接收到地址后，都要查看是否是自己的地址码，若不是，则不予理睬；若发送的地址码和自己的地址码相同，则开始接收程序。

（2）PC发送完地址命令之后，则开始进入接收状态，等待单片机的回应。当收到正确的回应之后，则确立通信关系。

（3）PC根据需要向已确定的单片机发送命令或数据，并等待接收单片机传送回来的数据。在

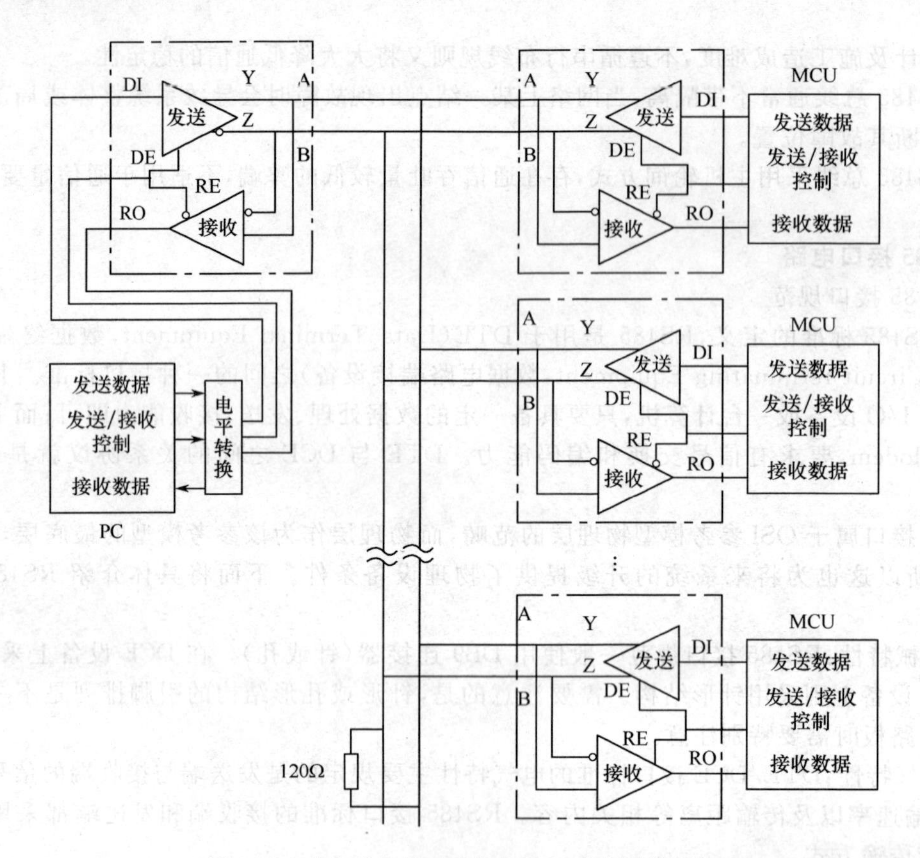

图 1-7　PC 与单片机组成的 RS485 多机通信网络

电平转换部分，因为 PC 没有标准的 RS485 接口，一般都是 RS232 口，它们之间的电平并不相同，所以为了能够通信，需要设计相关的电平转换电路（如图 1-8），或者配备现成的 RS232/RS485 转换器。

在图 1-8 中，RS232 转 RS485 电路中 HIN232 起到转换 PC 端 RS232 接口电平的作用，然后把信号由 MAX485 这个芯片转换成 485 电平，由 A、B 两根线输出，如果接上双绞线信号，RS485 总线接口的信号通信距离可以达到 1km。

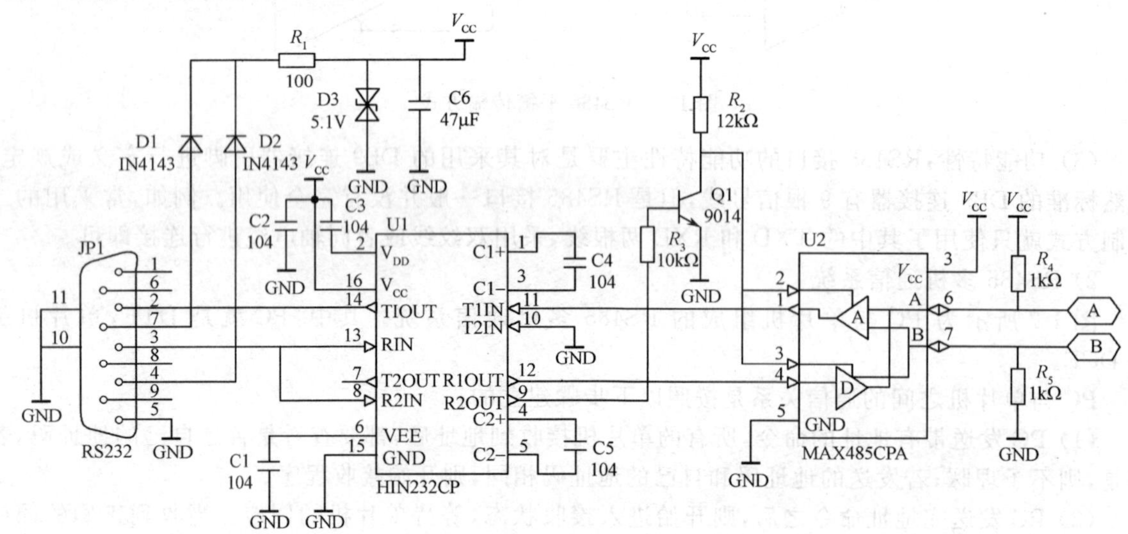

图 1-8　PC RS485/RS232 电平转换电路

3. RS485 通信协议

RS485 标准只对接口的电气特性做出了规定，并未涉及接插件、电缆或协议。因此，用户需要在 RS485 应用网络的基础上建立自己的应用层通信协议。

由于 RS485 标准是基于 PC 的 UART 芯片上的处理方式，因此，其通信协议也规定了串行数据单元的格式（8－N－1 格式）：1 位逻辑 0 的起始位、6/7/8 位数据位、1 位可选择的奇/偶校验位、1/2 位逻辑 1 的停止位。

目前，RS485 总线虽然有着较为广泛的应用，但通信协议却并不完全统一。很多具有 RS485 接口电路的用户设备采用自己制定的简单通信协议，或是直接采用 ModBus 协议（ASCII/RTU 模式）中的一部分功能。在一些专用领域，还设计有专门的通信规约。例如，在电力通信领域，我国现行的行业标准中，颁布有按设备分类的各种通信规约 CDT、SC-1801、u4F、DNP3.0 等；在电表应用中，国内大多数厂商采用多功能电能表通信规约（DL/T 645—2007）。

下面将分别对 ModBus 协议、多功能电能表通信规约（DL/T 645—2007）进行简单介绍，便于对应用层通信协议有一个基本的概念与理解。

4. ModBus 协议

1）ModBus 协议简介

ModBus 协议是应用于电子控制器上的一种通用语言。通过此协议，控制器相互之间、控制器经由网络（例如以太网）和其他设备之间可以进行通信。ModBus 协议已经成为一种通用工业标准，不同厂商生产的控制设备通过 ModBus 协议可以连成工业网络，进行集中监控。

ModBus 协议定义了一个控制器能认识使用的消息结构，而不管它们是经过何种网络进行通信的。它描述了控制器请求访问其他设备的过程，如何回应来自其他设备的请求，以及怎样侦测错误并记录，它还规定了消息域格局以及内容的公共格式。

采用 ModBus 协议通信时，该协议决定了每个控制器需要知道的设备地址，识别按地址发来的消息，决定要产生何种行动。如果需要回应，控制器将生成反馈信息并用 ModBus 协议发出。在其他网络上，包含了 ModBus 协议的消息转换为在此网络上使用的帧或包结构。这种转换也扩展了根据具体的网络解决结点地址、路由路径及错误检测的方法。

标准的 ModBus 接口使用 RS232C 兼容串行接口，它定义了连接口的针脚、电缆、信号位、传输波特率、奇偶校验。控制器能直接或经由 Modem 组网，使用主-从通信技术，即仅主设备能初始化传输（查询），其他设备（从设备）根据主设备查询提供的数据作出相应反应。典型的主设备如主机或可编程仪表，典型的从设备如可编程控制器。

主设备可单独与从设备通信，也能以广播方式和所有从设备通信。如果单独通信，从设备返回一消息作为回应；如果是以广播方式查询的，则不作任何回应。ModBus 协议建立了主设备查询的格式：设备（或广播）地址、功能代码、所有要发送的数据、错误检测域。

从设备回应消息也由 ModBus 协议构成，包括确认要行动的域、任何要返回的数据、错误检测域。如果在消息接收过程中发生错误，或从设备不能执行其命令，从设备将建立错误消息并把它作为回应发送出去。

2）ModBus 通信模式

控制器可使用 ASCII 或 RTU 通信模式在标准 ModBus 上通信。在配置每台控制器时，用户须选择通信模式以及串行口的通信参数（波特率、奇偶校验等），它定义了总线上串行传输信息区的“位”的含义，决定信息打包及解码方法，在 ModBus 总线上的所有设备应具有相同的通信模式和串行通信参数。

（1）ASCII 模式：当控制器以 ASCII 模式在 ModBus 总线上进行通信时，一个信息中的每 8 位字节作为 2 个 ASCII 字符传输，这种模式的主要优点是允许字符之间的时间间隔长达 1 s，也不会出现错误。

ASCII码每个字节的格式如下：

① 编码系统：十六进制，ASCII字符0～9、A～F等；

② 数据位：1个起始位、7位数据(低位先送)、奇/偶校验位1位(无奇偶校验时0位)、(LRC)带校验时1位停止位(无校验时2位停止位)；

③ 错误校验区：纵向冗余校验。

(2) RTU模式：控制器以RTU模式在ModBus总线上进行通信时，信息中的每8位字节分成2个4位十六进制的字符，该模式的主要优点是在相同波特率下传输的字符密度高于ASCII模式，每个信息必须连续传输。

RTU模式中每个字节的格式如下：

① 编码系统：8位二进制，十六进制0～9、A～F；

② 数据位：1个起始位、8位数据(低位先送)、奇/偶校验位1位(无奇偶校验时0位)、停止位1位(无校验时2位停止位)；

③ 错误校验区：循环冗余校验(CRC)。

3) ModBus信息帧

无论是ASCII模式还是RTU模式，ModBus信息都以帧的方式传输，每帧有确定的起始点和结束点，使接收设备在信息的起点开始读地址，并确定要寻址的设备(广播时对全部设备)，以及信息传输的结束时间。

(1) ASCII帧：在ASCII模式中，以“:”号(ASCII码3AH)表示信息开始，以回车和换行(CR、LF)(ASCII码ODH和OAH)表示信息结束。允许发送的字符为十六进制字符0～9、A～F。当网络中的设备连续检测并接收到一个冒号“:”时，各台设备对地址区解码，找出要寻址的设备。字符之间的最大间隔为1 s，若大于1 s，则接收设备认为出现了一个错误。

典型的信息帧格式如下：

开始	地址	功能	数据	纵向冗余检查	结束
1字符	2字符	2字符	*n*字符	2字符	2字符

(2)RTU帧：RTU模式下的信息帧格式如下：

开始	地址	功能	数据	校验	结束
T1－T2－T3－T4	8位	8位	*N*×8位	16位	T1－T2－T3－T4

其中，信息开始至少需要有3.5个字符的静止时间，依据使用的波特率，很容易计算这个静止的时间(T1－T2－T3－T4)，接下来的一个区的数据为设备地址。各个区允许发送的字符均为十六进制的0～9、A～F。

网络上的设备连续监测网络上的信息，包括静止时间。当接收第一个地址数据时，每台设备立即对它解码，以决定是否是自己的地址。发送完最后一个字符后，也有3.5个字符的静止时间，然后才能发送一个新的信息。整个信息必须连续发送。

(3) 地址设置：信息地址包括2个字符(ASCII)或8位(RTU)，有效的从机设备地址范围为：0～247(十进制)，各从机设备的寻址范围为1～247。主机把从机地址放入信息帧的地址区，并向从机寻址。从机响应时，把自己的地址放入响应信息的地址区，让主机识别已作出响应的从机地址。地址0为广播地址，所有从机均能识别。

(4) 功能码设置：信息帧功能代码包括8位字符(ASCII或RTU)，有效码范围1～225(十进制)。当主机向从机发送信息时，功能代码向从机说明应执行的动作。如读一组离散式线圈或输入信号的ON/OFF状态，读一组寄存器的数据，读从机的诊断状态，写线圈(或寄存器)，允许下载、记录、确认从机内的程序等。当从机响应主机时，功能代码可说明从机正常响应或出现错误(即不正常响应)。正常响应时，从机简单返回原始功能代码；不正常响应时，从机返回与原始代码相等效的一个码，并把最高有效位设置为“1”。

例如，主机要求从机读一组保持寄存器数据时，则发送信息的功能码为：

0000 0011(十六进制 03H)

若从机正确接收请求的动作信息，则返回相同的代码值作为正常响应。发现错时，则返回一个不正常的响应信息：

1000 0011(十六进制 83H)

主机设备的应用程序负责处理不正常响应，典型处理过程是主机把对信息的测试和诊断送给从机，并通知操作者。

(5) 数据区的内容：数据区有 2 个十六进制的数据位，数据范围为 00～FF(十六进制)，根据网络串行传输的方式，数据区可由一对 ASCII 字符组成或由一个 RTU 字符组成。

主机向从机设备发送的信息数据中包含了从机执行主机功能代码中规定的请求动作，如寄存器地址、处理对象的数目，以及实际的数据字节数等。

例如，若主机请求从机读一组寄存器，则功能代码为 03H，该数据规定了寄存器的起始地址，以及寄存器的数量。又如，主机要在一从机中写一组寄存器，则功能代码为 10H，该数据区规定了要写入寄存区的起始地址、寄存器的数量、数据的字节数，以及要写入到寄存器的数据。

若无错误出现，从机向主机的响应信息中包含了请求数据，若有错误出现，则数据中有一个不正常代码，使主机能判断并作出下一步的动作。

数据区的长度可为“零”，以表示某类信息。例如，主机要求一从机响应它的通信事件记录(功能代码为 0BH)。此时，从机不需要其他附加的信息，功能代码只规定了该动作。

(6) 错误校验：标准 ModBus 总线有两类错误检查方法，错误检查区的内容按使用的错误检查方法填写。

➢ ASCII：使用 ASCII 方式时，错误校验码为 2 个 ASCII 字符，错误校验字符是 LRC 校验结果。校验时，起始符为冒号(:)，结束符为回车和换行(CR、LF)字符。

➢ RTU：使用 RTU 方式时，错误校验码为一个 16 位的值，2 个 8 位字节。错误校验值是对信息内容执行 CRC 校验结果。CRC 校验信息帧是最后的一个数据，得到的校验码先送低位字节，后送高位字节，所以 CRC 码的高位字节是最后被传送的信息。

在标准的 ModBus 上传送的信息中，每个字符或字节，按由左向右的次序传送最低有效位(LSB)和最高有效位(MSB)。

ASCII 数据帧位序如图 1-9 所示。

带奇偶校验									
Start	1	2	3	4	5	6	7	Par	Stop
无奇偶校验									
Start	1	2	3	4	5	6	7	Stop	Stop

图 1-9　ASCII 数据帧位序图

RTU 数据帧位序如图 1-10 所示。

4) 错误校验方法

(1) 奇偶校验：用户可设置奇偶校验或无校验，以此决定每个字符发送时的奇偶校验位的状态。无论是奇或偶校验，均会计算每个字符数据中值为“1”的位数，并根据“1”的位数值(奇数或偶数)来设置为“0”或“1”。

带奇偶校验										
Start	1	2	3	4	5	6	7	8	Par	Stop
无奇偶校验										
Start	1	2	3	4	5	6	7	8	Stop	Stop

图 1-10　RTU 数据帧位序图

发送信息时，计算奇偶位，并加到数据帧中，接收设备统计位值为“1”的数量，若与该设备要求的不一致会产生一个错误。

在 ModBus 总线上的所有设备必须采用相同的奇偶校验方式。

注意：奇偶校验只能检测到数据帧在传输过程中丢失奇数“位”时才产生的错误。如果采用奇数校验方式，一个包含 3 个“1”位的数据丢失 2 个“1”位时，其结果仍然是奇数。若无奇偶校验方式，传输中不作实际的校验，应附加一个停止位。

(2) LRC 校验：ASCII 方式时，数据中包含错误校验码，采用 LRC 校验方法时，LRC 校验信息以冒号“:”开始，以 CRLF 字符作为结束。它忽略了单个字符数据的奇偶校验方法。

LRC 校验码为 1 个字节，8 位二进制值，由发送设备计算 LRC 值。接收设备在接收信息时计算 LRC 校验码，并与收到的 LRC 的实际位进行比较，若二者不一致，亦产生一个错误。

(3) CRC 校验：RTU 方式时，采用 CRC 方法计算错误校验码，CRC 校验传送的全部数据。它忽略信息中单个字符数据的奇偶校验方法。

CRC 码为 2 个字节，十六位的二进制位。由发送设备计算 CRC 值，并把它附到信息中。接收设备在接收信息过程中再次计算 CRC 值并与 CRC 的实际值进行比较，若二者不一致，亦产生一个错误。校验开始时，把 16 位寄存器的各位都置为“1”，然后把信息中的相邻 2 个 8 位字节数据放到当前寄存器中处理，只有每个字符的 8 位数据用于 CRC 处理。起始位、停止位和校验位不参与 CRC 计算。

CRC 校验时，每个 8 位数据与该寄存器的内容进行异或运算，然后向最低有效位(LSB)方向移位，用零填入最高有效位(MSB)后，再对 LSB 检查，若 LSB＝1，则寄存器与预置的固定值异或，若 LSB＝0，不作异或运算。

重复上述处理过程，直至移位 8 次，最后一次(第 8 次)移位后，下一个 8 位字节数据与寄存器的当前值异或，再重复上述过程。全部处理完信息中的数据字节后，最终得到的寄存器位为 CRC 值。CRC 位附加到信息时，低位在先，高位在后。

5) ModBus 信息中的内容

图 1-11 为一个例子，说明了 ModBus 的查询信息，图 1-12 为正常响应的例子。这两例中的数据均是十六进制的，也表示了以 ASCII 或 RTU 方式构成数据帧的方法。主机查询是读保持寄存器，被请求的从机地址是 06，读取的数据来自地址 40108～40110 的 3 个保持寄存器。注意，该信息规定了寄存器的起始地址为 0107(006BH)。

从机响应返回该功能代码，说明是正常响应，字节数 Byte Count 中说明有多少个 8 位字节被返回，无论是 ASCII 方式还是 RTU 方式，都表明了附在数据区中 8 位字节的数量。ASCII 方式时，字节数为数据中 ASCII 字符实际数的一半，每 4 个位的十六进制值需要一个 ASCII 字符表示，因此在数据中应由 2 个 ASCII 字符来表示一个 8 位的字节。

用 RTU 方式时，63H 用一个字节(01100011)发送，而用 ASCII 方式时，发送需 2 个字节，即 ASCII“6”(0110110)和 ASCII“3”(0110011)。8 个位为一个单位计算“字节数”，它忽略了信息帧(用 ASCII 或 RTU)组成的方法。

字节数使用方法：当在缓冲区组织响应信息时，“字节数”区域中的值应与该信息中数据区的字

QUERY

Field Name	Example (Hex)	ASCII Characters	RTU 8-Bit Field
Header		:(colon)	None
Slave Address	06	06	0000 011 0
Function	03	03	0000 0011
Starting Address Hi	00	00	0000 0000
Starting Address Lo	6B	6B	0110 1011
No. of Registers Hi	00	00	0000 0000
No. of Registers Lo	03	03	0000 0011
Error Check		LRC (2 chars.)	CRC (1 6 bits)
Trailer		CR LF	None
	Total Bytes:	17	8

图 1-11　主机查询信息

RESPONSE

Field Name	Example (Hex)	ASCII Characters	RTU 8-Bit Field
Header		:(colon)	None
Slave Address	06	06	0000 0110
Function	03	03	0000 0011
Byte Count	06	06	0000 0110
Data Hi	02	02	0000 0010
Data Lo	2B	2B	001 0 1011
Data Hi	00	00	0000 0000
Data Lo	00	00	0000 0000
Data Hi	00	00	0000 0000
Data Lo	63	63	011 0 0011
Error Check		LRC (2 chars.)	CRC (16 bits)
Trailer		CR LF	None
	Total Bytes:	23	11

图 1-12　从机采用 ASCII/RTU 方式响应

节数相等。

6）ModBus 协议通信方式

ModBus 协议遵循“查询—响应”方式进行通信，如图 1-13 所示。

(1) 查询：查询消息中的功能代码告之被选中的从设备要执行何种功能，数据段包含了从设备要执行功能的任何附加信息。例如，功能代码(03)是要求从设备读保持寄存器并返回它们的内容。数据段必须包含要告之的从设备信息：从何寄存器开始读，以及要读的寄存器数量。错误检测域为从设备提供了一种验证消息内容是否正确的方法。

(2) 响应：如果从设备产生正常的响应，则响应消息中的功能代码是对查询消息中功能代码的响应。数据段包括了从设备收集的资料：寄存器值或状态。如果有错误发生，功能代码将被修改以用于指出响应消息是错误的，同时数据段包含了描述此错误信息的代码。错误检测域允许主设备确认消息内容是否可用。

7）ModBus 功能代码示例

“读保持寄存器”功能代码：03

读从机设备 17 中的输入寄存器 40108～40110 中的数据。需要说明的是：读从机保持寄存器的二进制数据不支持广播。

如图 1-14 所示，查询信息规定了要读的寄存器起始地址及寄存器的数量，寄存器寻址起始地址为 0000，寄存器 1～16 所对应的地址分别为 0～15。

如图 1-15 所示，按查询要求返回响应。响应信息中的寄存器数据为二进制数据，每个寄存器

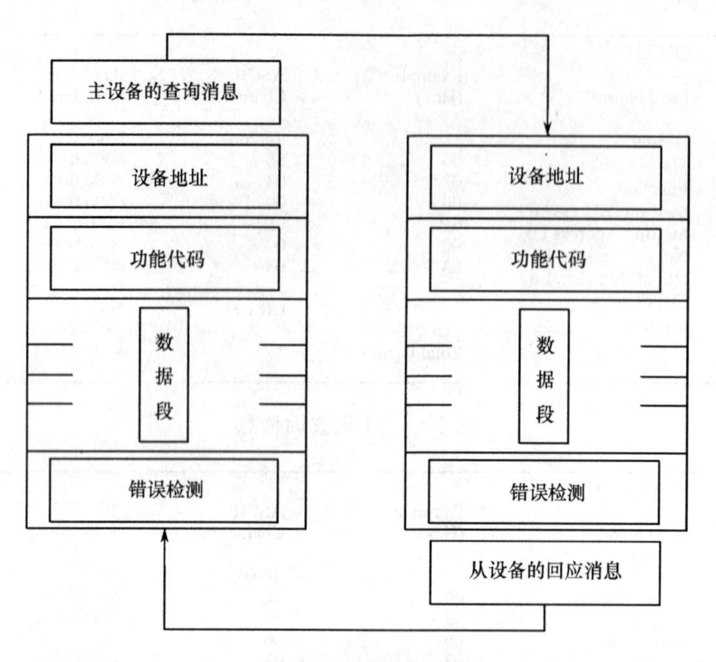

图 1-13　ModBus 协议的"查询-响应"模式

QUERY Field Name	Example (Hex)
Slave Address	11
Function	03
Starting Address Hi	00
Starting Address Lo	6B
No. of Points Hi	00
No. of Roints Lo	03
Error Check (LRC or CRC)	—

图 1-14　读保持寄存器——查询

分别对应 2 个字节，第一个字节为高位数据，第二个字节为低位数据。

RESPONSE Field Name	Example (Hex)
Slave Address	11
Function	03
Byte Count	06
Data Hi (Register 40108)	02
Data Lo(Register 40108)	2B
Data Hi(Register 40109)	00
Data Lo(Register 40109)	00
Data Hi(Register 40110)	00
Data Lo(Register 4011 0)	64
Error Check (LRC or CRC)	-

图 1-15　读寄存器——响应

寄存器 40108 的数据用 022BH[2 个字节(或用十六进制 555)]表示，寄存器 40109～40110 中的数据为 0000 和 0064H(十进制时为 0 和 100)。

5. 多功能电能表通信规约(DL/T 645—2007)

国内江苏、浙江、上海地区的电表厂商采用多功能电能表通信规约(DL/T645—2007)作为电表的远程控制通信协议，这是一个在 RS485 网络中实现应用的行业标准。

1) 通信字节格式

0	D0	D1	D2	D3	D4	D5	D6	D7	P	1

传送方向从低到高位，1 个起始位、1 个停止位、1 个偶校验位、8 位数据位，总共 11 位。

2) 通信帧格式

帧起始符	地址域	帧起始符	命令码	数据长度	数据域	校验码	结束符
(68H)	(A0～A5H)	(68H)	(C)	(L)	(DATA)	(CS)	(16H)

(1) 地址域 A0～A5：当地址为 999999999999H 时，为广播地址，同时当从控制器接收到一帧数据时，地址域相同时应响应命令，取得总线控制权，当响应命令之后，应把总线控制权归还给主控器。

(2) 命令码：执行操作的依据。

(3) 校验码：帧开始各个字节二进制算术和，不计溢出值。

(4) 前导字节：在发送信息之前，发送 1 个或多个字节 FEH，以唤醒接收方。

(5) 数据域：发送时数据加 33H，接收时数据减 33H。

五、组态式人机界面

本项目中的人机界面采用广州致远电子股份有限公司的组态式人机界面产品 MiniHMI-1000T-CA。该人机界面通过组态软件 HDS(HMI Developer Suite)进行项目开发，功能齐全、稳定可靠，特别适合应用于装备制造、机械加工、电力监控、过程控制等领域。同时，该人机界面允许运行用户输入的脚本程序，使人机界面的工程设计更加灵活。

1. 电气规格

(1) 输入电压：DC 24 V；

(2) 额定电压：DC 19.2～30 V；

(3) 功率消耗：12 W 以下。

2. 性能规格

组态或人机界面性能规格如表 1-2 所示。

表 1-2　组态式人机界面性能规格

处理器	32 bit 400 MHz RISC
存储器	256 MB 内部电子盘(可外扩 U 盘)
串口(COM1)	RS485，数据传输速率：2 400 bit/s～115.2 kbit/s；接口：D-Sub 9 针转 3 pin 接线端子
串口(COM2)	RS232C，数据传输速率：2 400 bit/s～115.2 kbit/s，接口：D-Sub 9 针 1 个
CAN 总线	CAN 总线接口 1 个；CAN 2.0B 协议，通信速率最高可达 1Mbit/s
以太网	10/100 Mbit/s 以太网接口 1 个
USB 接口	USB1.1 主机接口 1 个
视屏输入口	4 路 CVBS 信号输入
VGA 输出接口	用于外扩 VGA 显示(选配)

3. 显示规格

组态或人机界面显示规格如表 1-3 所示。

表 1-3　组态式人机界面显示规格

显示器	真彩 TFT
色彩	26 万色
背光灯	可替换式 CCFL(使用寿命:25℃,24 h 使用,至少可维持 50000 h)
分辨率	640×480 像素
点距	0.330 mm×0.330 mm
显示区域	211.2 mm(H)×158.4 mm(V)(10.4 in)
触摸面板	电阻式
触摸屏	点击 1 000 万次
语言和字体	没有限制

项目实施与评估

一、专业器材

(1) 装有 IAR 开发工具的 PC 1 台;
(2) 下载器 1 个;
(3) 智能工业仪表若干;
(4) 风速传感器 1 个、风向传感器 1 个、光照度传感器 1 个、温度传感器 1 个、湿度传感器 1 个。

二、仪表及工具

(1) 万用表 1 只;
(2) 稳压电源 1 个;
(3) 常用电工工具 1 套。

三、硬件系统接线原理图

1. 太阳能电池板电压电流检测电路

如图 1-16 所示,太阳能电池板电压、电流检测信号分别与工业智能仪表 XMT3000 的输入信号端相连接,再通过该仪表的通信端(A 和 B)接入 RS485 总线网络。

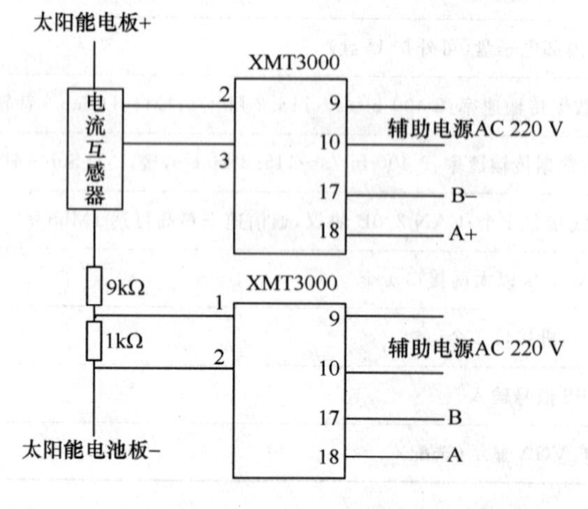

图 1-16　太阳能电池板电压、电流检测电路接线图

2. 蓄电池板电压、电流检测电路

如图 1-17 所示，蓄电池电压、电流检测信号分别与工业智能仪表 XMT3000 的输入信号端相连接，再通过该仪表的通信端（A 和 B）接入 RS485 总线网络。

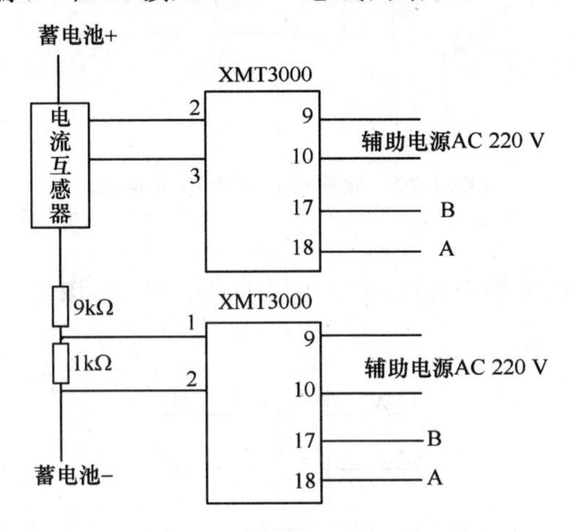

图 1-17　蓄电池电压电流检测电路接线图

3. 负载电压电流检测电路

如图 1-18 所示，负载电压电流检测信号分别与工业智能仪表 XMT3000 的输入信号端相连接，再通过该仪表的通信端（A 和 B）接入 RS485 总线网络。

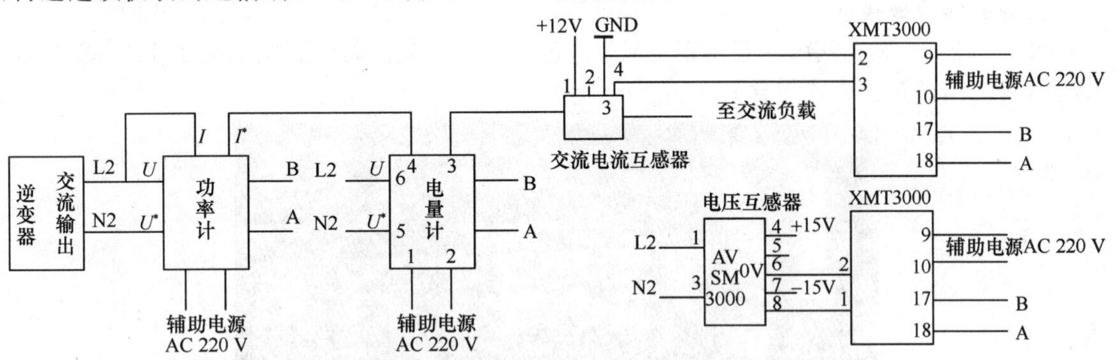

图 1-18　负载电压电流检测电路接线图

4. 风速风向检测电路

如图 1-19 所示，风速传感器和风向传感器均直接提供了可与 RS485 总线相连接的通信端子（A 和 B），因此，可以直接接入 RS485 总线网络。

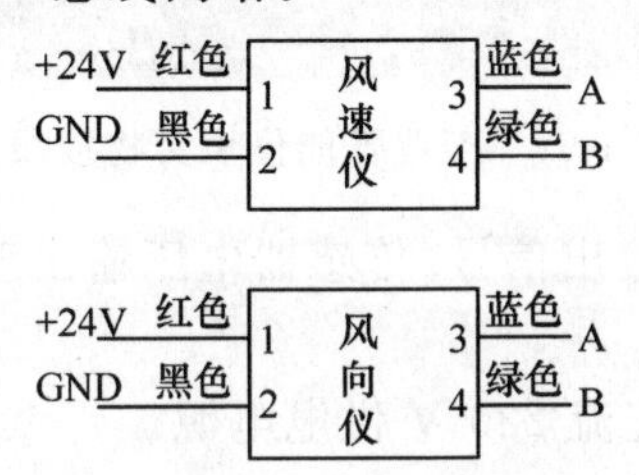

图 1-19　风速风向检测电路接线图

5. 光照度检测电路

如图 1-20 所示，光照度传感器（照度计）通过直流信号隔离变送器 KBM30 接入 RS485 总线。

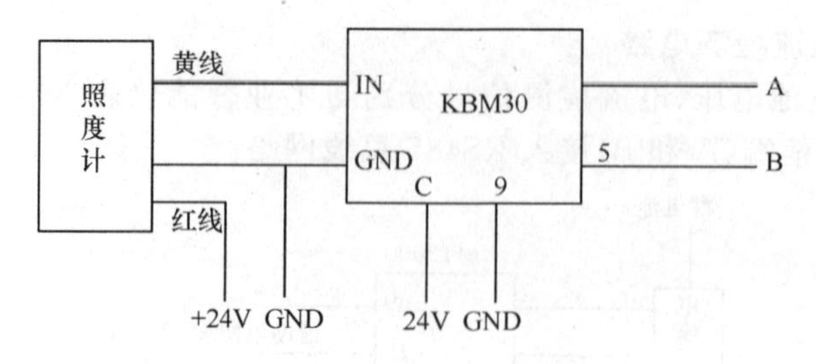

图 1-20　光照度检测电路接线图

6. 仰角检测电路

如图 1-21 所示，仰角检测采用 PM-TSI-D 单轴倾角传感器，该传感器自带通信端口，可直接接入 RS485 总线。

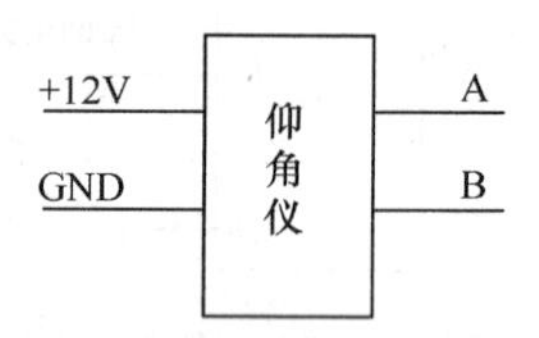

图 1-21　仰角检测电路接线图

四、硬件系统实物连接图

1. 工业智能仪表接线

如图 1-22 所示，结合铭牌注意观察 XMT-3000(3001)工业控制仪表接线端子 1、2(或 2、3)；9、10；17、18 这三组的连接方式与含义。

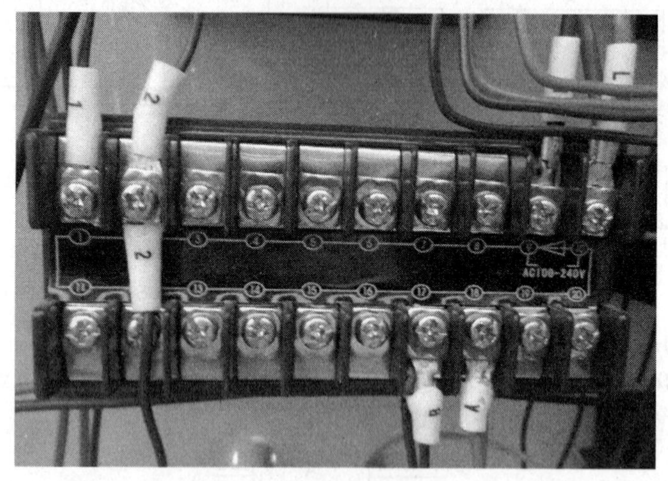

图 1-22　工业智能仪表实物接线图

(1)1、2、3 端子：连接传感器的输出信号(传感器电压输出型的接 1、2 引脚；电流输出型的接 2、3 引脚)。

(2) 9、10 端子：连接仪表所需交流 220 V 供电电源。

(3) 17、18 端子：连接 485 总线 B、A 两端。

2. 湿度传感器接线

本项目中所使用的湿度传感器需要外接电源，湿度传感器如图 1-23 所示。

HM1500 型湿度传感器是一种线性电压输出湿度传感器，采用电压输出湿度模块，具有高可

图 1-23　HM1500 型湿度传感器外形图

靠性与长时间稳定性，在 5V DC 供电时，0～100%RH 对应输出 1～4V DC 线性电压，温度依赖性非常低。

HM1500 型湿度传感器的主要特点如下：

(1) 采用带防护棒式封装；

(2) 5V DC 恒压供电，1～4V DC 放大线形电压输出，便于客户使用；

(3) 宽量程：0～100%RH，工作温度范围 －30～60℃；

(4) 精度±3%RH(10%～95%RH 范围)；

(5) 抗静电，防灰尘，有效抵抗各种腐蚀性。

HM1500 型湿度传感器的接线说明：

(1) 白线(公共线)：5 V(负)；

(2) 蓝线(供电线)：5 V(正)；

(3) 黄线(信号线)：输出 1～4 V。

HM1500 型湿度传感器的蓝线接 XMT-3000 工业控制仪表的接线端子 20，湿度传感器的黄线和白线分别接 XMT-3000 接线端子 1 和 2，公共线由接线端子 2 和 19 并线。

3. 温度传感器接线

Pt100 温度传感器是一种以铂(Pt)做成的电阻式温度传感器，属于正电阻系数，其电阻和温度变化成线性关系。Pt100 的主要技术参数如下：

(1) 测量范围：－200～＋850℃；

(2) 允许偏差值 Δ℃：A 级±(0.15＋0.002 | t |)，B 级±(0.30＋0.005 | t |)；

(3) 热响应时间＜30 s；

(4) 最小置入深度：热电阻的最小置入深度≥200 mm；

(5) 允通电流≤5 mA。

另外，Pt100 温度传感器还具有抗振动、稳定性好、准确度高、耐高压等优点。

Pt100 温度传感器 0℃时电阻值为 100Ω，它的阻值会随着温度上升而匀速增长，电阻变化率为 0.3851 Ω/℃。由于其电阻值小，灵敏度高，所以引线的阻值不能忽略不计，采用三线式接法可消除引线线路电阻带来的测量误差。

如图 1-24 所示，Pt100 引出的三根导线截面积和长度均相同(即 $r_1=r_2=r_3$)，测量铂电阻的电路一般是不平衡电桥，铂电阻(R_{Pt100})作为电桥的一个桥臂电阻，将导线一根(r_1)接到电桥的电源端，其余两根(r_2、r_3)分别接到铂电阻所在的桥臂及与其相邻的桥臂上，这样两桥臂都引入了相同阻值的引线电阻，电桥处于平衡状态，引线电阻的变化对测量结果没有任何影响。

结合图 1-25 和图 1-26，能够更为清晰地认识到 Pt100 温度传感器与 XMT-3000 工业控制仪表

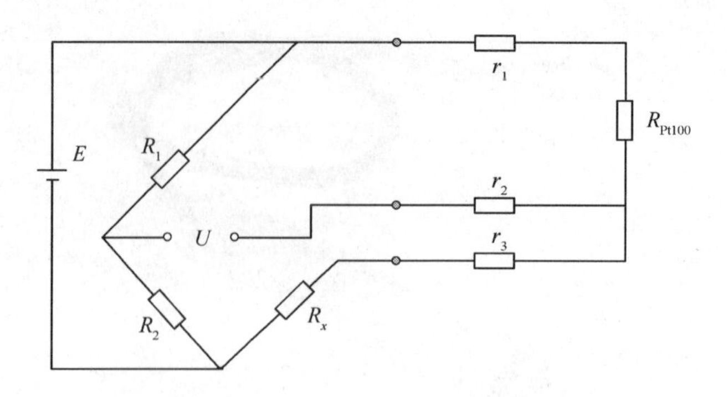

图 1-24 Pt100 温度传感器三线式接法原理图

的连接方法。

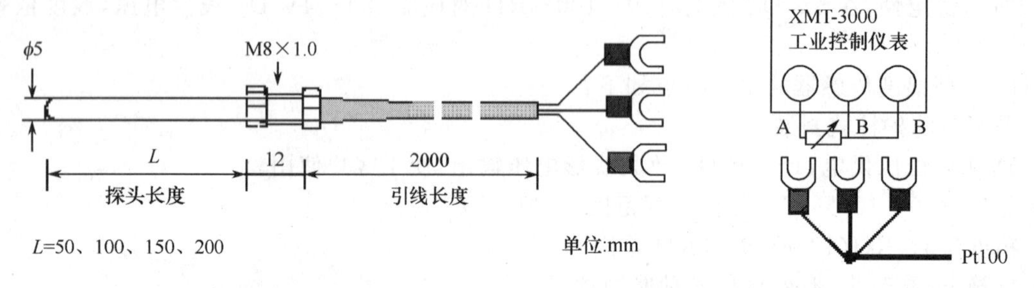

图 1-25 Pt100 温度传感器尺寸示意图　　图 1-26 Pt100 温度传感器接线图

4. 触摸屏与 RS485 总线的连接

如图 1-27 所示,触摸屏通过配套的 HMI-RS485 通信模块接入 RS485 总线网络,该通信模块上提供了用于与 RS485 总线相连接的 485A 和 485B 这 2 个接线端子。

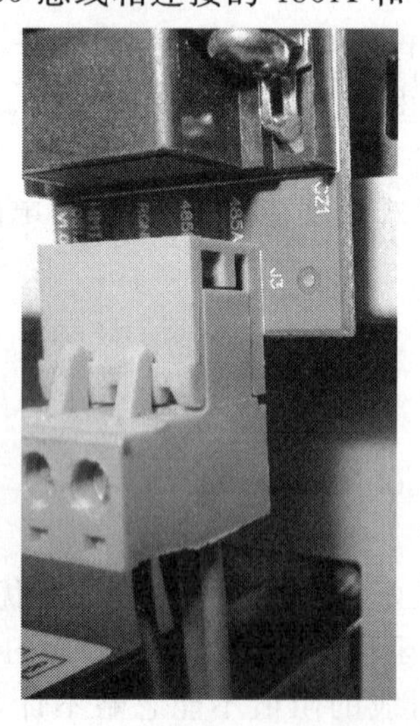

图 1-27 触摸屏与 RS485 总线的连接

五、软件系统程序设计

本项目中监控系统的软件设计内容主要是针对触摸屏人机界面来进行的。

1. MiniHMI 人机界面与 HDS 组态软件介绍

1）产品典型技术特点

（1）32 位 RISC 处理器：采用高达 400 MHz 的 32 位 RISC（精简指令集）微控制器，轻触屏幕就能体验到它的快速高效，即使是复杂的画面也能无延迟显示。

（2）视频输入：具有独特的 4 路 CVBS 信号视频输入通道，不需要人员巡查，通过外接摄像头就能做到现场监控。

（3）真彩 TFT 高对比度、高亮度 LCD，支持高达 26 万种色彩；具有高品质显示效果，清晰度高，可视视角广，使用寿命长。

（4）在线工程升级功能：在使用过程中，只需要简单设置拨码开关，就可以实现软件固件升级。工程下载使用以太网为媒质，传输速率高。

（5）大容量数据存储：外接大容量 U 盘，系统运行信息、数据日志及报警信息实时存储，便于后期数据分析与决策。

（6）扩展接口：可通过扩展接口外接选配的 VGA 模块，连接到计算机显示器，简单实现多屏显示。

2）硬件规格

（1）显示器：真彩 TFT；

（2）色彩：26 万色；

（3）背光灯：可替换式 CCFL，24 h 使用，至少可维持 50 000•h）；

（4）分辨率：640×480 像素；

（5）显示区域：211.2（H）×158.4（V）（10.4 in）；

（6）语言和字体：没有限制；

（7）触摸面板：电阻式；

（8）存储器：256 MB 内部电子盘（可外扩 U 盘）；

（9）串口（COM0）：调试端口 RS232C，数据传输速率 2 400 bit/s～115.2 kbit/s，D-Sub 9 针接口 1 个；

（10）串口（COM1）：RS232C，数据传输速率 2 400 bit/s～115.2 kbit/s，D-Sub 9 针接口 1 个；

（11）串口（COM1）：RS485，数据传输速率 2 400 bit/s～115.2 kbit/s，D-Sub 9 针接口 1 个；

（12）USB 接口：USB1.1 主机接口 1 个；

（13）以太网：10/100 Mbit/s 以太网接口 1 个；

（14）视频输入口：4 路 CVBS 信号输入；

（15）VGA 输出接口：标准 VGA 显示接口卡（选配）。

3）连接方式

如图 1-28 所示，MiniHMI-1000 可以通过 RS485 总线与数据采集模块进行多机通信，实现数据采集和报警记录应用。

4）HDS 组态软件

HDS（HMI Develop Suite）是广州致远电子有限公司专为 MiniHMI 系列人机界面设计的一款高性能组态工程编辑软件，采用拖曳式的图形编辑系统，界面友好，简单易学。

（1）人性化的图形编辑功能。HDS 友好的图形编辑界面，通过便捷地拖动图形，就可组成优美的画面。如图 1-29 所示，软件提供了工业现场常见的图形接口，如导管、文字、按钮、图表等，也提供了丰富的图形编辑功能，如图形对齐、旋转、颜色、组合等。

（2）便于操作的通信变量系统。HDS 提供一个易操作的变量管理器，通过变量，可以与 PLC、数据采集模块等智能设备进行通信、算术与逻辑运算，实现实时现场数据监控。目前已经支持了各

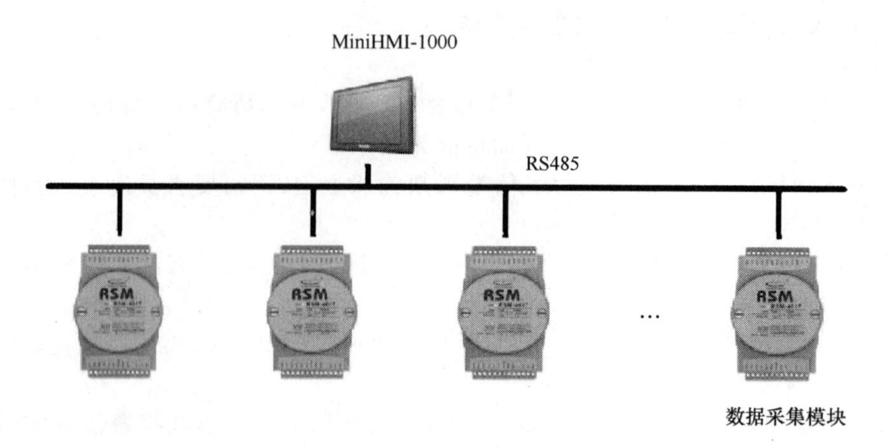

图 1-28　MiniHMI 人机界面与 RS485 总线的连接

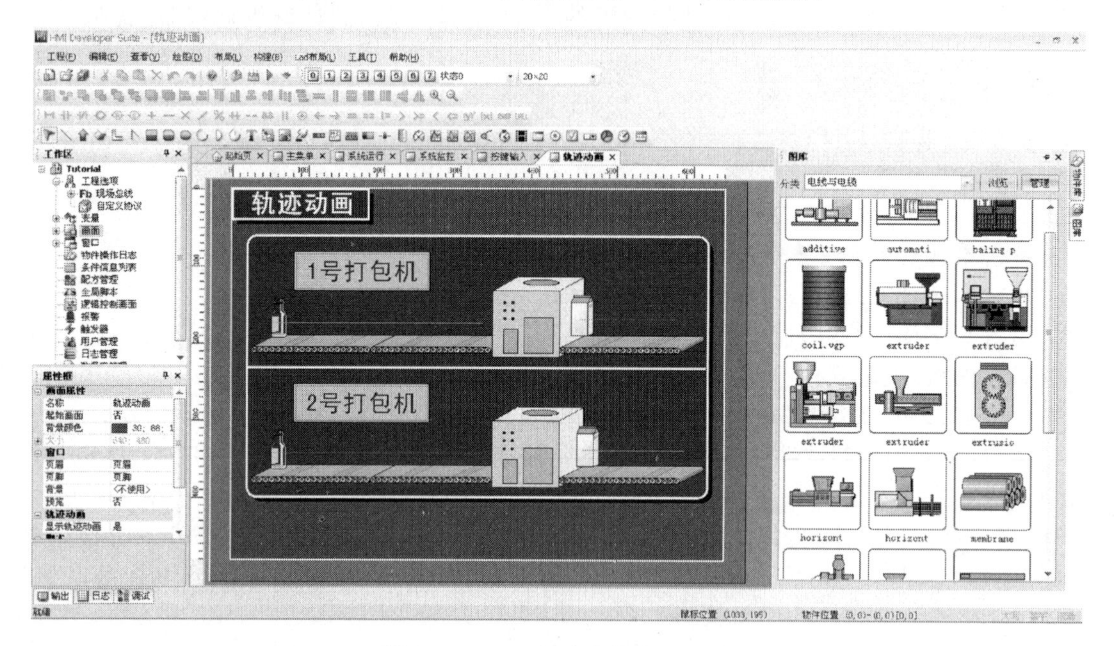

图 1-29　HDS 组态软件开发界面

种主流 PLC 的通信协议，例如，三菱 PLC 并行通信协议、三菱 PLC 计算机连接协议、ModBus-ASCII 协议、ModBus-RTU 协议、西门子 PPI 通信协议、欧姆龙 HostLink 协议等。

(3) 易用的脚本编辑功能。HDS 使用本公司自主开发的 ZScript 脚本语言作为扩展功能开发平台。为了降低脚本编辑的难度、提高编辑速度，HDS 还提供一个简易的脚本编辑器，详细地列出了 ZScript 脚本语法，只须简单地用鼠标双击界面左侧相应的语句，就会自动在右侧的编辑器里添加相应的代码。

(4) 丰富的图形库。HDS 提供了丰富的工业现场应用图库，包含工业控制、机械加工等领域一些常见的图形，可满足个性化需求。

(5) 强大的模拟功能。HDS 强大的模拟器能将设计的工程在未接入硬件的情况下虚拟运行，为工程设计的错误检测与性能优化提供方便。

按照触摸屏人机界面的开发设计步骤，主要分为“自定义协议”设置、各通信结点地址设置、触摸屏软件变量设置、触摸屏界面图形设计、触摸屏软件全局脚本设计等方面。下面结合太阳能电站远程监控的人机界面开发，具体分析基于 HDS 组态软件的 MiniHMI 人机界面开发设计方法。

2. “自定义协议”设置

在 HDS 组态软件的新建工程中选择“自定义协议”，设置触摸屏的 COM1 口为与 RS485 总线相连接的端口，与该端口相连接的各输入/输出设备均是通过 RS485 总线相连接，并按照设置的“自定义协议”进行数据通信。该“自定义协议”所对应的发送帧和接收帧的格式设置如图 1-30 所示。

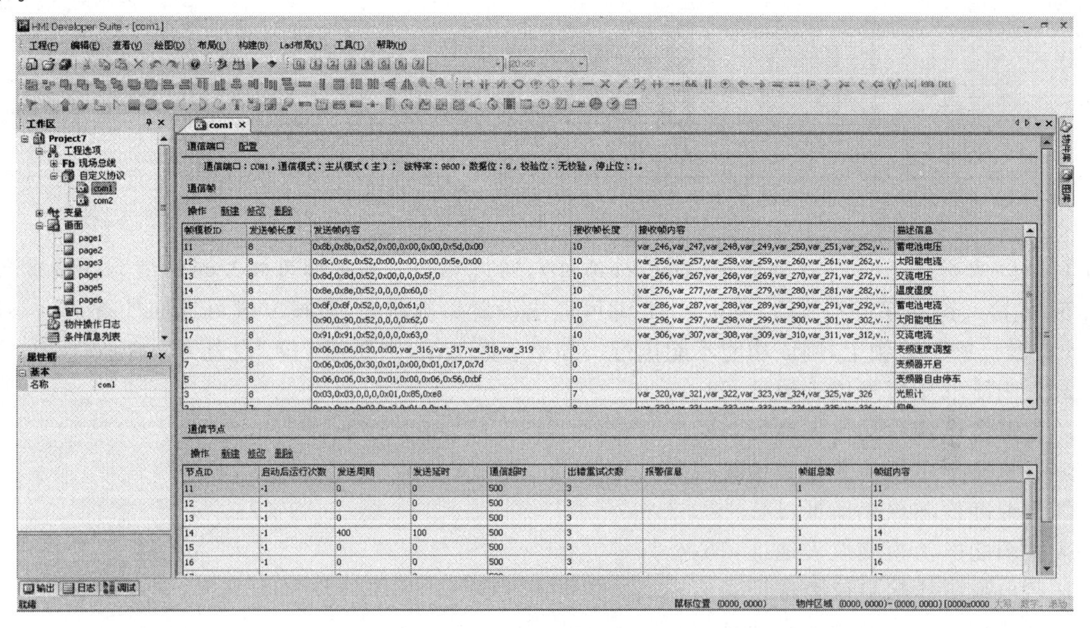

图 1-30　“自定义协议”设置界面

设置完成的“自定义协议”的帧模板、发送帧长度和内容、接收帧长度和内容等信息如图 1-31 所示。

com1

通信端口　配置

通信端口：COM1，通信模式：主从模式（主）；　波特率：9600，数据位：8，校验位：无校验，停止位：1。

通信帧

操作　新建　修改　删除

帧模板ID	发送帧长度	发送帧内容	接收帧长度	接收帧内容	描述信息
11	8	0x8b,0x8b,0x52,0x00,0x00,0x00,0x5d,0x00	10	var_246,var_247,var_248,var_249,var_250,var_251,var_252,var_253,var_254,var_255	蓄电池电压
12	8	0x8c,0x8c,0x52,0x00,0x00,0x00,0x5e,0x00	10	var_256,var_257,var_258,var_259,var_260,var_261,var_262,var_263,var_264,var_265	太阳能电流
13	8	0x8d,0x8d,0x52,0x00,0,0,0x5f,0	10	var_266,var_267,var_268,var_269,var_270,var_271,var_272,var_273,var_274,var_275	交流电压
14	8	0x8e,0x8e,0x52,0,0,0,0x60,0	10	var_276,var_277,var_278,var_279,var_280,var_281,var_282,var_283,var_284,var_285	温度湿度
15	8	0x8f,0x8f,0x52,0,0,0,0x61,0	10	var_286,var_287,var_288,var_289,var_290,var_291,var_292,var_293,var_294,var_295	蓄电池电流
16	8	0x90,0x90,0x52,0,0,0,0x62,0	10	var_296,var_297,var_298,var_299,var_300,var_301,var_302,var_303,var_304,var_305	太阳能电压
17	8	0x91,0x91,0x52,0,0,0,0x63,0	10	var_306,var_307,var_308,var_309,var_310,var_311,var_312,var_313,var_314,var_315	交流电流
6	8	0x06,0x06,0x30,0x00,var_316,var_317,var_318,var_319	0		变频速度调整
7	8	0x06,0x06,0x30,0x01,0x00,0x01,0x17,0x7d	0		变频器开启
5	8	0x06,0x06,0x30,0x01,0x00,0x06,0x56,0xbf	0		变频器自由停车
3	8	0x03,0x03,0,0,0,0x01,0x85,0xe8	7	var_320,var_321,var_322,var_323,var_324,var_325,var_326	光照计
2	7	0xaa,0xaa,0x02,0xa2,0x01,0,0xa1	8	var_330,var_331,var_332,var_333,var_334,var_335,var_336,var_337	仰角
9	8	0x09,0x03,0,0x15,0,0x02,0xd4,0x87	9	var_362,var_363,var_364,var_365,var_366,var_367,var_368,var_369,var_370	电量
8	8	0x08,0x03,0,0x10,0,0x01,0x85,0x56	7	var_382,var_383,var_384,var_385,var_386,var_387,var_388	风速
4	8	0x04,0x03,0,0x11,0,0x01,0xd4,0x5a	7	var_392,var_393,var_394,var_395,var_396,var_397,var_398	风向

图 1-31　“自定义协议”设置内容

3. 各通信结点地址设置

设置完成的“自定义协议”的、启动后运行次数、出错重试次数等信息如图 1-32 所示。要注意该表与上表的共同联系的纽带是 ID 号。

(1)XMT3000 设置参数。电压、电流等仪表的地址信息都是通过在仪表上进行参数设置操作的。按 SET 键并保持 2 s，显示出参数后再放开。再按 SET 键，仪表将依此显示各参数，如上限报

通信节点

操作 新建 修改 删除

节点ID	启动后运行次数	发送周期	发送延时	通信超时	出错重试次数	报警信息	帧组总数	帧组内容
11	-1	0	0	500	3		1	11
12	-1	0	0	500	3		1	12
13	-1	0	0	500	3		1	13
14	-1	400	100	500	3		1	14
15	-1	0	0	500	3		1	15
16	-1	0	0	500	3		1	16
17	-1	0	0	500	3		1	17
6	0	0	0	500	3		1	6
7	0	0	0	500	3		1	7
5	0	0	0	500	3		1	5
3	-1	0	0	500	3		1	3
2	-1	0	1000	5000	3		1	2
9	-1	0	0	500	3		1	9
8	-1	0	0	500	3		1	8
4	-1	0	0	500	3		1	4

图 1-32　结点地址设置界面

警值 HiAL、参数锁 Loc 等直到显示 ADDR(地址),通过＜、∨、∧等键可修改参数值。在设置参数状态下,先按＜键并保持不放后,再按 SET 键可退出设置参数状态,再按∨键可返回检查上一参数,但如果参数已被 Loc 锁上,则该功能不能执行。如果参数上锁,则要把 LOC 设置为 808。

➢ 太阳能电压检测仪表地址:11。

➢ 蓄电池电流检测仪表地址:12。

➢ 交流输出电压检测仪表地址:13。

➢ 温湿度检测仪表地址:14。

➢ 太阳能电流检测仪表地址:15。

➢ 蓄电池电压检测仪表地址:16。

➢ 交流输出电流检测仪表地址:17。

(2) 功率因素表地址设置。测量显示→PP03…ADDR…→按∧键把地址设置为 18。

(3) 电量表地址设置。按 SET→按"《"或"》"键,直到 SN 设置通信地址为 09。

(4) 仰角仪的地址采用其默认值:02。

(5) 光照计地址采用(KBM-30)默认值:03。

(6) 风向仪地址设置。风向仪地址是通过给仪器发送指令设置的。例如,从设备地址 02 号,要修改为 04 号,则发送帧内容如表 1-4 所示。

表 1-4　风向仪地址设置

从设备地址	功能码	起始寄存器地址		寄存器个数		CRC-L	CRC-H
0x02	0x06	0x00	0x20	0x00	0x04	0x89	0xf0

(7) 风速仪地址设置。风速仪地址是通过给仪器发送指令设置的。例如,从设备地址 02 号,要修改为 08 号,则发送帧内容如表 1-5 所示。

表 1-5　风速仪地址设置

从设备地址	功能码	起始寄存器地址		寄存器数据		CRC-L	CRC-H
0x02	0x06	0x00	0x20	0x00	0x08	0x89	0xf5

4. 结点通信帧的构成

1) 光照度传感器

光照度传感器在 RS485 总线中的通信方式是按照 ModBus 协议进行的。根据 ModBus 协议的数据和控制功能,主机向光照度传感器所对应的从机发送"发送帧","发送帧"的含义是要从光照度传感器所对应的 3＃从机中读取地址为 0000H 的寄存器中的内容。从机接收到发送帧后,回送对应的响应码给主机,也就是主机所接收到的"接收帧"。

（1）发送帧内容。如表 1-6 所示。（主机发送 8 个字节）

表 1-6　光照度传感器——发送帧内容

字节内容/变量	0x03	0x03	0x00	0x00	0x00	0x01	0x85	0xe8
含义	从机地址	功能码，表示读从机寄存器中的数据	从机中要读的对应寄存器的起始地址（2 个字节，高位在前，低位在后）		从机中要读的对应寄存器的个数（2 个字节，高位在前，低位在后）		CRC 校验码（2 个字节，高位在前，低位在后）	

（2）接收帧内容：如表 1-7 所示。（仪表返回 7 个字节）

表 1-7　光照度传感器——接收帧内容

字节内容/变量	var_320	var_321	var_322	var_323	var_324	var_325	var_326
含义	从机地址	功能码	有效数据个数	数据的高 8 位	数据的低 8 位	校验码	校验码

注：有效数据个数一般是要读取的寄存器个数的双倍，因为寄存器的数据大多由高 8 位和低 8 位组成，此处有效数据个数为 2，即 2 个字节。

2）电量检测装置

电量检测装置在 RS485 总线中的通信方式是按照 ModBus 协议进行的。根据 ModBus 协议的数据和控制功能，主机向电量传感器所对应的从机发送“发送帧”，“发送帧”的含义是要从电量检测装置所对应的 9＃从机中读取以 0015H 为首地址的连续两个寄存器中的内容。从机接收到发送帧后，回送对应的响应码给主机，也就是主机所接收到的“接收帧”。

（1）发送帧内容：如表 1-8 所示。（主机发送 8 个字节）

表 1-8　电量检测装置——发送帧内容

字节内容/变量	0x09	0x03	0x00	0x15	0x00	0x02	0xd4	0x87
含义	从机地址	功能码，表示读从机寄存器中的数据	从机中要读的对应寄存器的起始地址（2 个字节，高位在前，低位在后）		从机中要读的对应寄存器的个数（2 个字节，高位在前，低位在后）		CRC 校验码（2 个字节，高位在前，低位在后）	

（2）接收帧内容：如表 1-9 所示。（仪表返回 9 个字节）

表 1-9　电量检测装置——接收帧内容

字节内容/变量	var_362	var_363	var_364	var_365	var_366	var_367	var_368	var_369	var_370
含义	从机地址	功能码	有效数据个数	起始地址对应寄存器中的数据（2 个字节，高位在前，低位在后）		起始地址加 1 后对应寄存器中的数据（2 个字节，高位在前，低位在后）		校验码	校验码

3）风速传感器

风速传感器在 RS485 总线中的通信方式是按照 ModBus 协议进行的，采用了 ModBus-RTU 协议的命令子集，使用读寄存器命令代码（03 和 06）。根据 ModBus 协议的数据和控制功能，主机向风速传感器所对应的从机发送“发送帧”，“发送帧”的含义是要从风速传感器所对应的 8＃从机中读取地址为 0010H 的寄存器中的内容。从机接收到发送帧后，回送对应的响应码给主机，也就是主机所接收到的“接收帧”。

(1) 发送帧内容:如表 1-10 所示。(主机发送 8 个字节)

表 1-10　风透传感器——发送帧内容

字节内容/变量	0x08	0x03	0x00	0x10	0x00	0x01	0x85	0x56
含义	从机地址	功能码,表示读从机寄存器中的数据	从机中要读的对应寄存器的起始地址(2 个字节,高位在前,低位在后)		从机中要读的对应寄存器的个数(2 个字节,高位在前,低位在后)		CRC 校验码(2 个字节,高位在前,低位在后)	

(2)接收帧内容:如表 1-11 所示。(仪表返回 7 个字节)

表 1-11　风速传感器——接收帧内容

字节内容/变量	var_382	var_383	var_384	var_385	var_386	var_387	var_388
含义	从机地址	功能码	有效数据个数	数据的高 8 位	数据的低 8 位	校验码	校验码

4) 风向传感器

风向传感器在 RS485 总线中的通信方式是按照 ModBus 协议进行的。采用了 ModBus-RTU 协议的命令子集,使用读寄存器命令(03)、(06)。根据 ModBus 协议的数据和控制功能,主机向风向传感器所对应的从机发送“发送帧”,“发送帧”的含义是要从风速传感器所对应的 4＃从机中读取 0011H 一个寄存器中的内容。从机接收到发送帧后,回送对应的响应码给主机,也就是主机所接收到的“接收帧”。

(1) 发送帧内容:如表 1-12 所示。(主机发送 8 个字节)

表 1-12　风向传感器——发送帧内容

字节内容/变量	0x04	0x03	0x00	0x11	0x00	0x01	0xd4	0x5a
含义	从机地址	功能码,表示读从机寄存器中的数据	从机中要读的对应寄存器的起始地址(2 个字节,高位在前,低位在后)		从机中要读的对应寄存器的个数(2 个字节,高位在前,低位在后)		CRC 校验码(2 个字节,高位在前,低位在后)	

(2) 接收帧内容:如表 1-13 所示。(仪表返回 7 个字节)

表 1-13　风向传感器——接收帧内容

字节内容/变量	var_392	var_393	var_394	var_395	var_396	var_397	var_398
含义	从机地址	功能码	有效数据个数	数据的高 8 位	数据的低 8 位	校验码	校验码

5) XMT3001 系列智能仪表

在风光互补发电系统中,蓄电池电压、蓄电池电流、负载电压、负载电流、风力发电电压、风力发电电流、外界环境温度、外界环境湿度、太阳能发电电压、太阳能发电电流等系统运行参数的检测都是通过 XMT3001 系列智能仪表进行的。XMT3001 系列智能仪表有其规定的通信格式。

以主机“读”操作为例,XMT3001 指令格式为:“地址代号,52H(82),要读参数的代号,0,0,CRC 校验码”。也可表示成:“(byte)(128＋addr),(byte)(128＋addr),82,ParmaterId(参数代号),00,00,CRC,CRC”。

仪表返回数据:“测量值 PV,给定值 SV,输出值 MV 及报警状态,所读/写参数值,CRC 校验码”。其中 PV、SV、所读参数值以及 CRC 校验码各占两个字节,MV 和报警状态各占 1 个字节,共 10 个字节。

(1) 发送帧内容:如表 1-14 所示。(主机发送 8 个字节)

表 1-14　XMT3001 仪表——发送帧内容

格式	0x80+Add	0x80+Add	0x52	0x00	0x00	0x00	Low	High
蓄电池电压	0x8b	0x8b	0x52	0x00	0x00	0x00	0x5d	0x00
太阳能发电电流	0x8c	0x8c	0x52	0x00	0x00	0x00	0x5e	0x00
负载电压	0x8d	0x8d	0x52	0x00	0x00	0x00	0x5f	0x00
温湿度	0x8e	0x8e	0x52	0x00	0x00	0x00	0x60	0x00
蓄电池电流	0x8f	0x8f	0x52	0x00	0x00	0x00	0x61	0x00
太阳能发电电压	0x90	0x90	0x52	0x00	0x00	0x00	0x62	0x00
负载电流	0x91	0x91	0x52	0x00	0x00	0x00	0x63	0x00
含义	地址(基础值+仪表地址)	地址(基础值+仪表地址)	固定格式	参数代号	默认	默认	CRC	CRC

注:Add 为仪表地址,如蓄电池电压仪表地址为 11(0x0b)、太阳能发电电流仪表地址为 12(0x0c)、负载电压仪表地址为 13(0x0d)、温度湿度仪表地址为 14(0x0e)、蓄电池电流仪表地址为 15(0x0f)、太阳能发电电压仪表地址为 16(0x10)、负载电流仪表地址为 17(0x11)等。

(2) 接收帧内容:如表 1-15 所示。(仪表返回 10 个字节)

表 1-15　XMT3001 仪表——接收帧内容

蓄电池电压	var_246	var_247	var_248	var_249	var_250	var_251	var_252	var_253	var_254	var_255
太阳能发电电流	var_256	var_257	var_258	var_259	var_260	var_261	var_262	var_263	var_264	var_265
负载电压	var_266	var_267	var_268	var_269	var_270	var_271	var_272	var_273	var_274	var_275
温湿度	var_276	var_277	var_278	var_279	var_280	var_281	var_282	var_283	var_284	var_285
蓄电池电流	var_286	var_287	var_288	var_289	var_290	var_291	var_292	var_293	var_294	var_295
太阳能发电电压	var_296	var_297	var_298	var_299	var_300	var_301	var_302	var_303	var_304	var_305
负载电流	var_306	var_307	var_308	var_309	var_310	var_311	var_312	var_313	var_314	var_315
含义	Low	High	Low	High	Low	High	Low	High	Low	High
	测量值 PV		给定值 SV		输出值	报警状态	所读/写参数值		CRC 效验码	

6) 太阳能电池板仰角传感器

太阳能电池板仰角的检测采用 PM-TSI-D 单轴倾角传感器,该传感器的数据通信采用 RS232 半双工通信模式。

发送帧每组包含 7 个字节。前两个字节为引导码,第三个字节为地址,第四个字节为命令,第五六个字节为数据,第七个字节为第三到第六这 4 个字节的异或,作为校验位。通信格式为:8 个数据位,1 个停止位,无校验,波特率为 9 600 bit/s。每发送一组命令,会返回收到的命令,表示接收成功。

(1) 发送帧内容:如表 1-16 所示。(主机发送 7 个字节)

表 1-16　太阳能电池板仰角传感器——发送帧内容

字节内容	0xaa	0xaa	0x02	0xa2	0x01	0x00	0xa1
含义	引导码		地址	输出命令	单次输出模式	保留	校验码

(2) 接收帧内容：如表 1-17 所示。(仪表返回 8 个字节)

仰角仪的返回信息示例为“X：36.58”，均以 ASCII 码形式存放，即 88 58 00 51 54 46 53 56，共 8 个字节数据。

表 1-17 太阳能电池板仰角传感器——接收帧内容

字节变量	var_330	var_331	var_332	var_333	var_334	var_335	var_336	var_337
含义	存放检测轴信息(X)	存放标点符号(:)	空格	十进制角度数据的十位	十进制角度数据的个位	存放标点符号(.)	十进制角度数据的小数位	十进制角度数据的小数位

5. 变量设置

在 HDS 组态软件的“变量”设置区域中设置“用户变量组 1”，如图 1-33 所示。

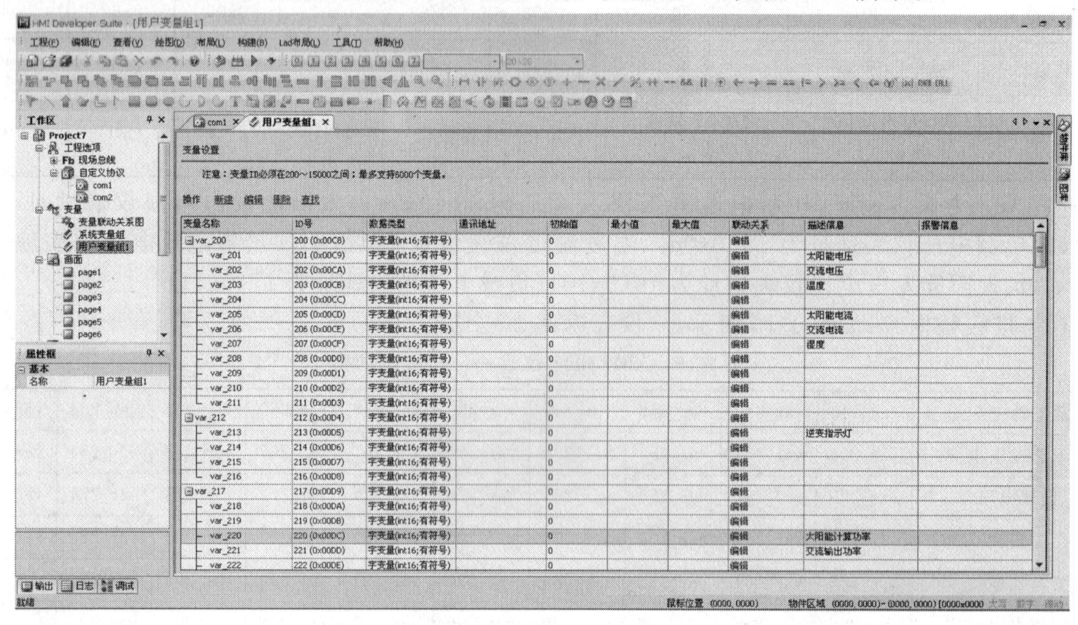

图 1-33 变量设置界面

“用户变量组 1”的设置内容示例如图 1-34 所示。

变量名称	ID号	数据类型	通讯地址	初始值	最小值	最大值	联动关系	描述信息	报警信息
⊟var_200	200 (0x00C8)	字变量(int16;有符号)		0			编辑		
var_201	201 (0x00C9)	字变量(int16;有符号)		0			编辑	太阳能电压	
var_202	202 (0x00CA)	字变量(int16;有符号)		0			编辑	交流电压	
var_203	203 (0x00CB)	字变量(int16;有符号)		0			编辑	温度	
var_204	204 (0x00CC)	字变量(int16;有符号)		0			编辑		
var_205	205 (0x00CD)	字变量(int16;有符号)		0			编辑	太阳能电流	
var_206	206 (0x00CE)	字变量(int16;有符号)		0			编辑	交流电流	
var_207	207 (0x00CF)	字变量(int16;有符号)		0			编辑	湿度	
var_208	208 (0x00D0)	字变量(int16;有符号)		0			编辑		
var_209	209 (0x00D1)	字变量(int16;有符号)		0			编辑		
var_210	210 (0x00D2)	字变量(int16;有符号)		0			编辑		
var_211	211 (0x00D3)	字变量(int16;有符号)		0			编辑		

图 1-34 变量设置内容示例

6. 界面图形设计

在 HDS 组态软件中，太阳能电站远程监控界面图形设计如图 1-35 所示。

在图 1-35 中，涉及命令按钮、仪表盘、文本显示框、指示灯、窗口等多种图形元素，这些图形元

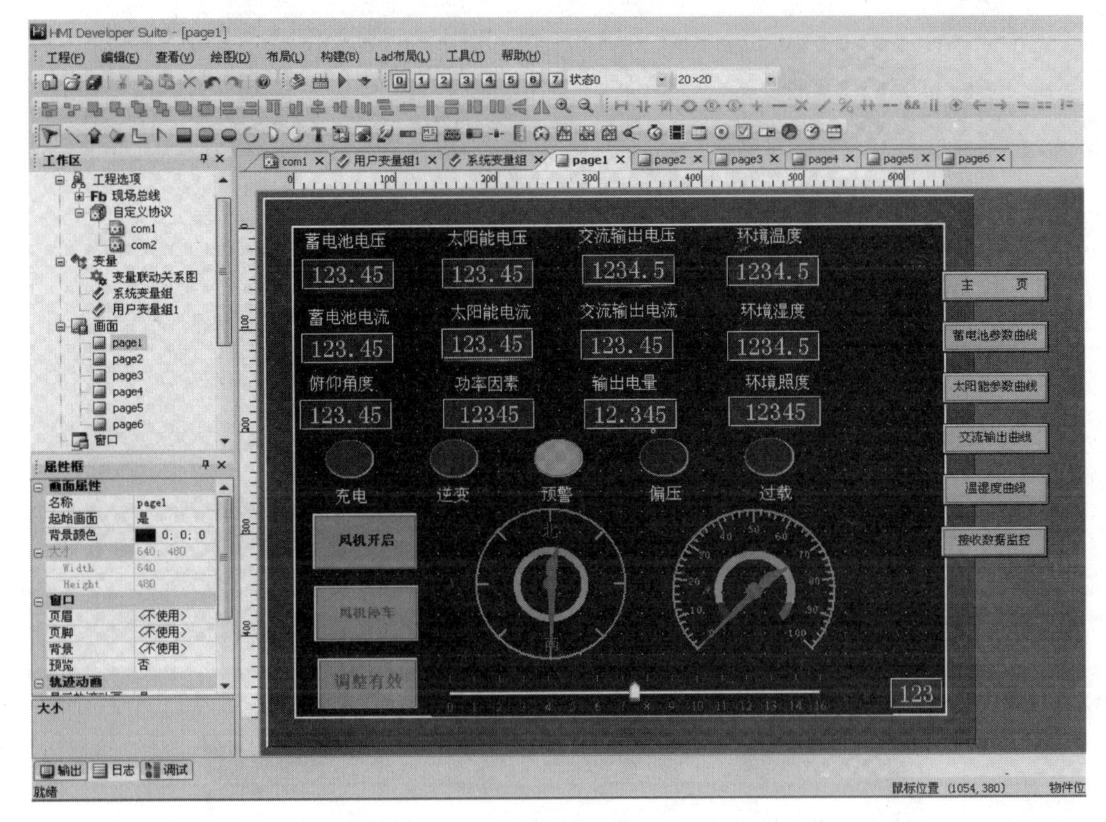

图 1-35　太阳能电站监控界面图形设计

素大多与用户已设置的变量具有对应关系，从而能够在组态软件运行时，及时反映出各变量的数据变化，并能根据用户的命令要求做出相应的运行。

本项目中，光伏发电电压电流、蓄电池电压电流、环境温湿度、俯仰角度、各检测信号的历史曲线等图形元素与变量之间的对应设置如图 1-36～图 1-40 所示。

7. 全局脚本设计

1）脚本介绍

HDS 组态软件支持脚本功能，使用一种 HDS 内部脚本 ZScript 脚本（以下简称 ZS 脚本），在 ZS 脚本中可嵌入 HDS 内部 shell 命令。应用脚本可进行数值计算与逻辑编程，使系统具备扩展能力，能够极大地丰富系统的功能。

ZS 脚本语言简单易懂，同时应用 HDS 中的脚本编辑器（HDS-Editor），用户可以十分轻松地进行逻辑编程，HDS-Editor 提供了脚本和命令的辅助输入功能，并且拥有友好的语法检查与调试定位功能，用户不必熟记相关语法与命令便可生成复杂的逻辑程序。

ZS 脚本文件中拥有数值运算、逻辑运算、较为完善的程序控制分支等多项高级语言功能。ZS 脚本语言与传统的 BASIC 语言较为接近，保留了传统 BASIC 的绝大多数功能，例如函数调用、局部变量管理等，同时又为人机界面系统添加了一些新的功能。

在 ZS 脚本中使用 shell 命令可以利用一些系统资源，实现对系统的交互与控制。在 ZS 脚本中使用 shell 命令也十分简单，应用关键字 shell 即可。

ZS 脚本语言是一种解释执行语言，这一点不同于 C、C++等其他高级语言。一般的程序都需要经过编辑、编译、连接、运行等过程，而解释性的 ZS 脚本语言省去了其中编译与连接的过程，只

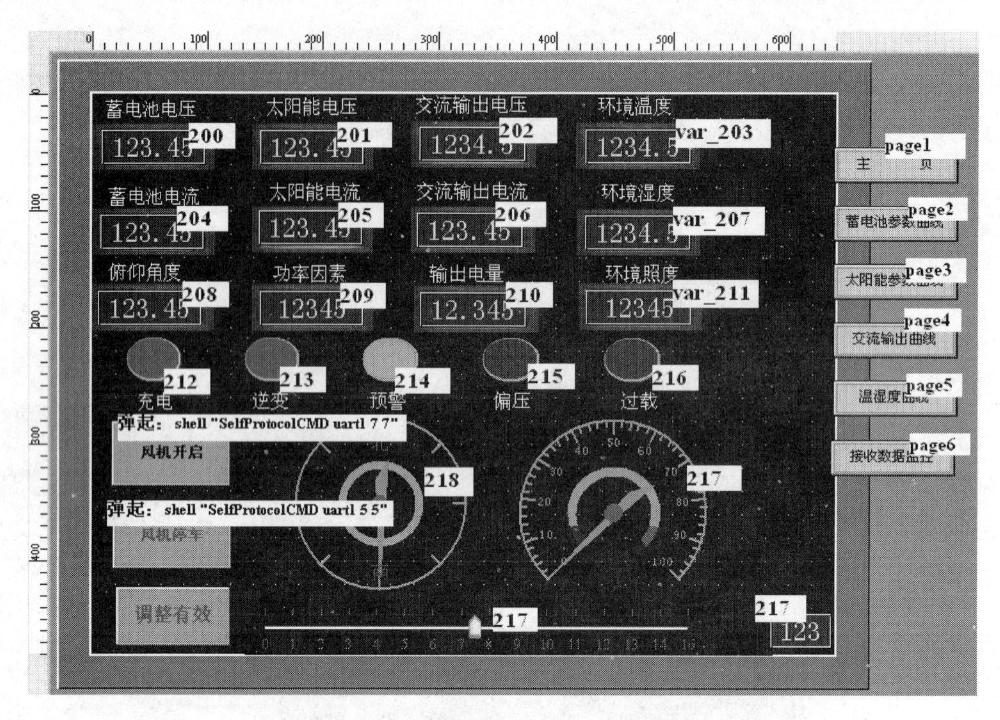

图 1-36 界面图形与变量的对应关系

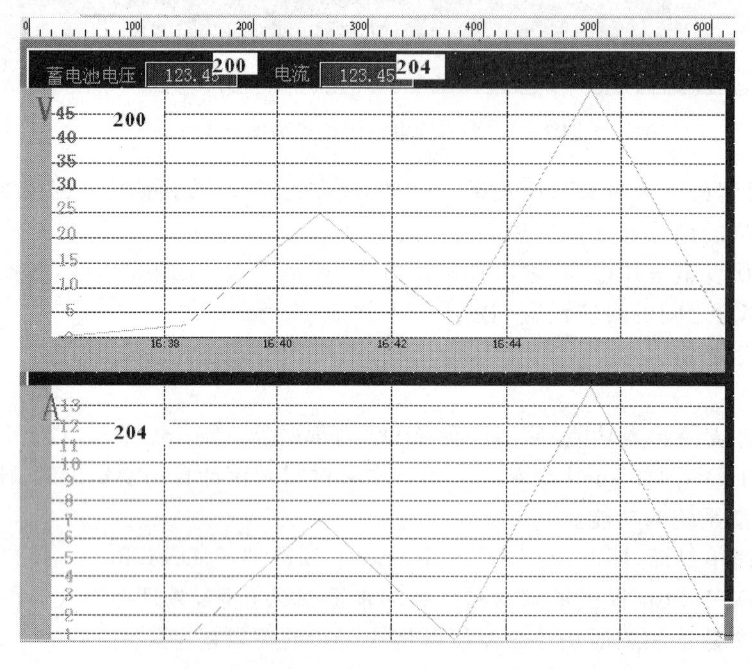

图 1-37 蓄电池电压电流的历史曲线

需要进行编辑、执行这两个过程。在执行时，也不同于传统机器语言，而是直接解释 ASCII 程序编码，所以 ZS 脚本语言本身就是平台无关的，可以做到一次编辑反复运行。

ZS 脚本语言主要的特点如下：

(1) 语言简洁、紧凑。ZS 脚本语言目前一共拥有 22 个关键字，使用方便，类似于传统的 BASIC和 PASCAL 语言。

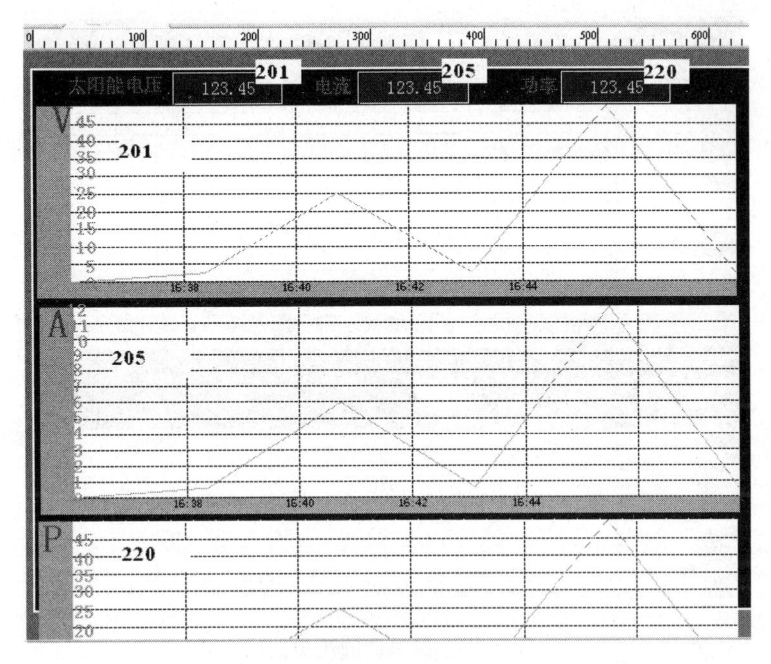

图 1-38　太阳能电池板电压电流的历史曲线

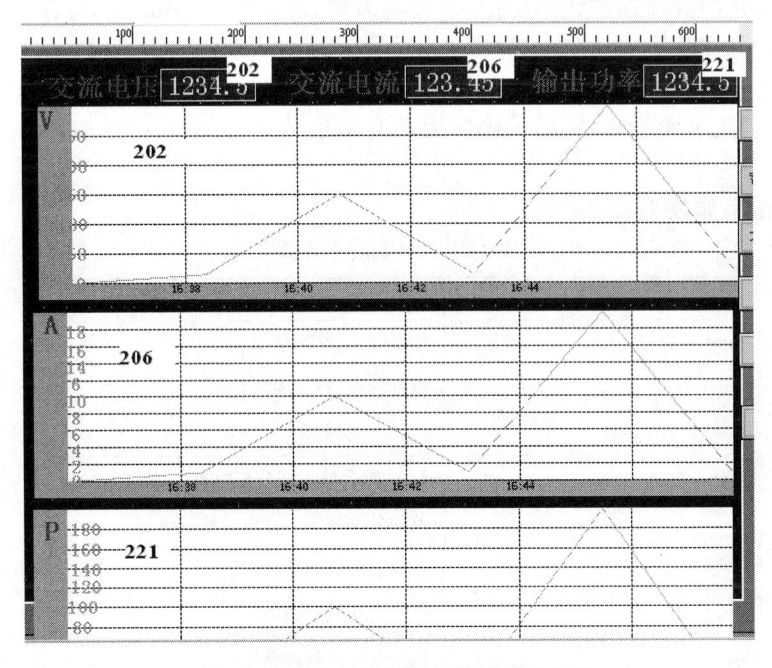

图 1-39　交流负载电压电流的历史曲线

(2) 支持丰富的运算符。ZS 脚本语言支持绝大多数 C 语言算术运算符和逻辑运算符，用户可以方便地设计复杂的算术与逻辑运算表达式。

(3) 局部变量简单易用。由于 ZS 脚本语言是为了工业自动化而设计，在局部变量的运算上突出了简单的特点。ZS 脚本语言的局部变量将运算作为唯一目的，局部变量只有一种 32 位变量类型。在算术运算中，该变量作为单精度浮点类型处理，而在位运算与逻辑运算中，则作为 32 位整型处理。

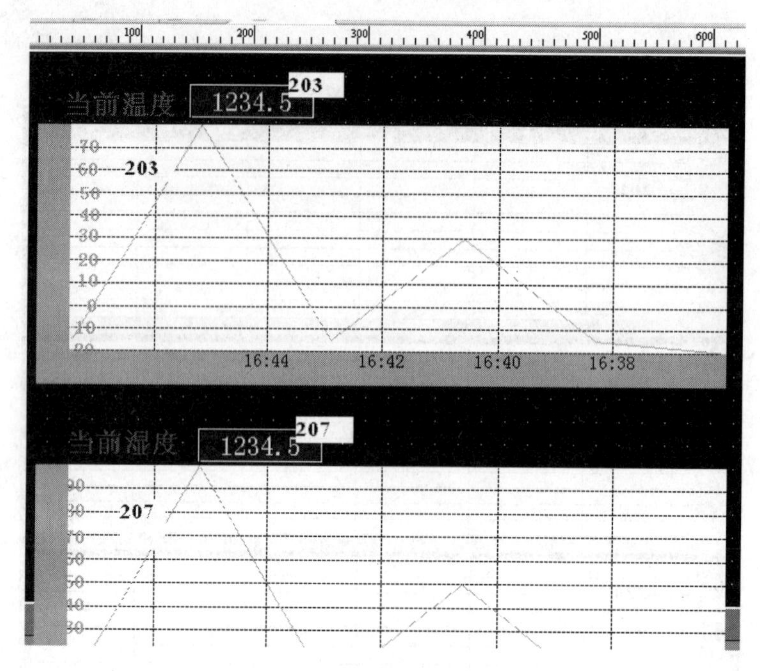

图 1-40　温湿度的历史曲线

(4) 具有结构化的程序控制语句(如 if…else 语句、do…loop while 语句、for…next 语句)。用函数作为程序的模块单元。

(5) 每条语句占一行,ZS 解析器以行作为语句的分割点。

(6) 变量名、函数名大小写敏感,关键字大小写不敏感。

2) 脚本语法关键字

脚本语法关键字如表 1-18 所示。

表 1-18　脚本语法关键字

编号	关键字	描述
1	print	标准调试,终端输出
2	input	标准调试,终端输入
3	if	条件分支判断
4	then	与 if 配合的条件分支判断
5	else	条件分支判断失败后的默认语句
6	elseif	多分支条件判断
7	endif	条件分支判断结束
8	for	指定循环数量的循环结构
9	next	for 循环结束语句
10	do	do…loop while ＜条件＞语句起始
11	loop	同上
12	while	do…loop while 或 while…wend 循环
13	wend	while…wend 循环结束
14	to	for 循环条件终值

续表

编号	关键字	描述
15	break	从最近一层循环跳出
16	continue	立即停止当前循环，重新开始下一次循环
17	Sub	子函数“过程”标号
18	return	子函数“过程”返回
19	shell	shell 命令执行
20	var	定义局部变量
21	end	程序结束

3）shell 命令说明

格式：命令名[参数 1]，[参数 2]，…，[参数 n]

例如：隐藏窗口：hidewm window1

触摸屏校准：calibrate

shell 命令参数数量是不确定的，不同的命令参数可能不同，也有些命令没有参数。参数的类型也不尽相同，有字符串（如各种控件名、页面名等）、整数（如表示坐标、长、宽等）、十六进制 RGB 值（一般表示颜色）、引用字符串（如引用文件名）。

尽管 shell 命令很多，参数也较复杂，但是 HDS 中脚本编辑器对 shell 命令提供了完整的支持，采用界面对话操作，用户一条命令也不用记忆便可灵活地使用 shell 命令提供各种功能。有关 shell 命令在 HDS 脚本编辑器中的应用请参考脚本编辑器。

4）编辑器界面介绍

如图 1-41 所示，编辑器界面包括以下部分：标题栏、工具栏、语法对象浏览器、脚本编辑区、调试信息窗口、状态栏、滚动条。

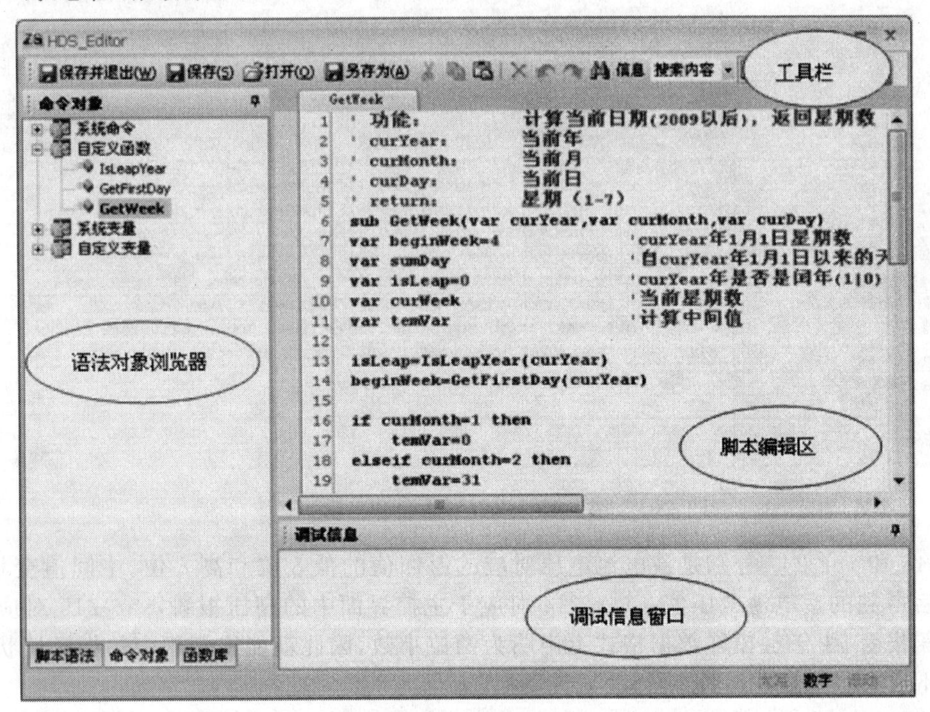

图 1-41　HDS 编辑器界面

5）太阳能电站监控脚本设计

如图 1-42 所示，针对太阳能电站监控中所需的各传感器的显示内容与检测值之间的对应关系，设计了 Method1～Method10 共 10 个脚本函数，分别能够对蓄电池电压、太阳能电流值、逆变器工作状态、环境温度、蓄电池电流、光伏发电电压、交流输出电流、环境光照度、太阳能电池板仰角值、光伏发电电量等数据进行分析和计算。

下面针对上述脚本函数，结合太阳能电站监控要求，举例进行说明。

（1）蓄电池电压报警函数：

```
sub Method1()
var_200= var_246+ var_247* 256
if var_200< 2210 then
   var_214= 1
else
   var_214= 0
endif
if var_200< 2040 then
   var_215= 1
   var_214= 0
   var_213= 0
endif
return
```

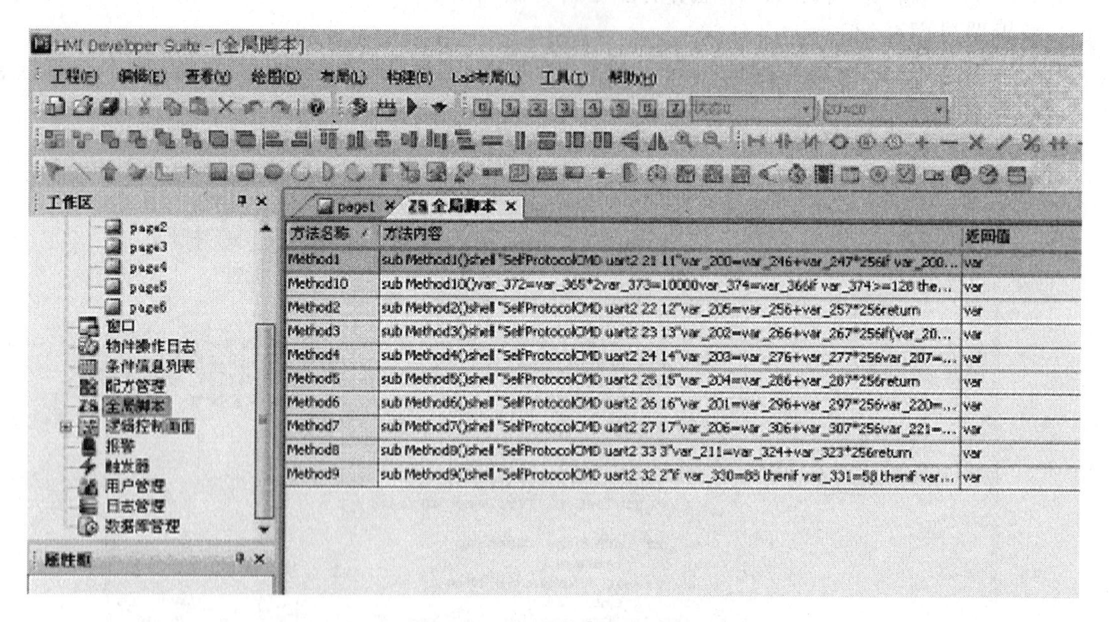

图 1-42　全局脚本设计界面

var_246 和 var_247 分别是蓄电池电压对应的返回值的低 8 位和高 8 位，中间值变量 var_200 便是计算后得到的蓄电池电压值。var_214 对应于主控界面中的高压报警，var_215 对应于主控界面中的低压报警，由于触摸屏数据格式上声明为两位小数，因此就能得到相应的指示灯状态。

（2）环境光照度处理函数：

```
sub Method8()
var_211= var_324+ var_323* 256
```

```
    return
```

与光照度显示相关的变量是 var_211，而 var_324 和 var_323 正是读取的光照度传感器返回的接收帧中的数据。

(3) 太阳能电池板仰角值计算函数：

```
    sub Method9()
    if var_330= 88 then
      if var_331= 58 then
        if var_335= 46 then
            var_340= var_330
            var_341= var_331
            var_342= var_332
            var_343= var_333
            var_344= var_334
            var_345= var_335
            var_346= var_336
            var_347= var_337
            var_208= (var_343- 48)* 1000+ (var_344- 48)* 100+ (var_346- 48)* 10+ (var_347-
48)
        endif
      endif
    endif
    return
```

仰角仪的返回信息形如："X：36.58"，共 8 位数据，分别存放于 var_330 ～var_337 中，并复制到 var_340～var_347，用于中间计算。

例如，若返回值为"X：36.58"，则变量 VAR_340～VAR_347 的值为：

变量名	十六进制	ASCII	十进制数	位权值(十进制)
var_340	58	X	88	
var_341	3A	:	58	
var_342	00		0	
var_343	33	3	51	51- 48= 3
var_344	36	6	54	54- 48= 6
var_345	2e	•	46	
var_346	35	5	53	53- 48= 5
var_347	38	8	56	56- 48= 8

由于 var_340、var_341、var_345 的值是仰角仪的固定格式，所以可以通过这三个值来判断是否为仰角仪器返回的数据。因此有：

```
    if var_330= 88 then
      if var_331= 58 then
        if var_335= 46 then
        …
        endif
      endif
    endif
```

如果要表达的返回角度值是 36.58，则应对返回值做如下处理：

3＊10＋6＋5＊0.1＋8＊0.01

但由于触摸屏的所有变量都是整数，所以本项目中将角度值放大 100 倍，得到：

var_208＝3＊1000＋6＊100＋5＊10＋8，即

var_208＝(var_343－48)＊1000＋(var_344－48)＊100＋(var_346－48)＊10＋var_347

var_208＝3658；

为了在触摸屏上表示出 36.58，只须在触摸屏数据格式上声明为两位小数即可。

六、软件系统调试运行

1. 组态软件编译下载

单击 HDS 组态软件常用工具栏上的“编译”按钮(见图 1-43)，就可以对工程进行编译，并检查错误，相应的错误信息会显示在输出窗口，如图 1-44 所示。

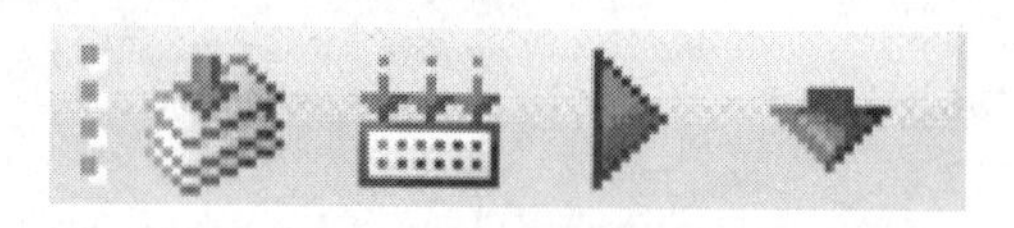

图 1-43　编译按钮

图 1-44　编译输出信息窗口

编译完成后，如果没有错误，并确保 PC 与 MiniHMI 的网线正确连接，开启 MiniHMI 电源，就可以单击常用工具栏上的“下载”按钮，下载组态工程到 MiniHMI。下载完成时会提示“下载完成”对话框，如图 1-45 所示。

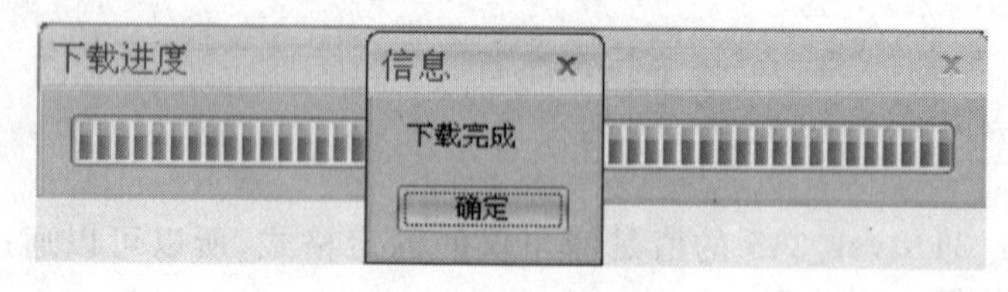

图 1-45　下载进度

2. 触摸屏人机界面运行

下载完成后，MiniHMI 会自动重启，并运行刚下载的监控软件工程。确保 MiniHMI 的 COM1 口与 RS485 总线正确连接。开启电源，MiniHMI 的触摸屏上就会显示如图 1-46 所示的运行工作界面。在该界面上可以读到各相关传感器采集到的数据，并能通过触摸屏对执行元器件进行实时控制。

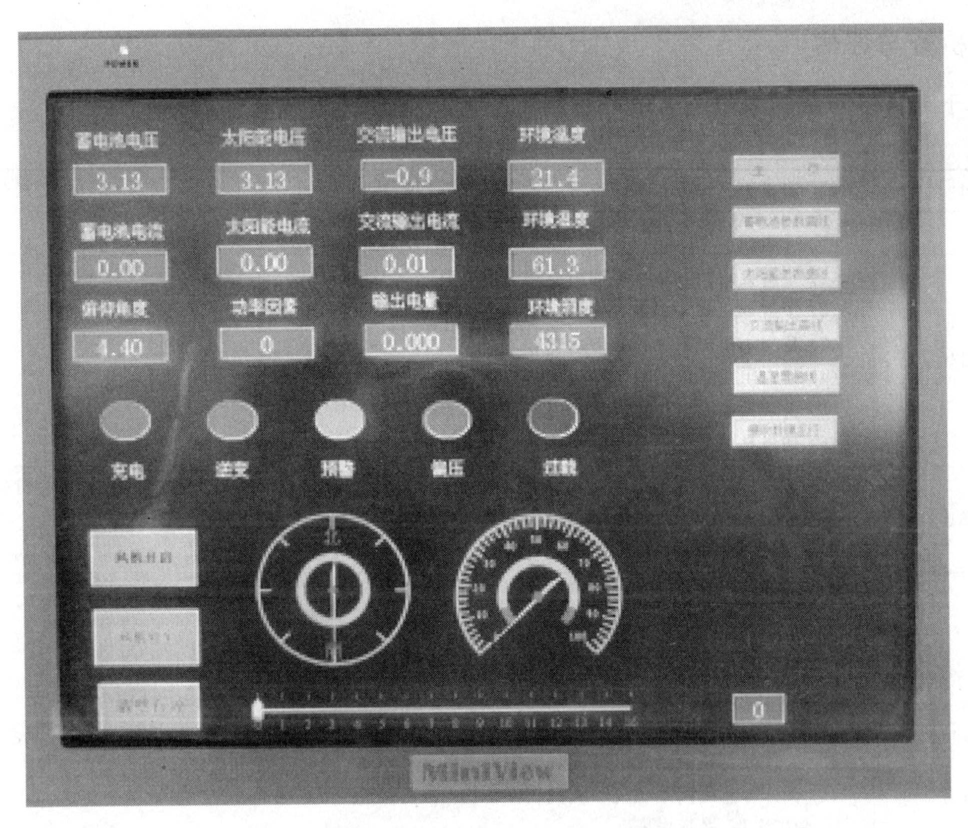

图 1-46　触摸屏运行工作界面

3. RS485 总线网络系统运行

在 MiniHMI 组态式人机界面系统调试运行正常的基础上，便可对基于 RS485 总线的太阳能电站远程监控系统进行综合调试运行，整个系统运行状态如图 1-47 所示。

图 1-47　太阳能电站远程监控系统运行状态

七、检查与评估

1. 基于 RS485 总线的太阳能电站远程监控系统设计任务书(见表 1-19)

表 1-19 基于 RS485 总线的太阳能电站远程监控系统设计任务书

学时	班级	组号	姓名	学号	完成日期
10					
能力目标	(1) 了解太阳能电站系统的组成及工作原理 (2) 了解 RS485 总线网络的技术特点 (3) 建立工业控制远程通信的概念 (4) 建立工业通信网络结构组成的概念 (5) 初步具备 RS485 总线网络从机硬件和软件设计的能力 (6) 初步具备 RS485 总线网络主机软件设计的能力				
项目描述	基于RS485总线的太阳能电站通信系统实验教学,通过教师的操作,学生的参与,师生共同对实验现象的分析,增加学生对基于RS485总线的太阳能电站通信系统构建的感性认识,激发学生学习利用工业网络进行电站远程通信的兴趣				
工作任务	1. 重点讲授 (1) 太阳能电站的基本概念 (2) 认识光伏发电技术中常用的传感器元器件及执行元器件 (3) RS485 总线网络结构组成的概念 (4) RS485 总线通信协议的概念 (5) RS485 总线网络从机硬件系统构成的概念 (6) RS485 总线网络主机和从机软件系统构成的概念 2. 学生实作、老师指导 (1) 合理选择并能正确使用常用的传感器元器件及执行元器件 (2) 合理选择 RS485 总线网络中相关通信元器件 (3) RS485 总线网络从机硬件电路设计 (4) RS485 总线网络主机和从机软件程序设计 (5) RS485 总线网络主机和从机的硬件和软件调试运行				
上交材料	(1) 写出基于 RS485 总线的太阳能电站通信系统实验装置中的各元器件名称和职能符号 (2) RS485 总线网络从机硬件电路原理图作图 (3) 回答问题 ➢ 根据太阳能电站的监控要求分析:为什么 RS485 总线网络可以应用于太阳能电站的远程监控 ➢ 如何在已有的基于 RS485 总线的太阳能电站监控网络中新增一个新的传感器结点? 相应的硬件和软件需要做哪些调整				

2. 基于 RS485 总线的太阳能电站远程监控系统设计引导文(见表 1-20)

表 1-20 基于 RS485 总线的太阳能电站远程监控系统设计引导文

学时	班级	组号	姓名	学号	完成日期
10					
学习目标	以太阳能电站远程监控系统实训项目为载体,通过本项目的学习,你能够: (1) 认识太阳能电站远程监控系统的技术要求 (2) 了解工业网络技术的基本概念 (3) 认识基于 RS485 总线的通信网络结构组成 (4) 掌握太阳能电站远程监控系统中常用的传感器工作原理 (5) 掌握基于 RS485 总线的太阳能电站远程监控网络的组建方法 (6) 掌握 RS485 总线网络主机和从机的软硬件设计方法				

续表

<table>
<tr><th>学时</th><th>班级</th><th>组号</th><th>姓名</th><th>学号</th><th>完成日期</th></tr>
<tr><td>10</td><td></td><td></td><td></td><td></td><td></td></tr>
<tr><td>学习任务</td><td colspan="5">(1) 合理选择太阳能电站远程监控网络中各种相关的传感器
(2) 认知监控网络中从机的硬件设计方法
(3) 认知监控网络中从机的软件设计方法
(4) 分析太阳能电站远程监控网络的拓扑结构
(5) 正确调试太阳能电站远程监控网络中的主机和从机</td></tr>
<tr><td>任务流程</td><td colspan="5">(1) 读识基于各种传感器的电路原理图
(2) 列出太阳能电站远程监控系统构建中所需要的所有元器件明细表
(3) 提供电压、电流、光照度、温湿度等重要参数的检测数据
(4) 利用相应设计软件作出主机与从机间的电路连接原理图并作必要的分析
(5) 给出 RS485 总线网络中的从机控制程序的流程图
(6) 对太阳能电站远程监控系统进行调试运行</td></tr>
<tr><td rowspan="2">学习过程</td><td colspan="5">【资讯与学习——明确任务，认识远程监控系统、相关知识学习】
一、安全注意事项
(1) 太阳能电站远程监控系统的实训内容涉及电工电子元器件、太阳能发电设备、蓄电池等，要保证所有实训设备和元器件的完好性
(2) 要正确地安装和固定好元器器件
(3) 各种电路和管路要连接牢固，管线松脱可能会引起事故
(4) 实训中所涉及的各种元器件应在系统中正确放置
(5) 不得使用超过限制的工作电压或电流
(6) 要按要求接好回路，检查无误后才能接通电源
(7) 实训现象不能按要求实现时，要仔细检查错误点，认真分析产生错误的原因
(8) 在通电情况下不允许拔插元器件，或在电路板上带电接线
(9) 要严格遵守各种安全操作规程
二、明确工作任务和工作要求
详见任务书。
三、预备知识
1. RS485 总线网络实训设备上的元器件讲解
(1) 传感器装置讲解
(2) 执行装置讲解
(3) 控制装置讲解
(4) 辅助装置讲解
2. RS485 总线网络实训设备的原理讲解
(1) RS485 总线网络拓扑结构的讲解
(2) 网络中从机工作原理的讲解
(3) 网络中主机工作原理的讲解
(4) RS485 总线通信协议及其数据帧的构成与讲解</td></tr>
<tr><td colspan="5">【计划与决策——基于 RS485 总线的远程监控网络的构成】
按照下述步骤开展项目化教学实施，完成工作页的相关内容。
本任务完成步骤：
(1) 合理选择太阳能电站远程监控网络中各种相关的传感器
(2) 认知监控网络中从机的硬件设计方法
(3) 认知监控网络中从机的软件设计方法
(4) 分析太阳能电站远程监控网络的拓扑结构
(5) 正确调试太阳能电站远程监控网络中的主机和从机</td></tr>
</table>

续表

<table>
<tr><td>学时</td><td>班级</td><td>组号</td><td>姓名</td><td>学号</td><td>完成日期</td></tr>
<tr><td>10</td><td></td><td></td><td></td><td></td><td></td></tr>
<tr><td rowspan="2">学习过程</td><td colspan="5">【项目实施】
操作步骤：
(1) 妥善准备本项目实施所需的各种元器件、仪表及工具
(2) 正确选择和连接各种相关传感器
(3) 正确设计和连接网络从机以及主机
(4) 搭建 RS485 总线网络
(5) RS485 总线网络中主机和从机的程序设计与分析
(6) 利用 PC 对 RS485 总线网络中主机和从机进行调试运行</td></tr>
<tr><td colspan="5">【检查与评估】
完成工作页相关内容</td></tr>
</table>

3. 基于 RS485 总线的太阳能电站远程监控系统设计工作页(见表 1-21)

表 1-21 基于 RS485 总线的太阳能电站远程监控系统设计工作页

<table>
<tr><td>学时</td><td>班级</td><td>组号</td><td>姓名</td><td>学号</td><td>完成日期</td></tr>
<tr><td>10</td><td></td><td></td><td></td><td></td><td></td></tr>
<tr><td>工作内容</td><td colspan="5">(1) 合理选择太阳能电站远程监控网络中各种相关的传感器
(2) 认知监控网络中从机的硬件设计方法
(3) 认知监控网络中从机的软件设计方法
(4) 分析太阳能电站远程监控网络的拓扑结构
(5) 正确调试太阳能电站远程监控网络中的主机和从机</td></tr>
<tr><td>实训器材</td><td colspan="5"></td></tr>
<tr><td rowspan="4">教学节奏与方式</td><td>序号</td><td>项目</td><td>时间安排</td><td colspan="2">教学方式(参考)</td></tr>
<tr><td>1</td><td>课前准备</td><td>课余</td><td colspan="2">自学、查资料、相互讨论无线通信技术的基本概念</td></tr>
<tr><td>2</td><td>教师讲授</td><td>1 学时</td><td colspan="2">重点讲授：
(1) 太阳能电站的基本概念
(2) 认识光伏发电技术中常用的传感器元器件及执行元器件
(3) RS485 总线网络结构组成的概念
(4) RS485 总线通信协议的概念
(5) RS485 总线网络从机硬件系统构成的概念
(6) RS485 总线网络主机和从机软件系统构成的概念</td></tr>
<tr><td>3</td><td>学生实作</td><td>1 学时</td><td colspan="2">学生实作、老师指导
(1) 合理选择并能正确使用常用的传感器元器件及执行元器件
(2) 合理选择 RS485 总线网络中相关的通信元器件
(3) RS485 总线网络从机硬件电路设计
(4) RS485 总线网络主机和从机软件程序设计
(5) RS485 总线网络主机和从机的硬件和软件调试运行</td></tr>
</table>

续表

<table>
<tr><td>学时</td><td>班级</td><td>组号</td><td>姓名</td><td>学号</td><td>完成日期</td></tr>
<tr><td>10</td><td></td><td></td><td></td><td></td><td></td></tr>
<tr><td>原理图</td><td colspan="5"></td></tr>
<tr><td rowspan="8">实习内容</td><td>序号</td><td colspan="2">主 要 步 骤</td><td colspan="2">要 求</td></tr>
<tr><td>1</td><td colspan="2">认识太阳能电站 RS485 总线网络中的各元器件</td><td colspan="2">正确标注</td></tr>
<tr><td>2</td><td colspan="2">选择和连接各种相关传感器</td><td colspan="2">掌握传感器与控制器的连接方法</td></tr>
<tr><td>3</td><td colspan="2">RS485 总线网络中从机硬件设计与分析</td><td colspan="2">作出从机硬件电路原理图</td></tr>
<tr><td>4</td><td colspan="2">RS485 总线网络中从机软件设计与分析</td><td colspan="2">作出从机软件流程图</td></tr>
<tr><td>5</td><td colspan="2">搭建太阳能电站 RS485 总线网络</td><td colspan="2">作出网络拓扑图</td></tr>
<tr><td>6</td><td colspan="2">RS485 总线网络中主机软件设计与分析</td><td colspan="2">作出主机软件流程图</td></tr>
<tr><td>7</td><td colspan="2">太阳能电站远程监控网络调试运行</td><td colspan="2">利用 PC 进行调试，记录测试结果</td></tr>
<tr><td rowspan="5">思考题</td><td>序号</td><td colspan="2">题目</td><td colspan="2">评分</td></tr>
<tr><td>1</td><td colspan="2">写出 RS485 总线网络实训设备各主要元器件的名称并画出符号</td><td colspan="2"></td></tr>
<tr><td>2</td><td colspan="2">根据太阳能电站的监控要求分析：为什么 RS485 总线网络可以应用于太阳能电站的远程监控</td><td colspan="2"></td></tr>
<tr><td>3</td><td colspan="2">如何在已有的基于 RS485 总线的太阳能电站监控网络中新增一个新的传感器结点？相应的硬件和软件需要做哪些调整</td><td colspan="2"></td></tr>
<tr><td>教师签名：</td><td colspan="2"></td><td>评分</td><td></td></tr>
</table>

4. 基于RS485总线的太阳能电站远程监控系统设计检查单(见表1-22)

表1-22 基于RS485总线的太阳能电站远程监控系统设计检查单

班级	项目承接人	编号	检查人	检查开始时间	检查结束时间

检查内容		是	否
回路正确性	(1) 按照电路原理图要求,正确连接电路	□	□
	(2) 系统中各模块安装正确	□	□
	(3) 元器件符号准确	□	□
调试	(1) 正确按照被控对象的监控要求进行调试	□	□
	(2) 能根据运行故障进行常见故障的检查	□	□
安全文明操作	(1) 必须穿戴劳动防护用品	□	□
	(2) 遵守劳动纪律,注意培养一丝不苟的敬业精神	□	□
	(3) 注意安全用电,严格遵守本专业操作规程	□	□
	(4) 保持工位文明整洁,符合安全文明生产	□	□
	(5) 工具仪表摆放规范整齐,仪表完好无损	□	□

教师审核:

项目承接人签名	检查人签名	教师签名

5. 基于RS485总线的太阳能电站远程监控系统设计评价(见表1-23)

表1-23 基于RS485总线的太阳能电站远程监控系统设计评价表

总分	项目承接人	班级	工作时间
			10学时

评分内容		标准分值	小组互评评分(30%)	教师评分(70%)
资讯学习(15分)	任务是否明确;资料、信息查阅与收集情况	5		
	相关知识点掌握情况	10		
计划决策(20分)	实验方案	10		
	控制元器件	5		
	原理图	5		
实施与检查(30分)	系统安装情况	10		
	系统检查情况	5		
	元器件操作情况	10		
	安全生产情况	5		
评估总结(10分)	总结报告情况	5		
	答辩情况	5		

续表

总　分	项目承接人	班级	工作时间	
			10 学时	
工作态度 （25 分）	工作与职业操守	5		
	学习态度	5		
	团队合作精神	5		
	交流及表达能力	5		
	组织协调能力	5		
总　分		100		

项目完成情况自我评价：

教师评语：

被评估者签名	日期	教师签名	日期

 项目小结

本项目以通用小型离网型太阳能电站为应用背景，以电站远程监控为设计目标，以 RS485 总线网络为通信载体，以 MiniHMI-1000 型组态式人机界面系统为监控中心，介绍了太阳能电站远程监控系统的结构组成，分析了各种相关传感器的工作原理，设计了相应的硬件电路和软件程序。

学生在项目化的实践操作过程中，可充分结合本项目的任务要求，在完善人机界面、通信过程调试、RS485 总线网络主机与从机功能拓展等方面做出创新尝试与练习，以进一步提高专业技能。

项目二 基于CAN总线的风能电站远程监控系统设计

风能作为一种自然资源，风速、风向都是不稳定的，风力发电机组要求适应高温、高寒、高潮、高湿、盐雾、大风沙等恶劣环境，且在无人值守下长年运行。这些因素对风力发电机组电气控制系统的可靠性和环境适应性都提出了十分严格的要求。

对于离网型风力发电控制系统来说，大部分采用的都是结构简单的小型风机，基本都是定桨距结构，可控部件很少，没有类似大型风机常用的那种叶片桨距控制结构来调节风机吸收的风能和发电机输出的电能。在控制对象方面，离网型风力发电控制器更侧重于对储能装置，尤其是对蓄电池的控制。通过对储能装置的功率管理，使离网型风力发电系统能够更好地匹配负载的需求是风力发电控制器最核心的任务。

在风力发电场中，通常需要对几十台或几百台风力发电机进行集群控制，如图 2-1 所示，这就要求采用先进的控制手段与通信手段。现场总线是近年来工业控制领域的热点，CAN 总线是其中的一种，是具有优先级的总线式串行通信网络，能够有效支持分布式实时控制系统。将 CAN 总线技术应用于风力发电机的集群控制，能够提高控制系统的可靠性、实时性和灵活性，降低系统成本。

图 2-1　风力发电场中的风力发电机

本项目所涉及的风力发电场中的风能电站远程监控系统，借助于 CAN 总线网络，可对风能电站的运行状况进行实时监测和控制，具有突出的实时性、可靠性、灵活性和较好的控制性能，成本低且易于维护。随着以 CAN 总线为典型代表的现场总线技术的不断发展和推广，现场总线技术在风力发电控制领域的应用前景将愈来愈广阔。

项目描述

对离网型风能电站的运行状态进行远程监控，实时了解外界环境参数（如风向、风速等）以及风能电站的运行参数（风力机转速、风力发电机的输出电压电流、蓄电池的电压电流等）。

项目目标

（1）选取合适的传感器与执行元器件，使其能够实现对风能电站的运行状态进行数据采集。

（2）选取合适的通信方法，能够将风能电站中各种运行状态数据发送到 PC 中，并通过 PC 人机界面进行显示。

项目分析

一、项目分解

（1）了解离网型风能电站的组成及工作原理。根据离网型风能电站的组成确定监控对象，根据工作原理确定监控方案。

（2）明确离网型风能电站的监控对象。围绕离网型风能电站的工作过程确定各种相关的监控对象。

（3）设计离网型风能电站远程监控总体方案。基于 CAN 总线网络设计和构建离网型风能电站远程监控系统。

（4）离网型风能电站数据检测与控制硬件电路设计。

- 相关传感器原理与功能分析；
- CAN 总线数据采集结点电路设计；
- CAN 总线网络硬件系统连接与调试。

（5）离网型风能电站控制软件程序设计。

- CAN 总线数据采集结点程序设计；
- PC 人机界面设计；
- PC 与 CAN 总线网络中各数据采集结点的通信调试。

二、系统参数设置

本项目是按照 48 V 的蓄电池组电压来构建离网型风力发电系统的，具体提出了以下技术参数供软硬件设计时参考：

（1）系统额定工作电压：48 V；

（2）工作温度：－25～50 ℃；

（3）单路风机最大输出电流：15 A；

（4）均充充电电压：54～68 V；

（5）浮充充电电压：48～60 V；

（6）提升切入电压：48～54 V；

（7）负载最大输出电流：50 A。

相关知识

一、离网型风能电站控制原理

离网型风力发电系统又称独立型风力发电系统，它是一种自给自足型的发电系统，将多余的发电所产生的能量储存在蓄电池等储能设备中，而不是直接送向电网。

离网型风力发电系统的主要优点有系统初投资较低、发电成本低、扩容灵活、无须燃料等，其缺点主要是维护检修较为复杂。为此，需要为系统设计一种控制装置，该装置根据风力大小以及负载变化，不断对蓄电池的工作状态进行切换和调节，使其在均充电、放电或浮充电等多种工作状态下交替运行，从而保证风力发电系统供电的连续性和稳定性。具有上述功能，在系统中能够对发电风力机、储能蓄电池组和负载实施有效保护、管理和控制的装置称为“离网型风力发电系统控制器”。该控制器是离网型风力发电系统的大脑，主要功能是对蓄电池进行充电控制和过放电保护，进行电压显示和电流显示，同时对系统输入/输出的电量起到调节与分配的作用，并完成系统需要的一些监控功能和提供必要的通信接口。

1. 离网型风能电站控制器的分类

按照控制器不同的特性，对离网型风力发电系统控制器有多种不同的分类方式。比较常见的有按照控制器的功能特征、控制器整流装置的安装位置、控制器对蓄电池充电调节原理的不同进行分类：

1）按照控制器功能特征分类

（1）简易型控制器：具有对蓄电池过充电和正常运行进行指示的功能，并能将配套机组发出的电能输送给储能装置和直流用电器。

（2）自动保护型控制器：具有对蓄电池过充电、过放电和正常运行进行自动保护和指示的功能，并能将配套机组发出的电能输送给储能设备和直流用电器。

（3）程序控制型控制器：对蓄电池在不同的荷电状态下具有不同充电的阶段充电模式，并对各阶段充电具有自动控制功能；对蓄电池过放电具有自动保护功能；采用单片机对风力发电机的运行参数进行高速实时采集，并按照一定的控制规律由软件程序发出指令，控制系统工作状态。同时，还能将配套机组发出的电能输送给储能装置和直流用电器，并实现系统运行实时控制参数采集和远程数据传输功能。

2）按照控制器电流输入类型分类

（1）直流输入型控制器：使用直流发电机组或把整流装置安装在控制器外部的产品。

（2）交流输入型控制器：整流装置直接安装在控制器内的产品。

3）按照控制器对蓄电池充电调节原理的不同分类

（1）串联控制器：早期的串联控制器其开关元器件使用继电器，目前多使用固体继电器或工作在开关状态的功率晶体管。开关串接在风力发电机和蓄电池之间，所有风力发电机组发出的电都被整流并传输到直流接线端，这样就为直流负载提供了电能，并把多余的能量储存在蓄电池里。

（2）并联控制器：当蓄电池充满时，利用电子器件将风力发电机的输出分流到并联的电阻器上。

（3）多阶控制器：其核心部件是一个受充电电压控制的“多阶充电信号发生器”。多阶充电信号发生器根据充电电压的不同，产生多阶梯充电电压信号，控制开关元器件顺序接通，实现了对蓄电池组充电电压和电流的调节。

（4）脉冲控制器：脉冲充电方式首先是用脉冲电流对电池充电，然后让电池停充一段时间后再充，如此循环充电，使蓄电池充满电量。其核心部件是一个受充电电压调制的“充电脉冲发生器”。

（5）脉宽调制（PWM）控制器：它以 PWM 方式开关风力发电机的输入。当蓄电池趋向充满时，脉冲的宽带变窄，充电电流减小；而当蓄电池电压回落时，脉冲宽带变宽，以符合蓄电池的充电要求。

2. 离网型风力发电控制的发展现状

目前国内外运行的离网型发电系统大部分为单台风力发电机独立发电的系统。在充放电环节，控制器只需要对单台风力发电机进行控制，这方面的技术已经比较成熟，很多控制器的类型也是在单机模式这个前提下发展起来的。但对于多台风力发电机在一个系统中对一组蓄电池进行充电的离网型风力发电系统的研究还有很大的拓展空间，其控制器系统的研制也有很大的改进空间。通过参考单机模式下的控制器系统的设计，结合多台风力发电机共同发电的特点，国内外也研制出了一批比较有特点的控制器系统。这些多台风力发电机控制器系统的构成基本有两种思路：一种是简单地并联，利用成熟的单机控制器独立控制各自的风力发电机发电，然后将这些电能汇聚到一个配电中心进行管理，并对蓄电池进行充电，这种方式可以利用比较成熟的技术，系统构建简单，维护较方便，在工程上得到广泛应用；另一种是有机地整合，通过一个控制中心实时地管理所有风力发电机，在这个控制中心的管理下，所有的风力发电机按照一定的充电算法对一组蓄电池进行充电，这种方式提高了风能的利用效率，是一种发展趋势。

二、离网型风能电站远程监控对象

(1) 风力发电机输出电压；
(2) 风力发电机输出电流；
(3) 蓄电池电压；
(4) 蓄电池电流；
(5) 外界环境状况(风速、风向)；
(6) 风力发电机转速。

三、离网型风能电站远程监控方案

离网型风能电站远程监控系统网络拓扑方案如图2-2所示，通过CAN总线在监控网络中进行数据通信。PC作为CAN总线的上位机(监控中心)，并设计了相关的人机界面。CAN总线传感器结点一方面包括与风力发电相关的结点，如风力发电机电压和电流传感器结点、风力发电机转速测量结点、蓄电池电压和电流传感器结点等；另一方面包括与环境监测相关的结点，如风向和风速传感器结点。

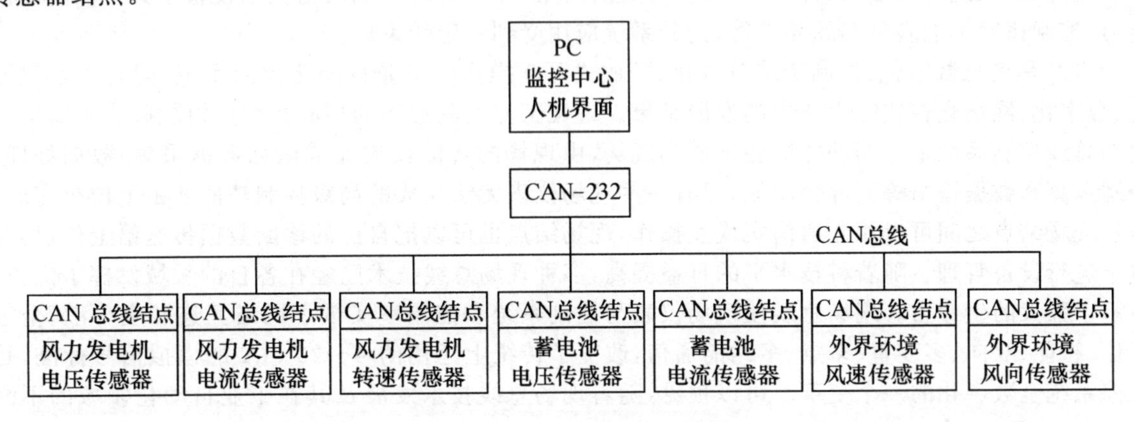

图 2-2　CAN 总线网络拓扑图

各CAN总线传感器数据采集结点主要完成以下功能：数据的实时采集与就地显示、接收来自上位机的命令和向上位机发送采集到的数据等。上位机主要完成对数据采集结点发送数据的接收，并完成对数据的显示和存储功能。上位机与数据采集结点之间通过CAN-232结点实现通信。上位机与CAN-232结点之间的通信采用RS-232串行通信模式。CAN-232结点完成CAN总线上的数据和RS-232串行数据之间的转换功能，主要实现以下功能：接收CAN总线上数据采集结点发来的数据,并由 RS-232 总线发送给上位机;接收 RS-232 串行总线上位机发送的数据,并经 CAN 总线发送给数据采集结点。

四、现场总线控制系统

1. 现场总线控制系统的发展历史与现状

现场总线是一个数字通信系统,它把现场的设备比如传感器、执行器、控制器等相互连接成为一个统一的网络。现场总线起始于 20 世纪 80 年代。欧洲、北美、亚洲的许多国家都投入巨额资金与人力研究开发该项技术,出现了现场总线技术与产品百花齐放、兴盛发展的态势。例如,丹麦 Process Data 公司 1983 年推出的 P-Net、Siemens 公司 1984 年推出的 PROFIBUS、法国 Alston 公司 1987 年推出的 FIP 等,都是早期推出且至今仍有较大影响的现场总线技术。

在发达国家,现场总线技术从 20 世纪 80 年代开始出现并被逐步推广,现在已经被广泛接受和使用。2005 年,欧洲有 70%的自动化工程项目采用了现场总线控制系统,其良好的应用前景和广阔的市场受到诸如 Siemens、Motorola、Honeywell 等诸多世界大公司的高度重视。在国内,现场总线首先用在外国公司在华投资的生产线,如外资汽车生产企业的生产线大多用到了现场总线技术,后来啤酒灌装、烟草加工、机械装配、产品包装等生产线也大量使用现场总线。此外,市政工程、楼宇、智能化小区建设也开始使用现场总线。2001 年 11 月,国家发展计划委员会在《当前优先发展的高技术产业化重点领域指南(2001 年度)》中将现场总线技术及其智能仪表的研究、开发及推广应用列为优先发展的高科技重点领域之一。

现场总线控制系统(Fieldbus Control System,FCS)是继基地式气动仪表控制系统、电动单元组合式模拟仪表控制系统、计算机集中式数字控制系统和集散式控制系统(Distributed Control System,DCS)后的新一代控制系统。

DCS 自 20 世纪 70 年代中期问世以来,已在过程控制领域成功地应用了 30 多年。DCS 以其体系结构上的优势,如集中控制、分级管理、危险分散,在各个领域的实际应用中取得了相当大的成效,并为业界人士所认同。然而,由于 DCS 本身以及控制设备存在的一些实际问题,诸如系统综合信息能力差、系统构成复杂、各生产商的产品互操作性差以及现场仪表与控制设备不具备双向通信能力、控制速度不能满足实际要求等,使其系统应用受到一定约束。

FCS 是信息数字化、控制功能分散化、开放式可互操作的工业自动化控制系统,同时也是智能化、数字化、网络化在实际生产中的发展结果。现代工业控制思想的核心是“分散控制、集中监控”。现场总线控制系统把控制功能彻底下放到现场,由现场的智能仪表完成诸如数据采集、数据处理、控制运算和数据输出等大部分功能,只有一些现场仪表无法完成的高级控制功能才由上位机完成,而且现场结点之间可以相互通信实现互操作,现场结点也可以把自己的诊断数据传送给上位机,有益于进行设备管理。随着科技水平的日益提高,多种现场总线技术已经在各自的领域发挥了优势,显示了强大的生命力。现场总线使现场仪表与控制系统和控制室实现了网络互连和全分散、全数字化、智能、双向、多变量、多点、多站的通信,改变了传统上运用的 4～20 mA 的模拟信号标准,是工控系统全数字化的一个变革。可以预见,随着现场总线技术发展及其在工业自动化领域的不断深入,传统的 DCS 必将被 FCS 所全面取代。作为新一代的过程控制系统,现场总线控制系统无疑具有十分广阔的发展前景。它的出现,必将对工业控制领域产生深刻的变革,并对社会生产力的发展起到极大的促进作用。

2. 现场总线控制系统的特点

与传统控制系统相比,FCS 的特点具体表现如下:

(1) 开放性:现场总线系统克服了分布式控制系统(DCS)采用专用网络通信所造成的系统封闭的缺陷,现场总线标准保证了不同厂家的产品可以互换。

(2) 全数字化：现场总线设备在总线上传输的是数字信号，数字信号固有的高精度、抗干扰特性大大提高了控制系统的可靠性。

(3) 全分布式：在FCS中各现场设备有足够的自主性，它们彼此之间相互通信，完全可以把各种控制功能分散到各种设备中，而不再需要一个中央控制计算机，实现真正的分布式控制。

(4) 双向传输：传统的4～20 mA电流信号，一条线只能传递一路信号。现场总线设备则在一条线上既可以向上传递传感器信号，也可以向下传递控制信息。

(5) 自诊断：现场总线仪表本身具有自诊断功能，而且这种诊断信息可以送到中央控制室，以便维护。

(6) 节省布线及控制室空间：在FCS中多台现场设备可串行连接在一条总线上，这样只需要极少的线缆进入中央控制室，大量节省了布线费用，同时也降低了中央控制室的造价。

(7) 多功能仪表：可在一个仪表中集成多种功能，做成多变量变送器，集检测、运算、控制于一体。

(8) 智能化与自治性：现场总线设备能处理各种参数、运行状态信息及故障信息，具有很高的智能化，能在部件甚至网络故障的情况下独立工作，大大提高了整个控制系统的可靠性和容错能力。

3. 主要的现场总线

现场总线技术出现于20世纪80年代，经过30多年的发展，据分析目前世界上已经出现过的现场总线超过了100种，自主开发型的就有40多种。有几种现场总线技术已经逐步形成其影响并在一些特定的应用领域中显示了自己的优势。

(1) LonWorks：LonWorks采用了ISO/OSI模型的全部7层通信协议，采用了面向对象的设计方法，通过网络变量把网络通信设计简化为参数设置。其通信速率从300 bit/s到1.5 Mbit/s不等，直接通信距离可达2 700 m(78 kbit/s，双绞线)。它支持双绞线、同轴电缆、光纤、射频、红外线、电力线等多种通信介质。LonWorks技术所采用的LonTalk协议被封装在称之为Neuron的神经元芯片中而得以实现。LonWorks是由美国Echelon公司推出并由它与摩托罗拉、东芝公司共同倡导，在1990年正式公布而形成的。目前，它已被广泛应用在楼宇自动化、家庭自动化、保安系统、办公设备、交通运输、工业过程控制等行业。

(2) CAN：CAN是控制局域网络(Controller Area Network)的简称，其模型结构采用了ISO/OSI底层的物理层、数据链路层和顶层的应用层。CAN最早由德国的BOSCH公司推出，用于汽车内部测量与执行部件之间的数据通信，目前已得到Motorola、Intel、Philips、Siemens、NEC等公司的支持，广泛应用在离散控制领域。其信号传输介质为双绞线，通信速率最高可达1 Mbit/s(对应传输距离为40 m)，直接传输距离最远可达10 km(对应的传输速度为5 kbit/s)，可挂接设备数最多可达110个。CAN的信号传输采用短帧结构，每一帧的有效字节数为8个，因而传输时间短，受干扰的概率低。当结点严重错误时，具有自动关闭的功能，以切断该结点与总线的联系，使总线上的其他结点及其通信不受影响，具有较强的抗干扰能力。

(3) HART：HART是Highway Address Remote Transducer的缩写，即可寻址远程传感器高速通道的开放通信协议，其特点是在现有模拟信号传输线上实现数字信号通道。协议规定了一系列的命令，按命令方式工作，并采用统一的设备描述语言DDL。HART最早由Rosemount公司开发并得到80多家著名仪表公司的支持。

(4) InterBus：InterBus是由德国Pheonix公司两位德国工程师于1985年开始开发，于1987年在汉诺威(Hannover)展会上提出的将PLC并联接线方式改为串联的新概念。它的技术特点有：可传输实时I/O数据和离散性长数据；环形拓扑结构，扩展方便；BK模块方便地实施支路通行，不会因中间环路损坏而影响网络使用；在与远程总线连接时，不必停止总线上的结点；可使用多种介质，如双绞屏蔽电缆、光缆等。

(5) ControlNet：ControlNet的基础技术是由美国Rockwell Automation公司自动化技术研究发展起来的，于1995年10月问世。它的技术特点有：在单根电缆上支持两种信息传输，一种是对时间有严格苛求的信息传输，另一种是对时间无苛求的信息发送和程序的上传下载；采取新的通信模式生产者/客户的模式取代了传统的源/目的的模式。它支持点对点通信，而且允许同一时间向多个设备通信；可使用同轴电缆，长度达6 000 m，可建起结点最多达99个，两结点间最长距离达1 000 m。网络拓扑结构可采用总线型、树形和星形，安装简单、扩展方便，具有介质冗余、本质安全、诊断功能良好的特点。

此外，还有FF、SwiftNet、WorldFIP等现场总线。

4. 现场总线技术对仪器仪表的影响

仪器仪表作为控制系统的底层单元，起着数据获取、处理与传输的作用。早期的仪表是模拟式仪表，现在通常称之为传统仪表。这种仪表一般由传感元器件和信号调整与转换电路组成。它由模拟电路组成，只能进行信号处理，基本不具备信息处理能力和自我管理能力。

随着计算机技术、通信技术与控制技术的发展，智能仪表应运而生。智能仪表的出现，极大地扩充了传统仪表的应用范围。智能仪表凭借其体积小、功能强、功耗低等优势，迅速在家用电器、科研单位和工业企业等诸多领域得到了广泛应用。

现场总线技术的出现，进一步推动了仪器仪表的发展。现场总线技术对当今仪器仪表的影响主要体现在以下几个方面：

(1) 用一对通信线连接多台现场数字仪器仪表代替一对信号线，只能连接一台现场模拟仪器仪表。

(2) 用多变量、双向、数字通信方式代替单变量、单向、模拟传输方式。

(3) 用多功能的现场数字仪器仪表代替单功能的现场模拟仪器仪表。

当今，现场总线及由此而产生的现场总线智能仪器仪表和控制系统已成为全世界范围自动化技术发展的热点，这一涉及整个自动化和仪表工业革命以及产品全面更新换代的新技术在国际上引起人们广泛的关注。国际现场总线标准的实施、现场总线技术的成熟以及现场总线控制系统的推出，必将对我国仪器仪表和自控领域产生巨大的影响。

五、CAN总线通信网络结构与通信原理

1. CAN总线简介

1986年2月，BOSCH公司在SAE(汽车工程协会)大会上介绍了一种串行总线CAN控制器局域网，CAN由此诞生。为促进CAN以及CAN协议的发展，1992年3月自动控制中的CiA(CAN in Automation)用户组织正式成立。1993年11月公布了CAN的ISO11898标准，定义了29位的扩展标识符，最高波特率为1 Mbit/s。在CiA的努力推广下，CAN技术在汽车电控制系统、电梯控制系统、安全监控系统、医疗仪器、纺织机械、船舶运输等方面均得到了广泛的应用。现已有400多家公司加入了CiA，CiA已经成为全球应用CAN技术的权威。

CAN由于采用了新的技术和独特的设计，使该总线与一般的通信总线相比，具有突出的可靠性、实时性和灵活性，能有效支持分布式控制及实时控制，并支持多主机方式，具有底层解决通信冲突的能力。其特点具体概括如下：

(1) 低成本；

(2) 极高的总线利用率；

(3) 直接通信距离最远可达10 km(传输速率在5 kbit/s以下)；

(4) 通信速率最高可达1 Mbit/s(此时通信距离最多为40 m)；

(5) 可根据报文的 ID 决定接收或屏蔽该报文；

(6) 可靠的错误处理和检错机制；

(7) 发送的信息遭到破坏后，可自动重发；

(8) 结点在错误严重的情况下具有自动退出总线的功能；

(9) 报文不包含源地址或目标地址，仅用标志符来指示功能信息、优先级信息；

(10) CAN 是一种有效支持分布式控制和实时控制的串行通信网络；

(11) 多主方式工作，网络上任意结点均可在任意时刻主动地向网络上其他结点发送信息；

(12) 在报文标识符上，CAN 上的结点分成不同的优先级，可满足不同的实时要求；

(13) CAN 采用非破坏总线仲裁技术，当多个结点同时向总线发送信息出现冲突时，优先级较低的结点就会主动地退出发送，而最高优先级的结点就会不受影响地继续传输数据，从而大大节省了总线冲突仲裁时间；

(14) CAN 结点只需要通过对报文标识符滤波即可实现点对点、一点对多点以及全局广播等几种方式传送接收数据；

(15) CAN 上的结点数主要取决于总线驱动电路，目前可达 110 个；

(16) 报文采用短帧结构，每一帧 8 个字节，传输时间短，受干扰概率低，保证了数据出错率极低；

(17) CAN 每帧信息都有 CRC 校验及其他检错措施，具有极好的检错效果；

(18) CAN 的通信介质选择灵活，可为双绞线、同轴电缆或光纤；

(19) CAN 结点在错误严重的情况下具有自动关闭输出功能，以使总线上其他结点的操作不受影响；

(20) CAN 总线具有较高的性能价格比，它结构简单，器件容易购置，每个结点的价格较低，而且开发技术容易掌握，能充分利用现有的单片机开发工具；

(21) 信号调制解调方式采用不归零(NRZ)编码/解码方式，并且采用插入填充位(位填充)技术。

2. CAN 总线与 RS485 总线的对比

CAN 总线被广泛应用在对抗干扰能力和实时通信能力要求较高，但单次通信量较小，通信距离在 3～5 km 以内的一些场合。这一点也正符合风能电站远程监控的要求，而原先在这种控制场合中主要采用的是 RS485 总线/BITBUS 总线网络。因此，在确定控制方案时，需要首先对这些总线的性能进行对比分析，如表 2-1 所示。

表 2-1　RS485/CAN 特性比较

总线 特性	RS485	CAN
单点成本	低廉	稍高
系统成本	高	较低
总线利用率	低	高
网络特性	单主网络	多主网络
数据传输速率	低	高
容错机制	无	可靠的错误处理和检错机制
通信失败率	高	极低
结点错误的影响	导致整个网络瘫痪	无任何影响
通信距离	<1.5 km	可达 10 km(5 kbit/s)
网络调试	困难	非常容易
开发难度	标准 Modbus 协议	标准 CAN-bus 协议，软件包支持
后期维护成本	高	低

从表 2-1 的数据对比中可以看出,CAN 总线与传统的 RS485 总线相比,具有明显的优势,主要表现有以下几方面:

(1) RS485 总线是不支持竞争的,其通信采用的是“一主多从”的方式,运行效率低,高峰期易堵塞。BITBUS 也是主从结构网,只能有一个主站(结点),其余均为从站(结点),无法构成多主结构或冗余结构的系统,一旦主结点出现故障,整个系统将处于瘫痪状态,因而对主结点的可靠性要求很高,而 CAN 总线具有非破坏性总线仲裁,支持竞争,通信采用“多主对等”方式。

(2) RS485/BITBUS 总线的数据通信方式为命令响应型,网络上的任一次数据传输都是由主结点发出命令开始,从结点接到命令后以相应的方式传给主结点,这使得网络上数据传输速率大大降低,有时在下端出现异常时,数据不能立即上传,必须等待主结点下达命令,灵活性较差,不能适应实时性要求高的场合。而 CAN 网络上任何一结点均可作为主结点主动地与其他结点交换数据,给系统设计带来了极大的灵活性,并大大提高了系统的性能。

(3) RS485 总线通信及组网的灵活性不强,通信速率也较低;CAN 总线组网非常灵活,通信速率最大可达 1 Mbit/s。

(4) RS485 总线标准只是一个电气标准,并没有自己的通信协议,无故障定位和错误处理功能,因此网络维护较为困难。BITBUS 的物理层采用也是 RS485 规范,链路层为 SDLC 协议,仍然存在效率较低、错误处理能力不强的问题。而 CAN 的物理层及链路层采用独特的设计技术,使其在抗干扰、错误检测能力等方面的性能均超过 RS485,且 CAN 网络结点的信息帧可分出优先级,这对于有实时性要求的用户提供了方便,是 RS485/BITBUS 所无法比拟的。

(5) CAN 总线网络性能虽优于 RS485/BITBUS,但组网的成本却与后者相当,说明 CAN 总线的性能价格比优于 RS485 总线。

3. CAN 总线技术规范

1) CAN 总线数值

CAN 总线中的数值为两种互补逻辑数值之一:“显性”或“隐性”。“显性”(Daminant)数值表示逻辑“0”,而“隐性”(Recesive)表示逻辑“1”。“显性”和“隐性”位同时发送时,最后总线数值将为“显性”。在“隐性”状态下,CAN-H 和 CAN-L 被固定于平均电压电平,差分电压近似为 0。在总线空闲或“隐性”位期间,发送“隐性”状态。“显性”状态以大于最小阈值的差分电压表示。由于 CAN 总线的双线受到干扰是一致的,故其传送的差分信号能够有效避免或减少各种电磁噪声带来的影响。CAN 总线数值示意图如图 2-3 所示。

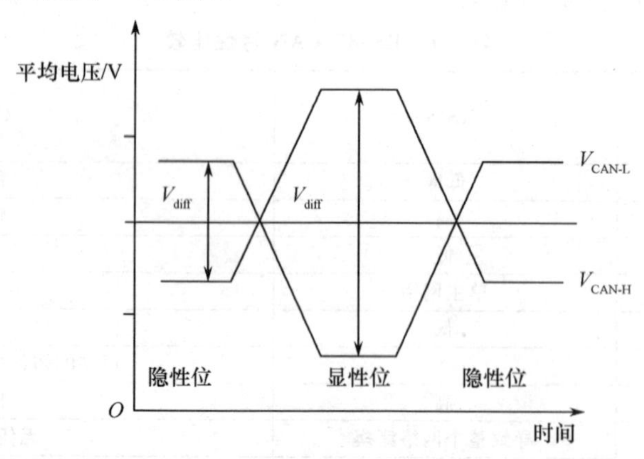

图 2-3 总线位的数值表示

2) 非破坏性的总线仲裁

在多主竞争总线中要求快速作出总线分配。CAN 总线的仲裁与以太网的 CSMA/CD 方案相似。总线空闲呈现隐性电平。这时任何一个结点都可以发送一个显性电平作为一帧的开始。如果有两个以上的结点同时发送，即产生总线竞争。CAN总线解决竞争的方法是对标识符按位进行仲裁。各发送结点一面向总线发送电平，一面与回收总线电平进行比较，电平相同继续发送下一位，电平不同则不再向下发送，退出总线竞争。所谓的电平不一致一定是发生在发送隐性电平而收到显性电平之时，说明总线上尚存在发送显性电平的结点，这样的结点继续向下按位仲裁。可见，标识符为隐性电平时争得总线的优先级比较低，而最高优先级的标识符全是显性电平。

3）多主与多结点接收

CAN总线靠标识符的优先级争用总线，取样后继续完成一帧的发送，因标识符及报文中不包含与总线结构有关的参数，如接收站地址等，所以总线中各个非发送点，包括欲发送而被迫退让的结点都可接收。各接收站根据标识符的性质进行过滤，决定是否将报文拆帧取用。这样做的好处：一是结点数目理论上可以无限，实际上受阻于物理实现的可能性；二是各结点可以在线自由上线与离线，不影响总线的工作。对于实时性很高的系统这一点是宝贵的。CAN总线上数据收发的方式主要有：

（1）广播方式（Broadcast Commuication）：总线上每个结点都在监听发送站。在收到帧后，所有的结点都根据自己的接收过滤寄存器进行判断是否接收该帧。

（2）远程请求（Remote Transmission Requests）：主结点发送具有远程请求标识符的帧，被请求结点随即向总线发送回答数据。所有这些帧仍是可以被其他结点监听收到的。

4）传送速率与距离

在总线范围内保证数据的一致性是CAN总线的一个重要特性，总线上每一帧报文对各结点应保证同时有效，即在满足时间上和空间上一致性的条件下，CAN总线的标称传输速率为1 Mbit/s，距离不超过40 m。降低传输速率可以相应地延长总线距离。这点在远程数据监控系统中非常有用。图2-4所示为传输速率与总线长度的关系。

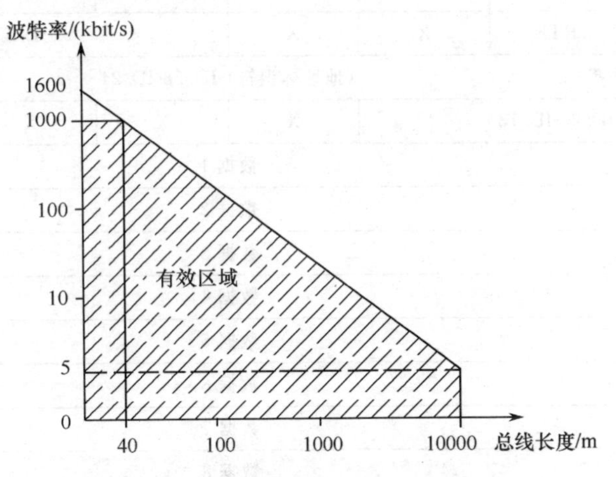

图2-4　总线有效长度和传输速率的关系

当传输速率小于50 kbit/s时，不加中继总线的长度可以在1 km以上。

5）数据安全性

CAN总线规范中采用了下列措施尽力提高数据在高噪声环境下的安全性：

（1）发送电平和回收电平相校验；

（2）CRC校验（循环校验码校验）；

（3）位插入校验；

（4）报文格式校验；

(5) 发送端报文响应校验。

通过这些校验可以发现网中的全局性错误、发送站的局部性错误和报文传输中 5 个以下的随机分布错误、小于 15 个的突发错误和任一奇数个错误。CAN 的剩余出错概率为传输速率的4.7×10^{-11}。当结点发送错误的计数值大于 255 时，监控器要求物理层置结点为“脱离总线”状态，以切断该结点与总线的联系，使总线上的其他结点及其通信不受影响，具有较强的抗干扰能力。

6) 帧类型及其格式

CAN 总线中报文按帧在总线上传送。共有 4 种格式的帧：数据帧、远程帧、错误帧和超载帧。

(1) 数据帧：CAN 数据帧的有效信息包括一个标志符(ID)和最长为 8 个字节的数据段。数据帧按格式的不同可分为两类：标准数据帧和扩展数据帧。它包括帧起始标志位、仲裁域、控制域、数据域、CRC 检查域、ACK 认可域和帧结束标志位。帧起始标志位以一个比特的主导状态出现，若这个状态将结束空闲状态(被动状态)，表明有某个结点设备开始发送消息。仲裁域由 11 位的标识符和 RTR 位组成。RTR 位用于表明是数据帧还是远程帧，置为“0”时，表示是数据帧。标准帧有 11 位的标识符，将只产生 2 032 个不同的标识符。在规范 CAN2. 0B 中，已将其扩展成 29 位(即为扩展数据帧)，标识符的范围几乎不受限制。

本项目中采用 CAN2. 0B 标准帧数据格式(11 bit CAN ID)，CAN 标准帧信息分为两部分：信息和数据。前 3 个字节为信息部分。第 1 个字节是帧信息，FF 为帧格式；RTR 位为远程发送请求，0——发送数据帧，1——发送远程帧；X 位为无关位；最后 4 位 DLC 是数据长度，即所发数据的实际长度，单位为字节。第 2、3 个字节的前 11 位为 CAN_ID 标识符(2 个字节)，包含本信息包的目的站地址。其余 8 个字节是数据部分，存有实际发送的数据，如表 2-2 所示。

表 2-2　CAN2. 0B 标准帧数据格式

字节 \ 位	7	6	5	4	3	2	1	0
字节 1	FF	RTR	X	X	DLC(数据长度)			
字节 2	(地址标识符) ID. 28-ID. 21							
字节 3	ID. 20-ID. 18			X	X	X	X	X
字节 4	数据 1							
字节 5	数据 2							
字节 6	数据 3							
字节 7	数据 4							
字节 8	数据 5							
字节 9	数据 6							
字节 10	数据 7							
字节 11	数据 8							

(2) 远程帧：远程帧被欲接收某种数据的结点用来请求总线上某个远地结点发送。在远程帧中，除了 RTR 位被设置成“1”(被动状态)外，其余部分与数据帧并无不同。此时，消息标识符表示的是将要送来的某种远地消息。具有发出这种远地消息能力的结点收到这个远程帧后，应尽力响应这个远地传送要求。对远程帧本身来说，是没有数据域输出的。

(3) 错误帧：报文传输过程中，任一结点检出错误即于下一位开始发送错误帧，通知发送端终止发送。出错帧由两个域组成：变长的错误标志叠加域(6～12 位)和 8 位连续的显性电平组成的错误终结域。

(4) 超载域：当某接收站因内部原因要求缓发下一个数据帧或远程帧时，向总线发超载帧。超载帧还可以引发另一次超载帧,但以两次为限。超载帧和错误帧一样由两个域组成:变长的错误标志叠加域(6～12位)和8位连续的退让电平组成的错误超载域。

7) CAN的分层结构

CAN遵循OSI模型,按照OSI基准模型,CAN结构划分为两层:数据链路层和物理层,如图2-5所示。

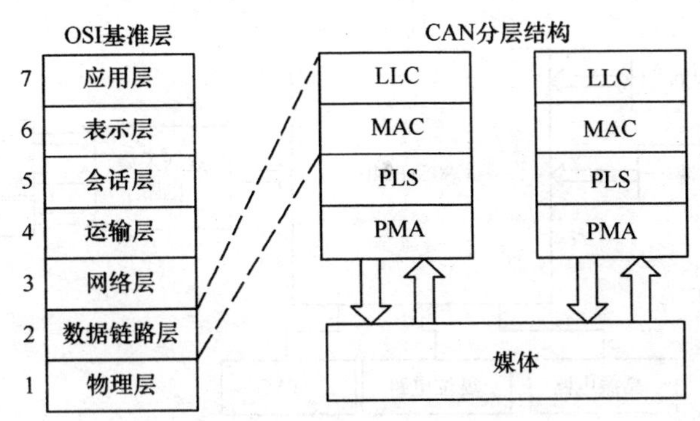

图2-5　CAN的分层结构

数据链路层又划分为逻辑链路控制(Logic Link Control,LLC)、媒体访问控制(Medium Access Control,MAC)。

物理层又划分为物理信令(Physical Signalling,PLS)、物理媒体附属装置(Physical Medium Attachement,PMA)、媒体相关接口(Medium Dependent Interface ,MDI)。

项目实施与评估

一、专业器材

(1) PC 1台;

(2) 下载器1个;

(3) CAN总线网络传感器结点:电压传感器结点2个、电流传感器结点2个、转速传感器结点1个、风速传感器结点1个、风向传感器结点1个。

二、仪表及工具

(1) 万用表1只;

(2) 稳压电源1个;

(3) 常用电工工具1套。

三、硬件系统电路设计

1. 数据采集结点硬件设计

数据采集结点主要完成对风力发电运行状态的数据采集工作,并通过CAN总线实现数字通信,完成数据采集结点与上位机的数字通信功能。

数据采集结点采用C8051F040单片机作为主控芯片。数据采集结点的结构框图如图2-6所示。

1) C8051F040单片机

C8051F040单片机是Silabs公司的C8051Fxxx系列单片机中的一种。C8051Fxxx系列单片机是完全集成的混合信号片上系统(SOC)型MCU,具有与8051兼容的微控制器内核,与MCS-51

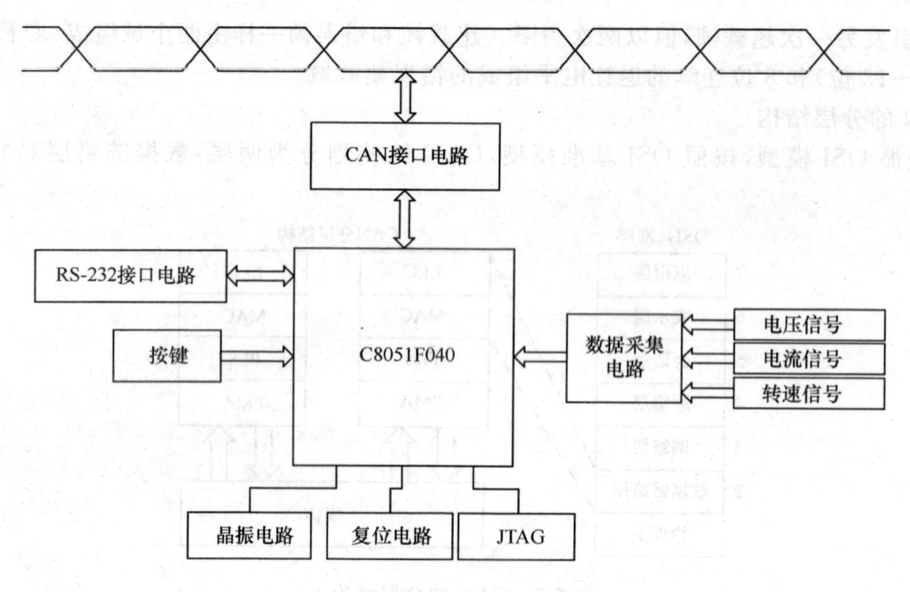

图 2-6　数据采集结点结构框图

指令集完全兼容。C8051F040 具有 64 个数字 I/O 引脚，片内集成了一个 CAN2.0B 控制器。其主要特性如下：

(1) 高速、流水线结构的 8051 兼容的 CIP-51 内核(可达 25MIPS)。

(2) 完全集成的混合信号系统级芯片。

(3) 片内集成一个 12 位 100 ksps 的 ADC，带 PGA 和 8 通道模拟多路开关。

(4) 片内集成一个 CAN2.0B 控制器。

(5) 片内集成一个 8 位 500 ksps 的 ADC，带 PGA 和 8 通道模拟多路开关。

(6) 允许高电压差分放大器输入到 12/10 位 ADC(60 V 峰-峰值)，增益可编程。

(7) 2 个 12 位 DAC，具有可编程数据更新方式。

(8) 硬件实现的 SPI、SMBus/I2C 和两个 UART 串行接口。

(9) 5 个通用的 16 位定时器。

(10) 6 个捕捉/比较模块的可编程计数器/定时器阵列。

(11) 片内看门狗定时器、V_{DD}监视器和温度传感器。

(12) 具有 64 个数字 I/O 引脚。

(13) 全速、非侵入式的系统调试接口。

(14) 64KB 可在系统编程的 FLASH 存储器。

(15) 4352(4K＋256)字节的片内 RAM。

(16) 可寻址 64 KB 地址空间的外部数据存储器接口。

C8051F040 是真正能独立工作的片上系统。所有模拟和数字外设均可由用户固件使能/禁止和配置。FLASH 存储器还具有在系统重新编程能力，可用于非易失性数据存储，并允许现场更新 8051 固件。每个 MCU 都可在工业温度范围(－45～＋85℃)工作，工作电压为 2.7～3.6 V。C8051F040 为设计小体积、低功耗、高可靠性、高性能的单片机应用系统提供了方便，而且大大降低了系统的整体成本。

C8051F04x 系列器件采用 Silicon Lab 的专利 CIP-51 微控制器内核。CIP-51 与 MCS-51 指令集完全兼容，可以使用标准的 803x/805x 汇编器和编译器进行软件开发。CIP-51 内核采用流水线结构，机器周期由标准的 12 个系统时钟周期降为 1 个系统时钟周期，处理能力大大提高，与标准的

8051 结构相比指令执行速度有很大的提高。CIP-51 工作在最大系统时钟频率 25 MHz 时，其峰值性能达到 25 MIPS。

C8051F040 作为一个拥有数字信号与模拟信号处理单元的混合信号片上系统（SOC），通过多种先进技术，ISP、流水线技术等使得 8 位 MCU 的性能得到了很大提高，并集成了 ADC、DAC 及 CAN2.0B 等构建数据采集与控制系统所需要的模拟与数字器件，具有速度快、存储量大、可在线编程、方便调试等特点，而且系统的抗干扰能力也得到进一步提高。因此，本项目的设计中就选用 C8051F040 作为数据采集结点的主控芯片。

2）电源模块

在由单片机组成的智能仪器中，主要的干扰来自电源干扰。电源的通断、瞬时短路及电网串进来的干扰脉冲造成单片机的误动作占各种干扰的 90%以上。因此，电源的良好设计是整个系统可靠工作的基础。系统通过外部的 5 V 直流稳压电源进行供电。由于 C8051F040 的工作电压为 3.3 V，故设计了 5 V 到 3.3 V 的电压转换电路，通过芯片 AS1117，得到 C8051F040 芯片所需要的 +3.3 V电源。另外，通过 DC-DC 模块 IB0505LS/D-1W 得到隔离的 +5 V 电源，以提供光电隔离部分所需要的 +5 V 隔离电源。模拟器件与数字器件的电源与地不能相连，需要对模拟器件与数字器件分开进行布置，最后在一点使用阻值为 0 的电阻 R59 和 R60 连接，以提高电路的电磁兼容性能。电源模块的电路图如图 2-7 所示。

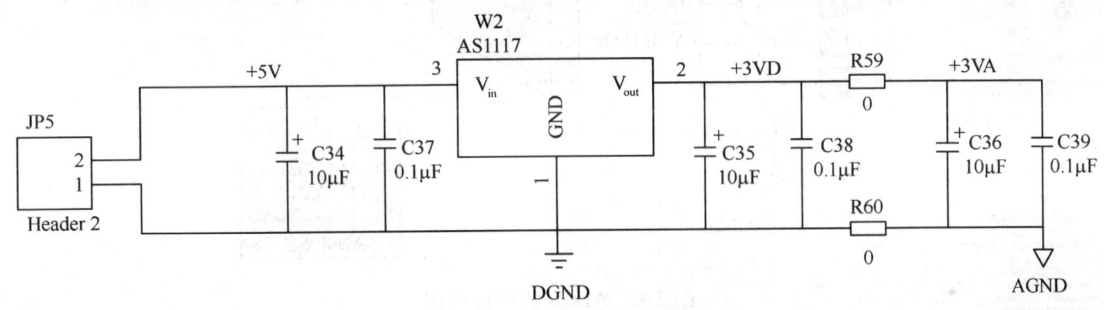

图 2-7　电源模块电路图

3）ADC 模块

C8051F040 内部集成了 2 个 ADC 模块，分别为 12 位精度的 ADC0 与 8 位精度的 ADC2。C8051F040 的 ADC0 子系统包括一个 9 通道的可编程模拟多路选择器（AMUX0），一个可编程增益放大器（PGA0）和一个 100ksps、12 位分辨率的逐次逼近寄存器型 ADC，该 ADC 中集成了跟踪保持电路和可编程窗口检测器。图 2-8 为 ADC0 的原理框图。

C8051F040 的 ADC2 子系统包括一个 8 通道的可配置模拟多路开关（AMUX2），一个可编程增益放大器（PGA2）和一个 500 ksps、8 位分辨率的逐次逼近寄存器型 ADC，该 ADC 中集成了跟踪保持电路。

本项目中采用 12 位精度的 ADC0 构成模拟量采集通道，实现电压与电流等模拟量的采集功能。C8051F040 的 ADC0 有 8 路输入通道和一路片上集成的温度传感器。模拟多路器 AMUX0 可以从 4 个外部模拟输入引脚（AIN0.0～AIN0.3）、P3 口引脚、高压差分放大器或片内温度传感器中选择 ADC0 的模拟输入信号。AMUX0 的输入可以经编程设置为差分输入或单端输入方式。PGA 增益可以用软件编程为 0.5、1、2、4、8 或 16。

高压差分放大器（HVDA）接收模拟输入信号，并且可抑制高达 60 V 的共模电压（在差分测量模式下）。可以将 HVDA 的输出选择为 ADC0 的输入。

C8051F040 的 ADC 模块在工作时需要提供参考电压。参考电压的来源可是外部的参考电压电路，也可以是内部的电压基准电路。C8051F040 在内部集成一个电压基准电路。内部电压基准

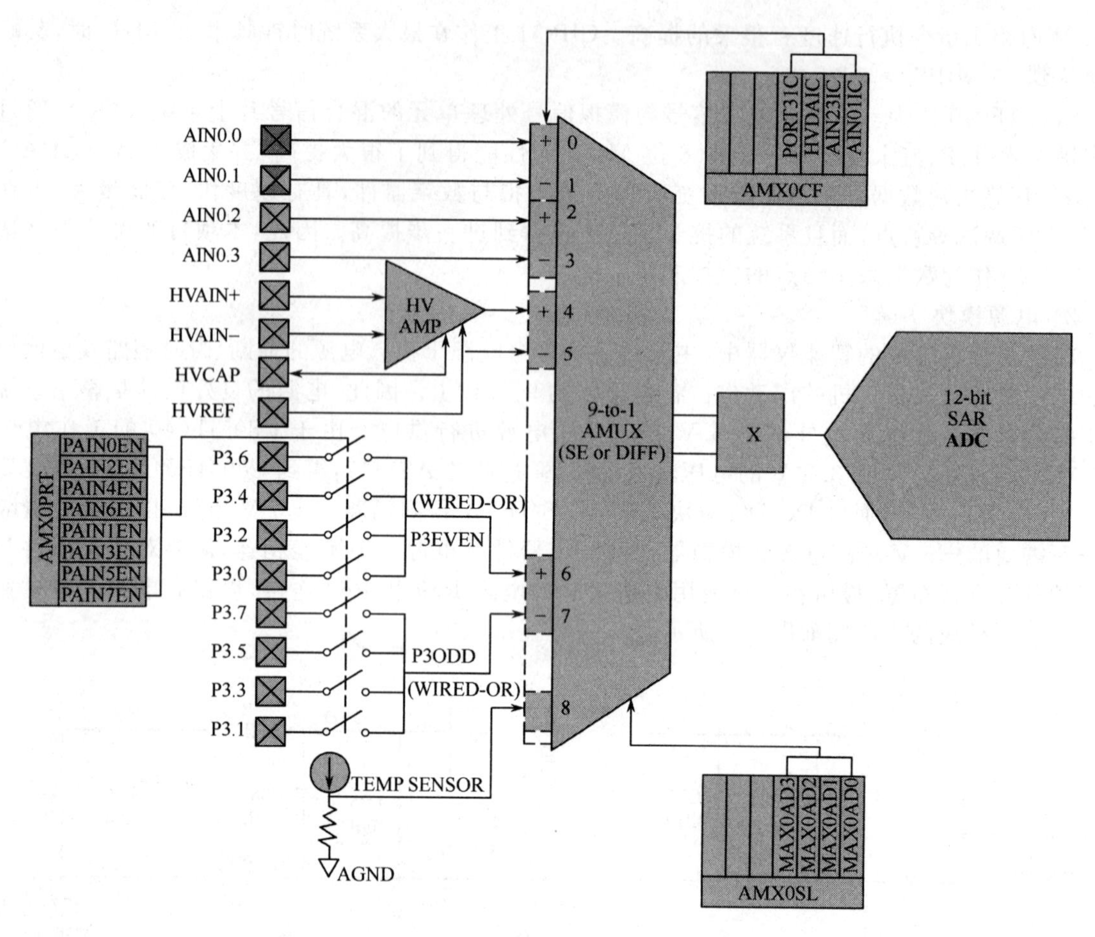

图 2-8　ADC0 的原理框图

电路由一个 1.2 V、15 ppm/℃的带隙电压基准发生器和一个两倍增益的输出缓冲放大器组成。内部基准电压可以通过 V_{ref} 引脚连到应用系统中的外部器件或 A/D 模块与 D/A 模块的电压基准输入引脚。

本项目中采用内部的电压基准电路作为 ADC 模块工作的参考电压。通过对寄存器 REF0CN 的配置，可以选择 ADC 模块的电压基准来自 V_{ref0} 引脚。通过把引脚 V_{ref} 与 V_{ref0} 相连，可以把内部电压基准电路的电压输出提供给 ADC 模块作为参考电压。

由于本系统采用的 ADC0 的电压基准为 2.4 V，所以要将信号都转换为 0～2.4 V 的电压信号后再进行 A/D 转换。

4）风力机转速信号的采集

转速信号的采集实现对风力机转速的测量与对转向判断，为此，采用两组光电式传感器进行检测。光电传感器的结构如图 2-9 所示。当风力机转子转动时，两组光电传感器的输出如图 2-10 所示。

转动方向的获取通过 D 触发器构成的鉴相电路来实现。鉴相电路如图 2-11 所示。其中 ENA 和 ENB 分别为光电传感器 A 相和 B 相的输出。当转子顺时针转动时，A 相超前 B 相 90°，D 触发器的输出 ENOUT 为高电平；当转子逆时针转动时，B 相超前 A 相 90°，D 触发器的输出 ENOUT 为低电平。通过对 ENOUT 的状态进行判断，可以获取当前转子的转动方向。

光电编码器的输出 ENA 被送往 C8051F040，由定时器实现对转速的测量。

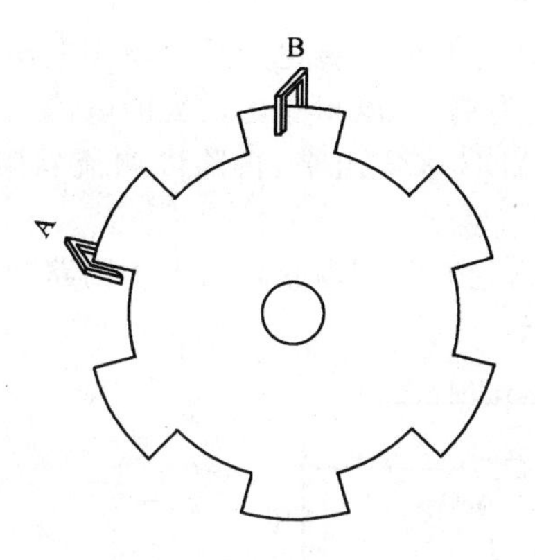

图 2-9　光电传感器示意图

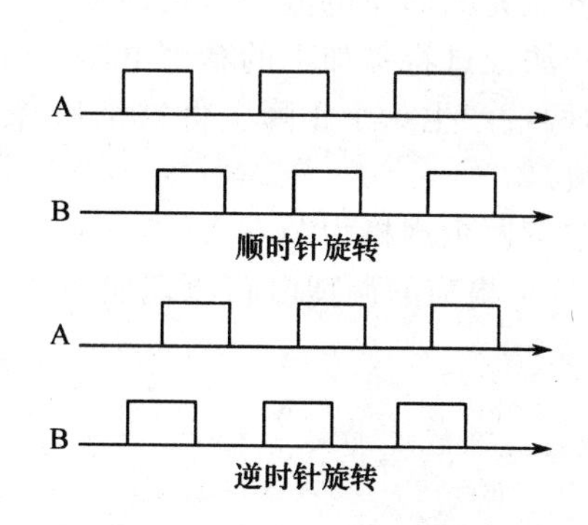

图 2-10　光电传感器的输出

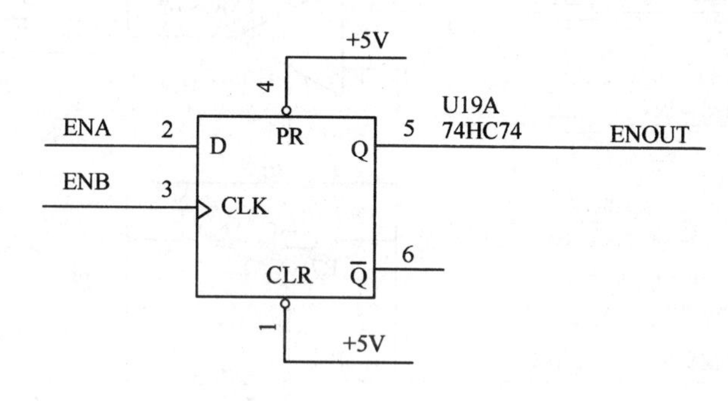

图 2-11　编码器鉴相电路

5）蓄电池电压采集电路

采集蓄电池电压是采集大电压的情形，需要进行分压。分压比是由蓄电池电压变化范围和ADC采集电压的范围所决定的。已知蓄电池的端电压的变化范围为45～60 V之间，而ADC能够采集的电压范围为0～5 V。所以，通过选择R609和R610两个电阻的阻值来确定一个适当的分压比，使ADC能够正常采集电压。而D600和D601两个二极管起到保护作用，当采集点的电压高于5 V或低于0 V时，二极管都可以导通将电压拉到0～5 V之间，起到保护单片机输入端口的作用。图2-12为蓄电池电压采集电路。

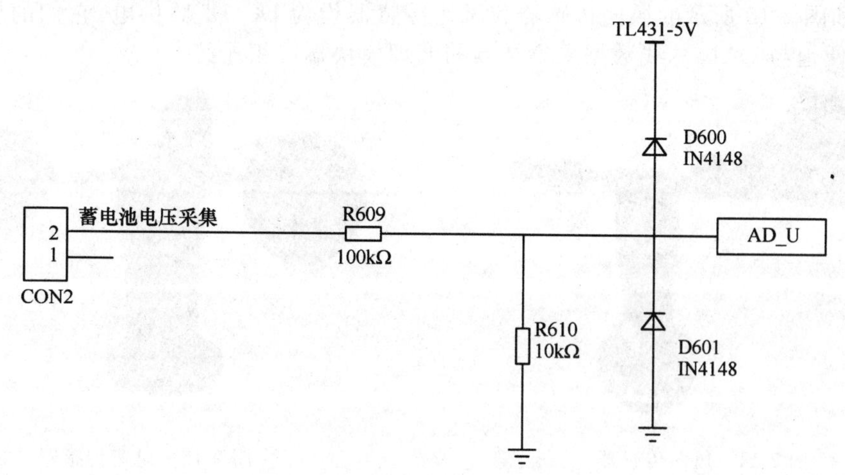

图 2-12　蓄电池电压采集电路

6）蓄电流采集电路

采集蓄电流充电回路电流和负载回路电流可以通过测流器转化为采集微小电压的情形。测流器实际上是一块经过特殊加工的精密电阻，它的材质为铜，可以耐受比较大的电流。当大电流流经时，测流器的两端产生一个压降。将这个压降通过 ADC 采集出来，再除以测流器阻值，就可以计算出回路电流。

本系统中有两个规格为 200 A/75 mV 的测流器，它们分别串联在充电主回路和负载（放电）主回路中。ADC 采集前的调理电路原理如图 2-13 所示。

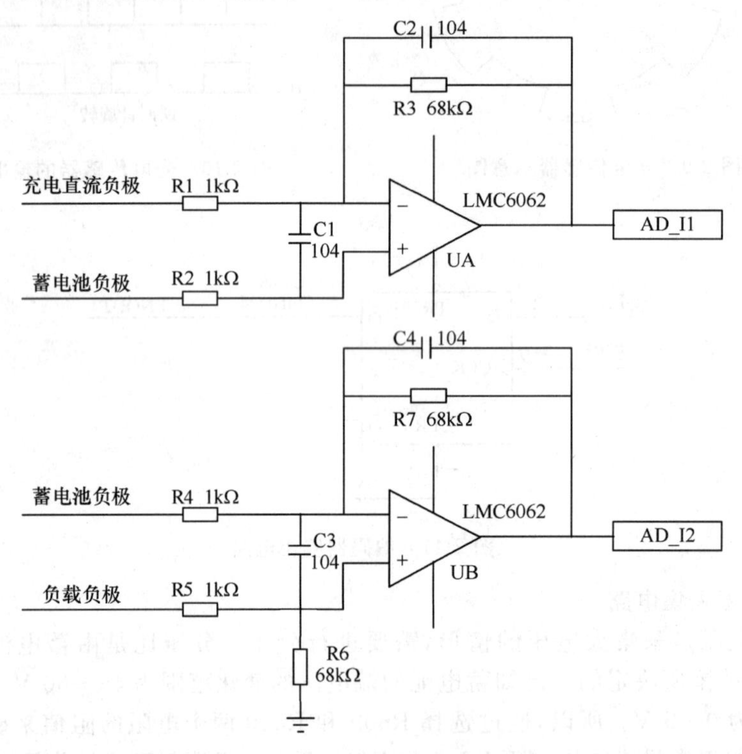

图 2-13　ADC 电流采集前级调理电路

7）风向风速的采集

图 2-14 和图 2-15 所示的风向传感器和风速传感器均为 DC 12 V 供电，它们的输出信号均为 0～5 V，可方便地与 CAN 总线数据采集结点的调理模块端口相连接。

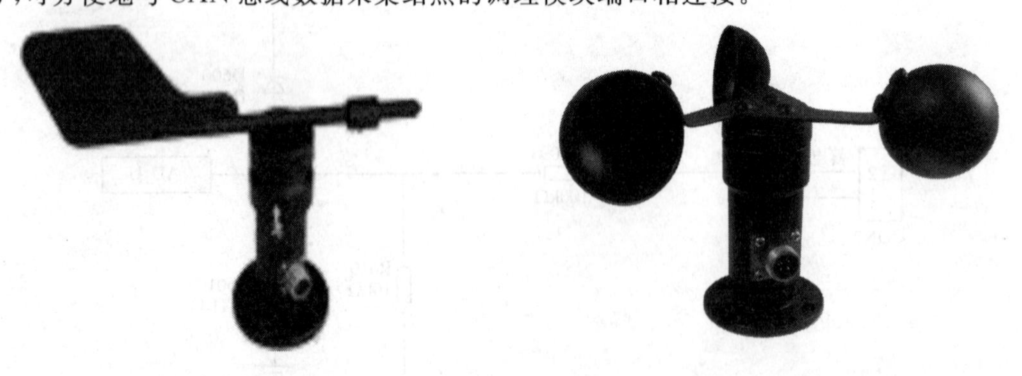

图 2-14　风向传感器　　图 2-15　风速传感器

8）模拟量接口

本项目需要采集的模拟量经调理模块调理后变换成0～2.4 V的电压信号。电压信号的接口电路如图2-16所示。此电路通过由运算放大器LM358构成的输入缓冲器送给ADC模块。

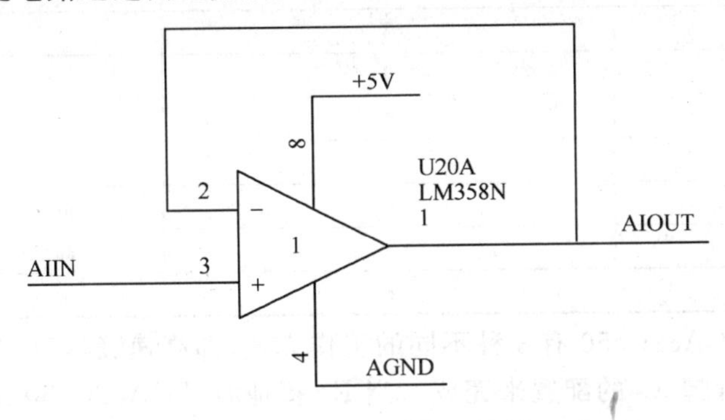

图2-16　0～2.4 V电压信号接口电路

9）CAN总线接口电路

C8051F040具有控制器局域网（CAN）控制器，用CAN协议进行串行通信。该控制器符合Bosch规范2.0A（基本CAN）和2.0B（全功能CAN），方便了在CAN网络上的通信。CAN控制器包含一个CAN核、消息RAM（独立于MCU核心的RAM）、消息处理状态机和控制寄存器。Silicon Labs CAN是一个协议控制器，不提供物理层驱动器（即收发器）。

Silicon Labs的CAN控制器的位速率可达1 Mbit/s，实际速率可能受CAN总线上所选择的传输数据的物理层的限制。CAN处理器有32个消息对象，可以被配置为发送或接收数据。输入数据、消息对象及其标识掩码存储在CAN消息RAM中。所有数据发送和接收过滤的协议处理全部由CAN控制器完成，不用MCU内核的干预，这就使得用于CAN通信的CPU带宽最小。MCU内核通过特殊功能寄存器配置CAN控制器，读取接收到的数据和写入待发送的数据。

C8051F040单片机内部的CAN控制器只是协议控制器，并不能提供物理层的驱动，在使用时还需要CAN总线收发器。常用的CAN总线收发器有Philips公司的PCA82C250CAN总线收发器、TJA1050高速CAN收发器等。本项目中采用的是PCA82C250CAN总线收发器。

（1）CAN总线收发器PCA82C250。PCA82C250是Philips公司生产的CAN总线收发器，它是CAN协议控制器和物理总线的接口。此器件对总线提供差动发送能力，对CAN控制器提供差动接收能力。它有如下特点：

- 完全符合ISO11898标准；
- 高速率（最高达1Mbit/s）；
- 具有抗汽车环境中的瞬间干扰，保护总线的能力；
- 斜率控制，降低射频干扰（RFI）；
- 差分接收器，抗宽范围的共模干扰，抗电磁干扰（EMI）；
- 热保护；
- 防止电池和地之间发生短路；
- 低电流待机模式；
- 未上电的结点对总线无影响；
- 可连接110个结点。

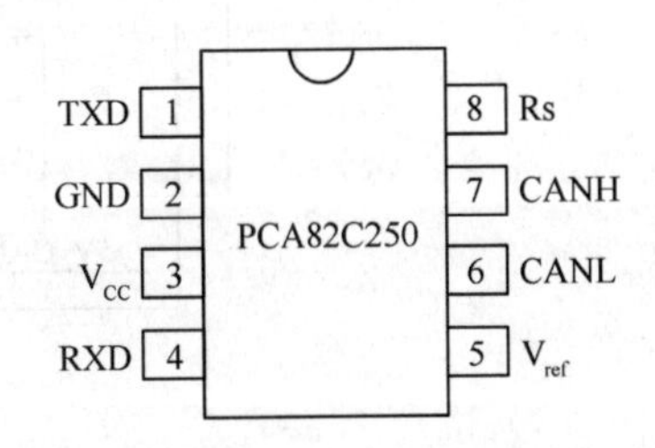

图2-17　PCA82C250管脚图

图2-17为CAN总线收发器PCA82C250的管脚图。

表2-3为CAN总线收发器PCA82C250的管脚说明。

表 2-3 PCA82C250 管脚说明

符号	管脚	功能描述
TXD	1	发送数据输入
GND	2	地
V_{cc}	3	电源电压
RXD	4	接收数据输出
V_{ref}	5	参考电压输出
CANL	6	低电平 CAN 电压输入/输出
CANH	7	高电平 CAN 电压输入/输出
Rs	8	斜率电阻输入

CAN 总线收发器 PCA82C250 有 3 种不同的工作方式，即高速、斜率控制和待机 3 种模式。这 3 种模式的选择通过对管脚 Rs 的配置来完成。当 Rs 接地时，PCA82C250 工作在高速模式下。当 Rs 接高电平时，PCA82C250 工作在待机模式下。当 Rs 通过电阻接地时，PCA82C250 工作在斜率控制模式。

（2）CAN 接口电路。为了保护 MCU 不被 CAN 总线上的干扰信号所影响，C8051F040 的 CAN 控制器引脚 CANTX 和 CANRX 并不是直接与 PCA82C250 的 TXD 和 RXD 相连，而是采用了由 6N137 高速光耦构成的隔离电路。6N137 为高速光耦，最高传输速率能达到 10 Mbit/s，并能实现最高 3 kV 的电气隔离。通过在 CAN 收发电路中采用 6N137 实现 CAN 总线的隔离，提高了系统的抗干扰能力与可靠性。

为了达到良好的隔离效果，6N137 光耦的信号输入侧与信号输出侧需要采用隔离的电源进行供电。本系统中采用了型号为 IB0505LS/D-1W 的 DC/DC 模块来得到 6N137 所需的 5 V 隔离电源。该模块隔离电压为 1 000 V，具有高可靠性、体积小、效率高等优点。由于 IB0505LS/D-1W 模块的输出侧不能空载运行，故需要在输出侧并联一个电阻以防止输出侧的空载运行。图 2-18 为采用了 CAN 总线收发器 PCA82C250 与高速光耦 6N137 的 CAN 总线接口电路。

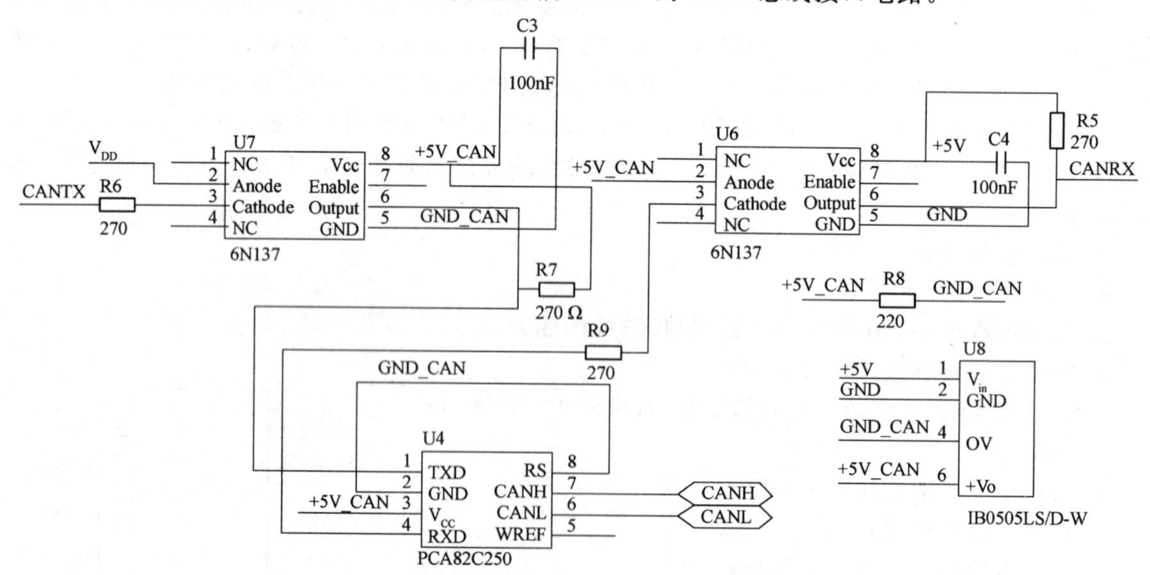

图 2-18 CAN 总线接口电路

10）人机交互部分

人机交互部分主要包括 LCD 显示、键盘及状态指示等。液晶显示部分采用 LCM1602B 点阵液晶显示模块。它与MCU的连接如图2-19所示。其中V_{SS}为地电源，V_{DD}为5V正电源。VO为液晶显示器对比度调整端，接正电源时对比度最弱，接地电源时对比度最高，对比度过高时会产生“阴影”，使用时通过一个10 kΩ的电位器调整对比度。RS为寄存器选择，高电平时选择数据寄存器，低电平时选择指令寄存器。RW为读/写信号线，高电平时进行读操作，低电平时进行写操作。当RS和RW共同为低电平时可以写入指令或显示地址，当RS为低电平、RW为高电平时可以读忙信号，当RS为高电平、RW为低电平时可以写入数据。E端为使能端。A和K为背光电源，A接5V正电源，K接GND。DB_0～DB_7为8位双向数据线。

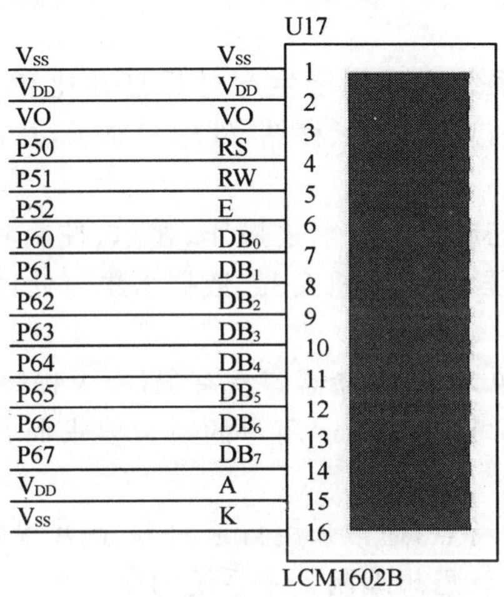

图2-19　液晶显示模块接口

本项目中设计了4个按键，方便对数据采集结点进行测试和维护。本系统使用CAN总线进行数据通信。CAN总线对位定时要求较高，为此本系统配置了外置的20 MHz的晶振，以满足CAN总线位定时的要求。同时还设计了系统的状态指示灯，如电源指示灯、通信指示灯等。

2. CAN-232结点硬件设计

CAN-232结点完成数据采集结点的CAN总线与上位机之间的数据交换工作，其结构框图如图2-20所示。

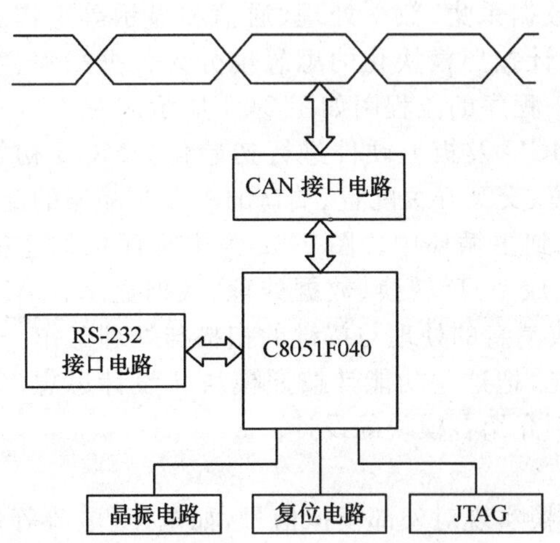

图2-20　CAN-232结点结构框图

其中的各模块电路设计和数据采集结点的设计是完全一样的。

四、软件系统程序设计

与硬件设计相对应，本项目中的软件设计工作也分为上位机软件设计、CAN-232 结点软件设计和数据采集结点软件设计三部分。

数据采集结点和 CAN-232 结点是单片机应用系统，是典型的嵌入式系统。嵌入式测控系统具有以下特点：

(1) 实时性：生产过程要求微机测控系统应能及时响应外部事件的请求，并在许可的时间限制内完成对该事件的处理。

(2) 面向 I/O：嵌入式测控系统主要用于生产过程自动化和智能仪器，必然要与外部测控对象——I/O 设备交换信息，完成信息的采集、存储、处理和显示，并根据处理结果对现场 I/O 设备实施具体的操作控制。

(3) 多任务：嵌入式测控系统通常是一个集操作、显示、控制和通信于一体的完整的计算机系统，往往要完成多个相对独立的任务，如人机交互、数据采集与处理、回路控制、控制参数设置、故障处理和通信等任务。

(4) 数据量少，数据结构简单，程序存储器容量有限，要求程序简短。

(5) 专用性：嵌入式系统通常是针对特定用户的特定要求而开发的，属专用计算机系统，其软件与特定硬件系统相互配合。

由于嵌入式测控系统的上述特点，通常采用自顶向下、逐步求精的设计思想确定系统的软件结构，再以自底向上、逐步综合的设计思想编制整个系统的应用程序。

嵌入式系统一般采用汇编语言或 C 语言进行软件开发。用汇编语言进行程序设计时，生成代码的执行效率较高，但编程的工作量大，代码可读性差；而 C 语言虽然效率略低，但是有很好的可读性和可维护性，在嵌入式系统的软件设计中占有了很大的份额。为了方便进行模块化程序设计，决定采用 C 语言进行程序设计。编译环境采用 Keil uVision 作为开发环境。

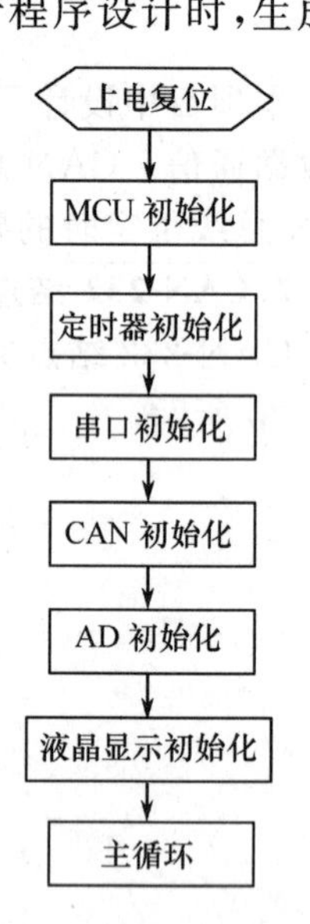

图 2-21　主程序流程图

1. 数据采集结点的程序设计

1）功能分析

数据采集结点主要完成数据采集、数据处理、通信和显示等工作。相应地，数据采集结点的软件设计按照模块化的思想也分为数据采集、数据处理、通信、显示等几个模块。程序的流程图如图 2-21 所示。

当系统上电后，首先对 MCU 及板上硬件进行初始化。MCU 初始化部分主要完成对看门狗的设置、交叉开关配置、端口的配置与晶振的配置。

初始化完成后，程序进入到主循环中。图 2-22 为主程序中的主循环流程图。在主循环中，程序完成 A/D 转换、数据处理、数据显示、CAN 总线的数据发送、CAN 总线接收消息的处理与按键的扫描与处理工作。

根据本项目要实现的功能，把这些功能计按照模块化设计思想，进行了合理的功能划分。下面分别介绍各模块的设计。

2）数据采集模块

(1) 模拟量采集：A/D 转换实现对外部模拟信号，如电压、电流等信号的采集工作。需要采集的模拟量信号经过信号调整电路转换成电压信号，送给 C8051F040 的 12 位精度的 ADC0。在使用 ADC0 进行模数转换前，需要对它进行初始化。图 2-23 为 ADC0 的初始化程序流程图。

C8051F040 的 ADC0 有以下 4 种转换启动方式：

➢ 向 ADC0CN 的 AD0BUSY 位写 1。

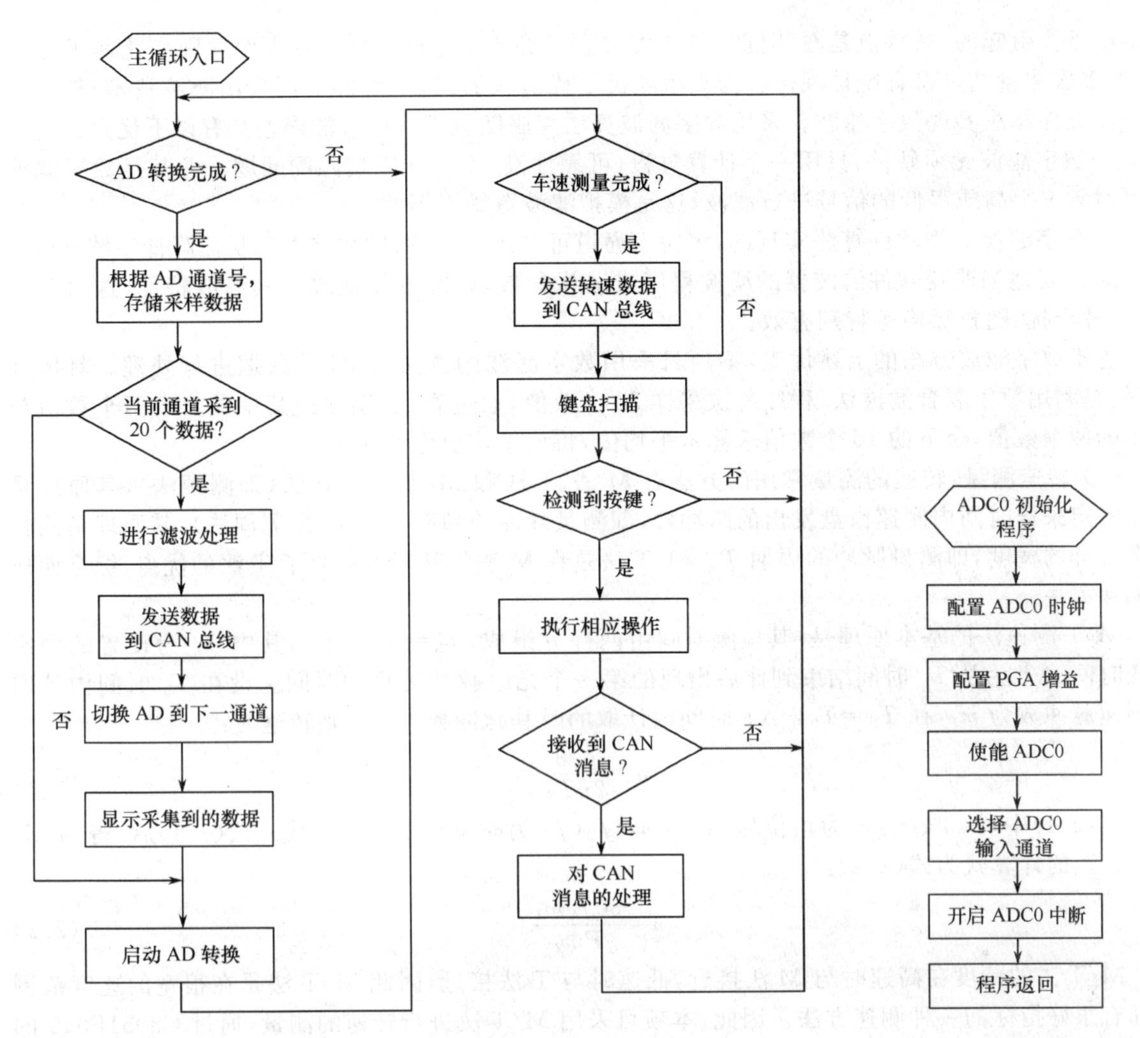

图 2-22　主循环流程图　　　　图 2-23　ADC0 初始化流程图

➢ 定时器 3 溢出。
➢ 外部 ADC 转换启动信号 CNVSTR0 的上升沿。
➢ 定时器 2 溢出(即定时的连续转换)。

本项目中 ADC0 的启动使用方法，即通过向 ADC0BUSY 位写 1 来实现。当 A/D 转换完成后，ADC0 的中断程序将获取的采样值保存后，向一个全局变量 m_ADCNewData 置 1 来通知主程序进行相应的数据处理。在主程序中，当判断 ADC0 采集到新数据后，会判断当前通道是否已经采集到 20 个数据。如果当前通道已经采集到了 20 个数据，程序就对采集到的数据进行处理，并将处理后的数据发送到 CAN 总线上，并开始下一通道的数据采集。同时，采样得到的新数据会经过处理，在 LCD 上完成显示。如果当前通道没有采集到 20 个数据，则启动 A/D 转换，继续当前通道的数据采集。

当被检测的信号变化范围很大时，为了保证测试精度，需要设置多个量程。C8051F040 内部集成了一个可编程增益放大器 PAG0。它可以通过软件设置增益为 0.5、1、2、4、8 或 16。数据采集模块根据输入信号的大小，自动变换 PGA0 的增益，以达到最佳的测量效果。

由于仪表工作的环境中不可避免地存在各种干扰，ADC 的采样值也会受到不利的影响，使得采样值偏离了真实值。对于这种不利的影响，滤波方法是抑制干扰的一种有效途径。随机误差是由随机干扰引起的，其特点是在相同条件下测量同一量时，其大小和符号作无规则变化而无法预测，但多次测量结果符合统计规律。为克服随机干扰引入的误差，硬件上可采用滤波技术；软件上可采用软件算法实现数字滤波。采用数字滤波算法克服随机干扰引入的误差具有以下优点：

➢ 数字滤波无须硬件，只用一个计算过程，可靠性高，不存在阻抗匹配问题。尤其是数字滤波可以对频率很高或很低的信号进行滤波，这是模拟滤波器做不到的。

➢ 数字滤波是用软件算法实现的，多输入通道可共用一个软件“滤波器”，从而降低系统开支。

➢ 只要适当改变软件滤波器的滤波程序或运算参数，就能方便地改变其滤波特性，这对于低频、脉冲干扰、随机噪声等特别有效。

鉴于数字滤波方法的上述优点，本项目采用数字滤波的方法对 ADC 数据进行处理。具体来讲，就是利用数字复合滤波法，程序每次采样 20 个数值，通过查找，剔除掉其中最大的两个数值与最小的两个数值，余下的 16 个数值求算术平均值，将该平均值作为输出。

(2) 转速测量：转速的测量常用的方法有 M 法、T 法和 M/T 法。M 法(即测频法)，其原理是测量一定采样时间内测速齿盘发出的脉冲数，即测量脉冲的频率。T 法(即测周法)，其原理是测量一个脉冲的宽度，即测量脉冲的周期 T。M/T 法是在 M 法的基础上吸收了 T 法的优点，综合而成的测速方法。

M/T 测速法的基本原理是：其检测时间由两部分组成，$T_S = T_9 + \Delta T$，其中 T_0 为设置的固定不变时间、ΔT 为从 T_0 时间结束到此后出现的第一个光电脉冲为止的时间。设在 T_0 时间内计取的测速脉冲数为 m_1，在 $T_S = T_0 + \Delta T$ 时间内计取的时基脉冲数为 m_2，则转速为：

$$n = \frac{60\theta}{2\pi T_S} \tag{2.1}$$

式(2.1)中，$\theta = 2\pi m_1 / P$ 为角位移，$T_S = m_2 / f_C$(f_C 为时基频率)，将其代入式(2.1)后，得到 M/T 法转速的计算式为式(2.2)：

$$n = \frac{60 f_C m_1}{P m_2} \tag{2.2}$$

M/T 法的精度在高速时与 M 法接近，低速时与 T 法接近，因此 M/T 法是在很宽的速度范围内都有很好指标的一种测速方法。因此，本项目采用 M/T 法进行转速的测量，通过 C8051F040 的定时器/计数器来实现。

3) CAN 总线通信模块

CAN 总线通信模块完成数据采集结点的 CAN 总线通信功能。CAN 总线通信模块的设计也是按照模块化的设计思想进行的设计，分为 CAN 的初始化、CAN 总线接收、CAN 总线发送等几部分。

(1) CAN 高层协议的制定。在利用 CAN 总线进行数据传输之前，首先要对 CAN 的高层协议进行规定。CAN 协议本身只定义了物理层和数据链路层的规范(遵循 OSI 标准)，这使得 CAN 能够更广泛地适应不同的应用条件，但也给用户使用 CAN 带来了不便。用户在应用 CAN 协议时，必须根据实际需求自行定义 CAN 高层协议。国际上已经形成了诸多基于 CAN 的高层应用层协议，如 CANopen、DeviceNet、SDS、CAN Kingdom、SAE、J1939 等。本系统采用的是 BasicCAN 模式，CAN 的标识符为 11 位。规定它的结构如图 2-24 所示。

类型码	数据编号	节点号

图 2-24　标识符结构图

➢ 类型码：共 2 位，指定当前传输的数据类型。

00——命令；01——电压数据；10——电流数据；11——转速数据。

➢ 数据编号：共 3 位，表示数据量的编号。

当类型码为 01(电压数据)或 10(电流数据)时,数据编号用来表示采集的数据量的编号。具体规则如表 2-4 所示,1xx 表示数据编号的第一位为 1,而后两位为任意值。当类型码为 00(命令)或 11(转速)时,数据编号的取值没有意义。

表 2-4　数据编号的具体含义

数据编号	类型码为 01	类型码为 10
000	A 相电压	A 相电流
001	B 相电压	B 相电流
010	C 相电压	C 相电流
011	D 相电压	D 相电流
1xx	直流电源电压	无意义

➢ 结点号:共 6 位。当消息传送的内容为命令时,结点号为接收该命令的结点号。当消息传送的内容为数据量时,结点号表示采集该数据量的结点号。

CAN 总线通信模块实现数据采集结点到 CAN 总线的数据传送功能,它主要包含 CAN 初始化部分与数据传送部分。

(2) CAN 的位定时。在同一个 CAN 网络中只能使用同一种波特率进行通信,由于 CAN 网络上有不同的结点,各结点控制器使用的晶振不一定一致,使得波特率设置成为 CAN 通信是否成功的首要内容。若某个结点波特率设置错误,则可能影响整个 CAN 网络通信。

一个位时间被分成 4 个时间段:同步段(SYNC_SEG)、传播时间段(PROP_SEG)、相位缓冲段 1(PHASE_SEG1)、相位缓冲段 2(PHASE_SEG2),这些位时间段的结构如图 2-25 所示。

SYNC_SEG	PROP_SEG	PHASE_SEGI	PHASE_SEG2

图 2-25　位时间段结构图

SYNC_SEG 为同步段,时间固定为 1 个时间份额(tq);PROP_SEG 为传播时间段,时间长度为 1～8tq;PHASE_SEG1 为相位缓冲段 1,时间长度为 1～8tq;PHASE_SEG2 为相位缓冲段 2,时间长度为 1～8tq。采样点在 PHASE_SEG1 和 PHASE_SEG2 之间,侦听总线的电平即为采样点时刻所采样到的电平。

C8051F040 的 CAN 控制器通过寄存器 Bit Timing Register 和 BRP Extension Register 两个寄存器进行配置。

Bit Timing Register 的结构如图 2-26 所示。

15	14	13	12	11	10	9	8	7	6	5	4	3	2	1	0
res	TSeg2			TSeg1				SJW		BRP					

图 2-26　Bit Timing Register 寄存器结构图

➢ TSEG1 的取值范围是:0x01～0x0f,它等于 PHASE_SEG1＋PROP_SEG－1。

➢ TSEG2 的取值范围是:0x01～0x07,它等于 PHASE_SEG2－1。

➢ SJW 的取值范围是:0x0～0x3。

➢ BRP 的取值范围是:0x00～0x3f。它是波特率预分频比例因子,用于对 CAN 时钟频率进行预分频。可以经 C8051F040 的晶振配置寄存器 OSCICN 或 OSCXCN 分频石英晶振频率获得。

BRP Extension Register 用于对 CAN 时钟频率很高而要求的 CAN 波特率又很小的情况,用来扩展预分频值,如图 2-27 所示。

(3) CAN 的初始化。CAN 的初始化程序流程图如图 2-28 所示。

(4) CAN 的数据传送。CAN 数据传送部分包括数据发送与数据接收两部分。CAN 的数据

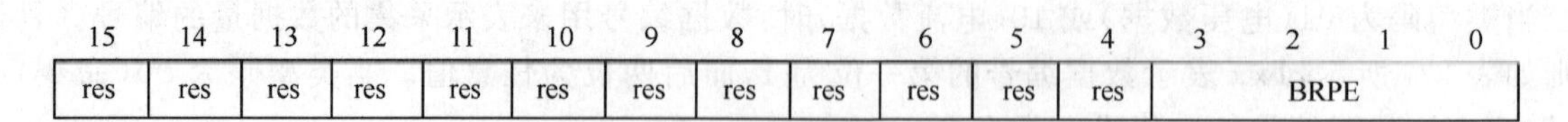

图 2-27　BRP Extension Register 寄存器结构图

发送部分的流程图如图 2-29 所示。

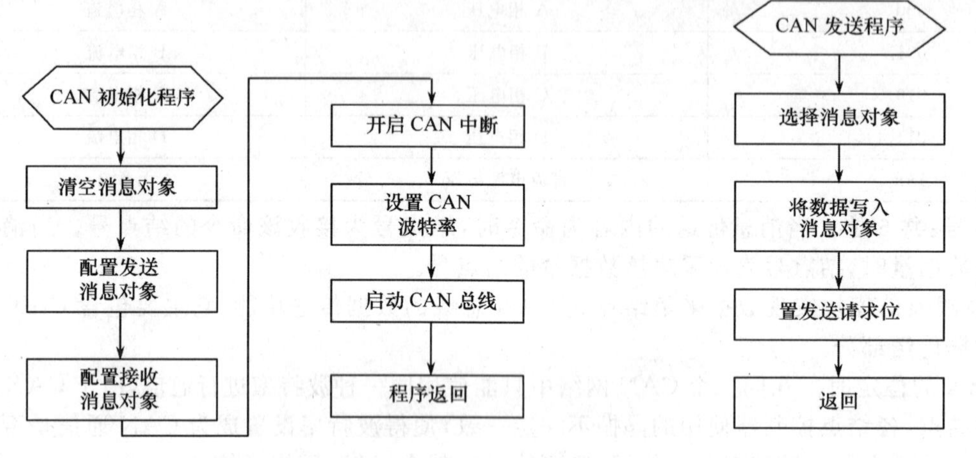

图 2-28　CAN 初始化流程图　　　图 2-29　CAN 数据发送流程图

(5) CAN 的数据接收。CAN 的数据接收在 CAN 中断中完成。CAN 数据接收的流程图如图 2-30所示。

4) 人机交互模块

人机交互模块由键盘输入和 LCD 显示两部分组成。

本设计采用了 4 个按键，接到了 P7 口的低 4 位。通过对 P7 口的定期扫描，可以读取到外界的按键输入。

本系统采用 LCM1602B 作为 LCD 显示模块。它主要完成 MCU 启动时的自检信息显示、故障信息的显示与采集数据的显示。在使用时，要首先对 LCM1602B 进行初始化。其流程图如图 2-31 所示。

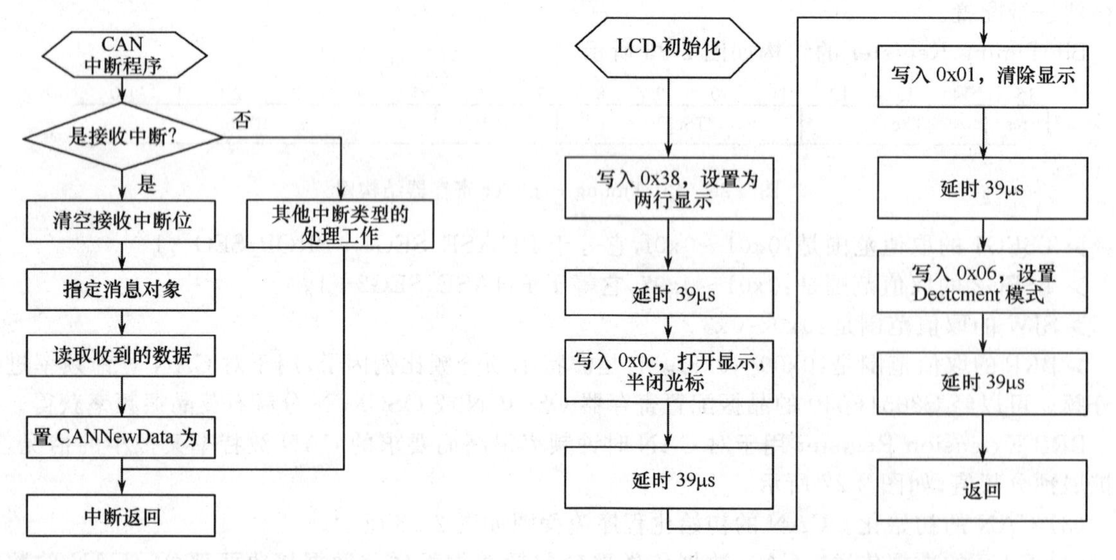

图 2-30　CAN 数据接收流程图　　　图 2-31　LCD 初始化流程图

初始化完成后，就可以在LCD上进行数据显示。在LCD上进行数据显示的函数原型如下：

Void LCDPrint(unsigned char * output,unsigned char row,unsigned column);

各参数的意义如下：

- output：为一个字符型指针，指向一个以字符"\0"结尾的字符串，它将被显示在LCD上。
- row：指定第一个字符要显示的行的位置，可选范围为1或2。
- column：指定第一个字符要显示的列的位置，可选范围为1～16。

该函数的流程图如图2-32所示。

2. CAN-232结点的软件设计

CAN-232结点主要实现上位机与数据采集结点的CAN总线之间的通信。图2-33为主程序的流程图。

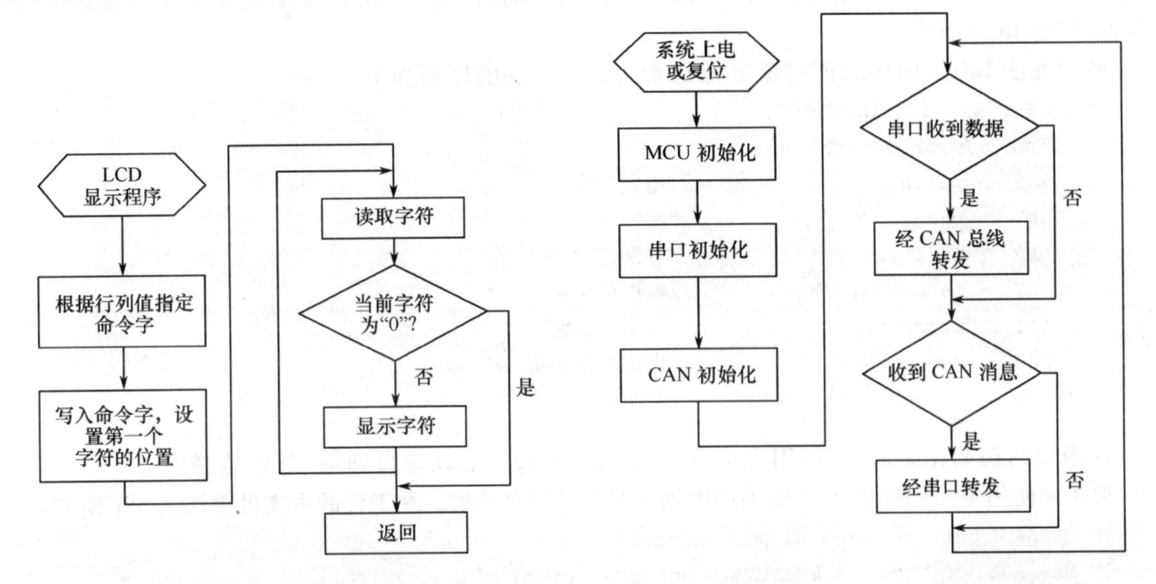

图2-32　LCD显示流程图　　　　图2-33　CAN-232主程序流程图

CAN-232结点实现两个功能：接收CAN总线上的数据，并经串口把数据发送到上位机；接收上位机由串口发送来的数据，并经CAN总线发送给数据采集结点。通过这种转发功能，CAN-232结点实现了上位机与数据采集结点的CAN总线之间的通信。

3. 上位机软件设计

上位机的监控软件的开发采用Visual C++作为开发平台，开发上位机监控软件，实现对数据采集结点通信与管理。Visual C++是由Microsoft公司开发的可视化集成开发环境。Visual C++集代码编辑、编译、连接和调试于一体，为编程人员提供了一个完整的开发环境，大大提高了开发的效率。

1）监控软件的总体设计

监控软件的功能框图如图2-34所示。

2）通信模块的设计

通信模块实现上位机与CAN-232的串口通信功能。在通信配置界面中，完成串口的选择与波特率的设置，如图2-35所示。

串口通信采用异步串行方式，1个起始位、8个数据位、1个停止位。数据传输速率为19 200 bit/s。

上位机与CAN-232结点间的串行通信按帧进行。帧采用与数据采集结点串行通信相同的结构。

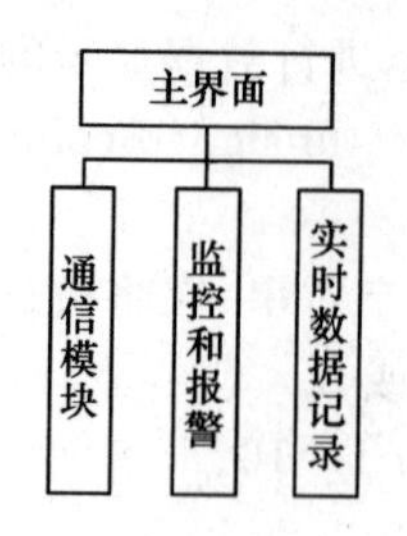

图 2-34　监控软件功能框图

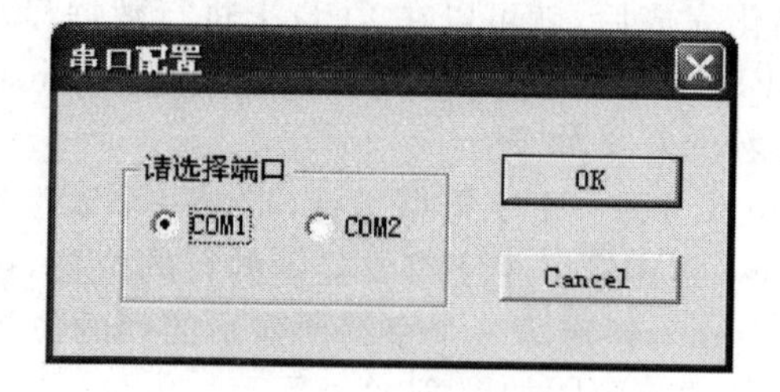

图 2-35　“串口配置”对话框

串口通信功能的实现，通过类 CSerialPort 来实现。它自身封装了底层的串口操作。使用 CSerialPort 类进行串口通信，需要在工程中包含该类的源文件。在程序中定义一个该类的对象：CSerialPort m_Serial。

调用方法 InitPOrt()对该对象进行初始化。该方法的原型如下：

```
BOOL CSerialPort::InitPort(
    CWnd*    pPortOwner,
    UINT     portnr,              //指定的串口(1..4)
    UINT     baud,                //波特率
    CHAR     parity,              //奇偶校验
    UINT     databits,            //数据位长度
    UINT     stopbits,            //停止位长度
    DWORD    dwCommEvents,        //指定事件类型
    UINT     writebuffersize);    //缓冲区的大小
```

在串口的初始化完成后，调用方法 StartMonitoring()启动串口通信，开始监视串口。

要正确使用类 CSerialPort，需要手动添加该对象的消息映射。在工程的主文件中添加如下语句：

```
ON_MESSAGE(WM_COMM_RXCHAR, OnCommunication)
ON_MESSAGE(WM_COMM_CTS_DETECTED, OnCTSDetected)
```

在添加了上面的消息映射后，就可以在文件中添加函数 OnCommunication()进行串口消息的处理：

```
LONG CCommtestDlg::OnCommunication(WPARAM ch, LPARAM port)
{
```

//添加接到字符后需要做的处理工作

```
return 0;
}
```

当串口接收到字符后，会调用 OnCommunication()函数，在其中添加相应的处理即可。

当需要经串口发送数据时，调用函数 WriteToPort()，其原形如下：

void CSerialPort::WriteToPort(char * string);

其中 string 是一个字符串指针，该字符串为要发送的数据。

通过使用 CSerialPort 类，简化了串口通信的开发难度。本项目中利用 CSerialPort 类，设计完成了上位机与 CAN-232 结点的串行通信，实现了对数据采集结点数据的采集、命令发送等功能。

3）监控和报警功能

监控功能对数据采集结点采集到的数据以直观的形式进行显示，并在数据超出上下限时给出报警。图 2-36 为风电电站监控系统的监视界面。

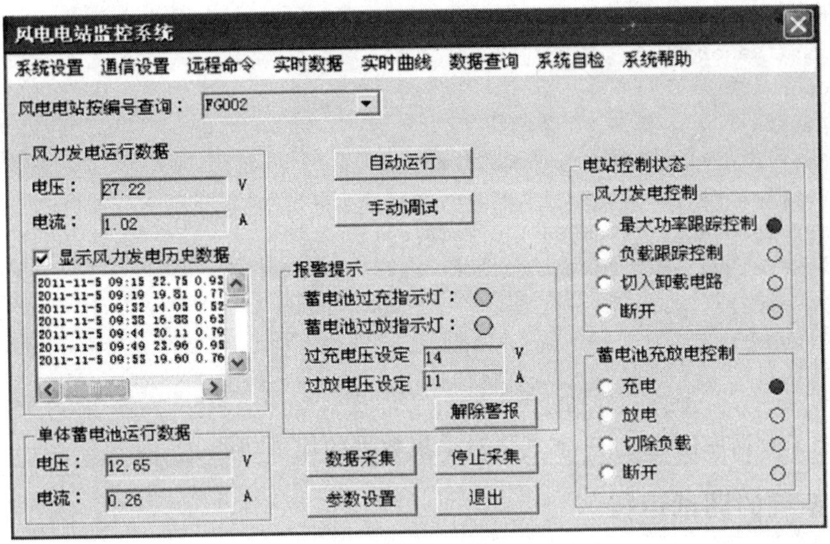

图 2-36　监视界面

4）数据记录模块

对于采集到的实时数据，上位机采用数据库进行了数据的记录。通过数据库文件 DataRec.mdb，存储采集到的数据。对数据库的操作，采用微软的 DAO Data Access Objects，数据库访问对象）进行。DAO 模型是设计关系数据库系统结构的对象类的集合，它们提供了完成管理一个关系型数据库系统所需的全部操作的属性和方法，这其中包括创建数据库，定义表、字段和索引，建立表间的关系，定位和查询数据库等。DAO 允许开发者直接连接到 Access 表。DAO 最适用于单系统应用程序或小范围本地分布使用。

为了方便在 Visual C＋＋中利用 MFC 类库进行数据库的开发，微软提供了相应的类进行 DAO 的数据库操作。经常用到的是 CDaoDatabase、CDaoTableDef、CDaoRecordset 这 3 个类。在使用 DAO 进行数据库开发时，需要在主文件中包含相应的头文件：＃include ＜afxdao. h＞。

通过类 CDaoDatabase 提供的方法，建立本文所需要的数据库：

```
CDaoDatabase db;
db.Create("DataRec.mdb");
```

当需要使用数据库文件进行记录的存取时，首先要打开数据库：

```
CDaoDatabase db;
db.Open(“DataRec.mdb”);
```

调用类 CDaoTableDef 的相关方法，往数据库中添加用来存储数据的关系表：

```
CDaoTableDef dbtable(&db);
dbtable.Create("Record");   //添加的关系表，名称为 Record
dbtable.CreateField("ID",dbLong,1,dbAutoIncrField);   //添加字段名
dbtable.CreateField("NAME",dbText,10,dbVariableField);
dbtable.CreateField("VALUE",dbText,20,dbVariableField);
dbtable.CreateField("TIME",dbText,40,dbVariableField);
dbtable.Append();
dbtable.Close();   //关闭关系表
```

调用类 CDaoRecordset 提供的方法，往该关系表中添加记录：

```
CDaoTableDef dbtable(&db);
```

```
CDaoRecordset dbRecord(&db);
dbtable.Open("Record");
dbRecord.Open(&dbtable);
dbRecord.AddNew();    //添加一个新记录
dbRecord.SetFieldValue("NAME",(LPCSTR)ee);
dbRecord.SetFieldValue("VALUE",(LPCSTR)ee);
dbRecord.SetFieldValue("ADDRESS",(LPCSTR)ee);
dbRecord.SetFieldValue("TIME",(LPCTSTR)ff);    //添加时间
dbRecord.Update();
dbRecord.Close();
dbtable.Close();
```

这样就完成了数据库的建立,并实现了对采集数据的记录功能。

五、监控系统的调试运行

为了确保基于CAN总线的风能电站远程监控系统正常调试运行,在系统硬件和软件设计中采用了一系列的抗干扰措施。

1. 硬件系统的抗干扰措施

硬件的工作可靠性是系统可靠性的基础。硬件方面的可靠性设计,主要采取了光电隔离、抗干扰设计等措施。开关磁阻电机在工作时会产生较强的电磁干扰,一旦这些干扰信号经过输入通道进行到MCU模块,有可能会导致系统不能正常工作,甚至会损坏电路板。因此,本系统采用了光电隔离等手段避免外界干扰产生的不良影响。例如,对CAN总线收发电路采用了高速光耦6N137进行隔离;对模拟量采集电路采用了稳压管进行保护。通过这些手段,避免了干扰信号的不利影响,保护了MCU模块的安全,提高了系统的可靠性。

电路的正确布局能够提高系统的抗干扰能力,保证系统工作的可靠性。本系统在进行电路布置时,强弱信号之间保持设计了一定的距离,以避免强信号对弱信号产生的干扰;同时,数字电路与模拟电路要隔离开,数字地与模拟地要分离,最后在一点连接,以避免数字电路产生的高频信号对模拟电路的干扰;最后,在每个芯片的电源和地之间连接一个0.1μF的去耦电容,以去除芯片可能产生的噪声干扰。

2. 软件系统的抗干扰措施

风力发电现场环境复杂,各种干扰比较严重,对系统的可靠性与稳定性有很高的要求。虽然在系统的设计中采取了硬件的抗干扰措施,但也不能完全避免外界干扰对系统可靠性的影响。因此,除了采用硬件的抗干扰措施外,还要在软件上采取抗干扰措施。本系统在开发中采用了软件容错、数字滤波及软件陷阱等方法提高软件的可靠性。

(1) 模拟量采集模块的软件抗干扰措施。在进行模拟量的采集时,输入通道不可避免地会受到外界这样或那样的干扰,从而使得最终采集到的数据存在误差。对于这种误差,可以采用数字滤波的方法来抑制干扰信号的影响。考虑到单片机本身资源与处理能力的限制,本系统采用了一种简单有效的方法:每当某一个模拟量输入通道转换到10个数据时,就对其进行处理,去掉其中最大和最小的那两个采样值,其余的求平均值。这样即能避免偶然的脉冲干扰,也能抑制随机干扰。

(2) 串口通信模块的软件抗干扰措施。在串口通信中,通信线路可能会受到干扰而使接收方收到错误的信息。本系统串口通信中采用了CRC错误校验的方法检查这种错误,确保通信数据的正确。

(3) 看门狗。C8051F040本身集成了一个看门狗,在程序跑飞后可以实现系统的自动复位。

六、检查与评估

1. 基于 CAN 总线的风能电站远程监控系统设计任务书(见表 2-5)

表 2-5　基于 CAN 总线的风能电站远程监控系统设计任务书

学时	班级	组号	姓名	学号	完成日期
10					
能力目标	(1) 了解风能电站系统的组成及工作原理 (2) 了解 CAN 总线网络的技术特点 (3) 建立工业控制远程通信的概念 (4) 建立工业通信网络结构组成的概念 (5) 初步具备 CAN 总线网络从机硬件和软件设计的能力 (6) 初步具备 CAN 总线网络主机软件设计的能力				
项目描述	基于 CAN 总线的风能电站通信系统实验教学,通过教师的操作,学生的参与,师生共同对实验现象的分析,增加学生对基于 CAN 总线的风能电站通信系统构建的感性认识,激发学生学习利用工业网络进行电站远程通信的兴趣				
工作任务	1. 教师重点讲授 (1) 风能电站的基本概念 (2) 认识风力发电技术中常用的传感器元器件及执行元器件 (3) CAN 总线网络结构组成的概念 (4) CAN 总线通信协议的概念 (5) CAN 总线网络从机硬件系统构成的概念 (6) CAN 总线网络主机和从机软件系统构成的概念 2. 学生实作、老师指导: (1) 合理选择并能正确使用常用的传感器元器件及执行元器件 (2) 合理选择 CAN 总线网络中相关通信元器件 (3) CAN 总线网络从机硬件电路设计 (4) CAN 总线网络主机和从机软件程序设计 (5) CAN 总线网络主机和从机的硬件和软件调试运行				
上交材料	(1) 写出基于 CAN 总线的风能电站通信系统实验装置中的各元器件名称和职能符号 (2) CAN 总线网络从机硬件电路原理图作图 (3) 回答问题: ➢ 根据风能电站的监控要求分析:为什么 CAN 总线网络可以应用于风能电站的远程监控 ➢如何在已有的基于 CAN 总线的风能电站监控网络中新增一个新的传感器结点?相应的硬件和软件需要做哪些调整				

2. 基于 CAN 总线的风能电站远程监控系统设计引导文(见表 2-6)

表 2-6　基于 CAN 总线的风能电站远程监控系统设计引导文

学时	班级	组号	姓名	学号	完成日期
10					
学习目标	以风能电站远程监控系统实训项目为载体,通过本项目的学习,你能够: (1) 认识风能电站远程监控系统的技术要求 (2) 了解工业网络技术的基本概念 (3) 认识基于 CAN 总线的通信网络结构组成 (4) 掌握风能电站远程监控系统中常用的传感器工作原理 (5) 掌握基于 CAN 总线的风能电站远程监控网络的组建方法 (6) 掌握 CAN 总线网络主机和从机的软硬件设计方法				

续表

<table>
<tr><td>学时</td><td>班级</td><td>组号</td><td>姓名</td><td>学号</td><td>完成日期</td></tr>
<tr><td>10</td><td></td><td></td><td></td><td></td><td></td></tr>
<tr><td>学习任务</td><td colspan="5">(1) 合理选择风能电站远程监控网络中各种相关的传感器
(2) 认知监控网络中从机的硬件设计方法
(3) 认知监控网络中从机的软件设计方法
(4) 分析风能电站远程监控网络的拓扑结构
(5) 正确调试风能电站远程监控网络中的主机和从机</td></tr>
<tr><td>任务流程</td><td colspan="5">(1) 读识基于各种传感器电路原理图
(2) 列出风能电站远程监控系统构建中所需的所有元器件明细表
(3) 提供电压、电流、风向、风速等重要参数的检测数据
(4) 利用相应设计软件作出主机与从机间的电路连接原理图并作必要分析
(5) 给出 CAN 总线网络中的从机控制程序的流程图
(6) 对风能电站远程监控系统进行调试运行</td></tr>
<tr><td rowspan="2">学习过程</td><td colspan="5">【资讯与学习——明确任务,认识液压与气动系统、相关知识学习】
1. 安全注意事项
(1) 风能电站远程监控系统的实训内容涉及电工电子元器件、风能发电设备、蓄电池等,要保证所有实训设备和元器件的完好性
(2) 要正确地安装和固定好元器件
(3) 各种电路和管路要连接牢固,管线松脱可能会引起事故
(4) 实训中所涉及的各种元器件应在系统中正确放置
(5) 不得使用超过限制的工作电压或电流
(6) 要按要求接好回路,检查无误后才能接通电源
(7) 实训现象不能按要求实现时,要仔细检查错误点,认真分析产生错误的原因
(8) 在通电情况下不允许拔插元器件,或在电路板上带电接线
(9) 要严格遵守各种安全操作规程
2. 明确工作任务和工作要求
详见任务书。
3. 预备知识
(1) CAN 总线网络实训设备上的元器件讲解
➢ 传感器装置讲解
➢ 执行装置讲解
➢ 控制装置讲解
➢ 辅助装置讲解
(2) CAN 总线网络实训设备的原理讲解
➢ CAN 总线网络拓扑结构的讲解
➢ 网络中从机工作原理的讲解
➢ 网络中主机工作原理的讲解
➢ CAN 总线通信协议及其数据帧的构成与讲解</td></tr>
<tr><td colspan="5">【计划与决策——透明液压实验台液压传动】
按照下述步骤开展项目化教学实施,完成工作页的相关内容。
本任务完成步骤:
(1) 合理选择风能电站远程监控网络中各种相关的传感器
(2) 认知监控网络中从机的硬件设计方法
(3) 认知监控网络中从机的软件设计方法
(4) 分析风能电站远程监控网络的拓扑结构
(5) 正确调试风能电站远程监控网络中的主机和从机</td></tr>
</table>

续表

学时	班级	组号	姓名	学号	完成日期
10					
学习过程	【项目实施】 操作步骤： (1) 妥善准备本项目实施所需的各种元器件、仪表及工具 (2) 正确选择和连接各种相关传感器 (3) 正确设计和连接网络从机和主机 (4) 搭建CAN总线网络 (5) CAN总线网络中主机和从机的程序设计与分析 (6) 利用PC对CAN总线网络中主机和从机进行调试运行				
	【检查与评估】 完成工作页相关内容				

3. 基于CAN总线的风能电站远程监控系统设计工作页(见表2-7)

表2-7　基于CAN总线的风能电站远程监控系统设计工作页

学时	班级	组号	姓名	学号	完成日期
10					
工作内容	(1) 选择风能电站远程监控网络中各种相关的传感器 (2) 认知监控网络中从机的硬件设计方法 (3) 认知监控网络中从机的软件设计方法 (4) 分析风能电站远程监控网络的拓扑结构 (5) 正确调试风能电站远程监控网络中的主机和从机				
实训器材					
教学节奏与方式	序号	项目	时间安排	教学方式(参考)	
	1	课前准备	课余	自学、查资料、相互讨论无线通信技术基本概念	
	2	教师讲授	1学时	重点讲授： (1) 风能电站的基本概念 (2) 认识风力发电技术中常用的传感器元器件及执行元器件 (3) CAN总线网络结构组成的概念 (4) CAN总线通信协议的概念 (5) CAN总线网络从机硬件系统构成的概念 (6) CAN总线网络主机和从机软件系统构成的概念	
	3	学生实作	1学时	学生实作、老师指导： (1) 合理选择并能正确使用常用的传感器元器件及执行元器件 (2) 合理选择CAN总线网络中相关通信元器件 (3) CAN总线网络从机硬件电路设计 (4) CAN总线网络主机和从机软件程序设计 (5) CAN总线网络主机和从机的硬件和软件调试运行	
原理图及流程图					

续表

<table>
<tr><td>学时</td><td>班级</td><td>组号</td><td colspan="2">姓名</td><td>学号</td><td>完成日期</td></tr>
<tr><td>10</td><td></td><td></td><td colspan="2"></td><td></td><td></td></tr>
<tr><td rowspan="8">实习内容</td><td>序号</td><td colspan="2">主要步骤</td><td colspan="3">要求</td></tr>
<tr><td>1</td><td colspan="2">认识风能电站CAN总线网络中的各元器件</td><td colspan="3">正确标注</td></tr>
<tr><td>2</td><td colspan="2">选择和连接各种相关传感器</td><td colspan="3">掌握传感器与控制器的连接方法</td></tr>
<tr><td>3</td><td colspan="2">CAN总线网络中从机硬件设计与分析</td><td colspan="3">作出从机硬件电路原理图</td></tr>
<tr><td>4</td><td colspan="2">CAN总线网络中从机软件设计与分析</td><td colspan="3">作出从机软件流程图</td></tr>
<tr><td>5</td><td colspan="2">搭建风能电站CAN总线网络</td><td colspan="3">作出网络拓扑图</td></tr>
<tr><td>6</td><td colspan="2">CAN总线网络中主机软件设计与分析</td><td colspan="3">作出主机软件流程图</td></tr>
<tr><td>7</td><td colspan="2">风能电站远程监控网络调试运行</td><td colspan="3">利用PC进行调试，记录测试结果</td></tr>
<tr><td rowspan="5">思考题</td><td>序号</td><td colspan="4">题　目</td><td>评分</td></tr>
<tr><td>1</td><td colspan="4">画出CAN总线网络实训设备各主要元器件的名称和符号</td><td></td></tr>
<tr><td>2</td><td colspan="4">根据风能电站的监控要求分析：为什么CAN总线网络可以应用于风能电站的远程监控</td><td></td></tr>
<tr><td>3</td><td colspan="4">如何在已有的基于CAN总线的风能电站监控网络中新增一个新的传感器结点？相应的硬件和软件需要做哪些调整</td><td></td></tr>
<tr><td>教师签名</td><td colspan="3"></td><td>评分</td><td></td></tr>
</table>

4. 基于CAN总线的风能电站远程监控系统设计检查单(见表2-8)

表2-8　基于CAN总线的风能电站远程监控系统设计检查单

班级	项目承接人	编号	检查人	检查开始时间	检查结束时间

<table>
<tr><td colspan="2">检 查 内 容</td><td>是</td><td>否</td></tr>
<tr><td rowspan="3">回路正确性</td><td>(1) 按照电路原理图要求，正确连接电路</td><td>□</td><td>□</td></tr>
<tr><td>(2) 系统中各模块安装正确</td><td>□</td><td>□</td></tr>
<tr><td>(3) 元器件符号准确</td><td>□</td><td>□</td></tr>
<tr><td rowspan="2">调试</td><td>(1) 正确按照被控对象的监控要求进行调试</td><td>□</td><td>□</td></tr>
<tr><td>(2) 能根据运行故障进行常见故障的检查</td><td>□</td><td>□</td></tr>
<tr><td rowspan="5">安全文明操作</td><td>(1) 必须穿戴劳动防护用品</td><td>□</td><td>□</td></tr>
<tr><td>(2) 遵守劳动纪律，注意培养一丝不苟的敬业精神</td><td>□</td><td>□</td></tr>
<tr><td>(3) 注意安全用电，严格遵守本专业操作规程；</td><td>□</td><td>□</td></tr>
<tr><td>(4) 保持工位文明整洁，符合安全文明生产</td><td>□</td><td>□</td></tr>
<tr><td>(5) 工具仪表摆放规范、整齐，仪表完好无损</td><td>□</td><td>□</td></tr>
</table>

教师审核：

项目承接人签名	检查人签名	教师签名

5. 基于CAN总线的风能电站远程监控系统设计评价表(见表2-9)

表2-9　基于CAN总线的风能电站远程监控系统设计评价表

<table>
<tr><td>总 分</td><td>项目承接人</td><td>班　级</td><td colspan="2">工作时间</td></tr>
<tr><td></td><td></td><td></td><td colspan="2">10学时</td></tr>
<tr><td colspan="2">评 分 内 容</td><td>标准
分值</td><td>小组互评
评分(30%)</td><td>教师
评分(70%)</td></tr>
<tr><td rowspan="2">资讯学习
(15分)</td><td>任务是否明确资料、信息查阅与收集情况</td><td>5</td><td></td><td></td></tr>
<tr><td>相关知识点掌握情况</td><td>10</td><td></td><td></td></tr>
<tr><td rowspan="3">计划决策
(20分)</td><td>实验方案</td><td>10</td><td></td><td></td></tr>
<tr><td>控制元器件</td><td>5</td><td></td><td></td></tr>
<tr><td>原理图</td><td>5</td><td></td><td></td></tr>
<tr><td rowspan="4">实施与检查
(30分)</td><td>系统安装情况</td><td>10</td><td></td><td></td></tr>
<tr><td>系统检查情况</td><td>5</td><td></td><td></td></tr>
<tr><td>元器件操作情况</td><td>10</td><td></td><td></td></tr>
<tr><td>安全生产情况</td><td>5</td><td></td><td></td></tr>
<tr><td rowspan="2">评估总结
(10分)</td><td>总结报告情况</td><td>5</td><td></td><td></td></tr>
<tr><td>答辩情况</td><td>5</td><td></td><td></td></tr>
<tr><td rowspan="5">工作态度
(25分)</td><td>工作与职业操守</td><td>5</td><td></td><td></td></tr>
<tr><td>学习态度</td><td>5</td><td></td><td></td></tr>
<tr><td>团队合作精神</td><td>5</td><td></td><td></td></tr>
<tr><td>交流及表达能力</td><td>5</td><td></td><td></td></tr>
<tr><td>组织协调能力</td><td>5</td><td></td><td></td></tr>
<tr><td colspan="2">总 分</td><td>100</td><td></td><td></td></tr>
</table>

项目完成情况自我评价：

教师评语：

被评估者签名	日期	教师签名	日期

项目小结

本项目以离网型风能电站为应用背景，以电站远程监控为设计目标，以 CAN 总线网络为通信载体，以 PC 为监控中心，介绍了风能电站远程监控系统的结构组成，分析了各种相关元器件的工作原理，设计了相应的硬件电路、软件程序以及相应的人机界面。

学生在项目化的实践操作过程中，可充分结合本项目的任务要求，在完善人机界面、通信过程调试、CAN 总线网络主机与从机功能拓展等方面做出创新尝试与练习，以进一步提高专业技能。

项目三 户用风光互补电站远程监控系统设计

风能和太阳能作为最有潜力和最为理想的清洁能源得到了越来越多的关注和研究，两种清洁能源有着可再生、无污染、分布广泛的优点，但同时也有着能量密度低、随机性强等弱点。对于小容量离网型户用供电系统，风能和太阳能都很难单独作为稳定连续的电能供应源，单独使用时，需要配备相当大的储能设备。但如将两者结合起来构成风光互补电站，按照合理的容量配置互补运行并安装合适的蓄电池组进行能量存储和负载的均衡，则能够使二者的弱点得以均衡，形成电源输出稳定、设备小型化、模块化、性价比高、应用灵活等优点，符合我国可持续发展战略、环境保护及新能源开发利用的要求。

项目描述

对单独家庭用户的风光互补发电装置的运行状态进行远程监控，实时了解外界环境状况以及每个家庭用户所对应的太阳能电池板和风力发电机发电输出情况、蓄电池电量输出情况等，并能在蓄电池电压过低的情况下切断对相关家用电器负载的供电，在风力过大的情况下对风力发电机采取必要的减速或制动措施。

项目目标

（1）选取合适的传感器与执行元器件，使其能够实现对太阳能电池板和风力发电机的运行状态进行数据采集与控制。

（2）选取合适的通信方法，能够将太阳能电池板和风力发电机中各种运行状态数据发送到家庭用户的 PC 中，也可发送到嵌入式家用监控终端中，并通过 PC 人机界面或嵌入式家用监控终端的触摸屏进行显示。同时，还能通过家庭用户的 PC 或嵌入式家用监控终端发送控制命令，实现对风光互补发电装置以及蓄电池充放电的实时控制。

项目分析

一、项目分解

1. 了解户用风光互补电站的组成及工作原理

如图 3-1 所示，户用风光互补电站由太阳能电池板、小型风力发电机组、控制器、蓄电池组、逆变器、机械连接装置等几部分组成，具有测试数据全面精确、扩展性好、人机交互开放方便、成本低、效率高等特点。一般情况下，风光互补发电系统是由风电系统和光电系统两部分组合而成的，其中的光电系统利用太阳能电池板将太阳能转换成电能，风电系统将风能转换成电能，它们通过控制器对蓄电池充电，蓄电池可直接对直流负载供电，也可再通过逆变器对交流负载供电。

光电系统的优点是供电可靠性高，运行维护成本低，缺点是系统造价高；风电系统的优点是造价较低，运行维护成本低，缺点是小型风力发电机易损坏、供电稳定性差。风电和光电系统都存在一个共同的缺陷，就是资源的不确定性导致发电与用电负荷的不平衡，风电和光电系统都必须通过蓄电池储能才能稳定供电，但如果每天的发电量受天气的影响很大，会导致系统的蓄电池组长期处

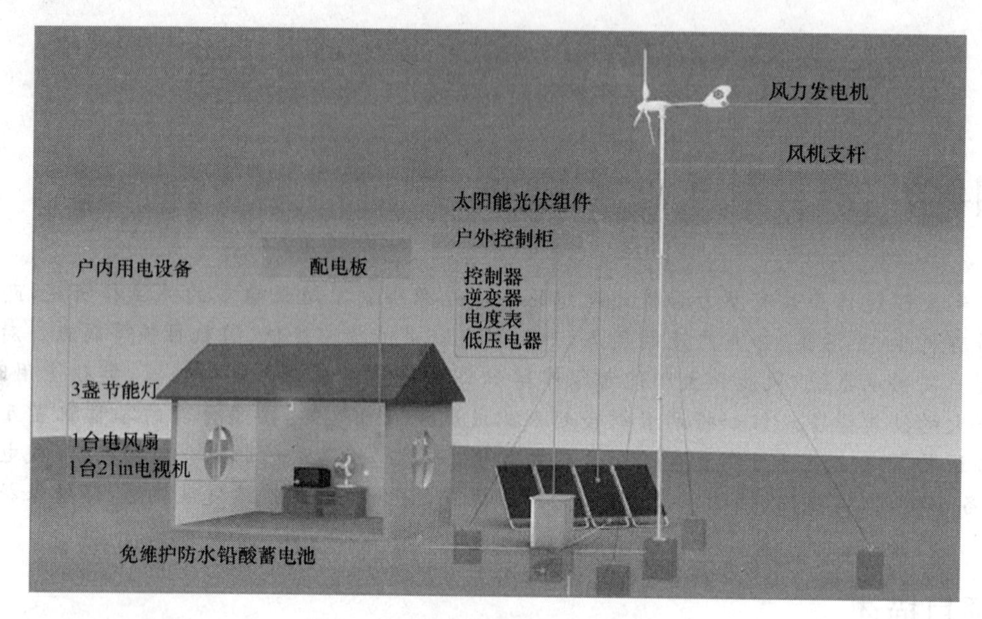

图 3-1　户用风光互补电站系统简图

于亏电状态。风光互补发电系统在一定程度上弥补了风电和光电独立系统在资源利用上的缺陷。同时，风电和光电系统在蓄电池组和逆变环节上是可以共用的，从而进一步增强了其共用性能。

2. 明确户用风光互补电站的监控对象

围绕户用风光互补电站的工作过程，确定各种相关的检测和控制对象。

3. 设计户用风光互补电站远程监控总体方案

基于 ZigBee 无线传感器网络设计和构建户用风光互补电站远程监控系统。

4. 户用风光互补电站数据检测与控制硬件电路设计

（1）ZigBee 网络传感器终端结点电路设计；

（2）ZigBee 网络协调器电路设计；

（3）硬件系统连接与调试方法。

5. 户用风光互补电站控制软件程序设计

（1）检测与控制终端结点程序设计；

（2）协调器程序设计；

（3）PC 与协调器间的通信调试。

二、系统容量配置方案

风光互补发电系统作为一个独立发电系统，从风力发电机到太阳能电池组件及蓄电池容量的配置都有一个最佳配置设计问题，需要结合用电量、风力发电机、太阳能电池板安装地点的自然资源条件来进行系统最佳容量配置的设计。

1. 用电量确定

风光互补发电系统发电功率的大小，主要是依据所需用电设施的用电量来确定的。在本项目中，以小户型家庭用户为设计对象，其与风光互补发电系统对应的用电负载的用电情况如表 3-1 所示，每天总用电量约为 1 kW·h。

2. 发电量确定

江苏省南通市位于北纬 32°，东经 121°。根据气象资料，南通地区年度的平均日照时间为 6.1 h/d，按照太阳能电池板每平方米大约 100 W 的能量密度计算，南通地区太阳能电池板平均日发电

表 3-1　用电负载情况

设备	规格	数量	标称功率/W	平均日使用时间/h	日用电量/kW·h
彩色电视机	32 英寸	1	80	5	0.4
电灯(照明)	节能灯	3	60	5	0.3
电风扇		1	60	2.5	0.15
音响设备		1	30	5	0.15
总用电量					1

量 0.61 kW·h。南通地区 2010 年度日风速为 7 m/s 以上小时数平均为 5 h,风速大于 3.5 m/s 小于 7 m/s 的小时数平均为 11 h。

风力发电功率的计算公式为:

$$p=p_0 \cdot (v/v_0)^3 \tag{3.1}$$

式中　v——实际风速(m/s);

v_0——额定风速(m/s);

p——风能发电实际输出功率(W);

p_0——风能发电额定功率(W)。

本项目中使用的风力发电机产品额定风速 v_0 为 9 m/s,风能发电额定功率 p_0 为 300 W 则

当风速大于 3.5 m/s 小于 7 m/s 时:

$$p_1=p_0 \cdot (v_1/v_0)^3=300\times(3.5/9.0)^3\ \text{W}=17.65\ \text{W}$$

当风速为 7 m/s 以上时:

$$p_2=p_0 \cdot (v_2/v_0)^3=300\times(7.0/9.0)^3\ \text{W}=141.1\ \text{W}$$

从而得出每天平均风能发电量:

$$p=p_1 \cdot T_1+p_2 \cdot T_2=17.65\times 11\ \text{W}\cdot\text{h}+141.1\times 5\ \text{W}\cdot\text{h}=899.65\ \text{W}\cdot\text{h}$$

其中,T_1 为风速大于 3.5 m/s 小于 7 m/s 的平均小时数;T_2 为风速为 7 m/s 以上的平均小时数。

太阳能电池板日平均发电量为 0.61 kW·h,再加上通过上述计算所得到的风力发电的日平均发电量约 0.9 kW·h,则风光互补发电系统的日发电量平均可达 1.51 kW·h,大于每天用电负载的用电量,能够满足用电负载要求。

3. 蓄电池容量确定

蓄电池的容量主要是根据系统的自给天数、负载日用电量及蓄电池的放电深度来确定的。

1) 自给天数 N

自给天数是系统在没有任何外来能源的情况下,负载仍能正常工作的天数。在设计中要根据当地的气象条件,尤其是历年来的连续阴雨天数、负载对供电保障率的要求、系统造价等来综合考虑。江苏省南通市属亚热带季风性气候,四季分明,雨水充沛,日照充足,温度适宜,除梅雨季节和冬季雨雪天外,其他大部分时间阴晴相隔,阴少晴多。考虑到极端情况,可以取自给天数 N 为 3 天,在连续 3 个阴雨天后,停止对用户负载供电,等天气好转后再继续供电。

2) 负载日用电量 P

由于系统在阴雨等天气情况下才需要自给供电,故负载日用电量 P 为阴雨天的负载总耗电量。从表 3-1 可知,阴雨天的负载总耗电量为 1 kW·h。

3) 放电深度 D

放电深度应根据不同的蓄电池类型来确定,本设计所对应的系统为小型风光互补发电系统,一

般使用铅酸阀控免维护式蓄电池，其放电深度选择80%左右。

4）计算公式

$$C=\frac{PN}{DUK_1K_2} \tag{3.2}$$

式中 C——蓄电池容量(A·h)；

P——负载日用电量(1 000 W·h)；

N——自给天数(3天)；

D——放电深度，此处取值0.8；

U——蓄电池的工作电压，标准工作电压一般为12 V；

K_1——蓄电池对负载放电过程中的损耗因素，取经验值0.9；

K_2——温度因素对放电深度的影响，取经验值0.9。

将各参数带入式(3.2)，就可以得出蓄电池的容量：

$$C=\frac{1000\times3}{0.8\times12\times0.9\times0.9}\ \text{A·h}=385.80\ \text{A·h}$$

故可选用2个12 V/200 A·h的铅酸阀控免维护式蓄电池串联。

4. 逆变器容量确定

对于交流负载，需要使用逆变器。逆变器的额定功率应略大于系统中的用户负载功率，即应加一个安全系数，通常取1.2～1.5。通过前面的负载分析(见表3-1)可知，系统中交流负载的总功率为350 W，则逆变器容量最小应为：350×1.2 = 420(W)。故可选取容量为500～600 W的逆变器。

5. 发电系统配置

根据以上分析计算，本设计所对应的风光互补发电系统的设备配置以300 W风力发电＋100 W太阳能发电的组合较为可行，主要发电装置配置情况如表3-2所示。

表3-2 发电装置配置情况表

部件	规　格	数量	备　注
风力发电机	300 W/24 V	1台	垂直轴、直驱永磁同步
太阳能电池组件	100 W	1块	单晶硅
逆变器	24 V/500 W～600 W	1台	正弦波
蓄电池	200 A·h/12 V	2只	铅酸阀控免维护式

相关知识

一、户用风光互补电站工作原理

如图3-2所示，本项目中的离网型户用风光互补电站主要由“机构设备”和“能量控制”两部分组成。其中，风光互补发电机构设备由风力发电机、太阳能电池板和连接装置等构成；风光互补发电能量控制部分由蓄电池组、DC/DC变换器、逆变器和控制器等组成。

风力发电部分采用升力型垂直轴风力机直接耦合永磁同步发电机，电力电子接口采用不可控整流桥和DC/DC变换器结构来实现功率变换及调节。光伏发电与风力发电经直流母线并联运行向直流负载及蓄电池供电，或经过逆变器向交流负载供电。DC/DC变换器实现了两种不同能源发电的解耦，即光伏发电与风力发电可以同时或单独向负载供电。

风光互补发电控制器作为风光互补发电系统监控网络的重要组成部分，根据光伏发电与风力发电系统实际运行状态及负载和蓄电池电压电流变化情况，实现对风光互补发电运行模式的调节，确定发电系统各部分在最大功率跟踪控制、负载跟踪控制、运行保护控制模式运行并实现运行模式间的转换，同时还要实时检测系统各参数，当出现异常情况时能及时发出报警信号。

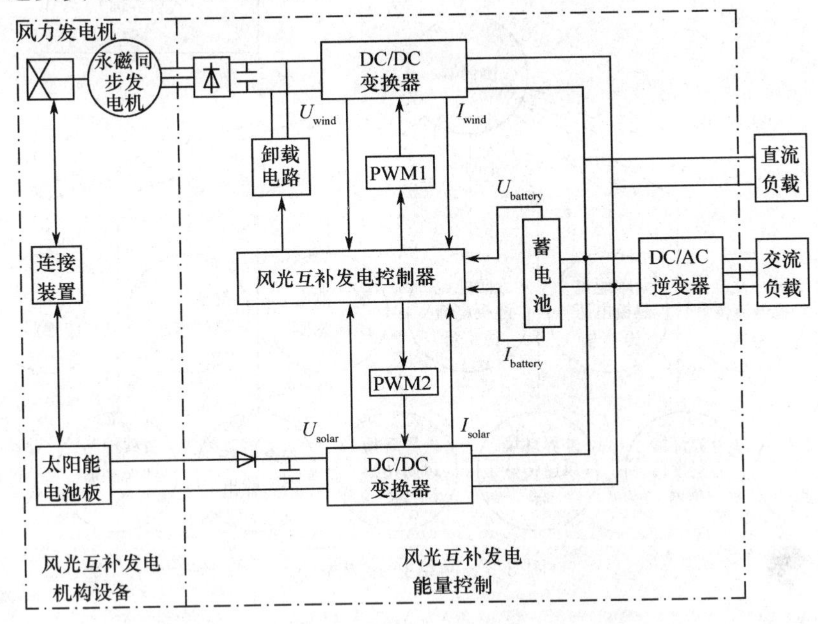

图 3-2　离网型户用风光互补电站结构示意图

二、户用风光互补电站远程监控对象

1. 检测对象

(1) 太阳能电池板组件输出电压(电压传感器);
(2) 太阳能电池板组件输出电流(电流传感器);
(3) 风力发电机输出电压(电压传感器);
(4) 风力发电机输出电流(电流传感器);
(5) 蓄电池电压(电压传感器);
(6) 蓄电池充电电流(电流传感器);
(7) 人员靠近安全检测(人体红外传感器);
(8) 外界环境状况(风速、风向、光照度、温湿度传感器)。

2. 控制对象

(1) 人员靠近安全报警(语音控制);
(2) 负载断电控制(继电器控制);
(3) 风力机制动控制(继电器控制)。

三、户用风光互补电站远程监控方案

户用风光互补电站远程监控系统网络拓扑方案如图 3-3 所示，协调器为整个 ZigBee 网络的数据汇聚中心，通过 UART 与 PC 进行数据通信。

四、无线通信网络技术简介

无线通信网络是利用无线电射频(RF)或红外线(IR)等无线传输媒体与技术构成的通信网络系统。由于取消了有线介质(双绞线、同轴电缆、光纤等)，使得网络用户真正达到“信息随身带，便

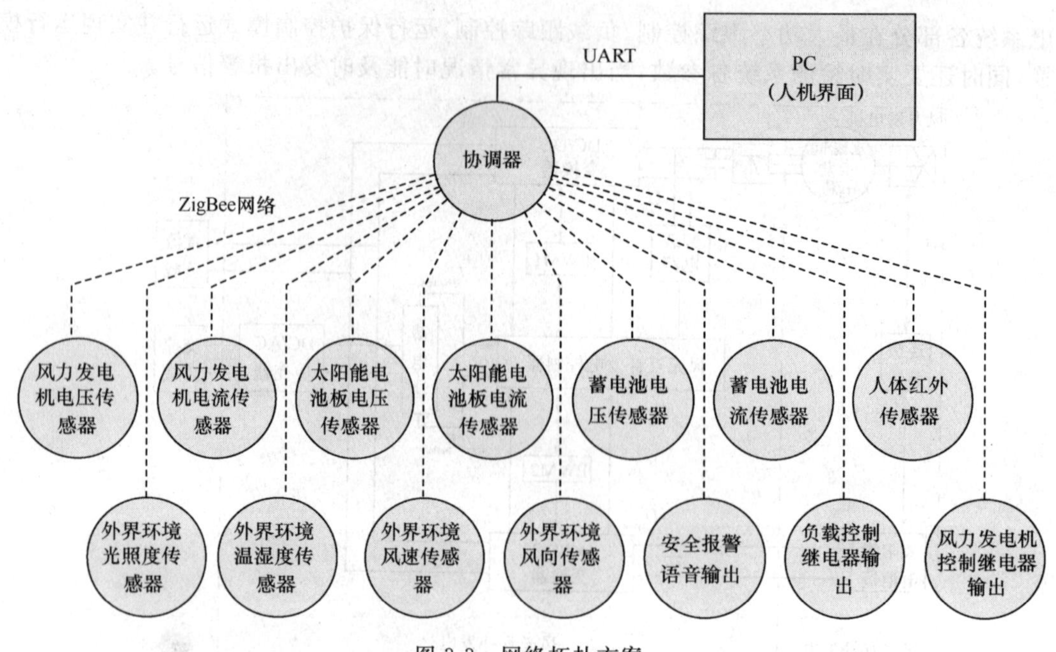

图 3-3　网络拓扑方案

利走天下”的理想境界。

无线网络的历史起源于到 20 世纪 40 年代第二次世界大战期间。1971 年，夏威夷大学的研究员创建了第一个无线电通信网络（ALOHNET）。近几年，由于数据通信需求的推动，加上半导体、计算机等相关电子技术领域的快速发展，短距离无线通信技术也经历了一个快速发展的阶段。各种新的短距离无线技术不断地被提出并取得了令人瞩目的成就。目前，比较流行的有 IEEE 802.11.1b、蓝牙（Bluetooth）、HomeRF（家庭网络）及 ZigBee 等。这些短距离无线通信技术都在争取成为市场标准，也都有其立足的特点，或基于传输速度、距离、耗电量的特殊要求；或着眼于功能的扩充性；或符合某些单一应用的特别要求。无线网络的应用前景十分诱人。传统应用有军事、监控、应急、环境、防空等领域，新兴应用涉及家用、企业管理、保健、交通等领域，几乎无处不在。

无线技术根据网络覆盖的距离来划分，可以分为无线广域网、无线城域网、无线局域网和无线个域网。无线广域网有 2G、3G 等移动通信技术。无线城域网指 IEEE 802.16 系列标准，向固定的便携设备提供高速的无线通信数据服务，以及实现各种各样的局域网间的自由连接。无线局域网（WLAN）主要包括 IEEE 802.11 系列，如 WiFi 等，通信的距离在几十米到几千米之间。不同的技术在不同领域发挥独特的作用，而且这种作用的互补性越来越明显，主要体现在它们具有不同的通信距离、不同的适用区域和不同的技术特点。无线个域网（Wireless Personal Area Network，WPAN）是指将几米范围之内的多个设备通过无线方式连接成一个网络，使它们之间可以互相通信，也可以组成这样的几个网络而成为互联网或者局域网的一部分。IEEE 802.15.4 工作组主要是致力于 WPAN 协议的物理层（PHY）和媒体访问层（MAC）的标准化工作，为相互通信的设备提供相同的通信标准。

各种无线通信技术都有各自的特点和不同的应用场合，几种常见的无线通信技术的特性比较如表 3-3 所示。

表 3-3 几种常见的无线通信技术比较

市场名 标准	GPRS/GSM 1xRTT/CDMA	Wi-Fi 802.11b	Bluetoth 802.15.1	UWB 802.15.3a	ZigBee 802.15.4
主要应用	广阔范围 声音 & 图像	Web Email 图像	电缆替 代品	军用雷达	监测 & 控制
系统资源	16MB+	1MB+	250KB+	占用带宽大	4～128 KB
电池寿命/天	1～7	0.5～5	1～7	<1	100～1000+
网络大小	1	32	7	<10	255/65000
通信速率	115 kbit/s	11 Mbit/s	1 Mbit/s	300 Mbit/s	20～250 kbit/s
传输距离/m	1000+	1～100	1～10+	<10	1～100+

五、无线传感器网络简介

1. 无线传感器网络概念

近年来随着通信技术、嵌入式计算技术、微机电系统技术和传感器技术的飞速发展，具有感知能力、计算能力和通信能力的微型传感器开始出现，这些微型传感器通过无线组网的方式就构成了无线传感器网络(Wireless Sensor Network，WSN)。这种无线传感器网络能够协同实时监测、感知和采集网络分布区域内的各种环境或监测对象的信息，并对这些信息进行处理，获得详尽而准确的数据，传送给需要这些数据的用户。

无线传感器网络中的采集结点是网络的一个最为基本的组成元素，用于对被覆盖区域的数据进行采集、预处理、存储以及以多跳的方式将数据传送至汇聚结点。可以在采集结点上安装各种类型的传感器，对覆盖区域中的土壤温度、土壤湿度、噪声、光强度、压力、空气湿度、空气温度等众多人们感兴趣的物理量进行检测。无线传感器网络中的汇聚结点，用于收集覆盖区域中各采集结点的数据，它是整个网络中的中心结点，具有管理其他结点的作用，此外，汇聚结点还可以和其他模块组合形成功能更为强大的结点，例如与 GPRS 模块组合，实现远程的数据传输。

无线传感器网络有以下几个显著特征：

(1) 结点密度高，分布范围广：由于传感器结点数量众多，因此无线传感器网络的维护比传统的无线网络要困难，同时传感器网络的软、硬件必须具有高可靠性和容错性。

(2) 网络动态性强：由于网络中的结点是随机分布的，传感器、感知对象和观察者这三要素都可能具有移动性，并且经常有新结点加入或已有结点失效，导致传感器网络具有很强的动态性。

(3) 结点能源有限：传感器结点多分布在人口稀少、环境恶劣、缺少能源的区域，所以传感器结点多为微型嵌入式设备，它的处理能力、存储能力、通信带宽和携带的能量都非常有限。

(4) 低成本：传感器结点应该廉价，因为一个大型的传感器网络往往由成百上千个传感器结点组成，所以每个结点应该低成本，低价格。

(5) 无线传输：传感器结点以无线的方式传输数据。

(6) 结点自组织：无线传感器网络系统多分布于人不能或不宜到达的地域，结点的部署采用随机方式实施，这就要求无线传感器网络系统的通信协议能完成自动组网。

(7) 多跳:一个传感器结点可能无法直接通达基站,因此数据要能够以多跳的方式传送至基站。

2. 无线传感器网络应用

无线传感器网络技术是典型的具有交叉学科性质的军民两用的战略性技术,其典型应用如图 3-4所示。

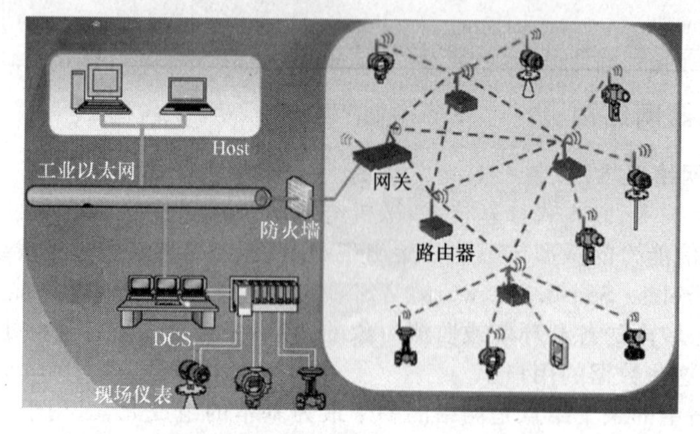

图 3-4 无线传感器网络的典型应用

无线传感器网络具有可快速部署、可自组织、隐蔽性强和高容错性的特点,非常适合在军事上应用。利用无线传感器网络能够实现对敌军兵力和装备的监控、战场的实时监视、目标的定位、战场评估、核攻击和生物化学攻击的监测和搜索等功能。在民用方面,无线传感器网络涉及环境监控、城市公共安全、公共卫生、安全生产、智能交通、智能家居等众多领域。

利用无线传感器网络,可以观察到微观的环境、设施或人体的状况,为被监测对象的数据研究或险情的预防、进程的控制等提供一种崭新的解决途径。目前,已经有了很多的实际应用。例如,英特尔公司在俄勒冈州建立的用于土壤温度、湿度或有害物的数量检测的无线葡萄园,旧金山金门大桥上部署的用于监测大桥隐患的联网微尘,用于监测降雨量、河水水位和土壤水分的 ALERT 系统等。无线传感器网络系统还可用于对森林环境监测和火灾报警,将结点随机密布在森林之中,平常状态下定期报告环境数据,当发生火灾时,结点通过协同合作会在很短的时间内将火源的具体地址、火势大小等信息传送给相关部门。美国商业周刊和 MIT 技术评论在预测未来技术发展的报告中,分别将无线传感器网络列为 21 世纪最有影响的 21 项技术和改变世界的 10 大技术之一。

六、基于 ZigBee 技术的无线传感器网络

1. ZigBee 网络技术与 IEEE 802.15.4 标准概述

英国 Invensy 公司、日本三菱电气公司、美国摩托罗拉公司以及荷兰飞利浦等公司在 2001 年

共同宣布组成 ZigBee 技术联盟，共同研究开发 ZigBee 技术。2003 年 11 月，IEEE 正式发布了该项技术物理层和 MAC 层所采用的标准协议，即 IEEE 802.15.4 协议标准，作为 ZigBee 技术的物理层和媒体层的标准协议；2004 年 12 月，ZigBee 联盟正式发布了该项技术标准。

IEEE 802.15.4 是一个低速率无线个人局域网(Low Rate Wireless PersonalArea Networks，LR-WPAN)标准。该标准定义了物理层(PHY)和介质访问控制层(MAC)。这种低速率无线个人局域网的网络结构简单、成本低廉、具有有限的功率和灵活的吞吐量。低速率无线个人局域网的主要目标是实现安装容易、数据传输可靠、短距离通信、低成本、合理的电池寿命，并且拥有一个简单而且灵活的通信网络协议。

LR-WPAN 网络具有如下特点：

(1) 实现 250 kbit/s，40 kbit/s，20 kbit/s 三种传输速率；

(2) 支持星形或者点对点两种网络拓扑结构；

(3) 具有 16 位短地址或者 64 位扩展地址；

(4) 支持冲突避免载波多路侦听技术(Carrier Sense Multiple Access With Collision Avoidance，CSMA-CA)；

(5) 用于可靠传输的全应答协议；

(6) 低功耗；

(7) 能量检测(Energy Detection，ED)；

(8) 链路质量指示(Link Quality Indication，LQI)；

(9) 在 2 450 MHz 频带内定义了 16 个通道；在 915 MHz 频带内定义了 10 个通道；在 868 MHz 频带内定义了 1 个通道。

为了使供应商能够提供最低可能功耗的设备，IEEE(Institute ofElectrical and Electronics Engineers，电气电子工程师学会)定义了两种不同类型的设备：一种是全功能设备(Full Functional Device，FFD)，另一种是简化功能设备(Reduced Functional Device，RFD)。

全功能设备(FFD)具有以下几个特点：

(1) 能够在任何拓扑结构中工作；

(2) 能够成为网络协调器；

(3) 能够同任何其他设备进行通信。

简化功能设备(RFD)具有以下几个特点：

(1) 被限制在星形网络拓扑中；

(2) 不能够成为网络协调器；

(3) 只能够同网络中的协调器进行通信；

(4) 实现起来较为简单。

由于 RFD 结构与功能较为简单，就像一个电灯开关或者一个红外线传感器，它们不需要发送大量的数据，并且一次只能同一个 FFD 关联，因此，RFD 能够使用很少的资源和存储空间。但在一个网络中应当至少包含一个 FFD 作为 PAN 协调器。

根据 IEEE 802.15.4 标准协议，ZigBee 的工作频段分为 3 个频段，这 3 个工作频段相距较大，而且在各频段上的信道数目不同。因而，在该项技术标准中，各频段上的调制方式和传输速率不同，分别为 868 MHz、915 MHz 和 2.4 GHz 三个频段。其中 2.4 GHz 频段上，分为 16 个信道，该频段为免费的全球通用的工业、科学、医学频段，在该频段上，数据传输速率为 250 kbps；另外两个频段相应的信道个数分别为 10 个信道和 1 个信道，传输速率分别为 40 kbps 和 20 kbps。

在组网性能上，ZigBee 设备可构造星形、树形或网状网络，在每个 ZigBee 无线网络内，连接地址码分为 16 位短地址和 64 位长地址，可容纳的最大设备个数分别为 216 个和 264 个，具有较大的网络容量。

ZigBee 技术主要有以下特点：

(1) 功耗低：ZigBee 技术传输速率很低，在 2.4 GHz 频段为 250 kbit/s，传输数据量小。而且，ZigBee 模块不工作时可采用休眠模式，使得系统运行非常节省电能，例如两节普通的电池工作时间可以长达几个月。

(2) 数据传输可靠：ZigBee 采用载波检测多址与碰撞避免，当有数据传送需求时则立刻传送，保证了系统信息传输的可靠性。

(3) 网络容量大：ZigBee 网络最大可包括 65 535 个网络结点，按功能的不同分为全功能结点(FFD)和精简功能设备(RFD)，结点之间可互相连接。

(4) 工作频段多样：工作频段为 868 MHz(欧洲)、915 MHz(美国)和 2.4 GHz ISM 频段，在不同的工作频段下有 40 kbit/s、200 kbit/s 和 250 kbit/s 三种不同的传输速率。

(5) 成本低廉：ZigBee 通信模块成本价格在几美元左右，而且 ZigBee 协议不需要专利费用。

(6) 多应用场合：ZigBee 网络结构多样，支持点对点、星形、树状和网状网，因此可用于各种简单和复杂网络的应用需求。

(7) 安全性好：ZigBee 采用三级安全模式，提供了基于循环冗余检验(CRC)的数据包完整性校验。

(8) 抗干扰能力强：802.15.4 的物理层采用直接序列扩频(Direct Sequence Spread Spectrum，DSSS)技术，具有良好的抗干扰能力。

ZigBee 技术应用非常广泛，当前主要应用于环境监测、工业控制、医疗护理、智能家居、智能交通等领域，通常只要符合以下条件之一的应用，就可以考虑采用 ZigBee 技术。

(1) 需要数据采集或监控的网点较多；

(2) 需求传输的数据量不大，要求设备的成本低；

(3) 要求数据传输可靠性高，安全性能好；

(4) 构建无线传感器网络；

(5) 设备体积小，采用电池供电；

(6) 地形复杂，监测点多，需要较大的网络覆盖；

(7) 现有移动网络的覆盖盲区；

(8) 使用移动网络进行低数据量传输的远程监控系统。

太阳能、风能电站的远程监控系统就符合上述诸多条件，因此本项目采用 ZigBee 技术来构建户用风光互补电站远程监控系统，这也是未来太阳能、风能电站远程监控系统的重要发展方向之一。

2. ZigBee 网络拓扑结构

在 ZigBee 网络中存在 3 种逻辑设备类型：协调器(Coordinator)、路由器(Router)和终端设备(End-Device)。ZigBee 网络一般由一个协调器、多个路由器和多个终端设备组成。其网络拓扑结构有以下 3 种：

1) 星状网络拓扑结构

当协调器被激活后，它就会建立一个自己的网络。星形网络的操作独立于当前其他网络的操作。如图 3-5 所示，在星形网络结构中只有一个唯一的 PAN 主协调器，通过选择一个 PAN 标识符确保网络的唯一性。无论是路由或是终端都可以加入到这个网络中。

2) 网状网络拓扑结构

网状拓扑结构是一种多跳的网络系统。网络中结点可以直接相互通信，每一次通信网络都会选择一条或多条路由进行数据传输，将所要传输的数据传递给目的结点。如图 3-6 所示，网状网络中的源结点都有多条路径到达目的结点,因此结点容故障能力较强。

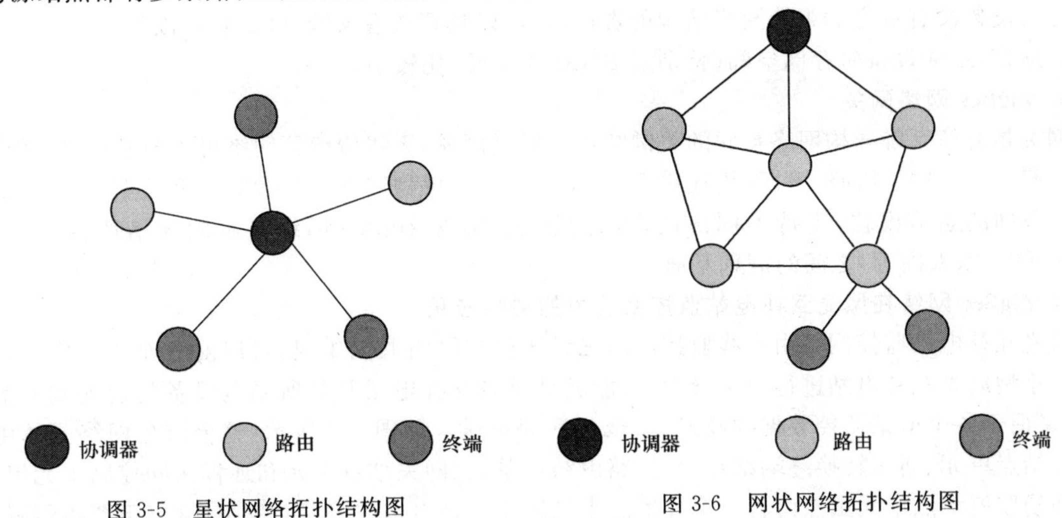

图 3-5　星状网络拓扑结构图　　　　图 3-6　网状网络拓扑结构图

3）树状网络拓扑结构

树状拓扑网络包含一个中心协调器和一系列的路由器和终端设备结点,如图 3-7 所示。协调器和路由器可以包含自己的子结点,终端设备结点不能有自己的子结点。树形拓扑的通信规则中,每一个结点都只能和它的父结点或子结点通信。

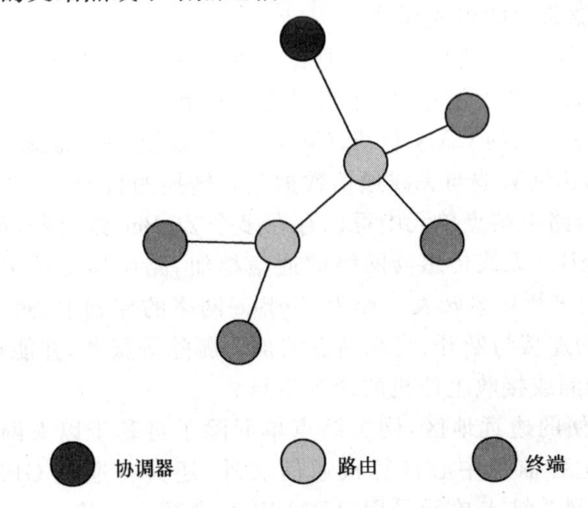

图 3-7　树状网络拓扑结构图

3. ZigBee 网络协调器

协调器负责启动整个网络,它也是网络的第一个设备。协调器选择一个信道和一个网络 ID(也称之为 PAN ID,即 Personal Area Network ID),随后启动整个网络。协调器也可以用来协助建立网络中安全层和应用层的绑定(Bindings)。

注意,协调器的角色主要涉及网络的启动和配置,一旦这些都完成后,协调器的工作就像一个路由器。由于 ZigBee 网络本身的分布特性,接下来整个网络的操作就不再依赖协调器是否存在。

4. ZigBee 网络路由器

路由器的功能主要是允许其他设备加入网络,多跳路由和协助终端设备结点通信。通常,希望路由器一直处于活动状态,因此它必须使用主电源供电。但是,当使用树状网络拓扑结构时,允许路由间隔一定的周期操作一次,这样就可以使用电池给其供电。

5. ZigBee 网络终端设备

终端设备没有特定的维持网络结构的责任，它可以睡眠或者唤醒，因此它可以是一个电池供电设备。通常，终端设备对存储空间(特别是 RAM 的需要)比较小。

6. ZigBee 网络网关

网关是通信系统异构网络互联的关键结点。通过网关，无线传感器网络可以与基于 IP 的骨干网络进行通信。网关既是一种网络连接设备，也是无线传感器网络中最大的汇聚结点，能够把数据转发到不同的通信模块，支持不同协议之间的转换，实现 ZigBee 网络与不同通信协议网络(如 GPRS 网络、以太网等)之间的信息互通。

7. ZigBee 网络在风光互补电站监控系统中的典型应用

风光互补电站监控网络由有线监控网络和无线监控网络共同组成，可以对分布在一定区域内的多个小型风光互补电站进行集中管理，既能满足风光互补电站及其所供电设备的现场实时监控需要，又便于各个电站监控数据的收发、汇聚与远程传送。如图 3-8 所示，整个监控网络具体由现场监控结点单元、通信转换终端结点单元、路由结点单元、网关结点单元和远程访问控制单元组成。

现场监控结点单元虽然由若干个分散的小型风光互补电站的监控对象组成(由于图幅所限，在图 3-8 中只列出了一个风光互补电站的监控对象，其他电站的类同，故省略)，但每个电站中对光伏发电、风力发电、蓄电池充放电、DC/DC 变换、DC/AC 逆变的监控以及对外部环境的监测位置相对集中，实时性和可靠性要求高，所以采用 CAN 总线通信方式。同时，考虑到许多用电负载设备本身就含有通信接口(如 CAN 总线、485 总线、CC-Link 总线等)，因此，负载设备的运行状态参数也可以作为现场监控结点数据通信的组成部分。

通信转换终端结点单元由若干通信协议转换结点组成。作为 ZigBee 无线传感器网络的终端设备，每个转换结点对应一个风光互补电站，不仅具有发送和接收 ZigBee 网络通信数据的功能，而且能够实现各现场监控结点单元的 CAN 总线、CC-Link 总线及 485 总线通信与 ZigBee 网络通信之间的异构网络互联，从而达到有线与无线通信数据相互转换的目的。

根据 ZigBee 网络类型，路由结点单元中可以存在多个 ZigBee 路由器，每个路由器由 ZigBee 的全功能设备组成。作为 ZigBee 无线传感器网络的通信枢纽，路由器支持关联的设备，负责在 ZigBee 终端设备与协调器之间进行信息转发。作为 ZigBee 网络的控制中心，协调器负责组建一个无线网络，提供 ZigBee 网络的连接与断开、终端结点的加入删除等服务，并能够将路由器路由来的数据暂时保存，等待上位机访问或接收上位机的命令信息。

为了兼顾通信条件不便的边远地区，网关结点单元除了可基于以太网或 USB 接口的无线网卡实现 Internet 接入并与远程监控中心计算机通信之外，还具备通过 GPRS 方式与远程计算机或用户手机通信的功能。网关结点单元采用 ARM 嵌入式系统连接 ZigBee 协调器、以太网控制器和 GPRS 通信模块，实现异构网络之间的通信数据转换与转发，使得远程访问控制单元不仅能够接收无线传感器网络所采集的风光互补电站各种监测数据，具备实时的状态显示、故障报警、数据统计等功能，而且还能够远程控制电站执行元器件和修改运行参数，实现风光互补电站管理自动化。

七、ZigBee 协议规范

IEEE 于 2000 年 12 月成立了 802.15.4 工作组，它主要负责制定 ZigBee 的物理层(PHY 层)和媒体介质访问控制层(MAC 层)协议，而 ZigBee 联盟只负责制定和开发网络层、应用层等协议栈。相对于现有的其他无线通信技术，ZigBee 技术结构简单、成本低廉。在结构上，它主要分为物理层、媒体介质访问控制层、网络层、应用层(包括应用框架和应用类)等，如图 3-9 所示。

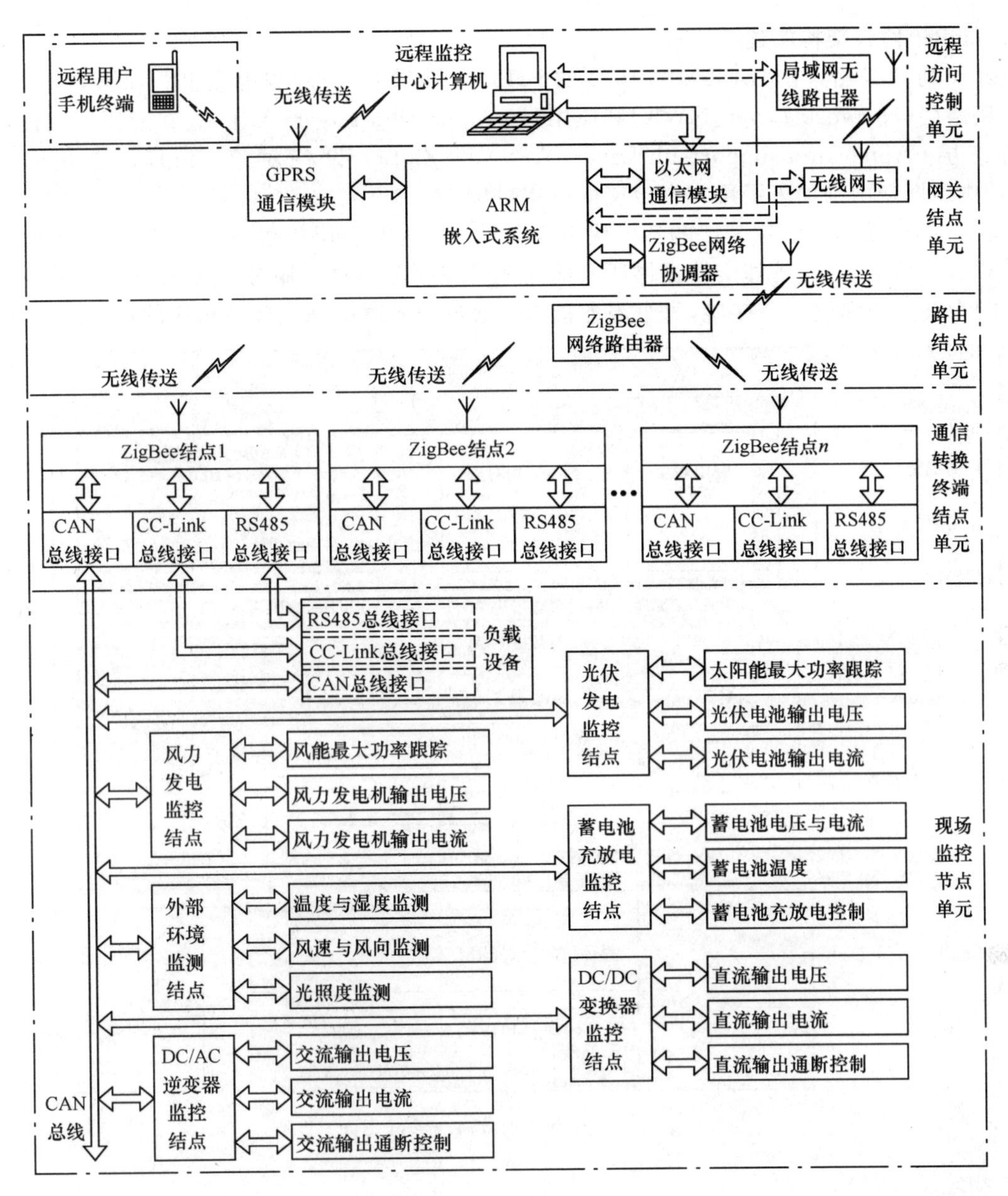

图 3-8　风光互补电站监控网络

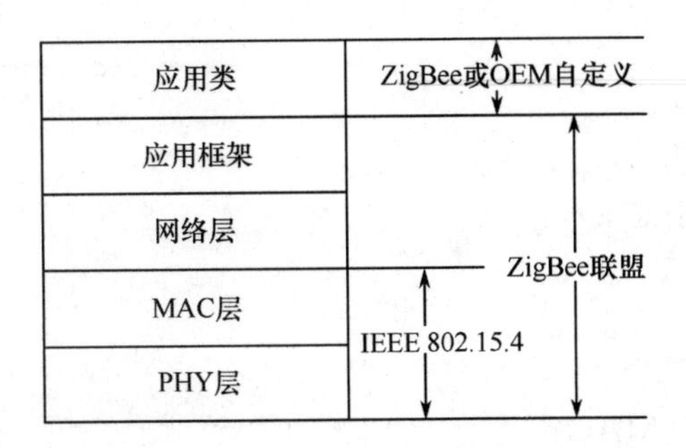

图 3-9　ZigBee 体系结构模型

1. ZigBee 协议架构概述

ZigBee 协议栈建立在 IEEE 802.15.4 的 PHY 层和 MAC 子层规范之上。如图 3-10 所示，它实现了网络层(Network Layer，NWK)和应用层(Application Layer，APL)。在应用层内提供了应用支持子层(Applicationsupportsub-Layer，APS)和 ZigBee 设备对象(ZigBee Device Object，ZDO)。应用框架中则加入了用户自定义的应用对象。

ZigBee 的体系结构由称为层的各模块组成。每一层为其上层提供特定的服务：即由数据服务实体提供数据传输服务，管理实体提供所有的其他管理服务。每个服务实体通过相应的服务接入点(SAP)为其上层提供一个接口，每个服务接入点通过服务原语来完成所对应的功能。

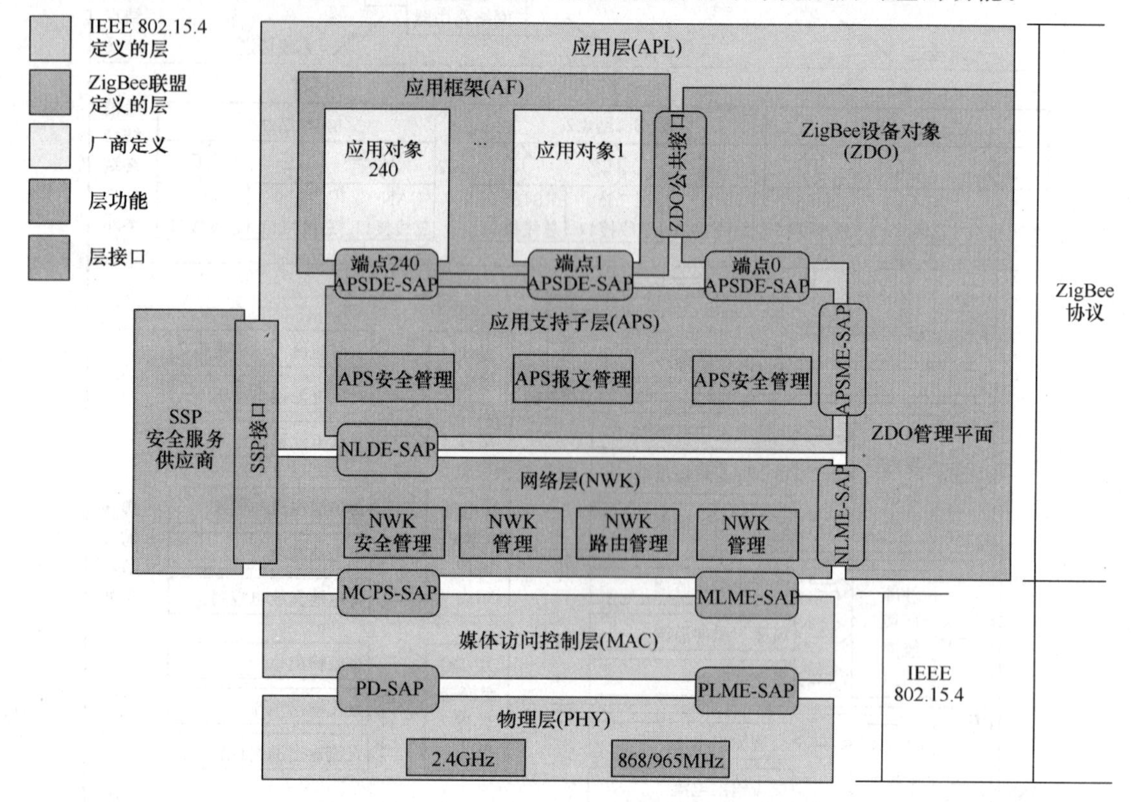

图 3-10 ZigBee 协议栈体系结构图

1) 物理层(PHY)

物理层定义了物理无线信道和 MAC 子层之间的接口，提供物理层数据服务和物理层管理服务。

物理层功能如下：

(1) ZigBee 的激活；

(2) 当前信道的能量检测；

(3) 接收链路服务质量信息；

(4) ZigBee 信道接入方式；

(5) 信道频率选择；

(6) 数据传输和接收。

2) 媒介介质访问控制层(MAC)

MAC 层负责处理所有的物理无线信道访问，并产生网络信号、同步信号；支持 PAN 连接和分离，提供两个对等 MAC 实体之间可靠的链路。

在无线通信网络中，设备与设备之间通信数据的安全保密性是十分重要的。IEEE 802.15.4/ZigBee协议使用MAC层的安全机制来保证MAC层命令帧、信标帧和确认帧的安全性。单跳数据消息一般是通过MAC层的安全机制来做到的，而多跳消息报文则是通过更上层（如网络层）的安全机制来保证的。ZigBee协议利用安全服务供应商（Security Service Provider，SSP）向网络层和应用层提供数据加密服务。

MAC层功能如下：

(1) 网络协调器产生信标；

(2) 与信标同步；

(3) 支持PAN（个域网）链路的建立和断开；

(4) 为设备的安全性提供支持；

(5) 信道接入方式采用免冲突载波检测多址接入（CSMA-CA）机制；

(6) 处理和维护保护时隙（GTS）机制；

(7) 在两个对等的MAC实体之间提供一个可靠的通信链路。

3) 网络层（NWK）

ZigBee协议栈的核心部分在网络层。网络层主要实现结点加入或离开网络、接收或抛弃其他结点、路由查找及传送数据等功能。NWK层是协议栈实现的核心层，它负责网络的建立、设备的加入、路由搜索、消息传递等相关功能。这些功能将通过网络层数据服务访问点NLDE-SAP和网络层管理服务访问点NLME-SAP向协议栈的应用层提供相应的服务。

网络层的功能如下：

(1) 网络发现；

(2) 网络形成；

(3) 允许设备连接；

(4) 路由器初始化；

(5) 设备同网络连接；

(6) 直接将设备同网络连接；

(7) 断开网络连接；

(8) 重新复位设备；

(9) 接收机同步；

(10) 信息库维护。

4) 应用层（APL）

ZigBee应用层框架包括应用支持层（APS）、ZigBee设备对象（ZDO）和制造商所定义的应用对象。

应用支持层的功能包括：维持绑定表、在绑定的设备之间传送消息。

ZigBee设备对象的功能包括：定义设备在网络中的角色（如ZigBee协调器和终端设备），发起和响应绑定请求，在网络设备之间建立安全机制。ZigBee设备对象还负责发现网络中的设备，并且决定向它们提供何种应用服务。

ZigBee应用层除了提供一些必要函数以及为网络层提供合适的服务接口外，一个重要的功能是应用者可在这层定义自己的应用对象。

应用层（APL）是整个协议栈的最高层，包含应用支持子层（APS）和ZigBee设备对象（ZDO）以及厂商自定义的应用对象。

应用支持子层（APS）提供了两个接口，分别是：应用支持子层数据实体服务访问点（APSDE-SAP）和应用支持子层管理实体服务访问点（APSME-SAP）。APS主要负责维护设备绑定表。设备绑定表能够根据设备的服务和需求将两个设备进行匹配。APS根据设备绑定表能够在被绑定在一起的设备之间进行消息传递。APS的另一个功能是能够找出在一个设备的个人操作空间内(POS)其他哪些设备正在进行操作。

ZigBee设备对象(ZDO)的功能包括负责定义网络中设备的角色,如协调器或者终端设备;还包括对绑定请求的初始化或者响应,在网络设备之间建立安全联系等。实现这些功能,ZDO使用APS层的APSDE-SAP和网络层的NLME-SAP。ZDO是特殊的应用对象,它在端点0上实现。远程设备通过ZDO请求描述符信息,接收到这些请求时,ZDO会调用配置对象获取相应描述符值。

2. ZigBee协议的基本概念

1) ZigBee协议的基本术语

在进行ZigBee应用开发时,涉及结点(Node)、群集(Cluster)、端点(Endpoint)、属性(Attribute)等基本术语。这些基本术语之间的关系如图3-11所示。

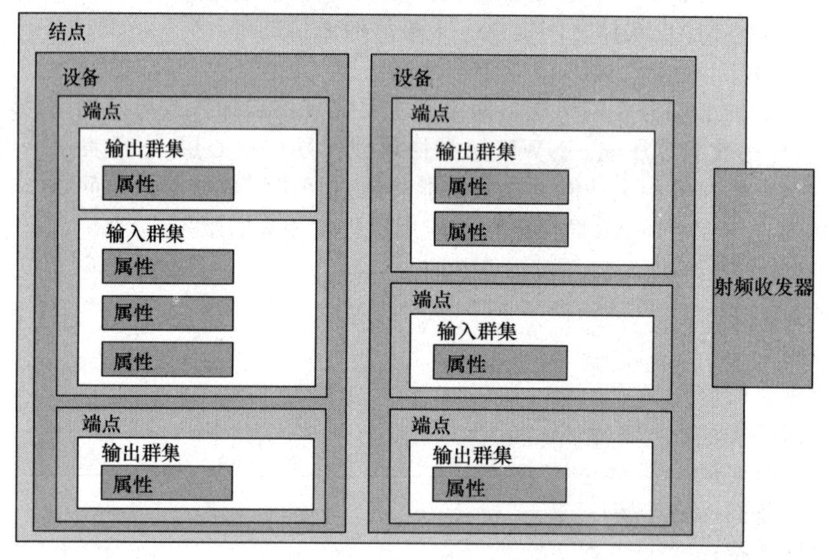

图3-11 基本术语关系图

从图3-11中可以看出,在ZigBee网络中,结点是最大的集合。一个网络结点可以包含多个设备,每一个设备可以包含多个端点。设备的端点可以为1～240,对应于240种不同的网络应用。设备中的每一个端点可以有多个群集,按照群集的接口方向来划分,可以分为输入群集和输出群集两种。在ZigBee的一个端点中既可以有输入群集也可以有输出群集。一个端点中的输出群集要能够控制另外一个端点中的输入群集必须要求这两个群集具有相同的群集标识符(ClusterID)。群集可以看作是属性的集合,一个群集当中可以包含一个或多个属性。

例如,在家庭照明控制灯规范中,ZigBee为遥控开关控制器(开关)定义了一个必要的输出群集:OnOffSRC。它也为开关负载控制器(灯)定义了一个必要的输入群集:OnOffSRC。这两个群集的ClusterID都是OnOffSRC,因此开关便可以通过这个群集来对灯进行控制。ZigBee在OnOffSRC群集中定义了一个属性OnOff。为它定义了3种不同的属性值,分别是0xFF表示On,0x00表示Off,0xF0表示Toggle。当需要打开照明灯时,遥控开关便通过应用层KVP消息,发送Set命令将照明灯OnOffSRC群集中OnOff属性设置为On。同样,当需要关闭照明灯时,也可以通过Set命令将照明灯OnOffSRC群集中OnOff设置为Off。Toggle属性值的意义是,如果电灯在开的状态下,设置这个值将会把电灯关掉;如果电灯是关闭状态,通过设置这个属性值则又会把电灯打开。

2）ZigBee 绑定（Binding）操作

在 ZigBee 协议中定义了一种特殊的操作，叫做绑定操作。它能够通过使用 ClusterID 为不同结点上的独立端点建立一个逻辑上的连接。下面以图 3-12 为例来说明绑定操作。

图 3-12 中 ZigBee 网络中的两个结点分别为 Z1 和 Z2，其中 Z1 结点中包含两个独立端点分别是 EP3 和 EP21，它们分别表示开关 1 和开关 2。Z2 结点中有 EP5、EP7、EP8、EP17 四个端点分别表示从 1 到 4 这 4 盏灯。在网络中，通过建立 ZigBee 绑定操作，可以将 EP3 和 EP5、EP7、EP8 进行绑定，将 EP21 和 EP17 进行绑定。这样开关 1 便可以同时控制电灯 1、2、3，开关 2 便可以控制电灯 4。利用绑定操作，还可以更改开关和电灯之间的绑定关系，从而形成不同的控制关系。从这个例子可以看出，绑定操作能够使用户的应用变得更加方便灵活。

要实现绑定操作，端点必须向协调器发送绑定请求，协调器在有限的时间间隔内接收到两个端点的绑定请求后，便通过建立端点之间的绑定表在这两个不同的端点之间形成一个逻辑链路。因此，在绑定后的两个端点之间进行消息传送的过程属于消息的间接传送。其中一个端点首先会将信息发送到 ZigBee 协调器中，ZigBee 协调器在接收到消息后会通过查找绑定表，将消息发送到与这个端点相绑定的所有端点中，从而实现了绑定端点之间的通信。

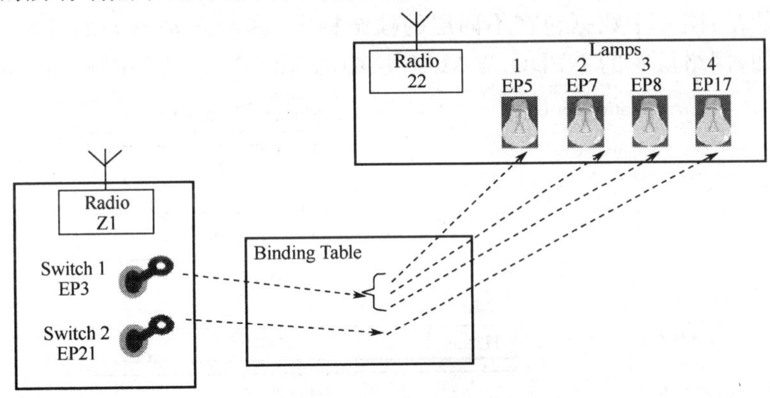

图 3-12 ZigBee 绑定操作

3）应用层消息类型

在 ZigBee 应用中，应用框架（AF）提供了两种标准服务类型。一种是键值对（Key Value Pair，KVP）服务类型，一种是报文（Message，MSG）服务类型。

KVP 服务用于传输规范所定义的特殊数据。它定义了属性（Attribute）、属性值（Value）以及用于 KVP 操作的命令：Set、Get、Event。其中，Set 用于设置一个属性值，Get 用于获取一个属性的值，Event 用于通知一个属性已经发生改变。KVP 消息主要用于传输一些较为简单的变量格式。

由于 ZigBee 的很多应用领域中的消息较为复杂，并不适用于 KVP 格式，因此 ZigBee 协议规范定义了 MSG 服务类型。MSG 服务对数据格式不作要求，适合任何格式的数据传输，因此可以用于传送数据量大的消息。

KVP 命令帧的格式如下：

位：4	4	16	0/8	可变
命令类型标识符	属性数据类型	属性标识符	错误代码	属性数据

MSG 命令帧格式如下：

位：8	可变
事务长度	事务数据

4）应用开发规范

应用开发规范是对逻辑设备及其接口描述的集合，是面向某个具体应用类别的公约、准则。它在消息、消息格式、请求数据或请求创建一个共同的分布式应用程序的处理行为上达成了共识。这意味着，在 ZigBee 标准的范围内，各个厂商共同合作形成统一的技术解决方案。例如，ZigBee 联盟制定的家庭照明控制灯的规范就希望不同的灯光设备供应商能够统一不同的电灯类型和控制类型。

各厂商针对其他不同的应用领域也可给出解决方案并向 ZigBee 联盟提交。联盟将会对各种方案进行综合考虑，最终决定采用这些方案中的某一个为标准方案。一旦制定了标准规范，其他设备制造商，方案提供商将按照这个规范进行产品开发，以期望能同其他的厂商开发出的标准 ZigBee 设备进行互操作。

5）ZigBee 协议栈各层帧结构之间的关系

在 ZigBee 协议栈中，任何通信数据都是利用帧的格式来组织的。协议栈的每一层都有特定的帧结构。当应用程序需要发送数据时，它将通过 APS 数据实体发送数据请求到 APS。随后在它下面的每一层都会为数据附加相应的帧头，组成要发送的帧信息，其帧结构之间的关系如图 3-13 所示。需要注意的是：同一个数据包在不同层的帧结构中，其命名是不同的，这一点在开发协议栈时非常重要。例如，网络层中的 NPDU 与 MAC 层中的 MSDU 指的是同一数据包。

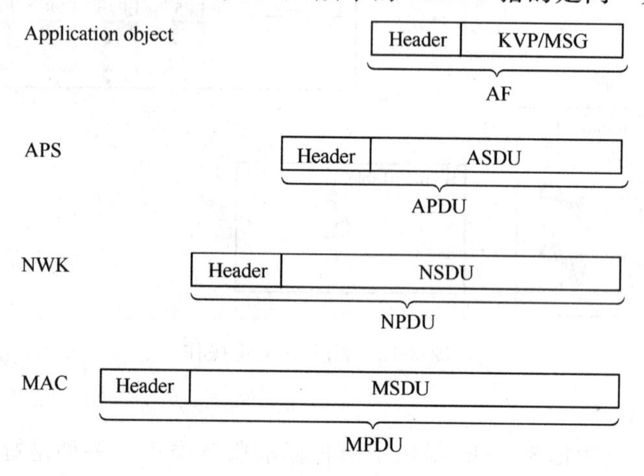

图 3-13　各层帧结构的构成

6）原语的概念

ZigBee 协议按照开放系统互连的 7 层模型将协议分成了一系列的层结构，各层之间通过相应的服务访问点来提供服务。这样使得处于协议中的不同层能够根据各自的功能进行独立运作，从而使整个协议栈的结构变得清晰明朗。另一方面，由于 ZigBee 协议栈是一个有机的整体，任何 ZigBee 设备要能够正确无误地工作，就要求协议栈各层之间共同协作。因此，层与层之间的信息交互就显得十分重要。ZigBee 协议为了实现层与层之间的关联，采用了称为服务“原语”的操作。下面利用图 3-14 说明原语操作的概念。

服务由 N 用户和 N 层之间信息流的描述来指定。这个信息流由离散瞬时事件构成，以提供服务的特征。每个事件由服务原语组成，它将在一个用户的某一层，通过与该层相关联的层服务访问点（SAP）与建立对等连接的用户的相同层之间传送。

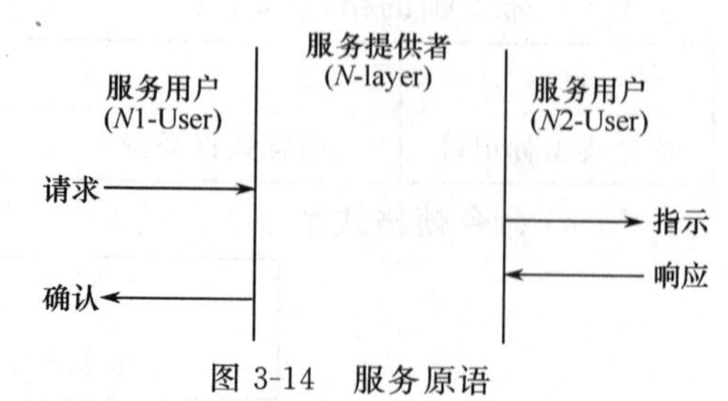

图 3-14　服务原语

层与层之间的原语一般情况下可以分为 4 种类型：

(1) 请求:请求原语从 $N1$ 用户发送到它的 N 层,请求发起一个服务。

(2) 指示:指示原语从 N 层到 $N2$ 用户,指示一个对 $N2$ 用户有重要意义的外部 N 层事件。这个事件可能与一个远程的服务请求有关,或者由内部事件产生。

(3) 响应:响应原语由 $N2$ 用户向它的 N 层传递,用来响应上一个由指示原语引起的过程。

(4) 确认:确认原语由 N 层向 $N1$ 用户传递,用来传递与前面一个或多个服务请求相关的执行结果。

7) 无线传感器结点网络操作系统

从前面的章节中可知,ZigBee 协议栈依据 IEEE 802.15.4 标准和 ZigBee 协议规范。ZigBee 网络中的各种操作需要利用协议栈各层所提供的原语操作来共同完成。原语操作的实现过程往往需要向下一层发起一个原语操作并且通过下层返回的操作结果来判断出下一条要执行的原语操作。IEEE 802.15.4 标准和 ZigBee 协议规范中定义的各层原语操作多达数十条,原语的操作过程也比较复杂,它已经不是一个简单的单任务软件。对于这样一个复杂的嵌入式通信软件来说,其实现通常需要依靠嵌入式操作系统来完成。

现有的嵌入式操作系统可以分为两类,即通用的多任务操作系统和事件驱动的操作系统。前者能够很好地支持多任务或者多线程,但是会随着内部任务切换频率的增加而产生很大的开销,这类操作系统有 μC/OS-II、嵌入式 Linux、Windows CE 等。后者支持数据流的高效并发,并且考虑了系统的低功耗要求,在功耗、运行开销等方面具有优势。典型的代表如 TinyOS。

下面对这两种嵌入式操作系统类型中的典型代表分别加以介绍。

(1) μC/OS-II 操作系统:μC/OS-II 操作系统是一种性能优良、源码公开且被广泛应用的免费嵌入式操作系统。2002 年 7 月,μC/OS-II 在一个航空项目中得到了美国联邦航空管理局对于商用飞机的、符合 RTCA DO2178B 标准的认证。它是一种结构小巧、具有可剥夺实时内核的实时操作系统,内核提供任务调度与管理、时间管理、任务间同步与通信、内存管理和中断服务等功能,具有可移植性、可裁减、可剥夺性、可确定性等特点。

(2) TinyOS 操作系统:由于无线传感器网络应用的多样性,结点上的操作系统必须能够根据内存、处理器以及能量满足应用的严格需求,也必须能够灵活地允许多种应用同时使用系统资源,如通信、计算和存储。由于硬件的约束,使其不可能使用传统的嵌入式操作系统。为了解决缺少系统软件的问题,加州大学的伯利克分校为无线传感器网络专门开发了 TinyOS(Tiny Micro Threading Operating System)。它是一个开源的嵌入式操作系统,特点是体积小、结构模块化、基于组件的架构方式、低功耗等,这使得它能够突破传感器结点各种苛刻的限制,可快速实现各种应用,非常适合无线传感器网络的特点和应用需求。

通过上述比较可以看出,从无线传感器网络应用的角度来看,使用 TinyOS 操作系统更加适合于 ZigBee 协议栈软件的开发。其基于事件驱动的内核调度机制能够很好地满足无线网络中存在的大量并发操作,其基于组件的架构方式使它很容易满足无线传感器网络应用的多样性要求。

目前,TinyOS 系统支持的平台只有 ATMEL 公司的 AVR 系列、TI 公司的 MSP430 系列处理器。由于本项目所采用的无线传感器网络是在 Chipcon 公司 CC2530 基础上开发的,考虑到兼容性与移植过程的难度,设计中没有选择 TinyOS 操作系统来作为协议栈软件的调度程序,而是直接采用 Chipcon 提供的 ZigBee 协议栈软件——Z-Stack。

Z-Stack 使用瑞典公司 IAR 开发的 IAR Embedded Workbench for MCS-51 作为它的集成开发环境。Chipcon 公司为自己设计的 Z-Stack 协议栈中提供了一个名为操作系统抽象层 OSAL 的协议栈调度程序。对于用户来说,除了能够看到这个调度程序外,其他任何协议栈操作的具体实现细节都被封装在库代码中。用户在进行具体的应用开发时只能够通过调用 API 接口来进行,而无权知道 ZigBee 协议栈实现的具体细节。

8）任务调度

ZigBee 协议栈中的每一层都有很多原语操作要执行，因此对于整个协议栈来说，就会有很多并发操作要执行，将这些操作事件看成是与协议栈每一层相对应的任务，由 ZigBee 协议栈中调度程序 OSAL来进行管理。这样，对于协议栈来说，无论何时发生了何种事件，都可以通过调度协议栈相应层的任务，即事件处理函数来进行处理。这样，整个协议栈便会按照时间顺序有条不紊地运行。

ZigBee 协议栈的实时性要求并不高，因此 OSAL 只采用了轮询任务调度队列的方法来进行任务调度管理。OSAL 采用一个链表结构来管理协议栈各层相应的任务。链表中的每一项是一个结构体，用来记录链表中相关任务的基本信息。链表的建立是按照任务优先级从高到低的顺序进行插入的。其中优先级高的任务将被插入在优先级较低的任务前面。如果两个任务的优先级相同，则按照先后顺序加入链表。这个链表在系统启动的时候建立，一旦建立后便一直存在于整个系统运行的过程中，直到系统关闭或硬件复位才被销毁。

八、相关传感器及执行元器件工作原理

1. 电压传感器

系统采用的传感器结点的工作电压是 3.3 V，而生产生活中需要检测的电压一般都远大于该值。所以，需要将较大范围的电压信号转换到较小范围。系统采用的电压传感器就是用于实现此功能。电压传感器可以将输入端的电压转换成与输出端一一对应的模拟电压信号。输出端的信号可以直接输入结点。结点通过 ADC 方式采集传感器输出端的电压值，然后根据电压传感器输入端和输出端的转换关系计算出待测电压值，如图 3-15 所示。

系统采用的电压传感器工作参数如下：

- 工作电压：5V DC；
- 输入端电压：0～100 V；
- 输出端模拟电压：小于 3.3 V。

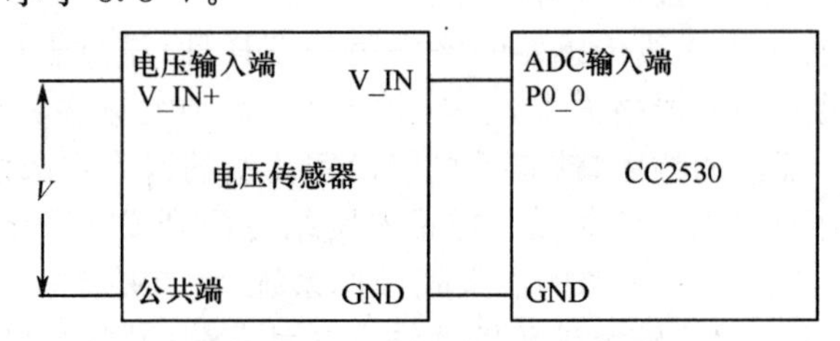

图 3-15　电压传感器工作原理图

2. 电流传感器

电流传感器可以将输入端的电流转换成与输出端对应的模拟电压信号。输出端的信号可以直接输入结点。结点通过 ADC 方式采集传感器输出端的电压值，然后根据电流传感器输入端和输出端的转换关系计算出待测电流值，如图 3-16 所示。

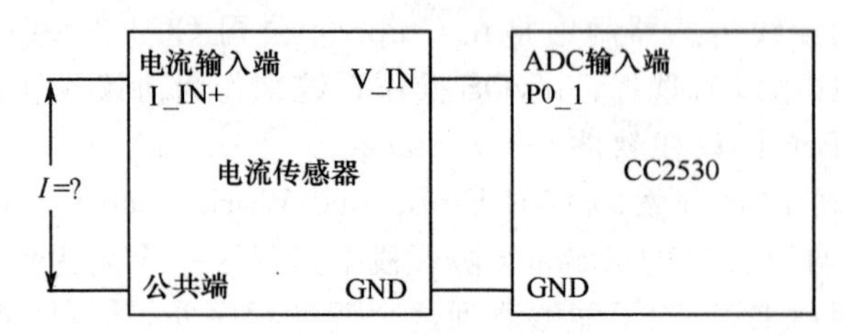

图 3-16　电流传感器工作原理图

系统采用的电流传感器工作参数如下：

➢ 工作电压：5V DC；

➢ 输入端电流：0～10 A；

➢ 输出端模拟电压：小于 3.3 V。

3. 温湿度传感器

系统用 SHT10 温湿度传感器采集周围环境中的温度和湿度，其主要工作特性如下：

➢ 工作电压：2.4～5.5 V；

➢ 测湿精度：±4.5% RH；

➢ 测温精度：±0.5 ℃(25 ℃时)。

(1) SHT10 内部结构：传感器 SHT10 既可以采集温度数据，也可以采集湿度数据。它将模拟量转换为数字量输出，所以用户只需要按照它提供的接口将温湿度数据读取出来即可。内部结构示意图如图 3-17 所示。

温湿度传感器输出的模拟信号首先经放大器放大，然后 A/D 转换器将放大的模拟信号转换为数字信号，最后通过数据总线将数据提供给用户使用。其中，校验存储器保障模数转换的准确度，CRC 发生器保障数据通信的安全，SCK 数据线负责处理器和 SHT10 的通信同步，DATA 三态门用于数据的读取。

(2) SHIT10 驱动电路：本设计中 CC2530 的引脚 P0_0 和 P0_6 引脚分别用于与 SHT10 的 SCK 和 DATA 引脚相连接，如图 3-18 所示。

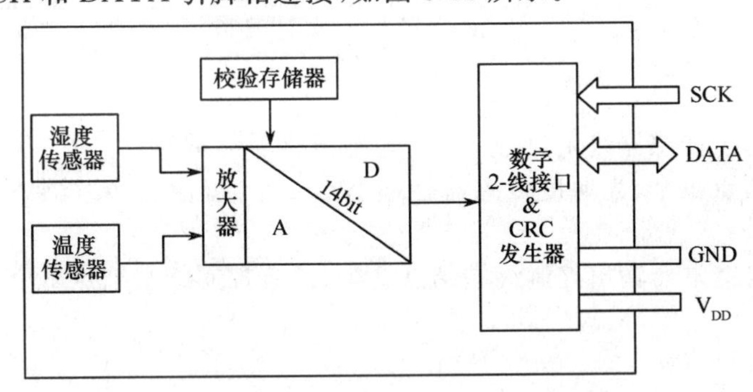

图 3-17　SHT10 内部结构示意图

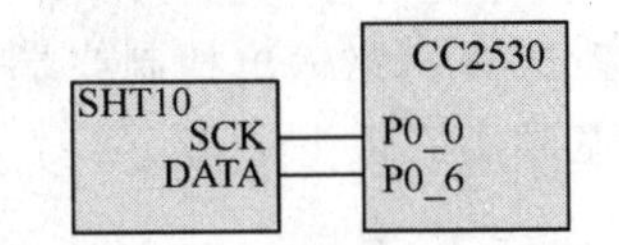

图 3-18　SHT10 引脚连接示意图

4. 光照度传感器

光照度传感器的设计主要是利用了光敏元器件的感光特性，硬件设计采用的感光元器件是光敏电阻。当光照强度增加时，光敏电阻本身的电阻值变小。如图 3-19 所示，将光敏电阻和一个定值电阻串联后接入电路，两端加上固定电压，当环境的光照强度变化时，光敏电阻的阻值会变化，相应的，光敏电阻两端的电压值会发生变化。当光强增强，光敏电阻的自身阻值会减小，所以光敏电阻两端的分压会减小，当光强减弱，光明电阻的阻值会增大，所以光敏电阻的分压会增大。因此，可以通过检测光明电阻的分压来检测光照强度的变化。

5. 负载控制工作原理

为了保障整个系统运行的安全性，在负载过大或者系统故障的情况下需要采取一定的补救措施，例如切断负载的连接。本项目中是采用继电器控制实现的。

电磁式继电器一般由铁心、线圈、衔铁、触点簧片等组成的。只要在线圈两端加上一定的电压，线圈中就会流过一定的电流，从而产生电磁效应，衔铁就会在电磁力吸引的作用下克服返回弹簧的拉力吸向铁心，从而带动衔铁的动触点与静触点(常开触点)吸合。当线圈断电后，电磁的吸力也随之消失，衔铁就会通过弹簧的反作用力返回原来的位置，使动触点与原来的静触点(常闭触点)吸合。这样吸合、释放，从而达到了在电路中导通、切断的目的。对于继电器的常开、常闭触点，可以这样来区分：继电器线圈未通电时处于断开状态的静触点，称为“常开触点”；处于接通状态的静触点称为“常闭触点”。

系统采用继电器对负载的通断进行控制，工作原理如图 3-20 所示。

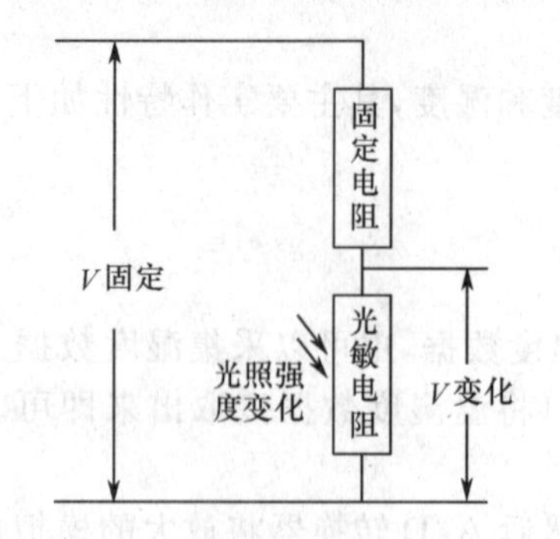

图 3-19　光照度传感器工作原理图

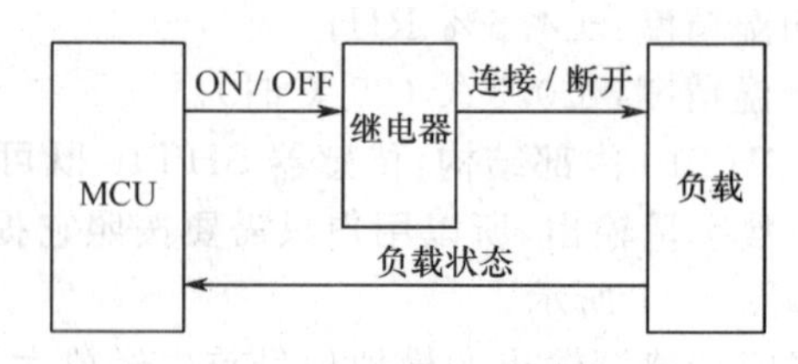

图 3-20　负载输出控制原理

项目实施与评估

一、专业器材

(1) 装有 IAR 开发工具的 PC 1 台；

(2) 下载器 1 个；

(3) ZigBee 网络协调器 1 个；

(4) ZigBee 网络传感器终端结点：电压传感器终端结点 3 个、电流传感器终端结点 3 个、风速传感器终端结点 1 个、风向传感器终端结点 1 个、光照度传感器终端结点 1 个、温湿度传感器终端结点 1 个、人体红外传感器终端结点 1 个；

(5) ZigBee 网络输出控制终端结点：继电器输出控制终端结点 2 个、语音控制终端结点 1 个；

(6) 基础实验板 1 个。

二、仪表及工具

(1) 万用表 1 只；

(2) 稳压电源 1 个；

(3) 常用电工电子工具 1 套。

三、硬件系统电路设计

1. 系统中所使用的传感器

户用风光互补充电站远程监控系统利用无线传感器网络技术实现数据采集功能(电压电流测量，温湿度数据采集、光照度数据采集、安防信息数据采集功能)。同时，系统采用 ZigBee 协议来协调无线传感器网络中的数据通信。

无线传感器网络结点采用模块化设计，分为核心板、传感器模组、控制模组、主板等 4 部分。这样的结构化设计方便用户更换器件，最大限度地满足实际设计的需求。其中核心板、传感器模组、主板组合为数据采集结点，核心板、控制模组、主板三者组合为控制结点。每个传感器结点的实物如图 3-21 所示。

2. 各传感器硬件接口

传感器模组包括传感器和转接板两部分。传感器用于数据采集，转接板通过主板将传感器的

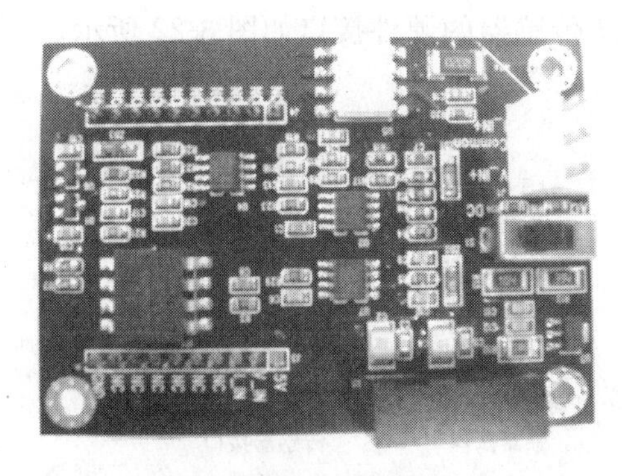

(a)电压电流传感器结点

(b)光照度传感器结点

(c)温湿度传感器结点

(d)控制结点

(e)风速传感器结点

(f)风向传感器结点

(g)安防传感器结点

(h)语音控制板

图 3-21　无线传感器网络结点结构图

引脚与核心板的主控芯片相连，为传感器驱动提供硬件基础。系统中用到的风速传感器、风向传感器、温湿度传感器、电压和电流传感器、人体红外安防传感器的硬件接口如图 3-22 所示。

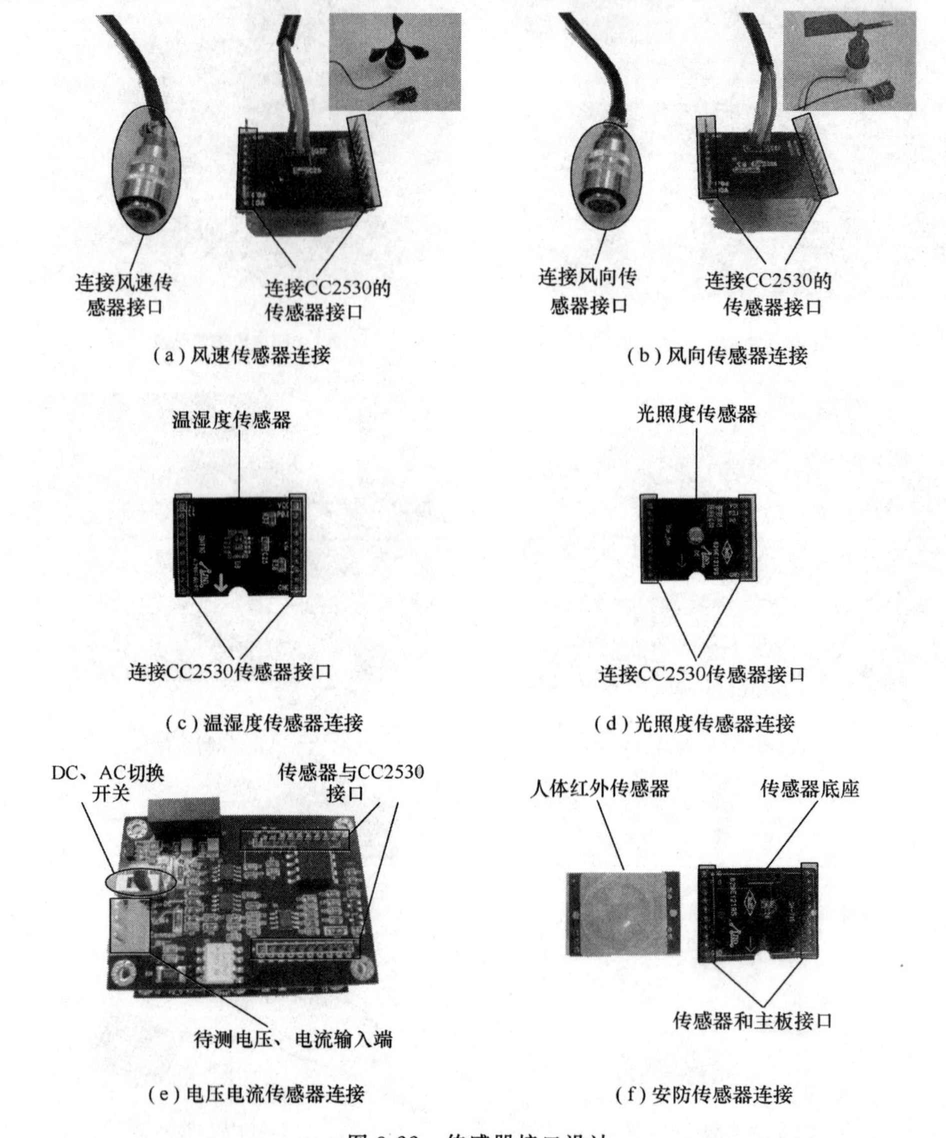

(a) 风速传感器连接　(b) 风向传感器连接

(c) 温湿度传感器连接　(d) 光照度传感器连接

(e) 电压电流传感器连接　(f) 安防传感器连接

图 3-22　传感器接口设计

其中温湿度传感器、光照度传感器、人体红外(安防)传感器和 ZigBee 结点连接时直接插入结点的传感器接口，如图 3-23 所示，注意插接时传感器底板上有缺口的部分朝外，如图 3-24 所示。

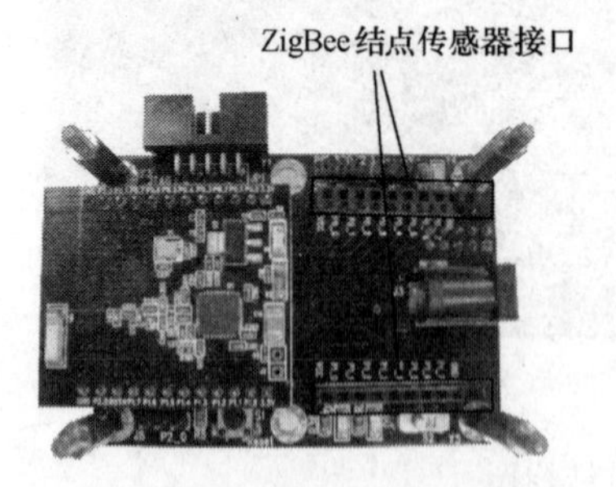

图 3-23　ZigBee 结点上的传感器接口

图 3-24　传感器主板上的缺口

3. ZigBee 网络传感器终端结点电路设计

1）CC2530 核心板电路原理图

CC2530 核心板部分参考电路如图 3-25 所示。设计选用 ZigBee 芯片 CC2530，工作在 2.4 GHz 频段，是符合 IEEE 802.15.4 规范的真正片上系统解决方案，也是目前众多 ZigBee 设备产品中表现出众的微处理器之一。其主要特性如下：

（1）片内集成增强型高速 8051 内核处理器，支持代码预取；256 KB 容量的 Flash 程序存储器，支持最新 ZigBee2007PRO 协议；8 KB 数据存储器；支持硬件调试。

（2）支持 2～3.6 V 供电区间，具有 3 种电源管理模式：唤醒模式 0.2 mA、睡眠模式 1 μA、中断模式 0.4 μA。包括处理器和智能片内外设在内的模块，具有超低功耗的特点。

（3）片内集成 5 通道 DMA；MAC 定时器；1 个 16 位、2 个 8 位普通定时器；32 kHz 睡眠定时器；电源管理与片内温度传感器；8 通道 12 位 A/D 转换器；看门狗等智能外设。高密度集成化电路节约了设计成本。

（4）应用范围包括 2.4 GHz IEEE 802.15.4 系统、RF4CE 远程控制系统、ZigBee 网络、家居自动化、照明系统、工业测控、低功耗 WSN 等领域。

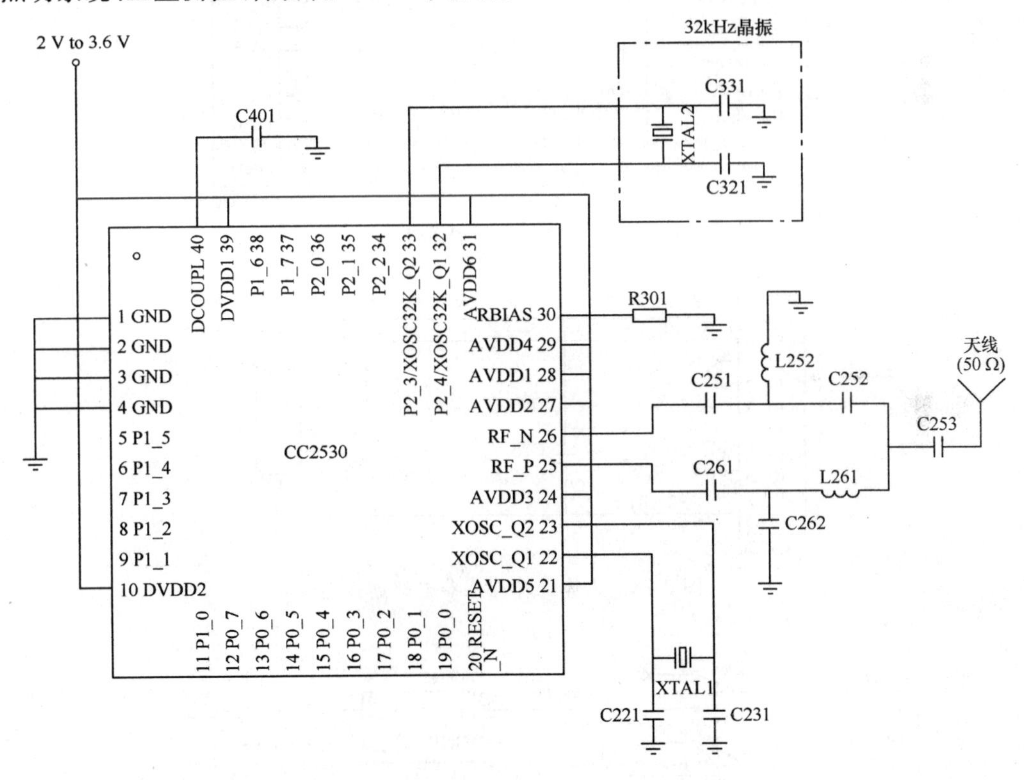

图 3-25　CC2530 核心板部分电路原理图

2）温湿度传感器电路（见图 3-26）

3）光照度传感器电路（见图 3-27）

4）人体红外传感器电路（见图 3-28）

5）ZigBee 网络协调器电路

协调器结点和其他结点的硬件电路设计是相同的，主要模块的电路原理如下：

ZigBee 网络协调器电源电路设计如图 3-29 所示。CC2530 的工作电压为 3.3 V，而常用的电源电压为 5 V，所以需要将 5 V 电压稳压到 3.3 V。

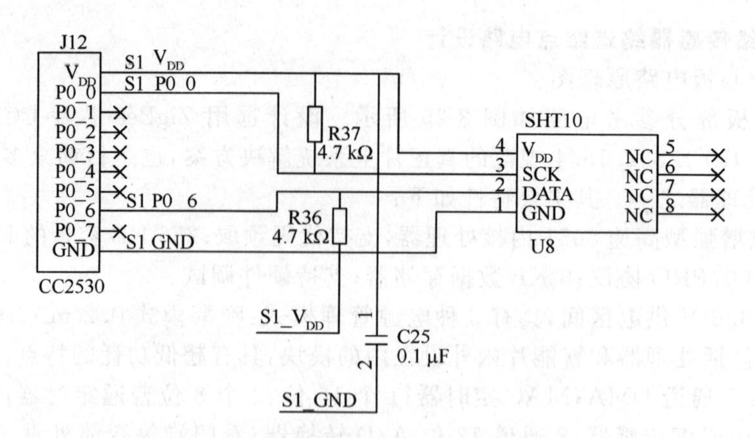

图 3-26 温湿度传感器电路连接

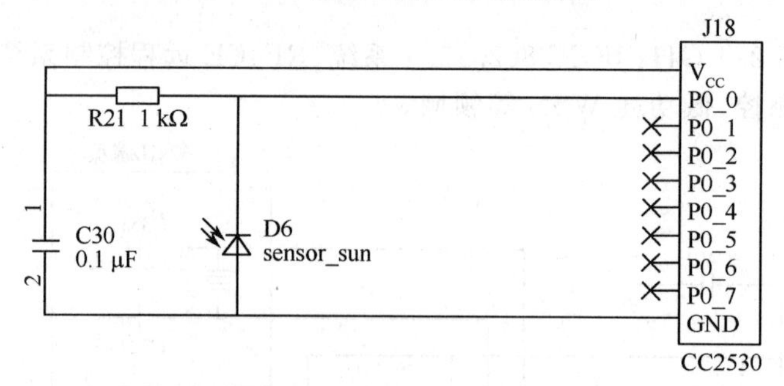

图 3-27 光照度传感器电路连接

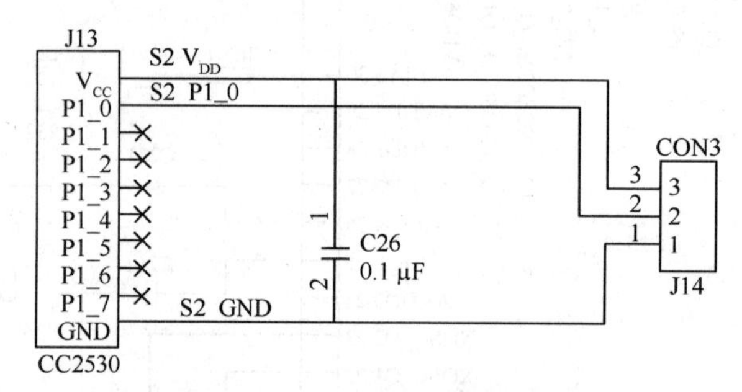

图 3-28 人体红外传感器电路连接

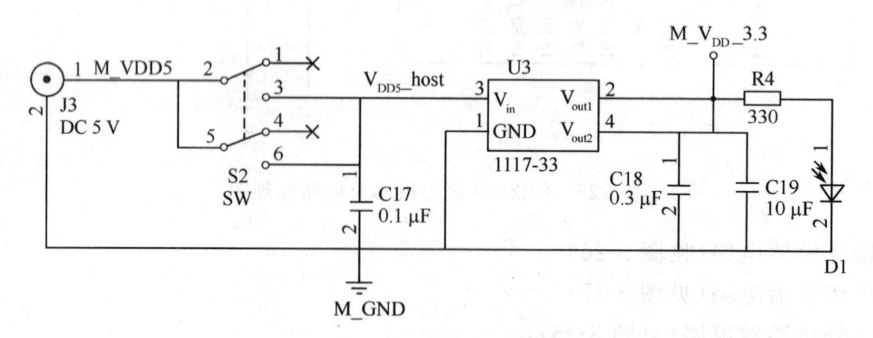

图 3-29 结点电源电路原理图

ZigBee 网络协调器串口通信和 USB-UART 电路设计如图 3-30 所示。PC 常用的接口为 USB 接口。为了方便 CC2530 与 PC 机之间的通信,需要将 CC2530 的串口转换为 USB 口与 PC 机进行通信。我们采用凌阳公司生产的通信芯片 SPCP825A 实现这个功能,最高通信速率为 115 kbit/s,

最低通信速率为 84 kbit/s。

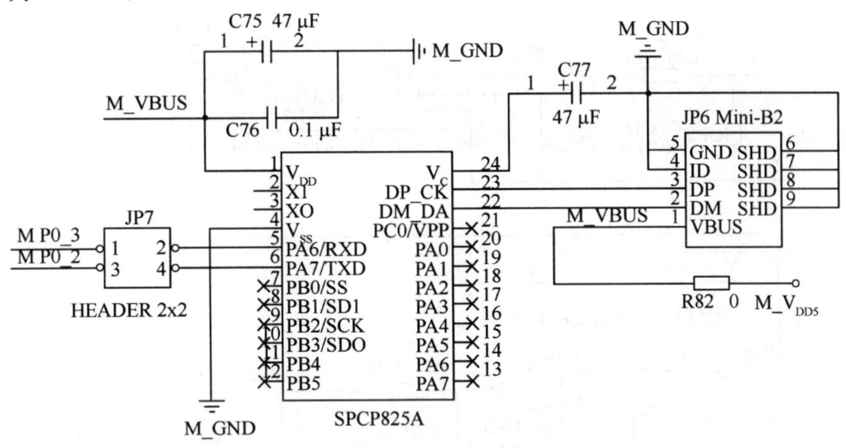

图 3-30　结点 USB-UART 通信电路原理图

ZigBee 网络协调器通信指示灯电路设计如图 3-31 所示。这个通信指示灯在 ZigBee 结点工作时可用于指示无线数据的收发以及串口数据信息的接收。

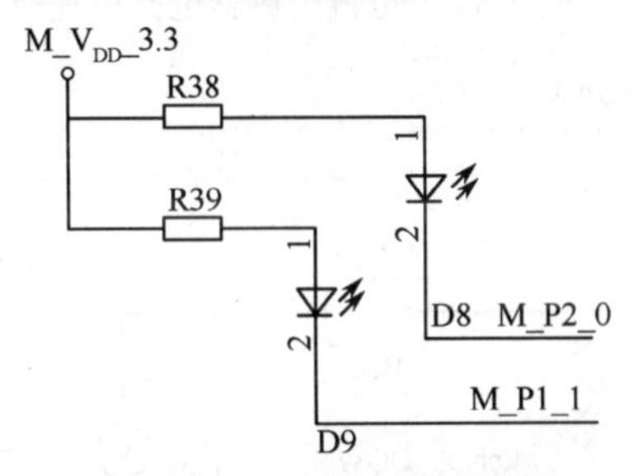

图 3-31　结点通信指示灯电路原理图

6）电压传感器电路(见图 3-32)

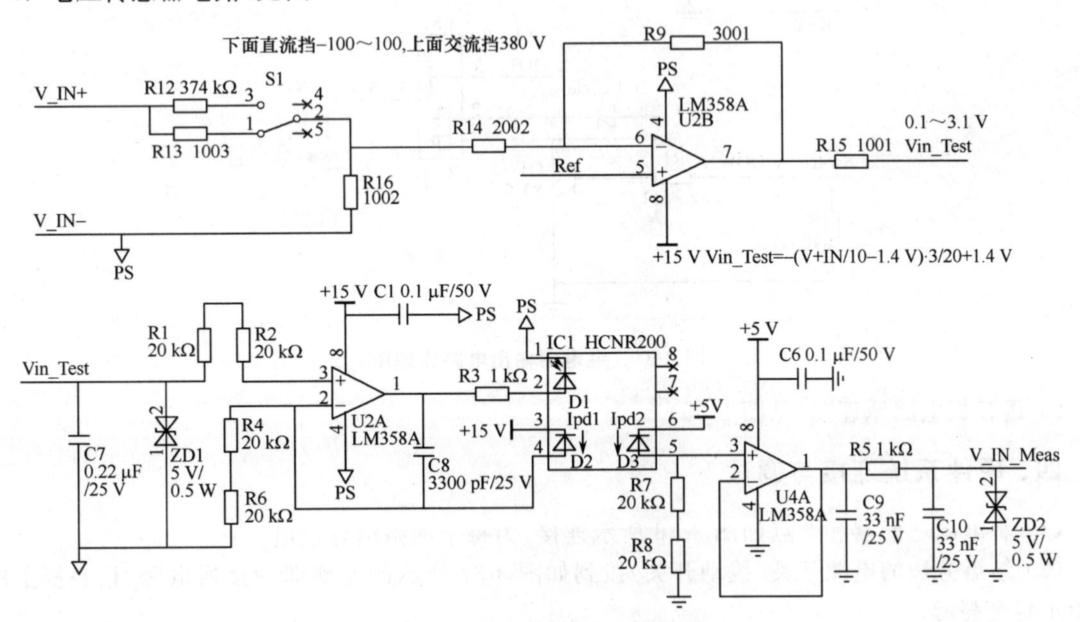

图 3-32　电压传感器电路原理图

7）电流传感器电路（见图 3-33）

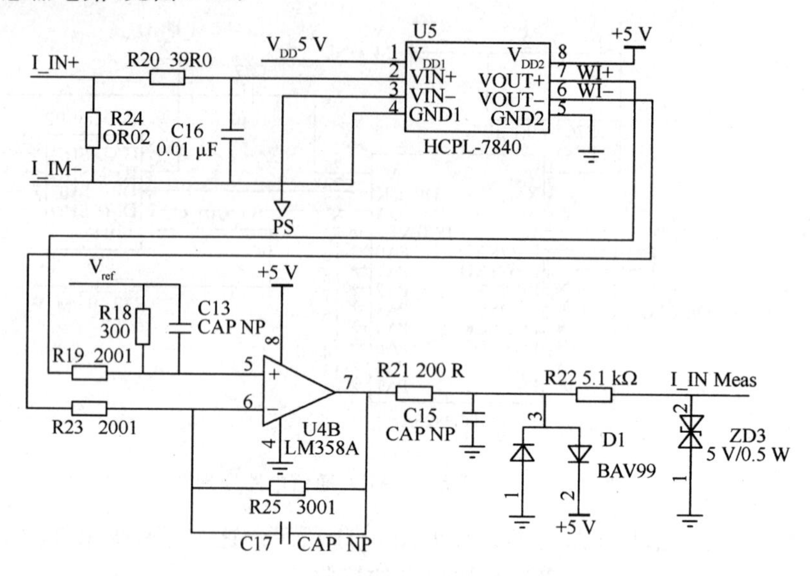

图 3-33　电流传感器电路原理图

8）继电器输出电路（见图 3-34）

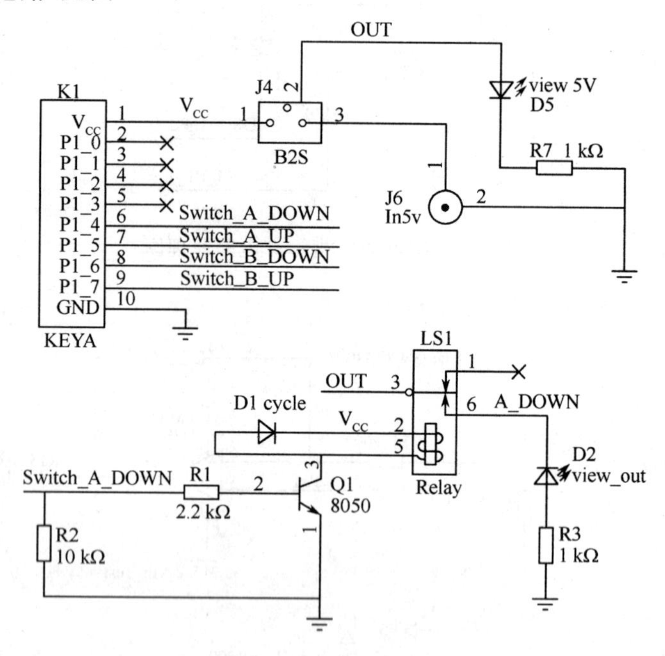

图 3-34　继电器输出电路原理图

9）语音板电路原理图（见图 3-35）

四、硬件系统连接与调试

（1）将电源适配器和结点如图 3-36 所示连接，为每个网络结点供电。

（2）结点旁边的电源开关（拨动开关）拨到如图 3-37 所示的左侧即为接通电源，核心板上的电源指示灯会亮起。

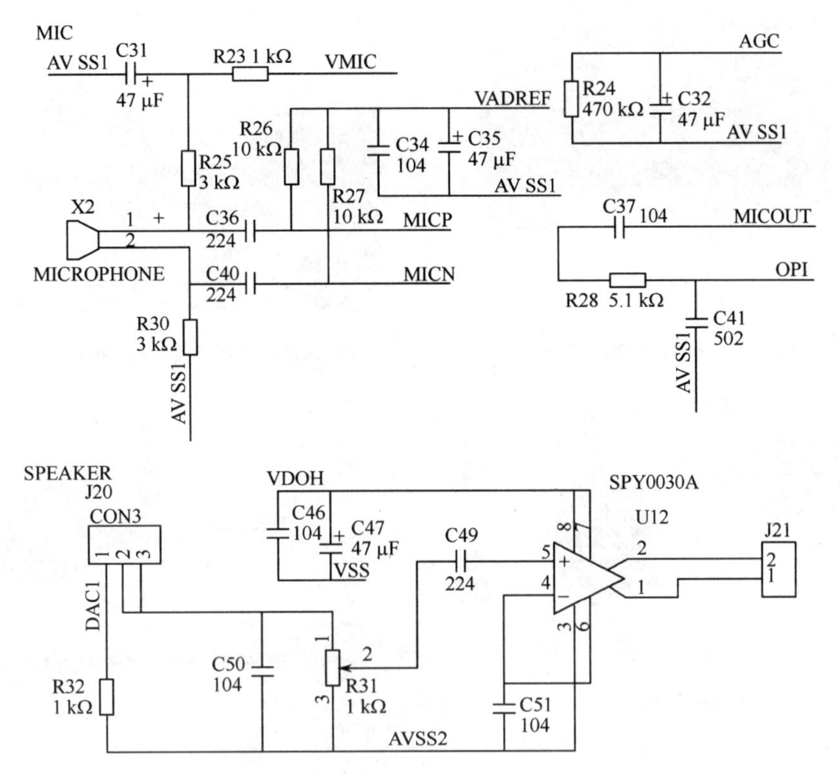

图 3-35　语音板电路原理图

图 3-36　结点供电

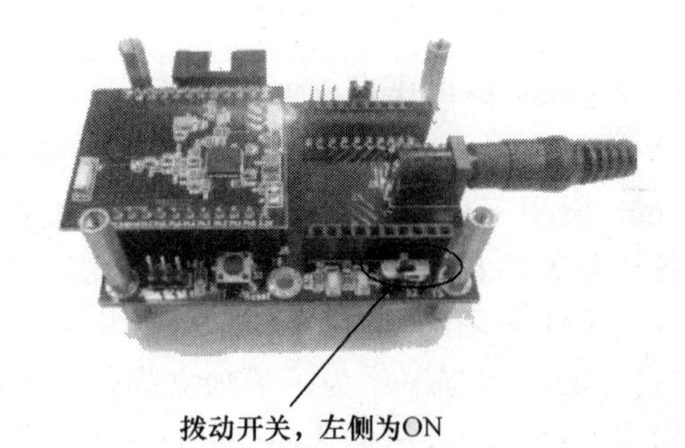

图 3-37　打开核心板供电开关

(3) 若核心板电源指示灯没有亮起或者呈粉红色，或者不够明亮，则可以用万用表检测图 3-38 所示的排针两端的电压，正常情况下为 3.3 V 或者接近 3.3 V。如果所测电压不足 3.3 V，则需要检查其他供电是否正常。

(4) 不同传感器的工作电压有 5 V 和 3.3 V 两种，可根据工作电压如图 3-39 所示进行设置。

(5) 选择好传感器的供电电压后，便可将传感器插入扩展版的接口上。注意，插接时传感器转接板上的缺口部分朝外。

(6) 协调器与 PC 相连接。协调器可同时通过并行数据线和串口线分别与 PC 的两个 USB 接口相连接。如图 3-40 所示，PC 通过一个 USB 接口，以程序下载器为中转，再通过并行数据线将程序代码下载到协调器内。在图 3-41 中，PC 通过另一个 USB 接口与协调器的 RS232 串口相连接，连接线的一端为 USB 接口，另一端为 RS232 接口。

图 3-38 硬件连接电压检测

图 3-39 传感器结点供电电压选择

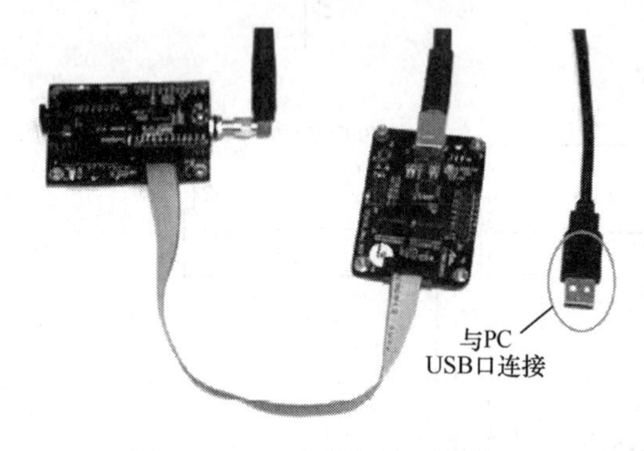

图 3-40 PC 向协调器下载代码

图 3-41 PC 与协调器通信

五、软件系统程序设计

1. Z-Stack 协议栈总体设计

整个 Z-Stack 采用分层的软件结构。硬件抽象层(HAL)提供各种硬件模块的驱动,包括定时器 Timer,通用 I/O 口 GPIO,通用异步收发传输器 UART,模数转换 ADC 的应用程序接口 API,提供各种服务的扩展集。操作系统抽象层 OSAL 实现了一个易用的操作系统平台,通过时间片轮转函数实现任务调度,提供多任务处理机制。用户可以调用 OSAL 提供的相关 API 进行多任务编程,将自己的应用程序作为一个独立的任务来实现。

如图 3-42 所示,整个 Z-Stack 的主要工作流程大致分为系统启动、驱动初始化、OSAL 初始化和启动、进入任务轮询几个阶段。

2. Z-Stack 协议栈应用程序结构分析

在 PC 的相关文件目录中找到 Texas Instruments\Z-Stack-CC2530-2. 5. 0\Projects\\Z-Stack\Samples\SampleApp\CC2530DB\SampleApp. eww 文件,如图 3-43 所示,双击将其打开,进入 IAR 环境查看应用程序。

1) 协议栈文件结构

在 IAR 环境下,分别选择工作窗口中 EndDeviceEB 和 CoordinatorEB,得到如图 3-44 所示的 Z-Stack 协议栈文件结构。

(1) APP(Application Programming):应用层目录,这是用户创建各种不同工程的区域,在这个目录中包含了应用层的内容和这个项目的主要内容,在协议栈中一般是以操作系统的任务实现的。

(2) HAL(Hardware (H/W) Abstraction Layer):硬件层目录,包含有与硬件相关的配置和驱动及操作函数。

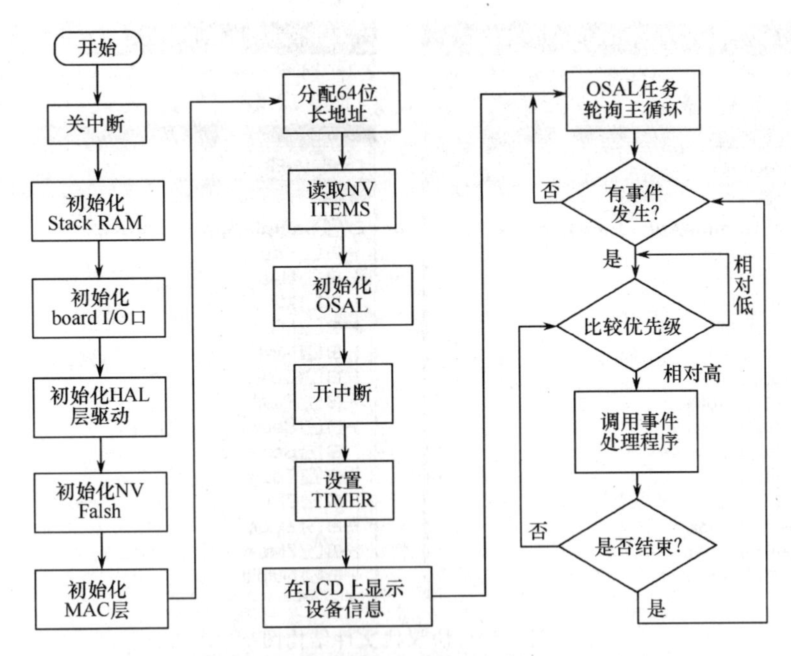

图 3-42　Z-Stack 流程图

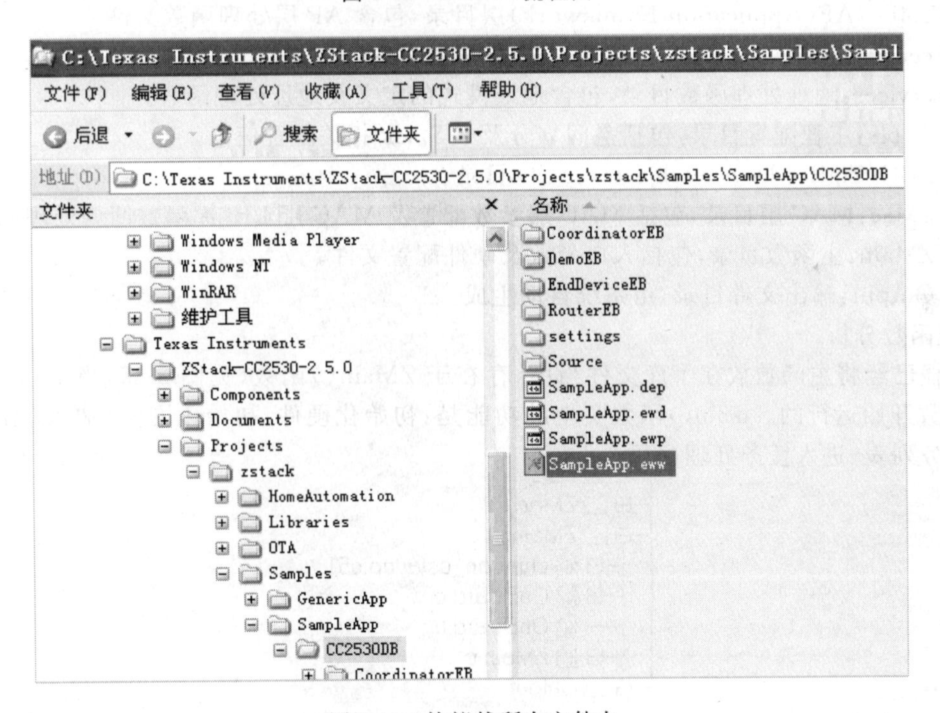

图 3-43　协议栈所在文件夹

(3) MAC：MAC 层目录，包含了 MAC 层的参数配置文件及其 MAC 的 LIB 库的函数接口文件。

(4) MT(Monitor Test)：实现通过串口可控各层，在各层之间进行直接交互。

(5) NWK(ZigBee Network Layer)：网络层目录，含网络层配置参数文件以及网络层库函数接口文件。

(6) OSAL(Operating System (OS) Abstraction Layer)：协议栈的操作系统。

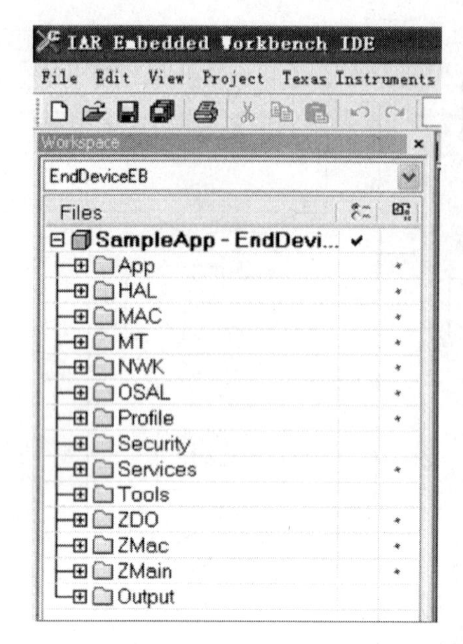

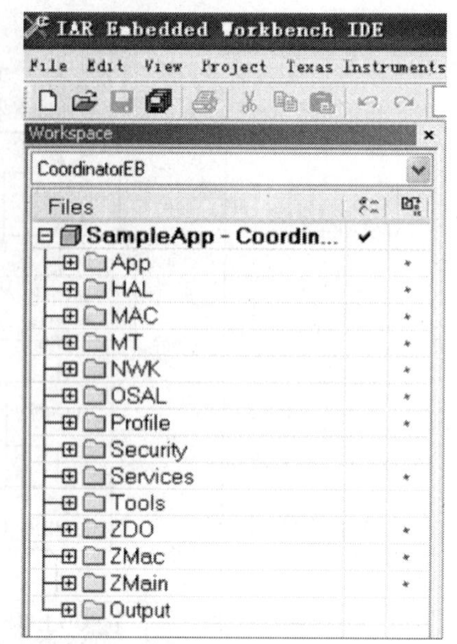

图 3-44　协议栈文件结构图

(7) Profile:AF(Application Framework)层目录,包含 AF 层处理函数文件。

(8) Security:安全层目录,安全层处理函数,例如加密函数等。

(9) Services:地址处理函数目录,包含地址模式的定义及地址处理函数。

(10) Tools:工程配置目录,包括空间划分及 Z-Stack 相关配置信息。

(11) ZDO(ZigBee Device Objects):ZDO 目录。

(12) ZMac:MAC 层目录,包括 MAC 层参数配置及 MAC 层 LIB 库函数回调处理函数。

(13) ZMain:主函数目录,包括入口函数及硬件配置文件。

(14) Output:输出文件目录,由系统自动生成。

2) 主函数分析

协议栈已经将主函数放在了库文件当中,存在于 ZMain()函数(见图 3-45)当中,程序先是从 main()函数开始运行的。main()函数实现的功能是:初始化硬件、初始化网络(加入/创建网络)、初始化任务列表、进入任务处理循环。

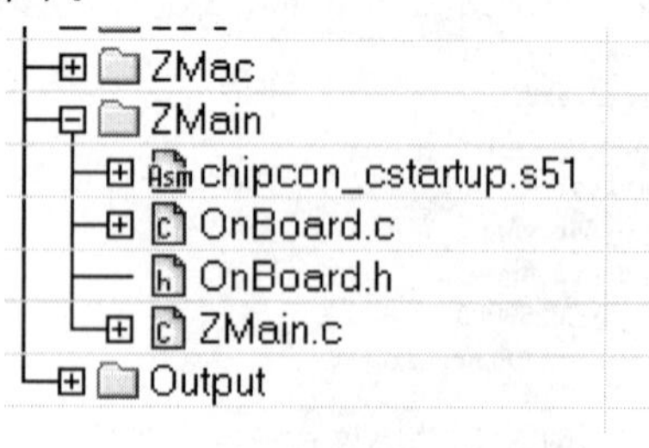

图 3-45　协议栈主函数

下面分析主函数:

```
int main( void )
{
  osal_int_disable( INTS_ALL );       //关闭所有的中断
  HAL_BOARD_INIT();                   //控制板初始化,配置 MCU 时钟,初始化控制板 LED
```

```
    zmain_vdd_check();          //电压检测,检测 CC2530 的电压是否稳定,电源异常则 LED 闪烁,从而保证
                                //芯片正常工作电压
    InitBoard( OB_COLD );       //目标板外设初始化,初始化等级 COLD,初始化工作包含:关闭中断、关闭
                                //LED、检查是否上电复位
    HalDriverInit();            //初始化各类 HAL(硬件层)设备,包括:
                                //Timer/ADC/DMA/Flash/AES/LCD/LED/UART/KEY/SPI 等
    osal_nv_init( NULL );       //初始化 NV FLASH 存储器,扫描并修复异常的记录
    ZMacInit();                 //初始化 802.15.4 MAC 层和控制器,初始化 MAC 数据、配置 MAC 控制和
                                //发送 MAC 层初始化原语等
    zmain_ext_addr();           //初始化结点 IEEE 扩展地址(64 位 IEEE/物理地址),先尝试从 NV Flash
                                //存储器中读取地址,如果读取失败则生成一个随机地址
    zgInit();                   //初始化 ZigBee 协议栈全局变量,如果变量不存在 NV Flash 存储器中,把
                                //变量默认值写入 Flash,如果变量存在 Flash 中,则读出存储的值赋值给
                                //变量
    # ifndef NONWK
      afInit();                 //应用框架 AP 初始化。
    # endif
    osal_init_system();         //OSAL 操作系统初始化。初始化工作包括内存管理、系统时钟、电源管理、
                                //任务管理等子系统初始化,最后根据配置创建若干任务
    osal_int_enable( INTS_ALL );  //允许中断
    InitBoard( OB_READY );      //目标板外设初始化,初始化等级 READY,完成按键配置
    zmain_dev_info();           //显示结点配置信息,主要显示结点 IEEE 地址
    # ifdef LCD_SUPPORTED
      zmain_lcd_init();         //初始化 LCD,显示上电初始化信息
    # endif
    # ifdef WDT_IN_PM1
      WatchDogEnable( WDTIMX );  //开启看门狗功能
    # endif
    osal_start_system();        //进入操作系统,启动任务调度。该任务调度函数开始接收各种事件,按照
                                //优先级检测各个任务是否就绪。如果存在就绪的任务则调用 tasksArr[]
                                //中相对应的任务处理函数去处理该事件,直到执行完所有就绪的任务。
                                //如果任务列表中没有就绪的任务,则可以使处理器进入睡眠状态实现
                                //低功耗
    return 0;                   //osal_start_system()一旦执行,则不再返 main()函数
}
```

由此可见,主函数的主要功能就是完成两项任务:一是系统初始化,二是开始执行轮转查询式操作系统。

3）任务调度

ZigBee 协议栈中的每一层都有很多原语操作要执行,因此对于整个协议栈来说,就会有很多并发操作要执行。协议栈中的每一层都设计了一个事件处理函数,用来处理与这一层操作相关的各种事件。将这些事件处理函数看成是与协议栈每一层相对应的任务,由 ZigBee 协议栈中调度程序 OSAL 来进行管理。这样,对于协议栈来说,无论何时发生了何种事件,都可以通过调度协议栈相应层的任务,即事件处理函数来进行处理。这样,整个协议栈便会按照时间顺序有条不紊地运行。

OSAL 是协议栈的核心,Z-Stack 的任何一个子系统都作为 OSAL 的一个任务,因此在开发应

用层时，必须通过创建 OSAL 任务来运行应用程序。通过 osalInitTasks( )函数创建 OSAL 任务，其中 TaskID 为每个任务的唯一标识号。

如图 3-46 所示，任何 OSAL 任务必须分为两步：一是进行任务初始化；二是处理任务事件。

ZigBee 协议栈的实时性要求并不高，因此在设计任务调度程序时，OSAL 只采用了轮询任务调度队列的方法来进行任务调度管理(如图 3-47 所示)。

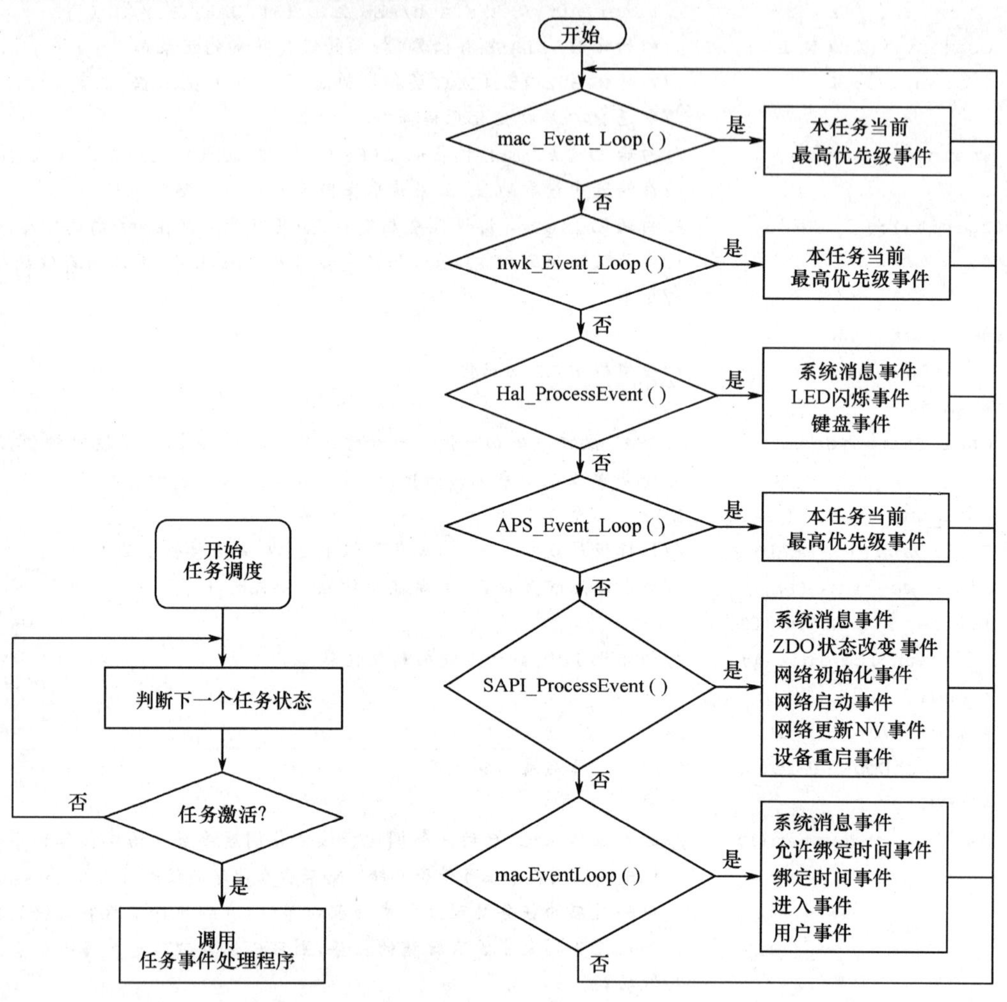

图 3-46　OSAL 任务调度流程　　　　图 3-47　OSAL 任务调度管理

任务调度管理的相关程序分析如下：

(1) 相关任务：

```
const pTaskEventHandlerFn tasksArr[] = {
    macEventLoop,
    nwk_event_loop,
Hal_ProcessEvent,
# if defined( MT_TASK )
    MT_ProcessEvent,
# endif
    APS_event_loop,
# if defined ( ZIGBEE_FRAGMENTATION )
```

```
    APSF_ProcessEvent,
# endif
    ZDApp_event_loop,
# if defined ( ZIGBEE_FREQ_AGILITY ) || defined ( ZIGBEE_PANID_CONFLICT )
    ZDNwkMgr_event_loop,
# endif
    SampleApp_ProcessEvent
};
```

(2) 任务调度主循环：

```
void osal_start_system( void )
{
    for(;;)                                     // 循环处理
     {
       uint8 idx =  0;
       do{
         if (tasksEvents[idx])                  // 最高优先级任务
          {
           break;
          }
        } while (+ + idx <  tasksCnt);
       if (idx <  tasksCnt)
        {
         uint16 events;
         halIntState_t intState;
         HAL_ENTER_CRITICAL_SECTION(intState);
         events =  tasksEvents[idx];
         tasksEvents[idx]=  0;                  // 清空任务
         HAL_EXIT_CRITICAL_SECTION(intState);
         events =  (tasksArr[idx]) ( idx, events );
         HAL_ENTER_CRITICAL_SECTION(intState);
         tasksEvents[idx] |=  events;           // 在当前任务基础上增加新任务
         HAL_EXIT_CRITICAL_SECTION(intState);
        }
     }
}
```

(3) 设置事件发生标志：当协议栈中有任何事件发生时，我们可以通过设置 event_flag 来标记有事件发生，以便主循环函数能够及时加以处理。其函数说明如下：

```
uint8 osal_set_event( uint8 task_id, uint16 event_flag )
{
  if ( task_id <  tasksCnt )
  {
    halIntState_t intState;
    HAL_ENTER_CRITICAL_SECTION(intState); // 关闭中断
```

```
      tasksEvents[task_id] |= event_flag;
      HAL_EXIT_CRITICAL_SECTION(intState); // 释放中断
      return ( SUCCESS );
    }
    else
    {
      return ( INVALID_TASK );
    }
  }
```

4）时间管理：在协议栈中的每一层都会有很多不同的事件发生，这些事件发生的时间顺序各不相同。很多时候，事件并不要求立即得到处理，而是要求过一定的时间后再进行处理。因此，往往会遇到下面情况：假设 A 事件发生后要求 10 s 之后执行，B 事件在 A 事件发生 1 s 后产生，且 B 事件要求 5 s 后执行。为了按照合理的时间顺序来处理不同事件的执行，这就需要对各种不同的事件进行时间管理。OSAL 调度程序设计了与时间管理相关的函数，用来管理各种不同的要被处理的事件。

对事件进行时间管理，OSAL 也采用了链表的方式进行，每当发生一个要被处理的事件后，就启动一个逻辑上的定时器，并将此定时器添加到链表之中。利用硬件定时器作为时间操作的基本单元，在时间中断处理程序中去更新定时器链表。每次更新，就将链表中的每一项时间计数减 1。如果发现定时器链表中有某一表项时间计数已经减到 0，则将这个定时器从链表中删除，并设置相应的事件标志。这样任务调度程序便可以根据事件标志进行相应的事件处理。根据这种思路，来自协议栈中的任何事件都可以按照时间顺序得到处理，从而提高了协议栈设计的灵活性。

在设计过程中需要经常使用这样一个时间管理函数，其函数说明如下：

```
uint8 osal_start_timerEx( uint8 taskID, uint16 event_id, uint16 timeout_value )
{
  halIntState_t intState;
  osalTimerRec_t * newTimer;
  HAL_ENTER_CRITICAL_SECTION( intState );     // 关闭中断
  // 增加定时器
  newTimer =  osalAddTimer( taskID, event_id, timeout_value );
  HAL_EXIT_CRITICAL_SECTION( intState );      // 开启中断
  return ( (newTimer ! = NULL) ? SUCCESS : NO_TIMER_AVAIL );
}
```

这个函数为事件 event_id 设置超时等待时间 timeout_value。一旦等待结束，便为 taskID 所对应的任务设置相应的事件发生标记，从而达到对事件进行延迟处理的目的。

5）原语通信：为了使 ZigBee 网络能够正常工作，IEEE 802.15.4 标准和 ZigBee 协议规范在协议的各层分别定义了大量的原语操作。其中，请求（Request）、响应（Response）原语分别由协议栈中处于较高位置的层向较低层发起；确认（Confirm）、指示（Indication）原语则从较低层向较高层返回结果或信息。

在设计协议栈时，对请求（Request）、响应（Response）原语可以直接使用函数调用来实现。对于确认（Confirm）、指示（Indication）原语则需要采用间接处理的机制来完成。这是因为在协议栈设计的过程中，一个原语的操作往往需要逐层调用下层函数并根据下层返回的结果来进行进一步操作。在这种情况下，一个原语的操作从发起到完成需要很长的时间。因此，如果让程序一直等待下层返回的结果再做进一步处理，就会使微处理器大部分时间处于循环等待之中，从而无法及时处理其他请求。

因此，在设计与请求、响应原语操作相对应的函数时，一旦调用了下层相关函数后，就立即返回。下层处理函数在操作结束后，将结果以消息的形式发送到上层并产生一个系统事件，调度程序发现这个事件后就会调用相应的事件处理函数对它进行处理。OSAL 调度程序设计了两个相关的函数来完成这个过程，下面分别进行介绍。

(1) 向目标任务发送消息的函数。这个函数主要用来将原语操作的结果以消息的形式向上层任务发送，并产生一个系统事件来通知调度程序。其函数说明如下：

```
uint8 osal_msg_send( uint8 destination_task, uint8 * msg_ptr )
{
  if ( msg_ptr == NULL )
  return ( INVALID_MSG_POINTER );
  if ( destination_task > = tasksCnt )
    {
      osal_msg_deallocate( msg_ptr );
      return ( INVALID_TASK );
    }
  //查看消息头文件
  if ( OSAL_MSG_NEXT( msg_ptr ) ! = NULL ||
  OSAL_MSG_ID( msg_ptr ) ! = TASK_NO_TASK )
    {
      osal_msg_deallocate( msg_ptr );
      return ( INVALID_MSG_POINTER );
  }
  OSAL_MSG_ID( msg_ptr ) = destination_task;
  //队列消息
  osal_msg_enqueue( &osal_qHead, msg_ptr );
  //标志消息等待任务
  osal_set_event( destination_task, SYS_EVENT_MSG );
  return ( SUCCESS );
}
```

其中，参数 destination_task 是目标任务的任务号，参数指针 msg_ptr 指向要被发送的消息。

(2) 消息提取函数。这个函数用来从内存空间中提取相应的消息。其消息结构和函数说明如下：

```
uint8 * osal_msg_receive( uint8 task_id )
{
  osal_msg_hdr_t * listHdr;
  osal_msg_hdr_t * prevHdr = NULL;
  osal_msg_hdr_t * foundHdr = NULL;
  halIntState_t intState;
  //关闭中断
  HAL_ENTER_CRITICAL_SECTION(intState);
  //指向队列头
  listHdr = osal_qHead;
```

```
    // 检查查询任务消息队列
    while ( listHdr ! = NULL )
    {
      if ( (listHdr- 1)- > dest_id == task_id )
       {
        if ( foundHdr == NULL )
        {
          // 保存第一个任务标志
          foundHdr = listHdr;
         }
        else
        {
         // 检索到第二个消息,停止查询
         break;
        }
       }
      if ( foundHdr == NULL )
       {
        prevHdr = listHdr;
       }
      listHdr = OSAL_MSG_NEXT( listHdr );
    }
    // 是否超过一个任务标志?
    if ( listHdr ! = NULL )
    {
      // 是的,示意任务有一个消息在等待
      osal_set_event( task_id, SYS_EVENT_MSG );
    }
    else
    {
      // 没有多等任务
      osal_clear_event( task_id, SYS_EVENT_MSG );
    }
    // 发现新消息?
    if ( foundHdr ! = NULL )
     {
      // 链接列表
      osal_msg_extract( &osal_qHead, foundHdr, prevHdr );
    }
    // 释放中断
    HAL_EXIT_CRITICAL_SECTION(intState);
    return ( (uint8* ) foundHdr );
  }
```

这个函数返回一个指向所需提取信息的指针。

3. ZigBee 网络传感器终端结点程序设计

1）程序结构设计

如图 3-48 所示，在工作窗口中选择 EndDeviceEB，显示其程序文件列表。

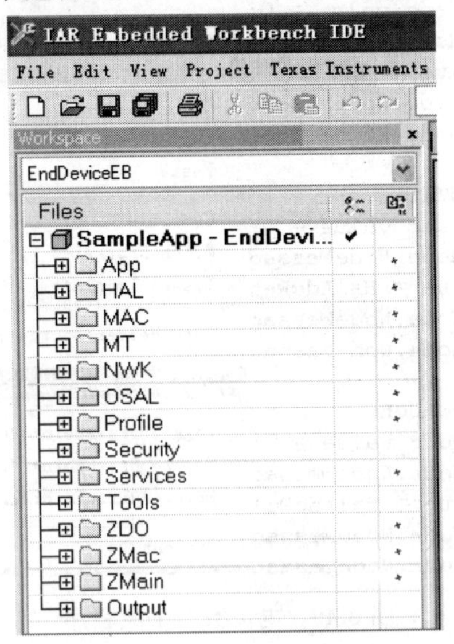

图 3-48　终端结点程序结构

2）终端结点应用层程序分析

在图 3-48 中，打开 APP 文件夹，分析其中的 SampleApp. h 和 SampleApp. c 文件。

在 SampleApp. h 中的代码：

```
# if ! defined( ZDO_COORDINATOR ) && ! defined( RTR_NWK )
//结点宏定义列表
//# define SAFETY
//# define LIGHT
//# define TEMP_HUM
//# define VOICE
//# define DIST
//# define CONTROL
//# define VOLTAGE
# define CURRENT
//# define QUANTITY
//# define WINDGAUGE
//# define WINDVANE
```

在上述各行中进行有效选取，就是选取相应功能结点的宏（此处选取的是电流量 CURRENT）为有效，再将其对应到 SampleApp. c 中。以电流量数据采集为例，如下所示：

```
# ifdef CURRENT
    uint16 adc_value = 0;
    ZigBeeNode. NodeMessage. NodeDesc = CURRENT0;
    adc_value = HalAdcRead( HAL_ADC_CHANNEL_0, HAL_ADC_RESOLUTION_12 );
    ZigBeeNode. NodeMessage. NodeData[0] = adc_value > > 8;
    ZigBeeNode. NodeMessage. NodeData[1] = adc_value;
```

上述程序中，按照图 3-49 所示的方法可找到与读取模/数转换数据有关的函数 HalAdcRead 在硬件层(HAL)Includc 目录下的 hal_adc. c 文件中的位置。

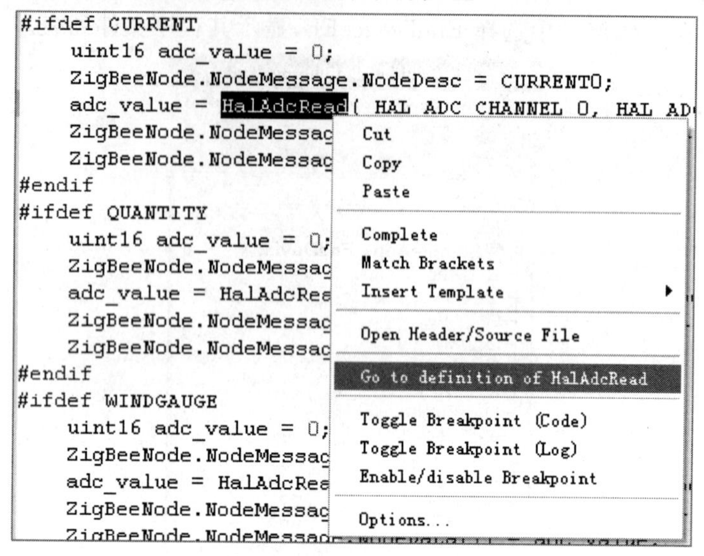

图 3-49　电流数据采集程序

hal_adc. c 文件中的 HalAdcRead()函数内容如下：

```
uint16 HalAdcRead (uint8 channel, uint8 resolution)
{
  int16   reading = 0;
  # if (HAL_ADC == TRUE)
    uint8    i, resbits;
    uint8   adcChannel = 1;
  /*
   * 如果模拟输入通道是 is AIN0...AIN7,确定相应的 P0 口输入/输出引脚有效,并且程序代码没有在此
     函数结束时禁用该引脚。这样可使结果更加准确,因为引脚固有电容在充放电到其稳态电压水平时需
     要时间,可能由于引脚没有时间完全充电,导致转换一个比现状较低的电压
   * /
  if (channel < 8)
  {
    for (i= 0; i < channel; i+ + )
    {
      adcChannel < < = 1;
    }
  }
  /* 打开转换通道 * /
  ADCCFG |= adcChannel;
  /* 转换分辨率结果 * /
  switch (resolution)
  {
    case HAL_ADC_RESOLUTION_8:
      resbits = HAL_ADC_DEC_064;
      break;
```

```
    case HAL_ADC_RESOLUTION_10:
      resbits = HAL_ADC_DEC_128;
      break;
    case HAL_ADC_RESOLUTION_12:
      resbits = HAL_ADC_DEC_256;
      break;
    case HAL_ADC_RESOLUTION_14:
    default:
      resbits = HAL_ADC_DEC_512;
      break;
  }
  /* 写入寄存器并启动转换 * /
  ADCCON3 = channel | resbits | adcRef;
  /* 等待转换结果被处理 * /
  while (! (ADCCON1 & HAL_ADC_EOC));
  /* 转换结束后关闭通道 * /
  ADCCFG &= (adcChannel ^ 0xFF);
  /* 读取转换结果 * /
  reading = (int16) (ADCL);
  reading |= (int16) (ADCH < < 8);
  /* 处理负数值 * /
  if (reading < 0)
    reading = 0;
  switch (resolution)
  {
    case HAL_ADC_RESOLUTION_8:
      reading > > = 8;
      break;
    case HAL_ADC_RESOLUTION_10:
      reading > > = 6;
      break;
    case HAL_ADC_RESOLUTION_12:
      reading > > = 4;
      break;
    case HAL_ADC_RESOLUTION_14:
    default:
      reading > > = 2;
    break;
  }
# else
  // 未使用的参数
  (void) channel;
  (void) resolution;
# endif
  return ((uint16)reading);
}
```

3）电压、电流传感器结点软件设计

电压传感器结点程序流程如图 3-50 所示。

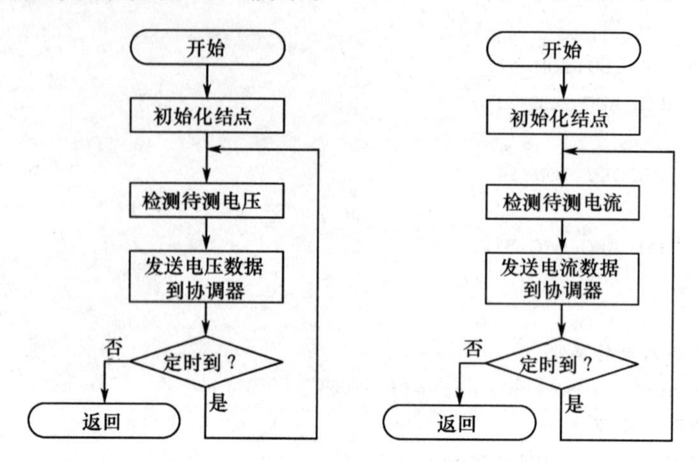

图 3-50　电压、电流检测结点工作流程

完成获取电压、电流传感器数据的主要 API 函数：

【函数名称】void AppAdcRead(uint8 ADC_Channel，uint8 count，uint8 * AdcValueHL)；

【功能简介】完成读取模拟量输出的传感器的数据。

【参数介绍】ADC_Channel：用于采集模拟量信息的 ADC 通道；count：需要采集的次数；AdcValueHL：读取结果的存放地址。

【返回值】无。

4）温湿度传感器结点软件设计

温湿度传感器结点程序流程如图 3-51 所示。

完成获取温湿度传感器数据的主要 API：

【函数名称】unsigned char SHT10_Measure(unsigned int * p_value，unsigned char * p_checksum，unsigned char mode)；

【功能简介】完成读取温湿度传感器的数据。

【参数介绍】p_value：读取结果的存放地址；p_checksum：通信过程中的校验；mode：测量项(温度、湿度)选择。

【返回值】操作结果，0：读取成功；1：读取失败。

5）光照度传感器结点软件设计

光照度传感器结点程序流程如图 3-52 所示。

完成获取光照度传感器数据的主要 API：

【函数名称】void AppAdcRead(uint8 ADC_Channel，uint8 count，uint8 * AdcValueHL)；

【功能简介】完成读取模拟量输出的传感器的数据。

【参数介绍】ADC_Channel：用于采集模拟量信息的 ADC 通道；count：需要采集的次数；AdcValueHL：读取结果的存放地址。

【返回值】无。

6）风速、风向传感器结点软件设计

风速、风向传感器结点程序流程如图 3-53 所示。

完成获取风速、风向传感器数据的主要 API：

【函数名称】void AppAdcRead(uint8 ADC_Channel，uint8 count，uint8 * AdcValueHL)；

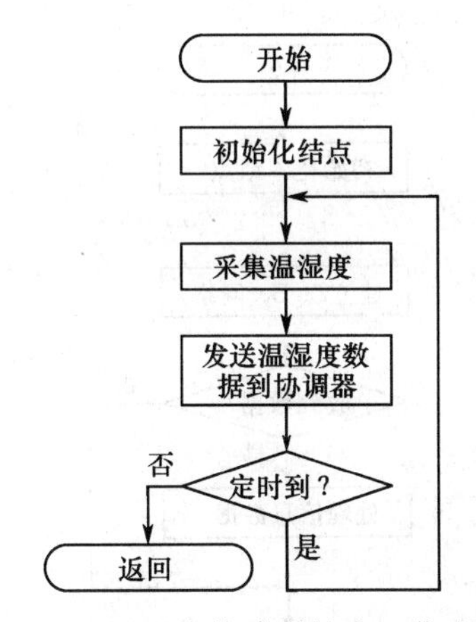

图 3-51　温湿度传感器结点工作流程

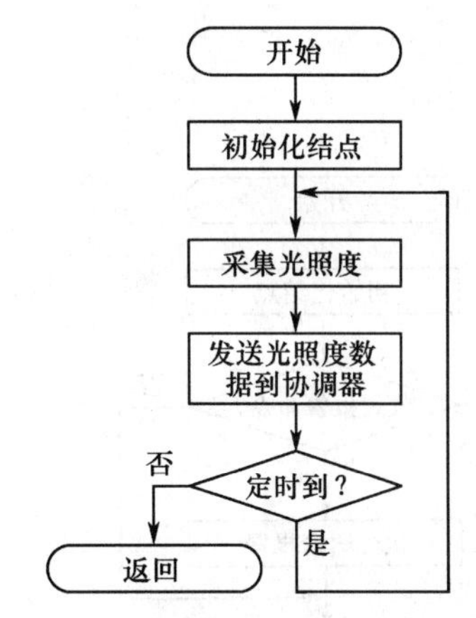

图 3-52　光照度传感器结点工作流程

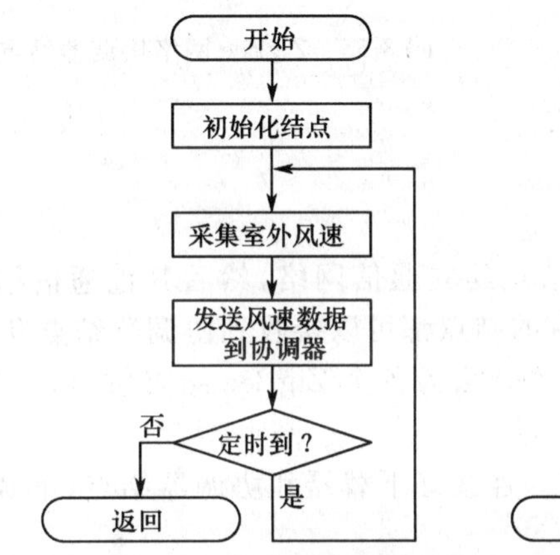

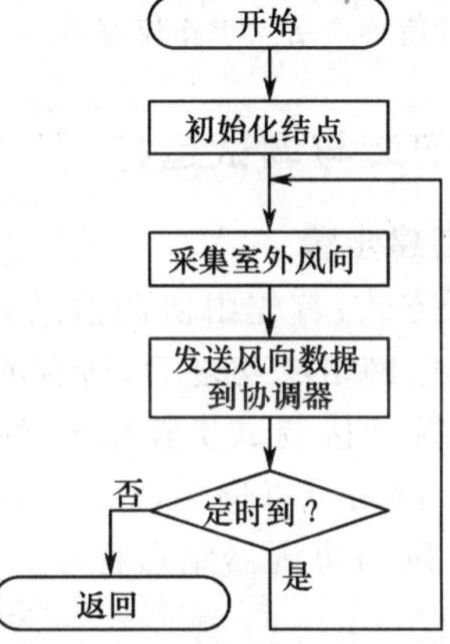

图 3-53　风速、风向传感器结点工作流程

【功能简介】完成读取模拟量输出的传感器的数据。

【参数介绍】ADC_Channel：用于采集模拟量信息的 ADC 通道；count：需要采集的次数；AdcValueHL：读取结果的存放地址。

【返回值】无。

7）语音传感器结点软件设计

语音传感器结点程序流程如图 3-54 所示。

完成控制语音传感器报警的主要 API：

【函数名称】void initUART_1(void)；

【功能简介】完成初始化 CC2530 的 UART1，以便和语音板通过 UART1 通信。

【参数介绍】无。

【返回值】无。

8）协调器结点软件设计

协调器结点工作流程如图 3-55 所示。

主结点主要 API：

【函数名称】uint8 SampleApp_UartMessage(uint8 * msg)；

【功能简介】处理上位机发送的串口命令。

【参数介绍】msg：收到的串口信息的存储地址。

【返回值】1：处理完毕；0：数据格式出错。

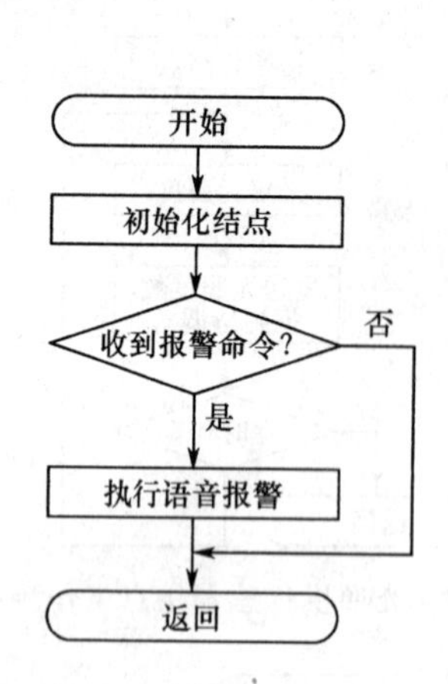

图 3-54 语音传感器结点工作流程

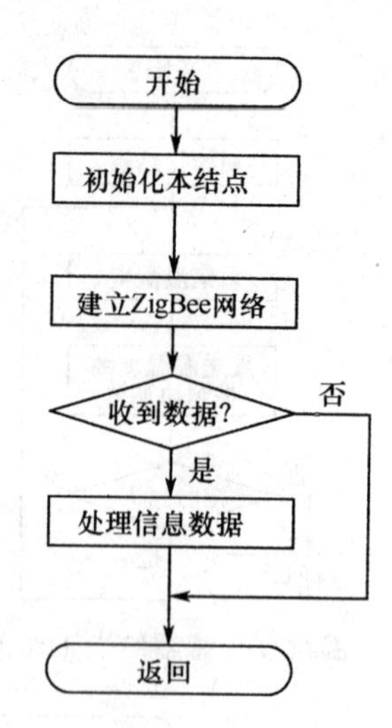

图 3-55 ZigBee 网络协调器结点工作流程

六、软件系统安装与调试运行

1. ZigBee 网络搭建步骤

ZigBee 网络的工方式:首先由协调器结点建立通信网络,然后其他通信结点加入协调器建立的通信网络。加入通信网络成功之后,所有的结点都可以接收到协调器结点发送过来的信息。

按照前面硬件系统连接调试步骤描述的方法为各个 ZigBee 结点供电,并连接好协调器和 PC 的串口。搭建 ZigBee 网络可以遵循以下步骤:

(1) 下载 ZigBee 网络协调器结点程序。连接好下载器和协调器结点(下载器需要安装驱动才可使用),如图 3-56 所示。

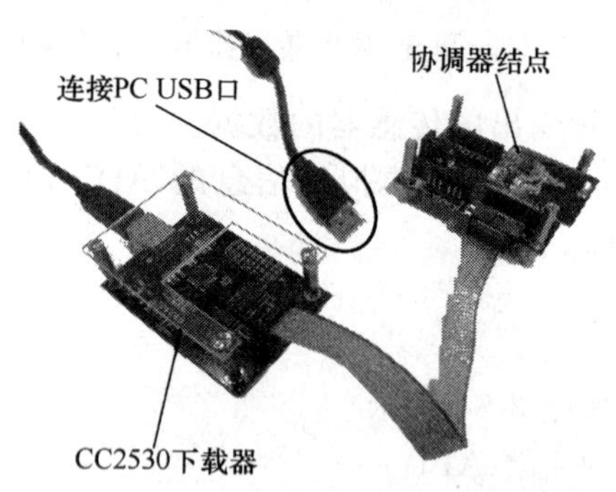

图 3-56 下载协调器代码硬件连接

(2) 下载器是否连接正确可以通过设备管理器查看。当正确连接后,在设备管理器中会出现如图 3-57 所示的图标。

(3) 利用 IAR 开发环境打开 ZigBee 工程文件(路径:Texas Instruments\Z-Stack-CC2530-2.5.03_NanTong\Projects\Z-Stack\Samples\SampleApp\CC2530DB),如图 3-58 所示。

(4) 如图 3-59 所示,单击 Workspace 下的倒三角按钮,在弹出的下拉菜单中选择 Coordinator-EB,然后单击右上侧的"下载"图标。

(5) 结点程序下载成功后,出现如图 3-60 所示的调试界面。

(6) 如果下载出错,且出现如图 3-61 所示的提示,单击"确定"按钮后,尝试按一下下载器上的复位按键,如图 3-62 所示。

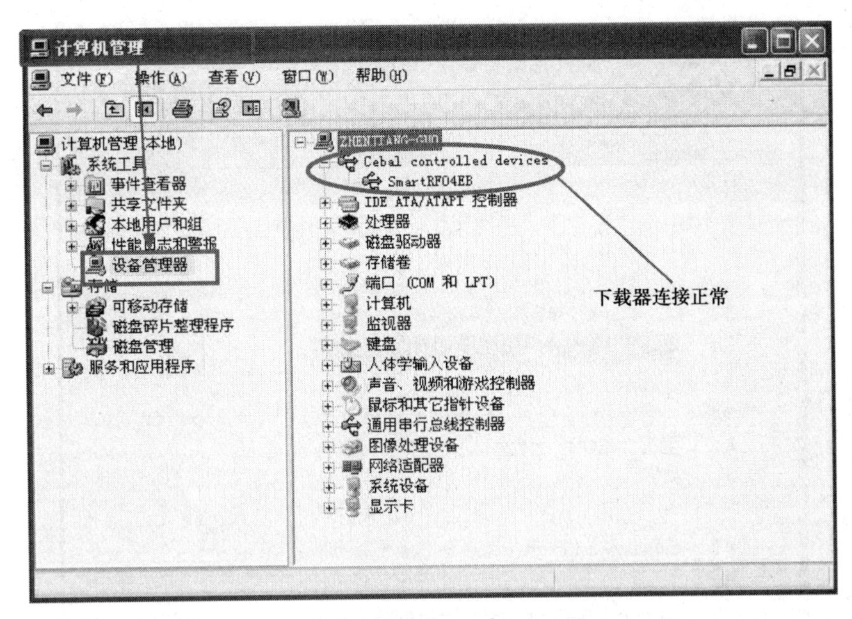

图 3-57　下载器连接状态查看

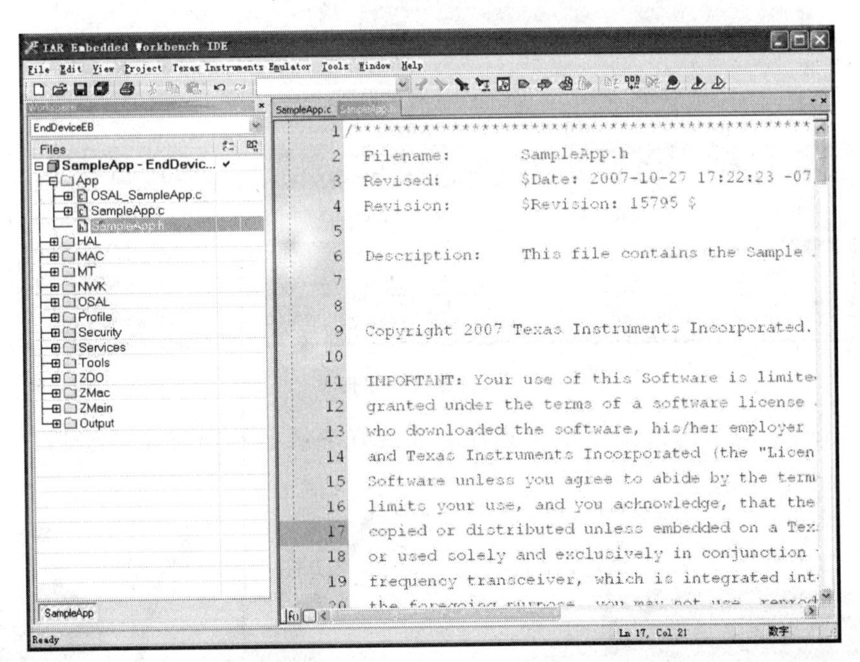

图 3-58　打开 ZigBee 工程界面

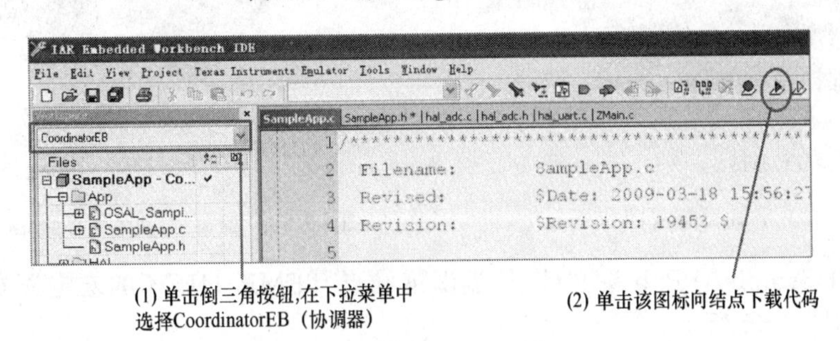

图 3-59　协调器程序下载选项

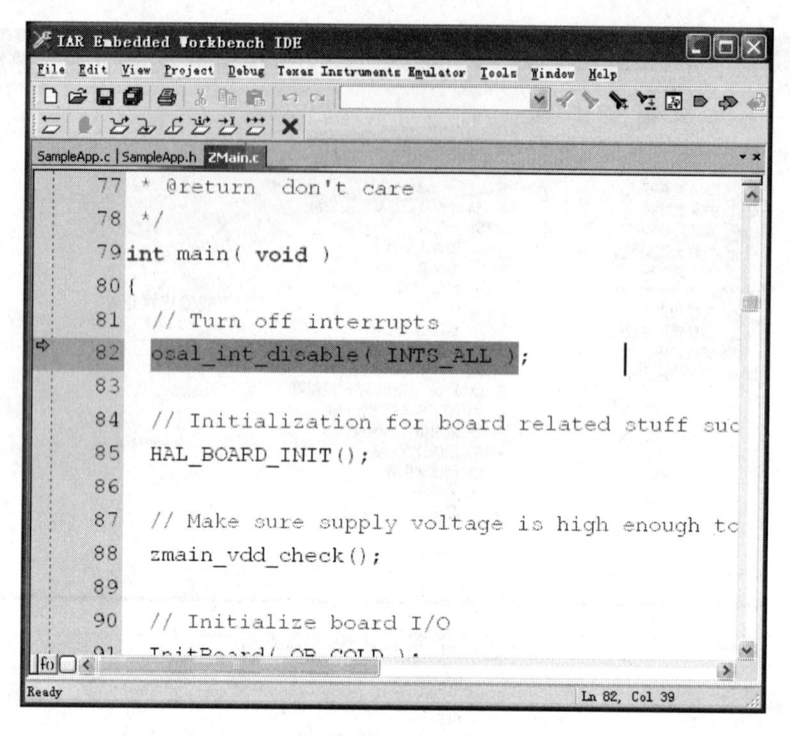

图 3-60 调试界面

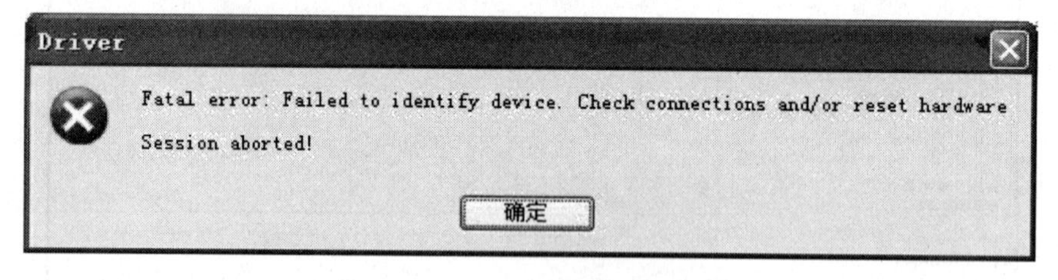

图 3-61 连接出错提示

(7) 下载 ZigBee 网络的温湿度结点程序。连接好下载器和温湿度传感器结点，如图 3-63 所示。

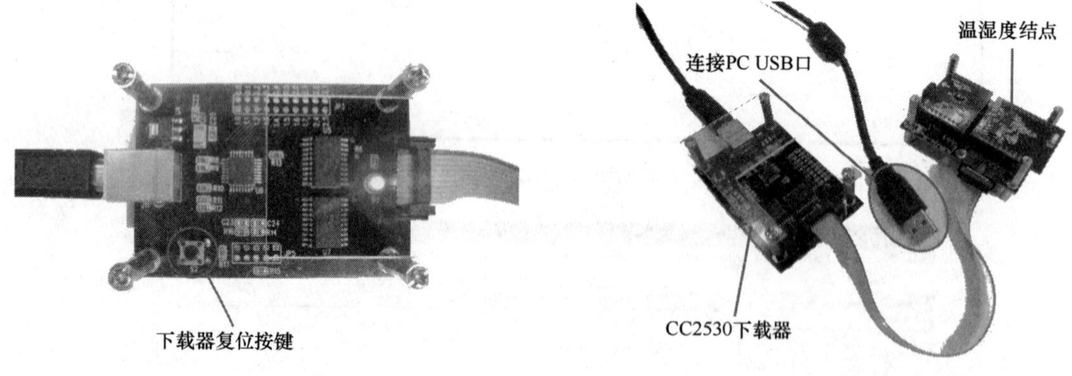

图 3-62 下载器俯视图

图 3-63 温湿度结点程序下载硬件连接

(8) 双击打开 SampleAPP. h 头文件，使温湿度结点 TEMP_HUM 的宏定义有效，其他结点宏定义均被屏蔽，如图 3-64 所示。

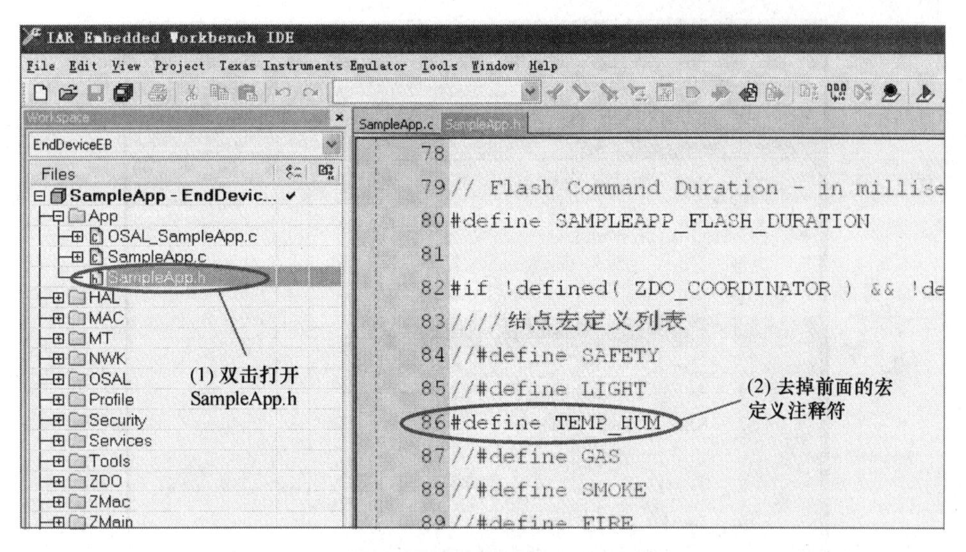

图 3-64　准备下载温湿度结点代码

(9) 温湿度结点下载程序时，选择图 3-65 所示的 EndDeviceEB，然后单击右上侧的"下载"图标即可完成结点程序下载。

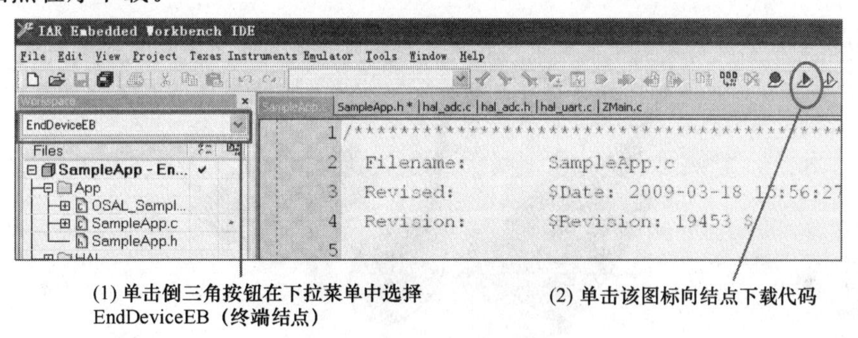

图 3-65　终端结点程序下载选项

(10) 结点程序下载成功后，出现如图 3-66 所示的调试界面。

(11) 下载 ZigBee 网络的光照度结点程序。连接好下载器和光照度传感器结点，如图 3-67 所示。

(12) 打开 SampleAPP. h 头文件，使结点 LIGHT 的宏定义有效，其他结点宏定义均被屏蔽，如图 3-68 所示。

(13) 光照度结点下载程序时，选择图 3-69 所示的 EndDeviceEB，然后单击右上侧的"下载"图标即可完成结点程序下载。

(14) 结点程序下载成功后，出现与温湿度结点相同的调试界面。

(15) 下载 ZigBee 网络的人体红外结点程序。连接好下载器和人体红外传感器结点，如图3-70 所示。

(16) 打开 SampleAPP. h 头文件，使结点 SAFETY 的宏定义有效，其他结点宏定义均被屏蔽，如图 3-71 所示。

(17) 人体红外结点下载程序时，选择图 3-72 所示的 EndDeviceEB，然后单击右上侧的"下载"图标即可完成结点程序下载。

(18) 结点程序下载成功后，出现与温湿度结点相同的调试界面。

```
IAR Embedded Workbench IDE
File Edit View Project Debug Texas Instruments Emulator Tools Window Help
SampleApp.c | SampleApp.h | ZMain.c
77  * @return  don't care
78  */
79 int main( void )
80 {
81   // Turn off interrupts
82   osal_int_disable( INTS_ALL );
83
84   // Initialization for board related stuff suc
85   HAL_BOARD_INIT();
86
87   // Make sure supply voltage is high enough tc
88   zmain_vdd_check();
89
90   // Initialize board I/O
Ready                                    Ln 82, Col 39
```

图 3-66　调试界面

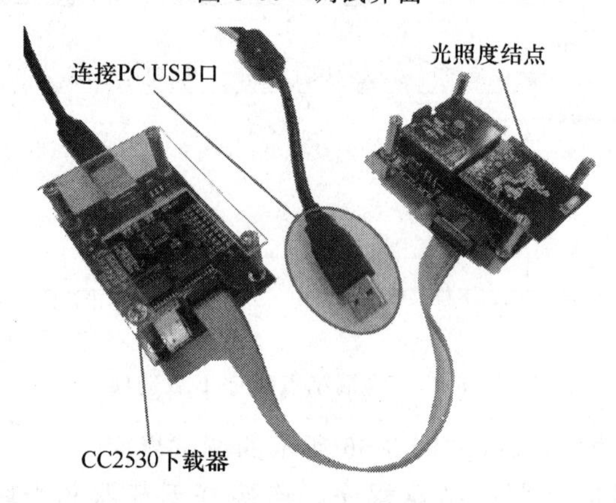

图 3-67　光照度结点程序下载选项

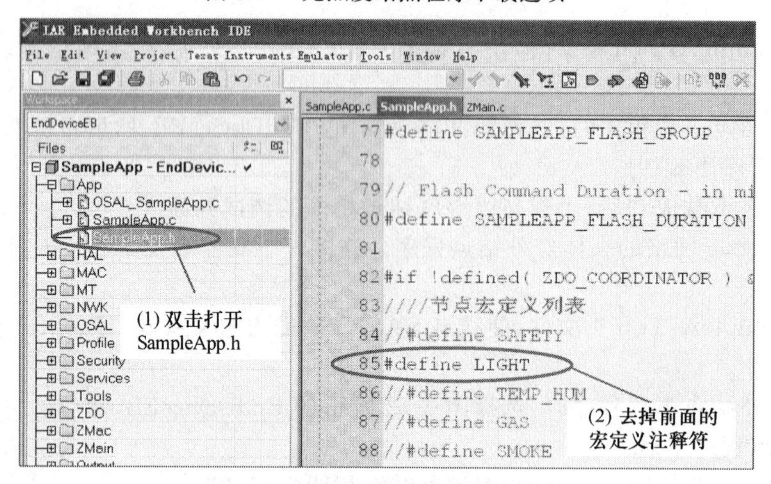

图 3-68　准备下载光照度结点代码

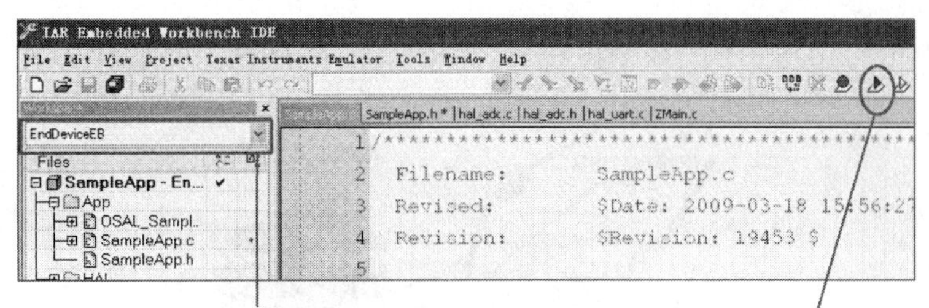

图 3-69　终端结点程序下载选项

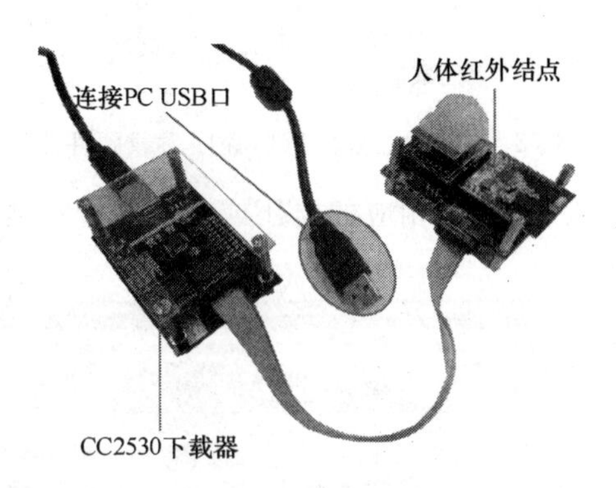

图 3-70　人体红外结点程序下载硬件连接

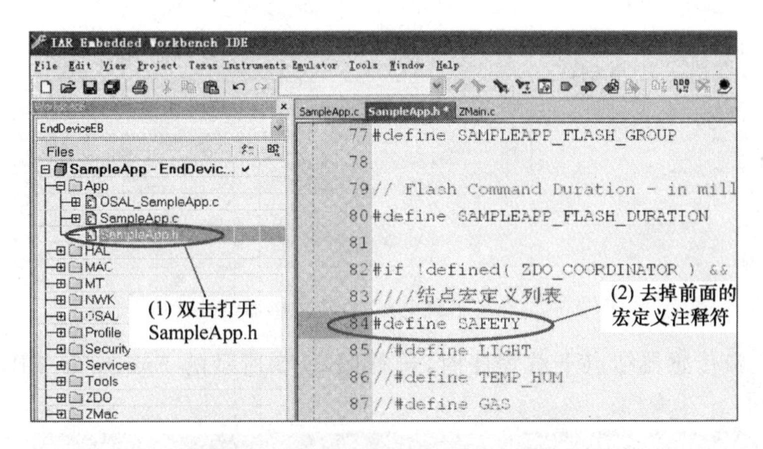

图 3-71　准备下载人体红外结点代码

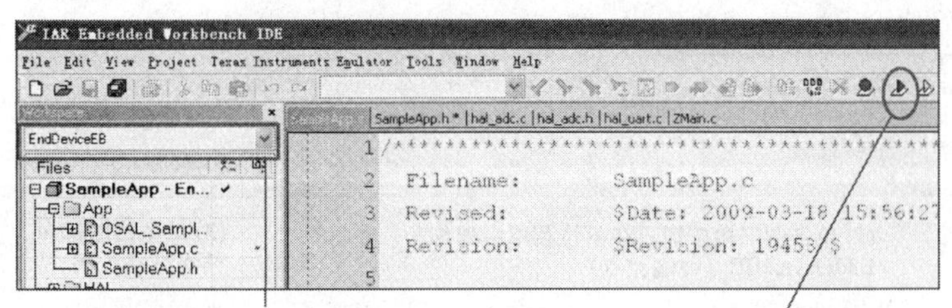

图 3-72　终端结点程序下载选项

(19) 下载 ZigBee 网络的电压电流传感器结点程序。连接好下载器和电压、电流传感器结点，如图 3-73 所示。

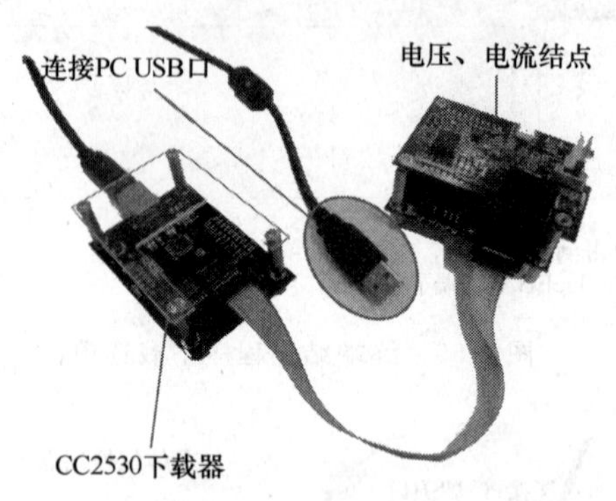

图 3-73 电压、电流传感器程序下载硬件连接

(20) 打开 SampleAPP. h 头文件，使相应的电压或者电流检测结点的宏定义有效，其他结点宏定义均被屏蔽，如图 3-74 所示。

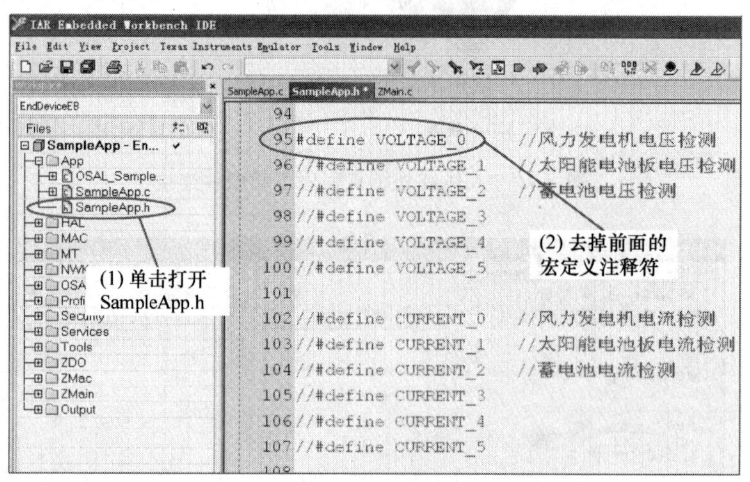

图 3-74 准备下载电压、电流传感器结点代码

(21) 电压、电流传感器结点下载程序时，选择图 3-75 所示的 EndDeviceEB，然后单击右上侧的“下载”图标即可。

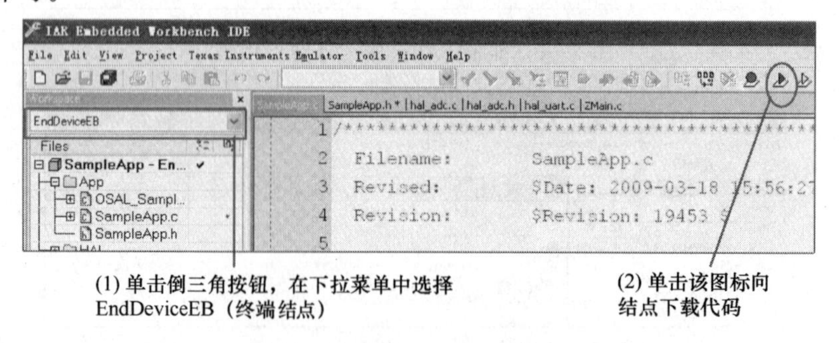

图 3-75 终端结点程序下载选项

(22) 结点程序下载成功后，出现与温湿度结点相同的调试界面。

(23) 下载 ZigBee 网络的风速传感器结点程序。风速传感器数据线的航空插头端连接风速传感器，另一端插入 ZigBee 结点的传感器接口端，如图 3-76 所示。下载器和 ZigBee 结点的连接与其他终端结点的类似。

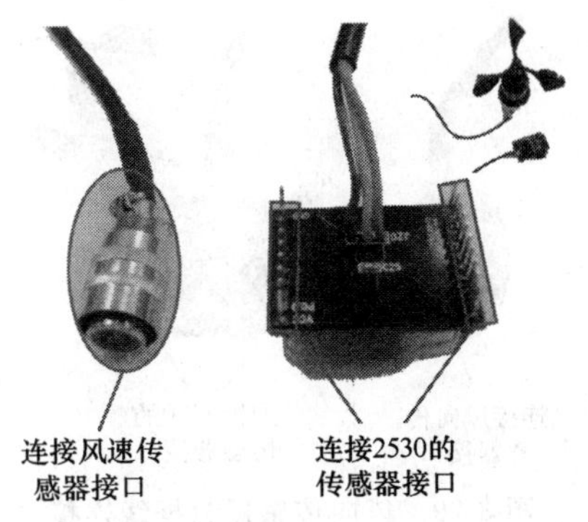

图 3-76　风速传感器数据线连接

（24）打开 SampleAPP.h 头文件，使结点 WINDVANE_0 的宏定义有效，其他结点宏定义均被屏蔽，如图 3-77 所示。

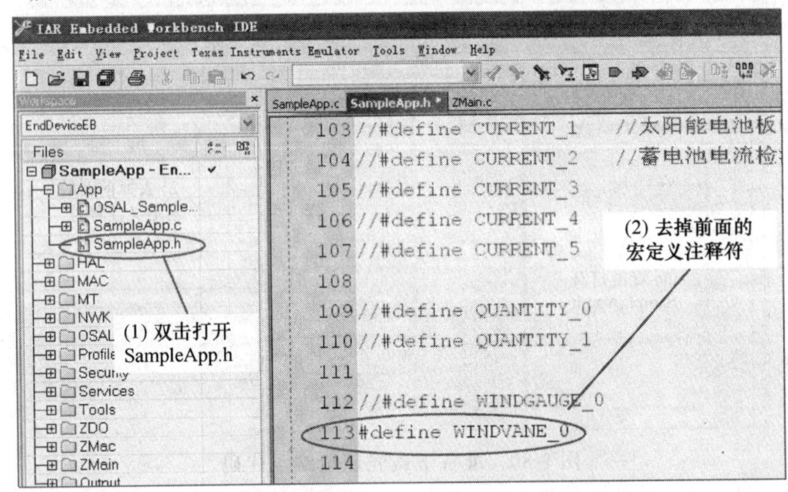

图 3-77　准备下载风速传感器结点代码

（25）风速传感器结点下载程序时，选择图 3-78 所示的 EndDeviceEB，然后单击右上侧的“下载”图标即可完成结点程序下载。

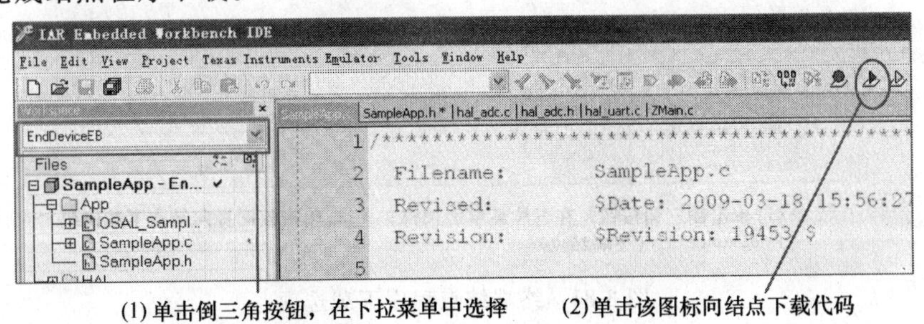

图 3-78　终端结点程序下载选项

（26）结点程序下载成功后，出现与温湿度结点相同的调试界面。

（27）下载 ZigBee 网络的风向传感器结点程序。风向传感器数据线的航空插头端连接风向传感器，另一端插入 ZigBee 结点的传感器接口端，如图 3-79 所示。下载器和 ZigBee 结点的连接与其他终端结点的类似。

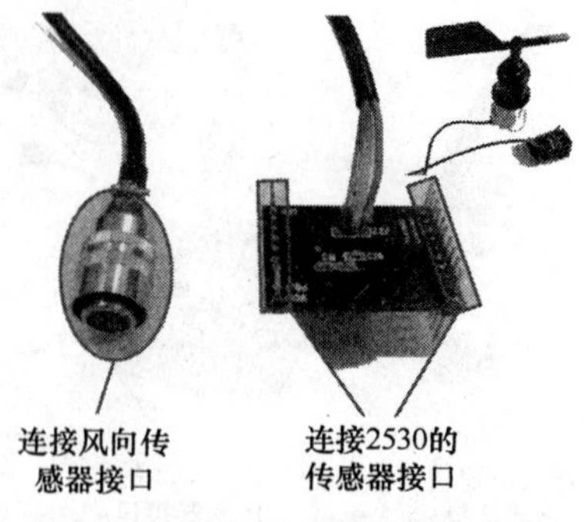

图 3-79　风向传感器数据线连接

（28）打开 SampleAPP. h 头文件，使结点 WINDGAUDE_0 的宏定义有效，其他结点宏定义均被屏蔽，如图 3-80 所示。

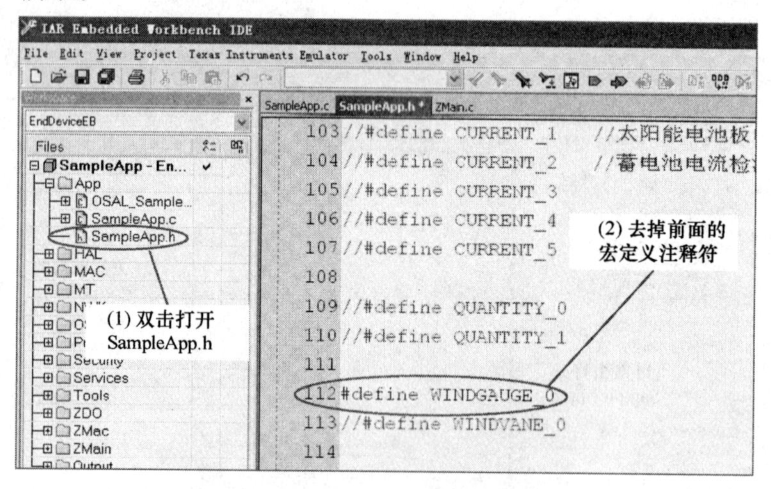

图 3-80　准备下载光照度结点代码

（29）风向传感器结点下载程序时，选择图 3-81 所示的 EndDeviceEB，然后单击右上侧的“下载”图标即可完成结点程序下载。

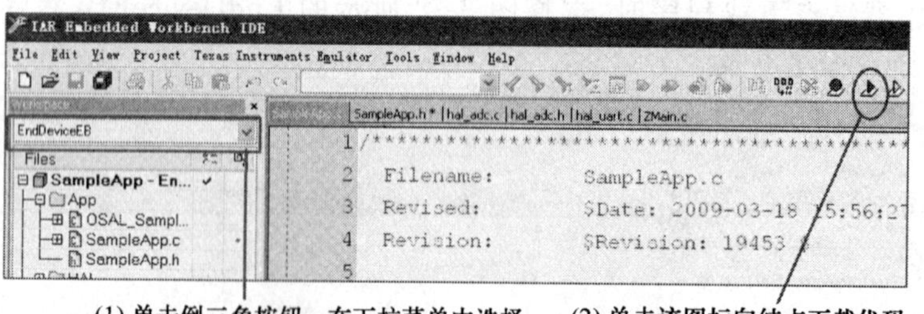

图 3-81　终端结点程序下载选项

（30）结点程序下载成功后，出现与温湿度结点相同的调试界面。

（31）下载 ZigBee 网络的语音结点程序。连接好下载器和语音传结点，如图 3-82 所示。

（32）打开 SampleAPP. h 头文件，使结点 VOICE 的宏定义有效，其他结点宏定义均被屏蔽，如图 3-83 所示。

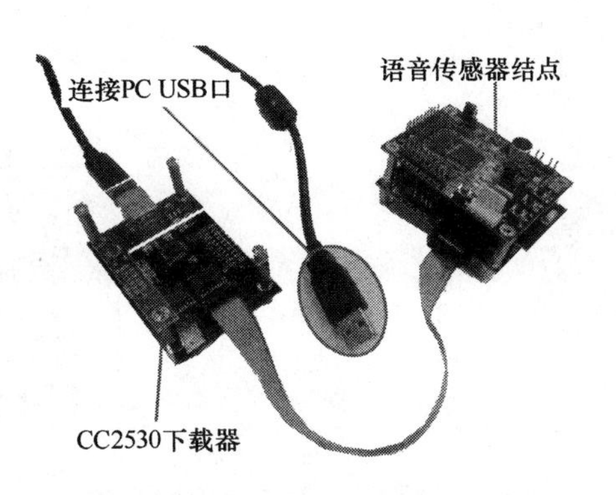

图 3-82　语音结点程序下载硬件连接

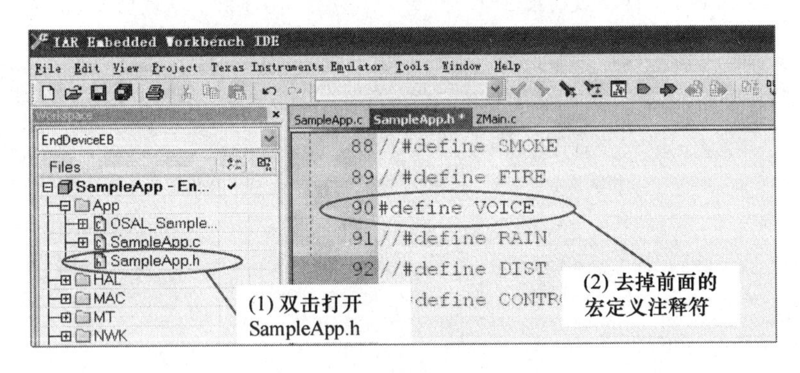

图 3-83　准备下载语音结点代码

(33) 风向传感器结点下载程序时，选择图 3-84 所示的 EndDeviceEB，然后单击右上侧的“下载”图标即可完成结点程序下载。

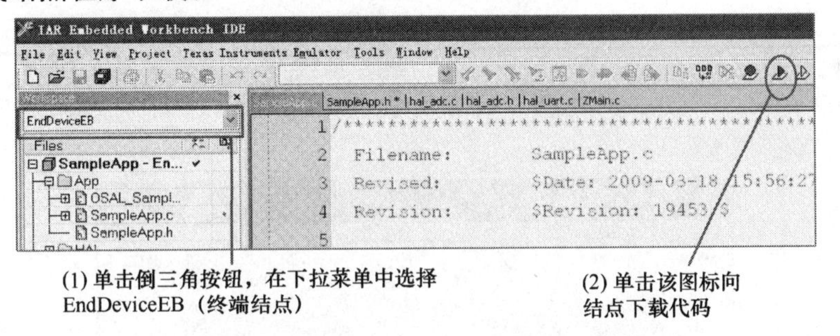

图 3-84　终端结点程序下载选项

(34) 结点程序下载成功后，出现与温湿度结点相同的调试界面。

(35) 下载完所有的 ZigBee 网络结点的代码后，每个结点只要供电后就可以工作。首先给协调器结点供电，随后协调器结点的通信指示灯(见图 3-85)会闪烁 4 次，表明协调器结点建立网络成功。

(36) 依次为每个终端结点上电，终端结点的通信指示灯也会闪烁 4 次，表明结点加入网络成功，如图 3-86 所示。

2. PC 串口软件调试

(1) 利用 PC 上的串口调试助手对协调器进行调试。调试界面的实验效果如图 3-87 所示。

(2) 利用 PC 上的串口调试助手对各监控终端结点进行调试。调试界面的实验效果如图 3-88 所示。

图 3-85　协调器建立网络成功指示灯

图 3-86　结点加入 ZigBee 网络指示灯

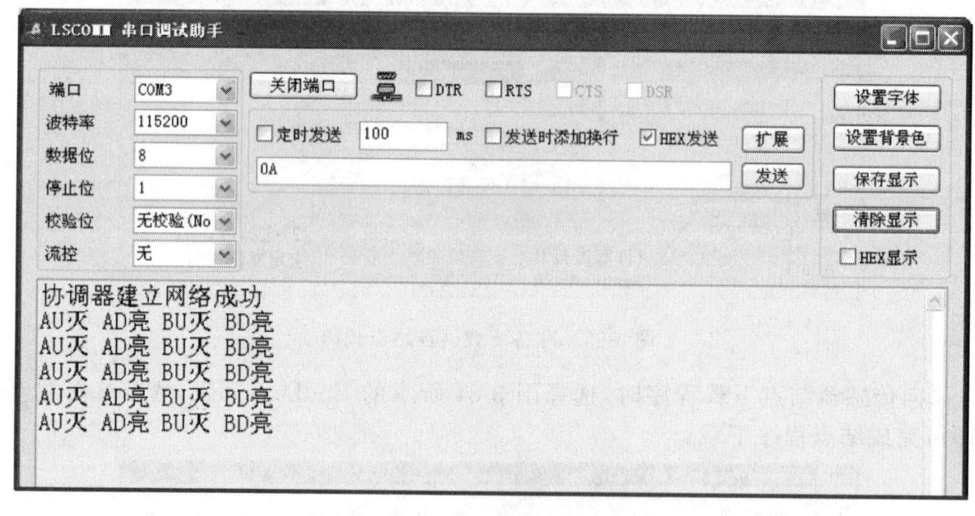

图 3-87　协调器调试实验效果图

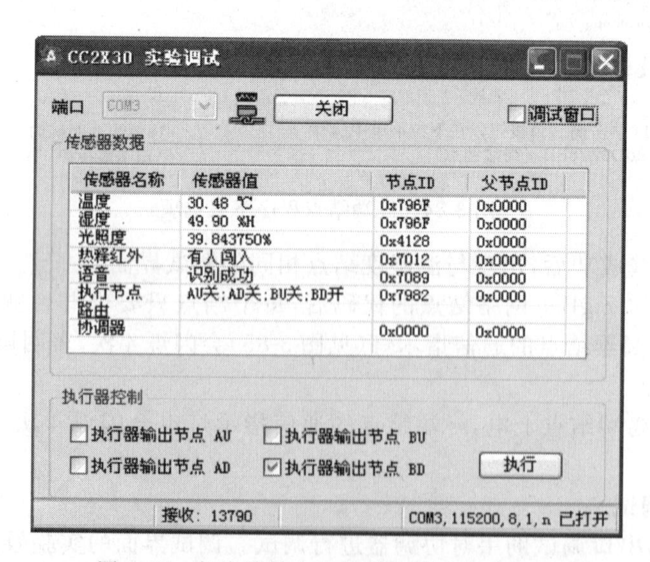

图 3-88　各终端结点数据采集调试实验效果

七、检查与评估

1. 户用风光互补电站远程监控系统设计任务书(见表3-4)

表3-4　户用风光互补电站远程监控系统设计任务书

<table>
<tr><td>学时</td><td>班级</td><td>组号</td><td>姓名</td><td>学号</td><td>完成日期</td></tr>
<tr><td>12</td><td></td><td></td><td></td><td></td><td></td></tr>
<tr><td>能力目标</td><td colspan="5">(1)了解户用风光互补电站系统的组成及工作原理
(2)了解无线传感器网络的技术特点
(3)建立无线远程通信的概念
(4)建立无线通信网络拓扑结构的概念
(5)初步具备无线通信网络终端结点硬件设计的能力
(6)初步具备无线通信网络终端结点软件设计的能力</td></tr>
<tr><td>项目描述</td><td colspan="5">户用风光互补电站无线通信系统实验教学,通过教师的操作,学生的参与,师生共同对实验现象的分析,增加学生对风光互补电站无线通信系统构建的感性认识,激发学生学习电站无线远程通信的兴趣</td></tr>
<tr><td>工作任务</td><td colspan="5">1. 重点讲授
(1)户用风光互补电站的基本概念
(2)认识太阳能风能发电中常用传感器元器件及执行元器件
(3)无线通信网络拓扑结构的概念
(4)无线通信网络协议栈的概念
(5)无线通信网络硬件系统构成的概念
(6)无线通信网络软件系统构成的概念
2. 学生实作、老师指导
(1)合理选择并能正确使用常用的传感器元器件及执行元器件
(2)合理选择无线传感器网络拓扑结构
(3)无线通信网络终端结点的硬件电路设计
(4)无线通信网络终端结点的软件程序设计
(5)无线通信网络终端结点硬件和软件调试运行</td></tr>
<tr><td>上交材料</td><td colspan="5">(1)写出户用风光互补电站无线通信系统实验装置中的各元器件名称和职能符号
(2)无线通信网络终端结点的硬件电路原理图作图
(3)回答问题:
➢ 如何根据户用风光互补电站的监控要求确定无线传感器网络拓扑结构?
➢ 如何在已有的风光互补电站无线监控网络中新增一个新的传感器结点?相应的硬件和软件需要做哪些调整?</td></tr>
</table>

2. 户用风光互补电站远程监控系统设计引导文(见表3-5)

表3-5　户用风光互补电站远程监控系统设计引导文

<table>
<tr><td>学时</td><td>班级</td><td>组号</td><td>姓名</td><td>学号</td><td>完成日期</td></tr>
<tr><td>12</td><td></td><td></td><td></td><td></td><td></td></tr>
<tr><td>学习目标</td><td colspan="5">以户用风光互补电站远程监控系统实训项目为载体,通过本项目的学习,你能够:
(1)认识户用风光互补电站远程监控系统的技术要求
(2)了解物联网技术的基本概念
(3)认识基于ZigBee的无线传感器网络结构组成
(4)掌握户用风光互补电站远程监控系统中常用的传感器工作原理
(5)掌握无线监控网络的组建方法
(6)掌握无线监控网络终端结点和协调器的软硬件设计方法</td></tr>
</table>

续表

<table>
<tr><th>学时</th><th>班级</th><th>组号</th><th>姓名</th><th>学号</th><th>完成日期</th></tr>
<tr><td>12</td><td></td><td></td><td></td><td></td><td></td></tr>
<tr><td>学习任务</td><td colspan="5">(1)合理选择风光互补电站无线监控网络中各种相关的传感器
(2)认知监控网络终端结点的硬件设计方法
(3)认知监控网络终端结点的软件设计方法
(4)分析风光互补电站无线监控网络的拓扑结构
(5)正确调试无线监控网络中的终端结点和协调器结点</td></tr>
<tr><td>任务流程</td><td colspan="5">(1)读识基于CC2530单片机的核心控制板电路原理图
(2)列出户用风光互补电站远程监控系统构建中所需要的所有元器件明细表
(3)提供电压、电流、光照度、风速、风向、温湿度等重要参数的检测数据
(4)利用相应设计软件作出终端结点电路原理图并作必要分析
(5)给出终端结点控制程序的流程图
(6)对户用风光互补电站远程监控系统进行调试运行</td></tr>
<tr><td rowspan="2">学习过程</td><td colspan="5">【资讯与学习——明确任务,认识户用风光互补电站监控系统、相关知识学习】
一、安全注意事项
(1)户用风光互补电站远程监控系统的实训内容涉及电工电子元器件、太阳能风能发电设备、蓄电池等,要保证所有实训设备和元器件的完好性
(2)要正确地安装和固定好元器件
(3)各种电路和管路要连接牢固,管线松脱可能会引起事故
(4)实训中所涉及的各种元器件应在系统中正确放置
(5)不得使用超过限制的工作电压或电流
(6)要按要求接好回路,检查无误后才能接通电源
(7)实训现象不能按要求实现时,要仔细检查错误点,认真分析产生错误的原因
(8)在通电情况下不允许拔插元器件,或在电路板上带电接线
(9)要严格遵守各种安全操作规程
二、明确工作任务和工作要求
详见任务书
三、预备知识
1. 无线传感器网络实训设备上的元器件讲解
(1)传感器装置讲解
(2)执行装置讲解
(3)控制装置讲解
(4)辅助装置讲解
2. 无线传感器网络实训设备的原理讲解
(1)无线传感器网络拓扑结构的讲解
(2)终端结点工作原理的讲解
(3)协调器工作原理的讲解
(4)无线通信协议栈及其软件实现的分析与讲解</td></tr>
<tr><td colspan="5">【计划与决策——户用风光互补电站监控】
按照下述步骤开展项目化教学实施,完成工作页的相关内容。
本任务完成步骤:
(1)合理选择风光互补电站无线监控网络中各种相关的传感器
(2)认知监控网络终端结点的硬件设计方法
(3)认知监控网络终端结点的软件设计方法
(4)分析风光互补电站无线监控网络的拓扑结构
(5)正确调试无线监控网络中的终端结点和协调器结点</td></tr>
</table>

续表

<table>
<tr><td>学时</td><td>班级</td><td>组号</td><td>姓名</td><td>学号</td><td>完成日期</td></tr>
<tr><td>12</td><td></td><td></td><td></td><td></td><td></td></tr>
<tr><td rowspan="2">学习过程</td><td colspan="5">【项目实施】
操作步骤：
(1)妥善准备本项目实施所需要的各种元器件、仪表及工具
(2)正确选择和连接各种相关传感器
(3)正确设计和制作终端结点以及协调器
(4)搭建无线传感器网络
(5)终端结点和协调器结点中程序设计与分析
(6)利用 PC 串口调试软件对户用风光互补电站远程监控网络进行调试运行</td></tr>
<tr><td colspan="5">【检查与评估】
完成工作页相关内容</td></tr>
</table>

3. 户用风光互补电站远程监控系统设计工作页(见表 3-6)

表 3-6　户用风光互补电站远程监控系统设计工作页

<table>
<tr><td colspan="2">学时</td><td colspan="2">班级</td><td>组号</td><td>姓名</td><td>学号</td><td>完成日期</td></tr>
<tr><td colspan="2">12</td><td colspan="2"></td><td></td><td></td><td></td><td></td></tr>
<tr><td>工作内容</td><td colspan="7">(1)合理选择风光互补电站无线监控网络中各种相关的传感器
(2)认知监控网络终端结点的硬件设计方法
(3)认知监控网络终端结点的软件设计方法
(4)分析风光互补电站无线监控网络的拓扑结构
(5)正确调试无线监控网络中的终端结点和协调器结点</td></tr>
<tr><td>实训器材</td><td colspan="7"></td></tr>
<tr><td rowspan="4">教学节奏与方式</td><td>序号</td><td>项目</td><td>时间安排</td><td colspan="4">教学方式(参考)</td></tr>
<tr><td>1</td><td>课前准备</td><td>课余</td><td colspan="4">自学、查资料、相互讨论无线通信技术基本概念</td></tr>
<tr><td>2</td><td>教师讲授</td><td>1 学时</td><td colspan="4">重点讲授：
(1)户用风光互补电站的基本概念
(2)认识太阳能、风能发电中常用的传感器元器件及执行元器件
(3)无线通信网络拓扑结构的概念
(4)无线通信网络协议栈的概念
(5)无线通信网络硬件系统构成的概念
(6)无线通信网络软件系统构成的概念</td></tr>
<tr><td>3</td><td>学生实作</td><td>1 学时</td><td colspan="4">学生实作、老师指导：
(1)合理选择并能正确使用常用的传感器元器件及执行元器件
(2)合理选择无线传感器网络拓扑结构
(3)无线通信网络终端结点的硬件电路设计
(4)无线通信网络终端结点的软件程序设计
(5)无线通信网络终端结点硬件和软件调试运行</td></tr>
<tr><td>原理图</td><td colspan="7"></td></tr>
</table>

续表

学时	班级	组号	姓名	学号	完成日期
12					

	序号	主要步骤	要求
实习内容	1	认识风光互补电站无线监控网络中的各元器件	正确标注
	2	选择和连接各种相关传感器	掌握传感器与控制器的连接方法
	3	终端结点硬件设计与分析	作出终端结点电路原理图
	4	协调器硬件设计与分析	作出协调器电路原理图
	5	搭建无线传感器网络	作出网络拓扑图
	6	终端结点和协调器结点软件设计与分析	作出软件流程图
	7	户用风光互补电站远程监控网络调试运行	利用PC串口调试软件进行调试,记录测试结果

	序号	题目		
思考题	1	画出无线传感器网络实训设备各主要元器件的名称和符号		
	2	如何根据户用风光互补电站的监控要求确定无线传感器网络拓扑结构?		
	3	如何在已有的风光互补电站无线监控网络中新增一个新的传感器结点?相应的硬件和软件需要做哪些调整?		
	教师签名		评分	

4. 户用风光互补电站远程监控系统设计检查单(见表3-7)

表3-7　户用风光互补电站远程监控系统设计检查单

班级	项目承接人	编号	检查人	检查开始时间	检查结束时间

检查内容		是	否
回路正确性	(1)按照电路原理图要求,正确连接电路	□	□
	(2)系统中各模块安装正确	□	□
	(3)元器件符号准确	□	□
调试	(1)正确按照被控对象的监控要求进行调试	□	□
	(2)能根据运行故障进行常见故障的检查	□	□

续表

检　查　内　容		是	否
安全文明操作	(1)必须穿戴劳动防护用品	□	□
	(2)遵守劳动纪律,注意培养一丝不苟的敬业精神	□	□
	(3)注意安全用电,严格遵守本专业操作规程	□	□
	(4)保持工位文明整洁,符合安全文明生产	□	□
	(5)工具仪表摆放规范整齐,仪表完好无损	□	□

教师审核:

项目承接人签名	检查人签名	教师签名

5. 户用风光互补电站远程监控系统设计评价表(见表 3-8)

表 3-8　户用风光互补电站远程监控系统设计评价表

总　分		项目承接人	班级	工作时间	
				12 学时	
评　分　内　容			标准分值	小组互评评分(30%)	教师评分(70%)
资讯学习(15分)	任务是否明确 资料、信息查阅与收集情况		5		
	相关知识点掌握情况		10		
计划决策(20分)	实验方案		10		
	控制元器件		5		
	原理图		5		
实施与检查(30分)	系统安装情况		10		
	系统检查情况		5		
	元器件操作情况		10		
	安全生产情况		5		
评估总结(10分)	总结报告情况		5		
	答辩情况		5		
工作态度(25分)	工作与职业操守		5		
	学习态度		5		
	团队合作精神		5		
	交流及表达能力		5		
	组织协调能力		5		
总　分			100		

续表

评　分　内　容	标准分值	小组互评评分(30%)	教师评分(70%)
项目完成情况自我评价：			
教师评语：			

被评估者签名	日期	教师签名	日期

项目小结

本项目以一般家庭使用的小型离网型风光互补电站为应用背景，以电站远程监控为设计目标，以基于 ZigBee 的无线传感器网络为通信载体，以 PC 为监控中心，介绍了户用风光互补电站远程监控系统的结构组成，分析了各种相关传感器的工作原理，设计了相应的硬件电路和软件程序。

学生在项目化的实践操作过程中，可充分结合本项目的任务要求，在完善人机界面、通信过程调试、ZigBee 网络拓扑结构变化等方面做出创新尝试与练习，以进一步提高专业技能。

项目四 风光互补充电站远程监控系统设计

随着城市交通的快速发展，以传统化石能源为燃料的车辆越来越多，车辆在行驶过程中产生了大量的废气，对人们的身体健康和环境造成了很大的危害，同时车辆的增加也使城市的交通变得拥堵不堪，给人们的出行安全带来了隐患。环境污染，交通日益拥挤，是每个人不得不面对的现实。在这个背景下，加上近几年蓄电池技术的发展，电动自行车在人们的日常生活中已经很普，它借助轻巧的体型和低廉的价格迅速进入市场，能够有效缓解交通压力，保护环境。但是电动自行车的使用仍然存在着很多问题，例如：电耗较大，电动自行车的蓄电池容量导致行驶距离受到限制等。对电动自行车充电一般使用的是市电网络，如果采用清洁的可再生能源对电动自行车进行充电，则能起到很好的节能功效，而且充电站可以根据需要设置，不受市电网络分布的限制。

目前，一些在车棚或者加油站的顶部铺上太阳能电池板的太阳能电动车充电站陆续出现，这些太阳能充电站有效地解决了大量电动自行车的充电问题，方便了人们的出行，节约了自然资源，保护了环境。但光伏发电易受季节及阴雨天气的影响，晚上则几乎处在停止状态。如果将风光互补发电技术应用于电动车充电站中，建立安全可靠、无噪声、无污染的风光互补储能式电动车充电站系统，则可以在一定程度上解决发电不均衡的问题，以达到稳定地为电动车充电并实现节能减排的目的。

项目描述

对风光互补充电站的运行状态进行远程监控，实时了解外界环境状况以及充电站所对应的太阳能电池板和风力发电机发电输出情况、蓄电池充、放电情况等，并能在蓄电池电压过低的情况下切断对电动车的充电，蓄电池电量得到有效补充后恢复充电，在风力过大的情况下对风力机采取必要的减速或制动等保护措施。

项目目标

(1) 选取合适的传感器与执行元器件，使其能够实现对风力发电机整流输出电压和电流、光伏电池输出电压和电流、蓄电池充放电电压和电流、光照度、风速和风向等状态数据进行采集与处理。

(2) 选取合适的通信方法，能够将太阳能电池板、风力发电机、蓄电池中各种运行状态数据发送到嵌入式电动车充电站监控终端，用户利用监控终端的触摸屏或者利用 PC 通过 Internet 访问，可以查看各项传感器的数据。同时，还能利用嵌入式监控终端或 PC 通过 Internet 发送控制命令，实现对风光互补发电装置以及蓄电池充放电的实时控制。

项目分析

一、了解风光互补充电站的组成及工作原理

电动自行车充电的模式一般分为 3 种：

(1) 慢充模式：利用车载式充电器充电，一般充电时间为 4～8 h，通过交流充电桩完成充电，适用于规律性充电。

(2) 快充模式:在充电站内实现中速、快速大功率充电,一般充电时间为 20 min～2 h,通过直流充电桩完成充电,适用于应急充电。该充电系统称为直流充电系统,主要由直流电源系统和直流充电桩组成。

(3) 换电模式:更换电池是一种最快速、最简便的充电模式。本项目中的风光互补电动车充电站主要采用快充和慢充两种充电模式。

如图 4-1 所示,风光互补电动车充电站系统主要由能量产生、存储、消耗环节以及智能控制器、监控模块等组成。风力发电和太阳能发电部分属于能量产生环节,分别将具有不确定性的风能、太阳能转化为稳定的能源。为了最大可能地消除由于天气等因素引起的能量供应与需求之间的不平衡,引入蓄电池来调节和平衡能量匹配,系统中的蓄电池承担能量的储存。能量消耗主要指电动车充电桩,包括直流充电桩和交流充电桩。直流充电桩包括万能充电接头,电动车蓄电池可以直接接入电路;交流充电桩配备逆变器及 AC 220 V 万能插座,为随车携带充电器的电动车充电。控制器主要控制风力发电机、太阳能电池阵列及蓄电池的正常运行。监控模块主要用于远程对充电站运行情况进行了解及干预。

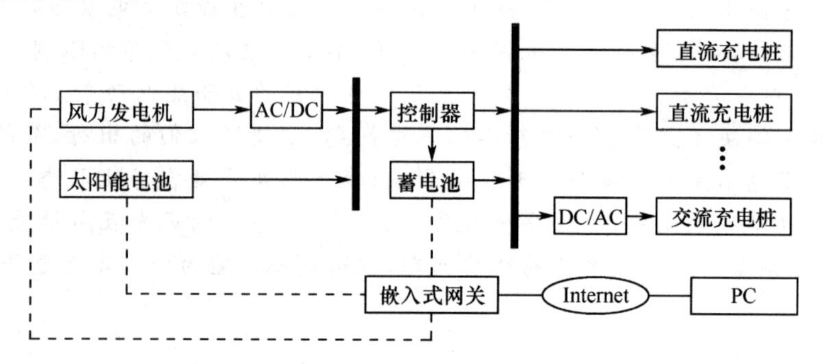

图 4-1　风光互补充电站系统结构

风光互补充电站发挥了风力发电和光伏发电独立系统各自的优点,可以实现高效率的电动车充电服务。

二、明确风光互补充电站的监控对象

围绕风光互补充电站的工作过程确定各种相关的检测和控制对象。

三、设计风光互补充电站远程监控总体方案

基于 ZigBee 无线传感器网络以及 Internet 技术,设计和构建风光互补充电站远程监控系统。

四、风光互补充电站数据检测与控制硬件电路设计

(1) ZigBee 网络汇聚结点(嵌入式网关)电路设计。

(2) 嵌入式网关与 Internet 的通信接口设计。

(3) 硬件系统连接与调试方法。

五、风光互补充电站控制软件程序设计

(1) ZigBee 网络汇聚结点(嵌入式网关)监控程序设计。

(2) PC 监控界面程序设计。

(3) PC 与嵌入式网关间的通信调试。

相关知识

一、风光互补充电站远程监控对象

1. 检测对象

(1) 太阳能电池板组件输出电压(电压传感器);
(2) 太阳能电池板组件输出电流(电流传感器);
(3) 风力发电机输出电压(电压传感器);
(4) 风力发电机输出电流(电流传感器);
(5) 蓄电池电压(电压传感器);
(6) 蓄电池充电电流(电流传感器);
(7) 人员靠近安全检测(人体红外传感器);
(8) 外界环境状况(风速、风向、光照度、温湿度传感器)。

2. 控制对象

(1) 人员靠近安全报警(语音控制);
(2) 负载断电控制(继电器控制);
(3) 风力机制动控制(继电器控制)。

二、风光互补充电站远程监控系统设计方案

系统主要由 ZigBee 网络、嵌入式网关、PC 访问控制端组成。其中,ZigBee 网络的传感器结点主要完成各项参数检测,然后将检测结果通过 ZigBee 网络传送给协调器。ZigBee 网络的协调器通过串口和嵌入式网关进行通信,所有传感器的数据都可以被上传。嵌入式网关通过自身的 Web 接口连接到 Internet,用户利用 PC 通过 Internet 访问,可以查看各传感器的数据,并且可以通过交互界面进行人为控制。以下两种方案均可实现:

【方案一】通过嵌入式网关将信息直接上传到 Internet 再访问控制,如图 4-2 所示。嵌入式网关将无线传感器网络上传来的数据存储到数据库中,统一管理,按需分配。嵌入式网关驱动触屏液晶显示器完成显示实时数据、显示历史数据,通过网关集成网卡和外置路由将数据共享到 Internet 中,便于利用 PC 通过 Internet 进行远程监控。

【方案二】通过嵌入式网关、无线网卡、路由器将信息上传到 Internet,用户利用 PC 通过局域网进行访问控制,如图 4-3 所示。嵌入式网关通过无线网卡和无线路由将数据共享到 Internet 中。

本项目中以“方案一”为例,选用 ZigBee 协议来组建无线传感器网络,选用 Linux 操作系统来管理嵌入式网关。

三、嵌入式系统介绍

1. 嵌入式系统概述

嵌入式系统,英文为 Embedded System。从广义上讲,凡是带有微处理器的专用软硬件系统都可称为嵌入式系统,如各类单片机和 DSP 系统,这些系统在完成较为单一的专业功能时具有简洁高效的特点。但是由于它们没有使用操作系统,所以管理系统硬件和软件的能力有限,在实现复杂的多任务功能时往往困难重重,甚至无法实现。从狭义上讲,那些使用嵌入式微处理器构成的独立系统,并且有自己的操作系统,具有特定功能,用于特定场合的系统称为嵌入式系统。本项目中所说的嵌入式系统是指狭义上的嵌入式系统。

嵌入式计算机系统与通用计算机系统相比具有以下特点:

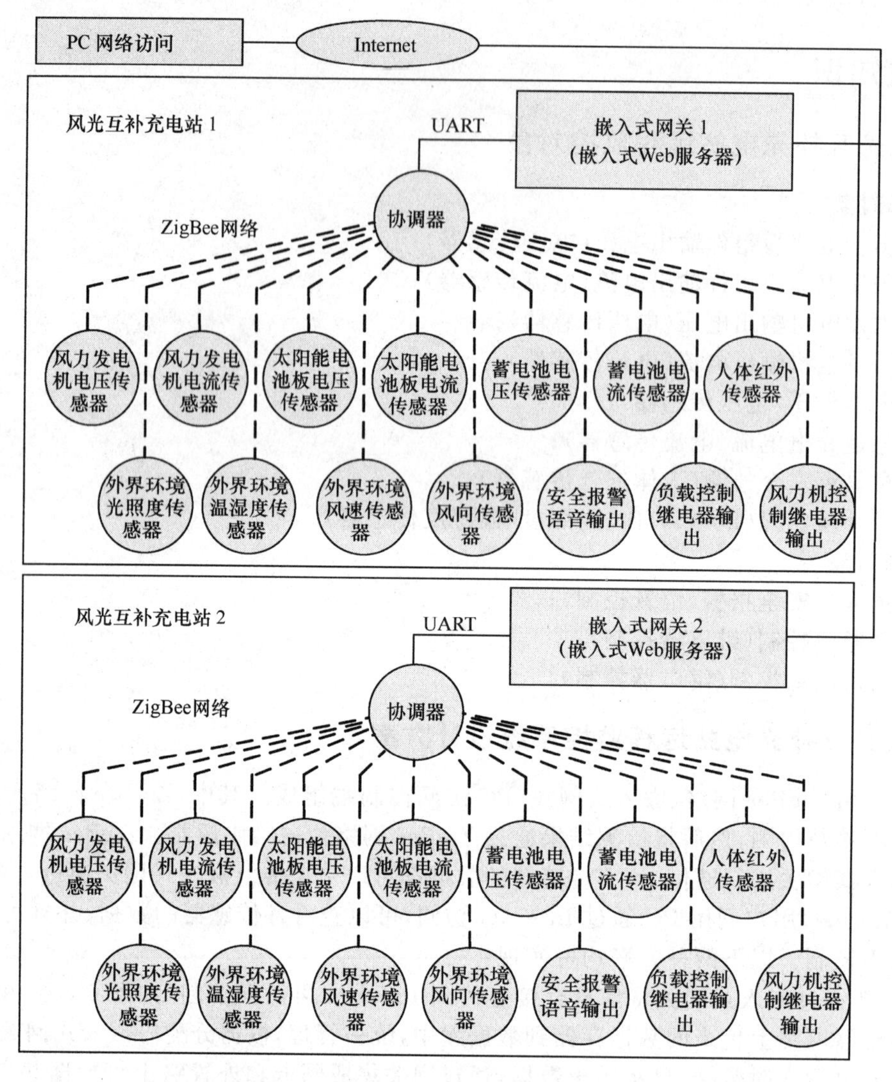

图 4-2　风光互补充电站监控系统设计方案一

(1) 嵌入式系统是面向特定系统应用的。嵌入式处理器大多是专门为特定应用设计的,具有功耗低、体积小、集成度高等特点,一般是包含各种外围设备接口的片上系统。

(2) 嵌入式系统涉及计算机技术、微电子技术、电子技术、通信和软件等各行各业。它是一个技术密集、资金密集、高度分散、不断创新的知识集成系统。

(3) 嵌入式系统的硬件和软件都必须具备高度可定制性。只有这样才能适用嵌入式系统应用的需要,在产品价格性能等方面具备竞争力。

(4) 嵌入式系统的生命周期相当长。当嵌入式系统应用到产品以后,还可以进行软件升级,它的生命周期与产品的生命周期几乎一样长。

(5) 嵌入式系统不具备本地系统开发能力,通常需要有一套专门的开发工具和环境。

嵌入式系统一般具有芯片集成度高、软件代码小、高度自动化、响应速度快等特点,因此特别适合于实时性和多任务的体系。

2. 嵌入式系统组成

嵌入式系统一般由硬件平台和软件平台两部分组成,如图 4-4 所示。其中,硬件平台由嵌入式微处理器和外围硬件设备组成;软件平台由嵌入式操作系统和应用程序组成。

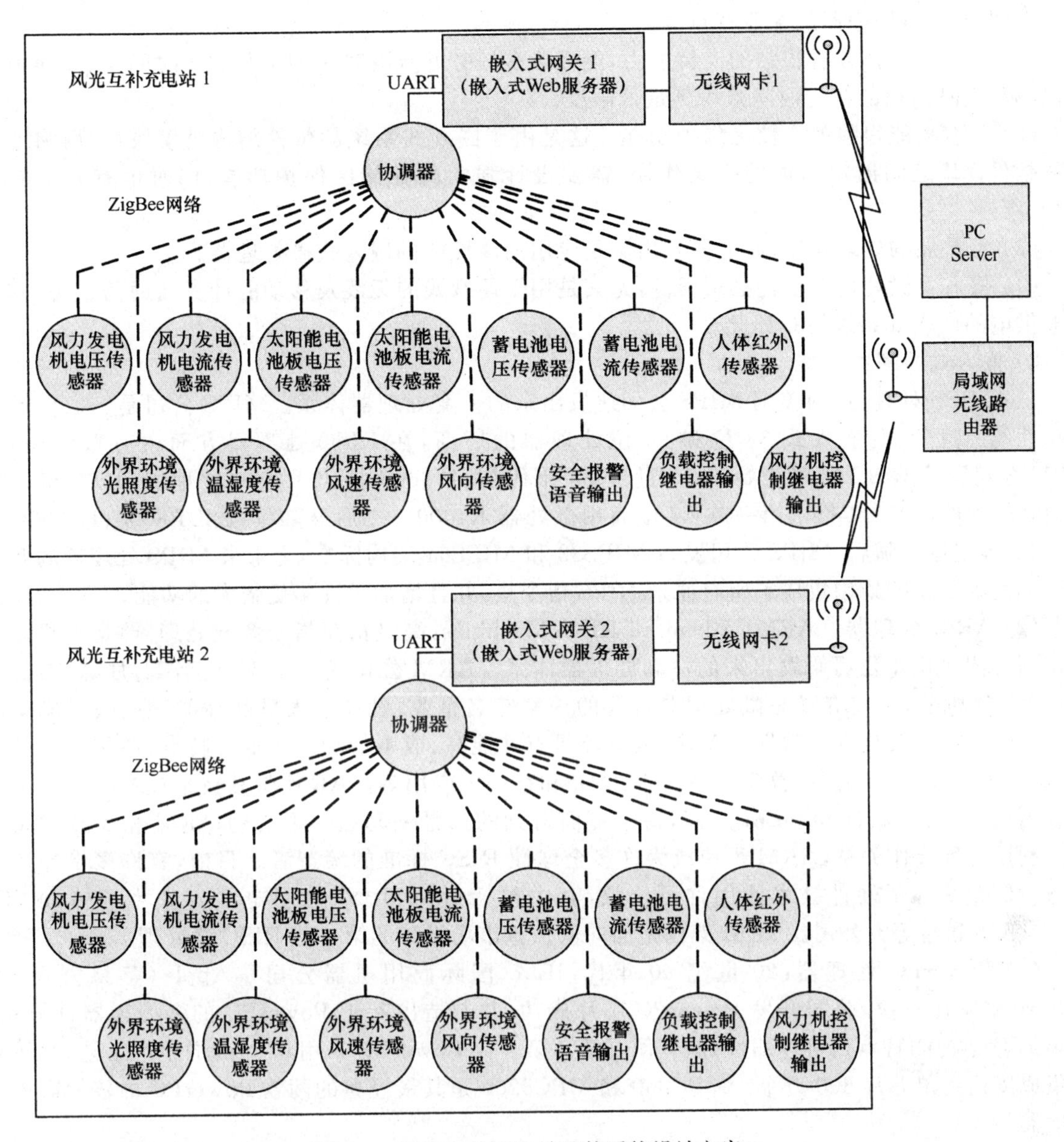

图 4-3　风光互补充电站监控系统设计方案二

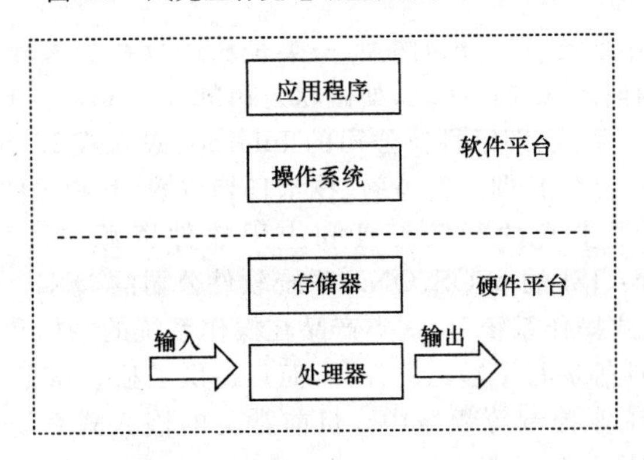

图 4-4　嵌入式系统的一般架构

1）嵌入式微处理器的主要特点

（1）对实时多任务有很强的支持能力，能完成多任务并且有较短的中断响应时间，从而使内部的代码和实时内核的执行时间减少到最低限度。

（2）具有功能很强的存储区保护功能。这是由于嵌入式系统的软件结构已模块化，而为了避免在软件模块之间出现错误的交叉作用，需要设计强大的存储区保护功能，同时也有利于软件诊断。

（3）可扩展的处理器结构，能开发出满足应用的高性能的嵌入式微处理器。

（4）嵌入式微处理器功耗必须很低，尤其是用于便携式的无线及移动的计算和通信设备中，靠电池供电的嵌入式系统更是如此。

2）嵌入式处理器分类

（1）MIPS处理器：由美国MIPS公司研发出来的一套处理器体系。MIPS公司是一家设计制造高性能、高档次及嵌入式32位和64位处理器的厂商，在RISC处理器方面占有重要地位。MIPS公司设计RISC处理器始于20世纪80年代初，1986年推出R2000处理器，1988年推出R3000处理器，1991年推出第一款64位商用微处器R4000。之后又陆续推出R8000、R10000和R12000等型号。随后，MIPS公司发布MIPS32和MIPS64架构标准，为未来MIPS处理器的开发奠定了基础。新的架构集成了所有原来NIPS指令集，并且增加了许多更强大的功能。

（2）ARM处理器。ARM（Advanced RISC Machines，高级精简指令系统处理器）是由只设计内核的英国ARM公司研发出来的一套处理器体系。ARM公司成立于1990年11月，其前身是Acorn计算机公司。ARM是微处理器行业的一家知名企业，设计了大量高性能、廉价、耗能低的RISC处理器、相关技术及软件。ARM处理器具有性能高、成本低和能耗低等特点，适用于多种领域，比如嵌入式控制、消费/教育类多媒体、DSP和移动式应用等。ARM将其技术授权给世界上许多著名的半导体、软件和OEM厂商，每个厂商得到的都是一套独一无二的ARM相关技术及服务。利用这种合作关系，ARM很快成为许多全球性RISC标准的缔造者。目前，有许多半导体公司与ARM签订了硬件技术使用许可协议，其中包括Intel、IBM、三星电子、LG半导体、NEC、SONY和飞利浦等大公司。ARM架构是面向低预算市场设计的第一款RISC微处理器。

（3）PowerPC处理器：20世纪90年代，IBM（国际商用机器公司）、Apple（苹果公司）和Motorola（摩托罗拉）公司开发PowerPC芯片成功，并制造出基于PowerPC的多处理器计算机。PowerPC架构的特点是可伸缩性好、方便灵活。第一代PowerPC采用0.6μm的生产工艺，晶体管的集成度达到单芯片300万个。MPC860和MPC8260是其最经典的两款PowerPC内核的嵌入式处理器。

3）嵌入式操作系统分类

目前流行的嵌入式操作系统可以分为两类：一类是从运行在个人计算机上的操作系统向下移植到嵌入式系统中，形成的嵌入式操作系统，如微软公司的Windows CE、SUN公司（已于2009年被Oracle公司收购）的Java系统、朗讯科技公司的Inferno、嵌入式Linux等。这类系统经过个人计算机或高性能计算机等产品的长期运行考验，技术日趋成熟，其相关的标准和软件开发方式已被用户普遍接受，同时积累了丰富的开发工具和应用软件资源。另一类是实时操作系统，如WindRiver公司的VxWorks、ISI的pSOS、QNX系统软件公司的QNX、ATI的Nucleus、中国科学院凯思集团的Hopen嵌入式操作系统等，这类产品在操作系统的结构和实现上都针对所面向的应用领域，对实时性、高可靠性等进行了精巧的设计，而且提供了独立而完备的系统开发和测试工具，较多地应用在军用产品和工业控制等领域中。目前常见的嵌入式系统有Linux、uClinux、WinCE、PalmOS、Symbian、eCos、uCOS-II、VxWorks、pSOS、Nucleus、ThreadX、Rtems、QNX、INTEGRITY、OSE等。

(1) Linux：在所有的操作系统中，Linux 是一个发展最快、应用最为广泛的操作系统。Linux 本身的种种特性使其成为嵌入式开发中的首选。在进入市场的头两年中，嵌入式 Linux 设计通过广泛应用获得了巨大的成功。随着嵌入式 Linux 的成熟，提供了更小的尺寸和更多类型的处理器支持，并从早期的试用阶段迈进到嵌入式的主流，它抓住了电子消费类设备开发者的想象力。根据 IDC 的报告，Linux 已经成为全球第二大操作系统。嵌入式 Linux 版本还有多种变体。例如，RTLinux 通过改造内核实现了实时的 Linux；RTAI、Kurt 和 Linux/RK 也提供了实时能力；还有 CLinux 去掉了 Linux 的 MMU(内存管理单元)，能够支持没有 MMU 的处理器等。

(2) (C/OS-Ⅱ：(C/OS-Ⅱ是一个典型的实时操作系统。该系统从 1992 年开始发展，目前流行的是第 2 个版本，即(C/OS-Ⅱ。其特点是：公开源代码，代码结构清晰，注释详尽，组织有条理，可移植性好，可裁剪，可固化，抢占式内核，最多可以管理 60 个任务。

(3) Windows CE：Windows CE 是微软的产品，它是从整体上为有限资源的平台设计的多线程、完整优先权、多任务的操作系统。Windows CE 采用模块化设计，并允许它对于从掌上计算机到专用的工控电子设备进行定制。操作系统的基本内核需要至少 200 KB 的 ROM。从 SEGA 的 DreamCast 游戏机到现在大部分的高价掌上计算机都采用了 Windows CE。

(4) VxWorks：VxWorks 是 WindRiver 公司专门为实时嵌入式系统设计开发的操作系统软件，为程序员提供了高效的实时任务调度、中断管理、实时的系统资源以及实时的任务间通信。应用程序员可以将尽可能多的精力放在应用程序本身，而不必再去关心系统资源的管理。该系统主要应用在单板机、数据网络(以太网交换机、路由器)和通信等多方面。

(5) QNX：这也是一款实时操作系统，由加拿大 QNX 软件系统有限公司开发。广泛应用于自动化、控制、机器人科学、电信、数据通信、航空航天、计算机网络系统、医疗仪器设备、交通运输、安全防卫系统、POS 机、零售机等任务关键型应用领域。20 世纪 90 年代后期，QNX 系统在高速增长的因特网终端设备、信息家电及掌上计算机等领域也得到了广泛应用。

嵌入式操作系统的选择是前期设计过程的一项重要工作，这将影响到工程后期的发布以及软件的维护。不管选用什么样的系统，都应该考虑操作系统对硬件的支持。如果选择的系统不支持将来要使用的硬件平台，这个系统就是不合适的；其次，要考虑的是开发调试用的工具，特别是对于开销敏感和技术水平不强的企业来说，开发工具往往在开发过程中起决定性作用；第三要考虑的问题是该系统能否满足应用需求，如果一个操作系统提供出来的 API 很少，那么无论这个系统有多么稳定，应用层很难进行二次开发，这显然也不是开发人员希望看到的。由此可见，选择一款既能满足应用需求，性价比又可达到最佳的实时操作系统，对开发工作的顺利开展意义非常重大。

四、ARM 介绍

ARM 既可以认为是一个公司的名字，也可以认为是对一类微处理器的通称，还可以认为是一种技术的名称。ARM 处理器是一种低功耗、高性能的 32 位 RISC 处理器，ARM 处理器是一个综合体，ARM 公司自身并不制造微处理器，而是由 ARM 的合作伙伴来制造，作为 SOC(System On Chip)的典型应用。

目前，基于 ARM 的处理器以其高速度、低功耗等诸多优异的性能而广泛地应用于无线通信、工业控制、消费类电子、网络产品等领域，并且保持持续增长的势头。采用 RISC 架构的 ARM 微处理器一般具有如下特点：

(1) 体积小、低功耗、低成本、高性能；

(2) 支持 Thumb(16 位)/ARM(32 位)双指令集，能很好地兼容 8 位/16 位器件；

(3) 大量使用寄存器，指令执行速度更快；

(4) 大多数数据操作都在寄存器中完成；

(5) 寻址方式灵活简单，执行效率高；

(6) 指令长度固定。

ARM 微处理器目前包括下面几个系列，每一个系列的 ARM 微处理器都有各自的特点和应用领域。

(1) ARM7 系列：一般包括 ARM7TDMI、ARM7TDMI-S、ARM720T、ARM7EJ 几种内核。ARM7TDMI 是目前使用最广泛的 32 位嵌入式 RISC 处理器之一，主要应用于工业控制、Internet 设备、网络和调制解调器设备、移动电话等多种多媒体和嵌入式应用。

(2) ARM9 系列：包含 ARM920T、ARM922T 和 ARM940T 三种类型，ARM9 系列处理器采用了 5 级流水线，指令执行效率与 ARM7 相比有较大提高，而且带有 MMU 功能，这也是与 ARM7 的重要区别。同时，该系列的处理器支持指令 Cache 和数据 Cache，因而具有更高的数据处理能力，主要应用在无线设备、手持终端、数字照相机等产品上。

(3) ARM9E 系列：包含 ARM926EJ-S、ARM946E-S 和 ARM966E-S 三种类型。主要应用于下一代无线设备、数字消费品、成像设备、工业控制、存储设备和网络设备等领域。

(4) ARM10E 系列：包含 ARM1020E、ARM1022E 和 ARM1026EJ-S 三种类型。主要应用于下一代无线设备、数字消费品、成像设备、工业控制、通信和信息系统等领域。

(5) ARM11 系列：包括 ARM1136J(F)-S、ARM1156T2(F)-S、ARM1176JZ(F)-S，AMR 公司在 2003 年推出了 ARM11 架构的内核，基于 ARM11 内核结构的处理器具有更高的性能，尤其是在多媒体处理能力方面。

(6) Cortex 系列：ARM 公司在经典处理器 ARM11 以后的产品改用 Cortex 命名，并分成 A、R 和 M 三类。属于 ARMv7 架构，这是 ARM 公司最新的指令集架构。ARMv7 架构定义了三大分工明确的系列：A 系列面向尖端的基于虚拟内存的操作系统和用户应用；R 系列针对实时系统；M 系列针对微控制器。本项目中采用 Cortex-A8 系列的处理器 S5PV210。

(7) Intel 的 Xscale：Xscale 处理器是基于 ARMv5TE 架构的解决方案，是一款全性能、高成本效益比、低功耗的处理器。它支持 16 位的 Thumb 指令和 DSP 指令集，已使用在移动电话、个人数字助理和网络产品等场合。

(8) Intel 的 StrongARM：StrongARM SA-1100 处理器是采用 ARM 架构高度整合的 32 位 RISC 微处理器。它融合了 Intel 公司的设计和处理技术以及 ARM 架构的电源效率，采用在软件上相容 ARMv4 架构、同时采用具有 Intel 技术优点的架构。Intel StrongARM 处理器是便携型通信产品和消费类电子产品的理想选择，已成功应用于多家公司的掌上计算机系列。

五、嵌入式 Linux 介绍

1. ARM 与 Linux

在 32 位 RISC 处理器领域，基于 ARM 的结构体系在嵌入式系统中发挥了重要作用，ARM 处理器和嵌入式 Linux 的结合也正变得越来越紧密，并在嵌入式领域得到了广泛应用。早在 1994 年，Linux 就可在 ARM 架构上运行，但那时 Linux 并没有在嵌入式系统中得到太多应用。目前，上述状况已经出现巨大变化，包括便携式消费类电子产品、网络、无线设备、汽车、医疗和存储产品在内，都可以看到 ARM 与 Linux 相结合的情况。Linux 之所以能在嵌入式市场上取得如此辉煌的成就，与其自身的优秀特性是分不开的。

Linux 具有诸多内在优点，非常适合于嵌入式操作系统。

(1) Linux 的内核精简而高效，针对不同的实际需求，可将内核功能进行适当剪裁。Linux 内核可以小到 100 KB 以下，减少了对硬件资源的消耗。

(2) Linux 诞生之日就与网络密不可分，它本身就是一款优秀的网络操作系统，Linux 具有完善的网络性能，并且具有多种网络服务程序，而操作系统具备网络特性是很重要的。

（3）Linux的可移植性强，方便移植到许多硬件平台，其模块化的特点也便于开发人员进行删减和修改。同时，Linux还具有一系列优秀的开发工具，嵌入式Linux为开发者提供了一整套的工具链，能够很方便地实现从操作系统内核到用户应用软件各个级别的调试。

（4）Linux源码开放，软件资源丰富，可以支持多种硬件平台，如x86、ARM、MIPS等，目前已经成功移植到数十种硬件平台之上，几乎包括所有流行的CPU架构。同时，Linux有着非常完善的驱动资源，支持各种主流硬件设备，所有这些都促进了Linux在嵌入式领域广泛的应用。

2. Linux的发展

Linux由一名大学生Linus Torvalds在1991年开发。Linus Torvalds将他写的操作系统源代码放在了Internet上，受到很多计算机爱好者的热烈欢迎，并且这些计算机爱好者不断地添加新的功能和特性，不断提高它的稳定性。1994年，Linux 1.0正式发布。现在，Linux已经成为一个功能超强的32位操作系统。Linux为嵌入操作系统提供了一个极具吸引力的选择，它与UNIX相似，是以核心为基础、完全内存保护、多任务多进程的操作系统。它支持广泛的计算机硬件，包括x86、Alpha、Sparc、MIPS、PPC、ARM、NEC、MOTOROLA等现有的大部分芯片。其源代码全部公开，任何人可以修改并在GNU通用公共许可证（General Public License，GPL）下发行，这样开发人员可以对操作系统进行定制。同时，由于有GPL的控制，大家开发的技术大都相互兼容，不会走向分裂之路。Linux用户遇到问题时可以通过Internet向成千上万的Linux开发者请教，这使得最困难的问题也有办法解决。Linux带有UNIX用户熟悉的完善的开发工具，几乎所有的UNIX系统的应用软件都已移植到了Linux上。Linux还提供了强大的网络功能，有多种可选择窗口管理器（X window）。其强大的语言编译器gcc、g++等也可以很容易得到，不但成熟完善、而且使用方便。

3. Linux开发环境

通用计算机可以直接安装发行版的Linux操作系统，使用编辑器、编译器等工具为本机开发软件，甚至可以完成整个Linux系统的升级。嵌入式系统的硬件一般有很大的局限性，或者处理器频率很低，或者存储空间很小，或者没有键盘、鼠标设备。这样的硬件平台无法胜任庞大的Linux系统开发任务。因此，开发者提出了交叉开发环境模型。交叉开发环境是由开发主机和目标板两套计算机系统构成的。目标板Linux软件是在开发主机上编辑、编译，然后加载到目标板上运行的。为了方便Linux内核和应用程序软件的开发，还要借助各种链接手段。常见的Linux开发环境有以下3种组合方式：

1）Windows操作系统＋Cygwin工具

Cygwin于1995年开始开发，是Cygnus Solutions公司（已经被Red Hat公司收购）的产品。Cygwin是一个Windows平台下的Linux模拟环境。它包括一个DLL（cygwin1.dll），这个DLL为POSIX系统提供接口调用的模拟层，还有一系列模拟Linux平台的工具。Cygwin的DLL可用于Windonws 95之后的x86系列Windows上。其API竭尽模拟单个UNIX和Linux的规范。另外，Cygwin和Linux之间的重要区别一是C函数库的不同，前者用newlib，而后者用的是glibc；二是shell不同，前者用ash，而在大多数Linux发行版上用的是bash。Windows＋Cygwin组合的开发方式非常适合初学者使用。

2）Windows操作系统＋VMware工具＋Linux操作系统

VMware是一个“虚拟机”软件。它使你可以在一台计算机上同时运行2个或更多的操作系统，比如Windows 2000/NT/XP、DOS、Linux系统。与“多启动”系统相比，VMware采用了完全不同的概念。多启动系统在一个时刻只能运行一个系统，在系统切换时需要重新启动计算机。VMware可“同时”运行多个操作系统在主系统的平台上，就像Word/Excel在Windows应用程序中切换。Windows＋VMware这种组合对于实际开发应用来说比较广泛，因为在VMware工具中可以安装Linux系统，可以完全实现Linux系统的开发。几乎和在真正的Linux系统下开发没有什么区别，并且其最大的好处是在Linux系统和Windows系统之间的切换非常方便。

3) Linux操作系统＋自带的开发工具

这种组合是最完整和最权威的Linux系统开发方式，不过对于习惯Windows系统的Linux初学者来说比较困难，因为Linux下的许多操作都是基于命令行的，所以需要记住常用的命令，并且与Windows系统下的文件共享比较困难。一般常用的Linux系统有RedHat、红旗Linux等。

六、嵌入式Linux系统开发

1. 嵌入式Linux开发流程

嵌入式Linux开发就是构建一个Linux系统，这需要熟悉Linux系统的组成部分，熟悉Linux开发工具，还要熟悉Linux编程。

在专用的嵌入式控制板运行GNU/Linux系统已经变得越来越流行。一个嵌入式Linux系统从软件的角度看通常可以分为4个层次：

(1) 引导加载程序：包括固化在固件(Firmware)中的boot代码和BootLoader两大部分。

(2) Linux内核：特定于嵌入式控制板的定制内核以及内核的启动参数。

(3) 文件系统：包括根文件系统和建立于Flash内存设备之上文件系统。

(4) 用户应用程序：特定于用户的应用程序，有时在用户应用程序和内核层之间可能还会包括一个嵌入式图形用户界面。

典型的嵌入式Linux系统开发包括7个步骤：

(1) 建立开发环境。操作系统采用Ubuntu10.10，选择定制安装或全部安装，通过网络下载相应的GCC交叉编译器进行安装(例如arm-linux-gcc、arm-uclibc-gcc)，或者安装产品厂家提供的交叉编译器。

(2) 配置开发主机。配置MINICOM，一般参数为波特率115 200Bd，数据位8位，停止位1位，无奇偶校验，软硬件控制流设为无。在Windows下的超级终端配置也是这样。MINICOM软件的作用是作为调试嵌入式开发板信息输出的监视器和键盘输入的工具。

(3) 配置网络。主要是配置NFS网络文件系统，需要关闭防火墙，简化嵌入式网络调试环境设置过程。

(4) 建立引导装载程序BootLoader。从网络上下载一些公开源代码的BootLoader，如U-Boot、BLOB、VIVI、LILO、ARM-Boot、Redboot等，根据自己的具体芯片进行移植修改。有些芯片没有内置引导装载程序，比如三星的ARM7、ARM9系列芯片，这样就需要编写Flash的烧写程序，网络上有免费下载的Windows下通过JTAG并口简易仿真器烧写ARM外围Flash芯片的程序，也有Linux下公开源代码的J-Flash程序。如果不能烧写自己的开发板，就需要根据自己的具体电路进行源代码修改，这是让系统可以正常运行的第一步。

(5) 建立根文件系统。从www.busybox.net下载使用BusyBox软件进行功能裁减，产生一个最基本的根文件系统，再根据自己的应用需要添加其他程序。默认的启动脚本一般都不会符合应用的需要，所以就要修改根文件系统中的启动脚本，它的存放位置位于/etc目录下，包括/etc/init.d/rc.S、/etc/profile、/etc/.profile等，自动挂装文件系统的配置文件/etc/fstab，具体情况会随系统不同而不同。根文件系统在嵌入式系统中一般设为只读，需要使用mkcramfs、genromfs等工具产生烧写映像文件。建立应用程序的Flash磁盘分区，一般使用JFFS2或YAFFS文件系统，这需要在内核中提供这些文件系统的驱动程序，有的系统使用一个线性Flash(NOR型)512 KB～32 MB，有的系统使用非线性Flash(NAND型)8～512 MB，有的两个同时使用，需要根据应用规划

Flash 的分区方案。

(6) 开发应用程序。应用程序可以下载到根文件系统中，也可以放入 YAFFS、JFFS2 文件系统中，有的应用程序不使用根文件系统，而是直接将应用程序和内核设计在一起，这有点类似于 μC/OS-Ⅱ的方式。

(7) 烧写内核、根文件系统以及应用程序。

(8) 发布产品。

2. BootLoader

1) BootLoader 的概念

引导加载程序是系统加电后运行的第一段软件代码。人们熟悉的 PC 中的引导加载程序由 BIOS(其本质就是一段固件程序)和位于硬盘 MBR 中的 OS BootLoader(比如 LILO 和 GRUB 等)一起组成。BIOS 在完成硬件检测和资源分配后，将硬盘 MBR 中的 OS BootLoader 读到系统的 RAM 中，然后将控制权交给 OS BootLoader。OS BootLoader 的主要运行任务就是将内核映像从硬盘上读到 RAM 中，然后跳转到内核的入口点去运行，即开始启动操作系统。

在嵌入式系统中，通常并没有像 BIOS 那样的固件程序(注：有的嵌入式 CPU 也会内嵌一段短小的启动程序)，因此整个系统的加载启动任务就完全由 BootLoader 来完成。例如，在一个基于 ARM920T core 的嵌入式系统中，系统在上电或复位时通常都从地址 0x00000000 处开始执行，而在这个地址处安排的通常就是系统的 BootLoader 程序。

简单地说，BootLoader 就是在操作系统内核运行之前运行的一段小程序。通过这段小程序，可以初始化硬件设备、建立内存空间的映射图，从而将系统的软硬件环境带到一个合适的状态，以便为最终调用操作系统内核准备好正确的环境。

2) BootLoader 的工作模式

每种不同的 CPU 体系结构都有不同的 BootLoader。BootLoader 不但依赖于 CPU 的体系结构，也依赖于具体的嵌入式板级设备的配置，例如板卡的硬件地址分配、RAM 芯片的类型、其他外设的类型等。也就是说，对于两块不同的嵌入式板而言，即使它们是基于同一种 CPU 而构建的，如果它们的硬件资源和配置不一致，要想让运行在一块板子上的 BootLoader 程序也能运行在另一块板子上，还需要作一些必要的修改。

(1) 启动加载(Boot loading)模式。这种模式也称为"自主"(Autonomous)模式，即 BootLoader 从目标机上的某个固态存储设备上将操作系统加载到 RAM 中运行，整个过程并没有用户的介入。这种模式是 BootLoader 的正常工作模式，因此在嵌入式产品发布的时候，BootLoader 显然必须工作在这种模式下。

(2) 下载(Down loading)模式。在这种模式下，开发人员可以使用各种命令，通过串口连接或网络连接等通信手段从主机下载文件。例如，下载应用程序、数据文件、内核映像等。从主机下载的文件通常首先被 BootLoader 保存到目标机的 RAM 中，然后再被 BootLoader 写到目标机上的固态存储设备中。BootLoader 的这种模式通常在系统更新时使用。工作于这种模式下的 BootLoader 通常都会向它的终端用户提供一个简单的命令行接口。

3) 嵌入式系统分区结构

从嵌入式软件开发的层次划分来看，BootLoader 位于开发的最底层，其工作的顺利与否直接影响到系统其他层次(kernel、root、应用程序)的正常工作。因此，在嵌入式系统的固态存储设备上会有相应的分区来存储、管理它们。图 4-5 所示为一个典型的嵌入式系统分区结构。

(1) Bootloader：一般放在 Flash 的底端或者顶端，这要根据处理器的复位向量设置。要使 Bootloader 的入口位于处理器上电执行第一条指令的位置。

(2) Parameters：存放一些内核启动需要的参数(例如 IP 地址、文件系统位置、默认控制台等)；

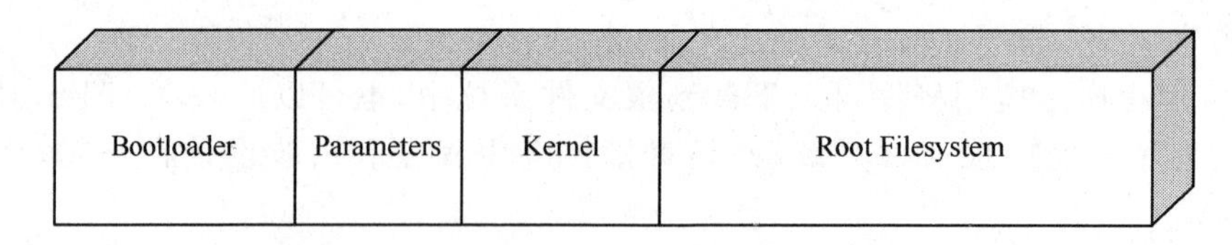

图 4-5　嵌入式 Linux 系统中的典型分区结构

(3) Kernel：Bootloader 引导 Linux 内核，就是要从这个地方把内核映像解压到 RAM 中去，然后跳转到内核映像入口执行。

(4) root filesystem：根文件系统区，常用格式有 yaffs、jffs2、cramfs 等。

最后还可以分出一些数据区，以 yaffs2、jffs2 等其他格式挂载到根文件系统下对应的目录中，这要根据实际需要和 Flash 大小来确定。

4) BootLoader 启动的两个阶段

Bootloader 的启动过程可以分为单阶段(Single Stage)、多阶段(Multi-Stage)两种。通常多阶段的 Bootloader 能提供更为复杂的功能，以及更好的可移植性。从固态存储设备上启动的 Bootloader 大多都是两阶段的启动过程。

第一阶段使用汇编来实现，它完成一些依赖于 CPU 体系结构的初始化，并调用第二阶段的代码。第二阶段则通常使用 C 语言来实现，这样可以实现更复杂的功能，而且代码会有更好的可读性和可移植性。

5) 常用 BootLoader 介绍

(1) Blob：Blob 是 Boot Loader Object 的缩写，是一款功能强大的 BootLoader。Blob 最初是由 Jan-DerkBakker 和 Erik Mouw 两人为一块名为 LART(Linux Advanced Radio Terminal)的开发板写的，该板使用的处理器是 StrongARM SA-1100。现在 Blob 已经被成功地移植到许多基于 ARM 的 CPU 上。Blob 功能比较齐全，代码较少，比较适合做修改移植，用来引导 Linux。目前，大部分 S3C44B0 板都用移植的 Blob 来加载 uClinux。

(2) RedBoot：RedBoot 是一个专门为嵌入式系统定制的引导启动工具，最初由 Redhat 开发，它是基于 eCos(Embedded Configurable Operating System)的硬件抽象层，同时它继承了 eCos 的高可靠性、简洁性、可配置性和可移植性等特点。RedBoot 支持下载和调试应用程序，开发板可以通过 BOOTP/DHCP 协议动态配置 IP 地址，支持跨网段访问。用户可以通过 tftp 协议下载应用程序和 image，或者通过串口用 x-modem/y-modem 下载。RedBoot 支持用 GDB(the GNU Debugger)通过串口或者网卡调试嵌入式程序，可对 gcc 编译的程序进行源代码级的调试。

(3) uboot：全称为 Universal Boot Loader，即通用 Bootloader，是遵循 GPL 条款的开放源代码项目。其前身是由德国 DENX 软件工程中心的 Wolfgang Denk 基于 8xxROM 的源码创建的 PPCBOOT 工程。后来整理代码结构使得非常容易增加其他类型的开发板、其他架构的 CPU(原来只支持 PowerPC)；增加更多的功能，比如启动 Linux、下载 S-Record 格式的文件、通过网络启动、通过 PCMCIA/CompactFLash/ATA disk/SCSI 等方式启动。增加 ARM 架构 CPU 及其他更多 CPU 的支持后，改名为 U-Boot。

(4) vivi。vivi 是 Mizi 公司针对三星公司的 ARM 架构 CPU 专门设计的，基本上可以直接使用，命令简单方便，其配置原理与编译过程与 Linux 非常相似，通过对其源码的分析可以加深对 Linux 配置过程的理解。不过其初始版本只支持串口下载，速度较慢。在网上出现了各种改进版本：支持网络功能、USB 功能、烧写 YAFFS 文件系统映像等。

6) uboot 的制作

(1) 将 src-uboot-smdkv210-r37.tar.gz 压缩包复制到 Ubuntu 虚拟机中，可将压缩包复制到主

目录下一个名为 source 的文件夹中，如图 4-6 所示。

图 4-6 复制 uboot 源码到 Ubuntu 虚拟机

(2) 在 Ubuntu 中打开终端，并进入到 src-uboot-smdkv210-r37. tar. gz 压缩包所在的路径，在该路径下执行 tar xf src-uboot-smdkv210-r37. tar. gz 将压缩包解压，如图 4-7 所示。

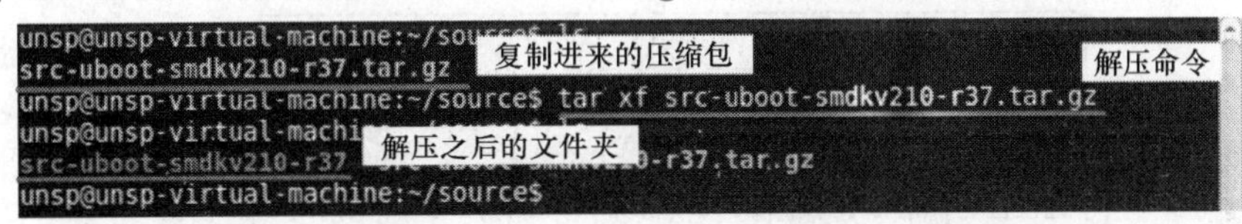

图 4-7 解压 uboot 源码

(3) 使用 cd src-uboot-smdkv210-r37 命令，进入到解压之后的文件夹内。

(4) 执行命令 make smdkv210single_config，对 uboot 源码进行配置，看到“Configuring for smdkv210single board...”，表示配置完成，如图 4-8 所示。

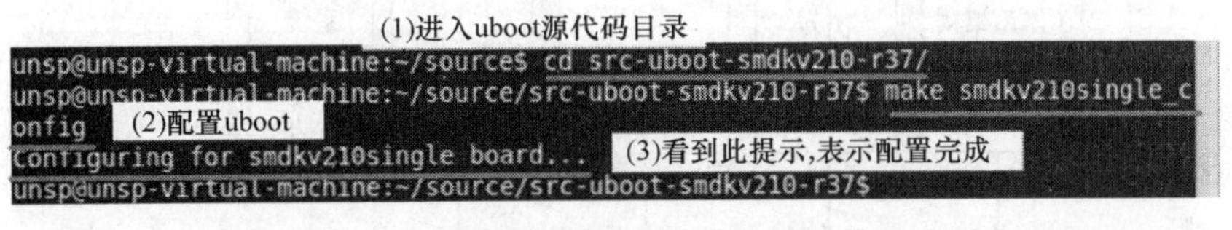

图 4-8 配置 uboot

(5) 执行 make 命令，即可启动编译过程，如图 4-9 所示。

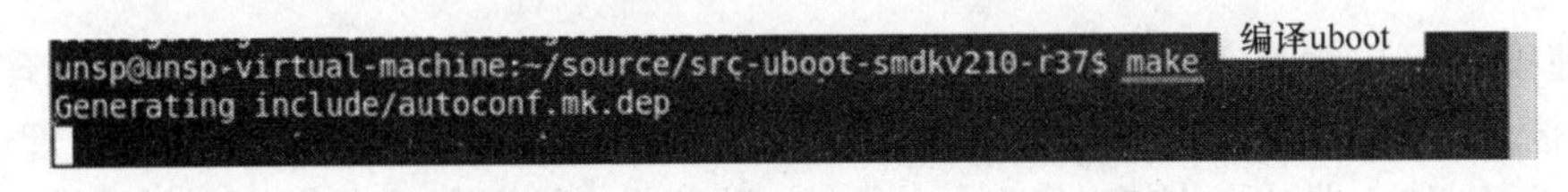

图 4-9 编译 uboot

(6) 等待编译完成，如图 4-10 所示。

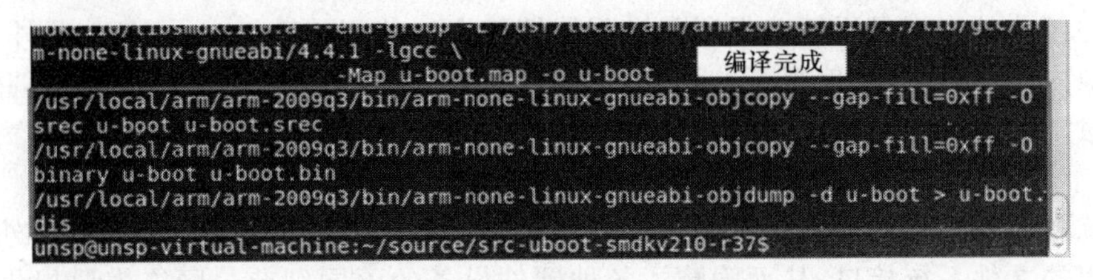

图 4-10 uboot 编译完成

(7) 在 uboot 源码文件夹中，可以找到一个名为 u-boot. bin 的文件，它即为需要烧写到核心板内的 uboot 镜像文件，如图 4-11 所示。

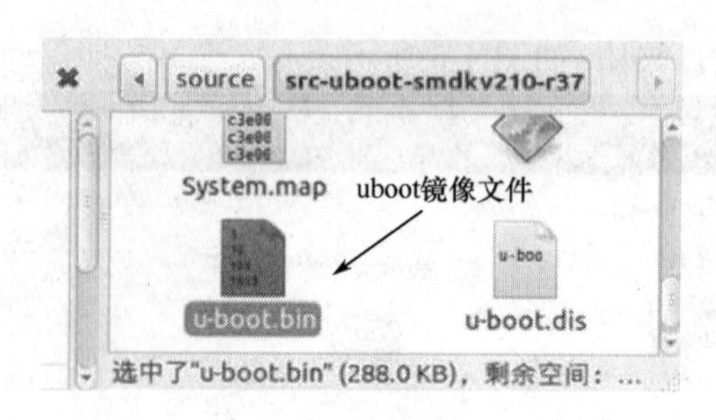

图 4-11　uboot 镜像

3. Linux 内核

1）Linux 内核简介

Linux 内核是 Linux 系统的心脏，它实现了操作系统的五大主要功能模块：进程管理、内存管理、文件系统、设备控制和网络。Linux 内核的功能模块如图 4-12 所示。

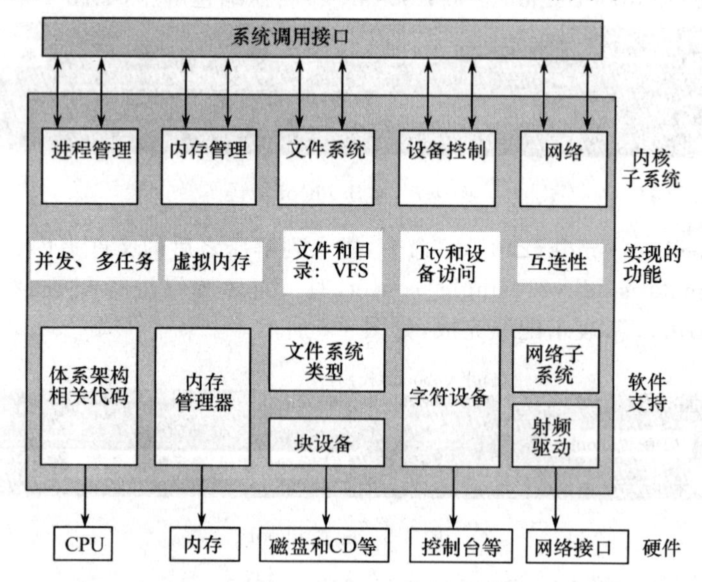

图 4-12　Linux 内核的功能模块

进程管理模块可以说是 Linux 内核的心脏模块，它负责创建和终止进程，并且处理它们和外部世界的联系(输入和输出)。对整个系统功能来讲，不同进程之间的通信(通过信号、管道、进程间通信原语)是基本的，这也是由内核来处理的。另外，调度器应该是整个操作系统中最关键的例程，是进程管理中的一部分。更广义地说，内核的进程管理活动实现了在一个 CPU 上多个进程的抽象概念。

内存管理模块的作用是用于确保所有进程能够安全地共享计算机主内存区，此外，内存管理模块还支持虚拟内存管理方式，使得 Linux 支持进程使用比实际内存空间更多的内存，并可以利用文件系统把暂时不用的内存数据块交换到外部存储设备中，等需要时再交换回来，这样大大提高了内存使用效率，节省了内存空间。

文件系统模块用于支持对外围设备的驱动和存储，虚拟文件系统通过向所有的外围存储设备提供一个通用的文件系统接口，从而隐藏了各种硬件设备的不同细节。网络模块提供对多种网络通信标准的访问，并支持许多网络硬件设备。

2）获得内核源码

登录 Linux 内核官方网站 www. kernel. org，可以下载到 Linux 各个版本的源代码。下面以

Linux-2.6.32 为例介绍 Linux 的结构。

3）内核源码结构

Linux 内核源码文件数将近 2 万，除去其他架构 CPU，支持特定芯片的完整内核文件有 1 万多个。这些文件的组织结构并不复杂，它们分别位于顶层目录下的 12 个子目录，各个目录功能独立。

4）Linux 内核的基本移植与配置

（1）将 src-kernel-smdkv210-r35.tar.gz 压缩包复制到 Ubuntu 虚拟机中，将压缩包复制到主目录下一个名为 source 的文件夹中，如图 4-13 所示。

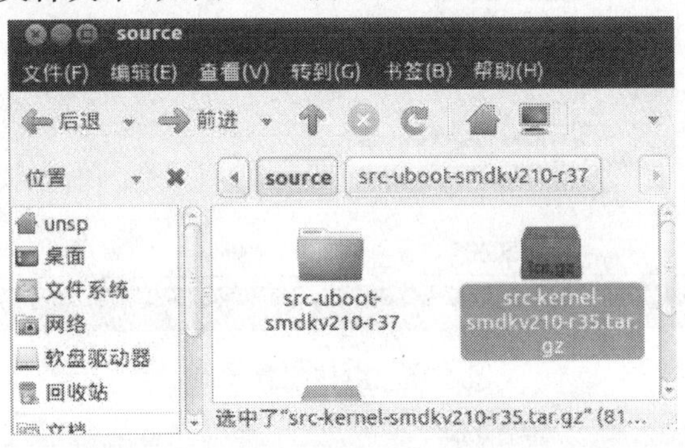

图 4-13　复制内核源码到 Ubuntu 虚拟机

（2）在 Ubuntu 中打开终端，并进入到 src-kernel-smdkv210-r35.tar.gz 压缩包所在的路径，在该路径下执行 tar xf src-kernel-smdkv210-r35.tar.gz 将压缩包解压，如图 4-14 所示。

```
un[复制进来的内核源码]hine:~/source$ ls
src-kernel-smdkv210-r35.tar.gz  src-uboot-smdkv210-r37.tar.gz
src-uboot-smdkv210-r37                                [解压命令]
unsp@unsp-virtual-machine:~/source$ tar xf src-kernel-smdkv210-r35.tar.gz
unsp@unsp-virtual-machine:~/source$ ls
src-kernel-smdkv210-r35  [解压后的文件夹]t-smdkv210-r37
src-kernel-smdkv210-r35.tar.gz  src-uboot-smdkv210-r37.tar.gz
unsp@unsp-virtual-machine:~/source$
```

图 4-14　解压内核源码

（3）使用 cd src-kernel-smdkv210-r35 命令，进入到解压之后的文件夹内。

（4）执行命令 make smdkv210single_config，对 uboot 源码进行配置，看到"Configuring forsmdkv210single board..."，表示配置完成，配置完成后的界面如图 4-15 所示。

图 4-15　为内核装载默认配置文件

（5）执行 make menuconfig 命令，进入内核配置界面，如图 4-16 所示。

（6）根据需要可以使用键盘的上下左右键，以及 Enter 键来调整某些配置选项，完成后，将光标移动至 Exit 按钮，并按 Enter 键，即可退回到终端，如图 4-17 所示。

（7）回到终端下，执行 make 命令，等待编译完成。

（8）编译完成后，在内核源码目录下的 arch/arm/boot 目录下，可以找到一个名为 zImage 的文件，即需要烧写到核心板内的内核镜像文件，如图 4-18 所示。

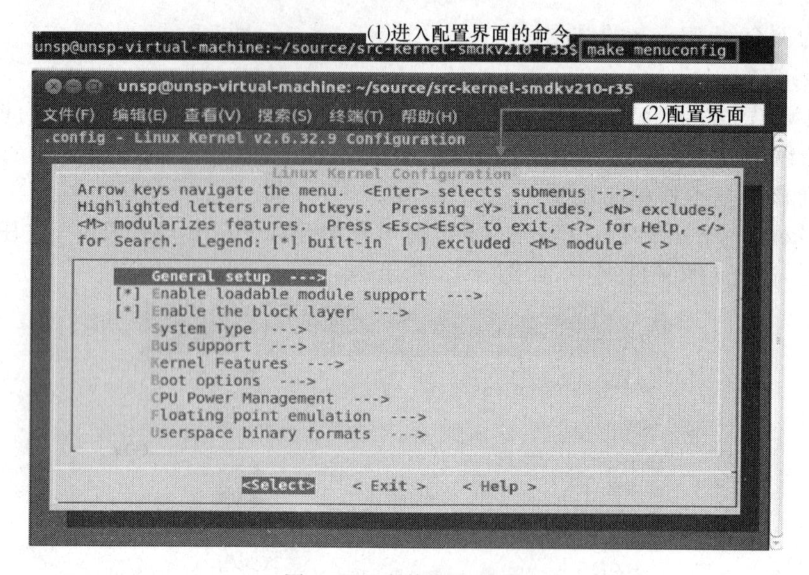

图 4-16 内核配置界面

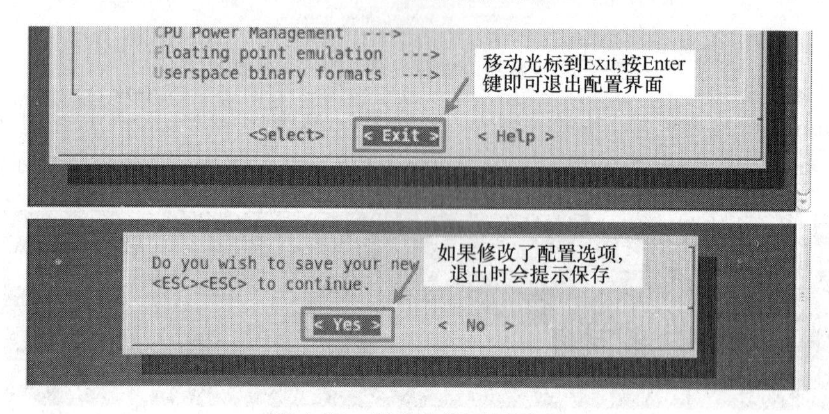

图 4-17 退出内核配置界面

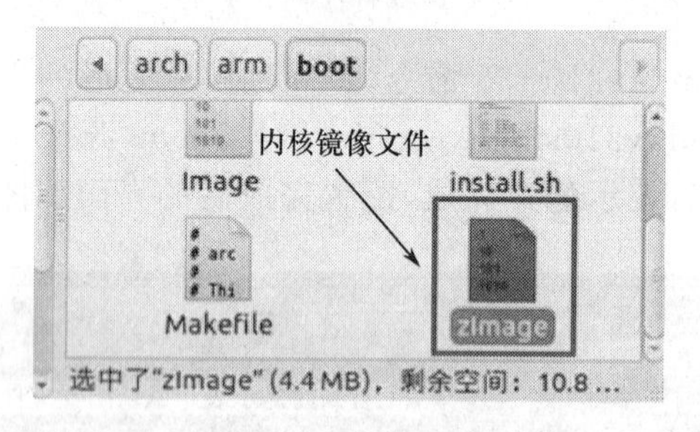

图 4-18 内核镜像

4. Linux 的文件系统

1) Linux 文件系统概述

(1) 文件系统的概念。文件系统是操作系统的重要组成部分,是指操作系统中负责管理和存储文件信息的软件组件。在计算机系统中,要用到大量的程序和数据,它们以文件的形式存放在外存中,需要时可随时将它们调入内存。

如果由用户直接管理外存上的文件,不仅要求用户熟悉外存特性,了解各种文件的属性,以及它们在外存上的位置,而且在多用户环境下,还必须能保证数据的安全性和一致性。显然,这是用户不能胜任也不愿意承担的工作。为了解决文件管理的问题，在操作系统中出现了文件系统，负责管理在外存上的文件，并把对文件的存取、共享和保护等手段提供给操作系统和用户。这不仅方便了用户，保证了文件的安全性，还有效地提高了系统资源的利用率。

(2) Linux 文件系统的特点。类似于 Windows 下的 C、D、E 等各个盘，Linux 系统也可以将磁盘、Flash 等存储设备划分为若干个分区，在不同的分区存放不同类别的文件。与 Windows 的 C 盘类似，Linux 一样要在一个分区上存放系统启动所必需的文件，例如内核镜像文件(在嵌入式系统中，内核一般要单独放在一个分区中)、内核启动后运行的第一个程序(init)、给用户提供操作界面的 shell 程序，应用程序所依赖的库等。这些必需、基本的文件合称为根文件系统，它们存放在一个分区中。Linux 系统启动后首先挂载这个分区，称为挂载(mount)根文件系统。

Linux 上并没有 C、D、E、F 等盘符的概念，它以树状结构管理所有目录、文件，其他分区挂载在某个目录上，这个目录被称为挂载点或安装点，然后就可以通过这个目录来访问这个分区上的文件。例如，根文件系统被挂载在根目录"/"上后，在根目录下，就有根文件系统的各个目录、文件：/mnt/sbin/mnt 等，再将其他分区挂载到到/mnt 目录上，/mnt 目录下就有这个分区的各个目录和文件了。在一个分区上存储文件时，需要遵循一定的格式，这个格式称为文件系统类型，比如 fat16、fat32、ntfs、ext2、ext3、jffs2、yaffs 等。

2) 嵌入式 Linux 文件系统架构简介

Linux 支持多种文件系统，包括 ext2、ext3、vfat、ntfs、iso9660、jffs、romfs 和 nfs 等，为了对各类文件系统进行统一管理，Linux 引入了虚拟文件系统(Virtual FileSystem，VFS)，为各类文件系统提供一个统一的操作界面和应用编程接口。Linux 下的文件系统结构如图 4-19 所示。

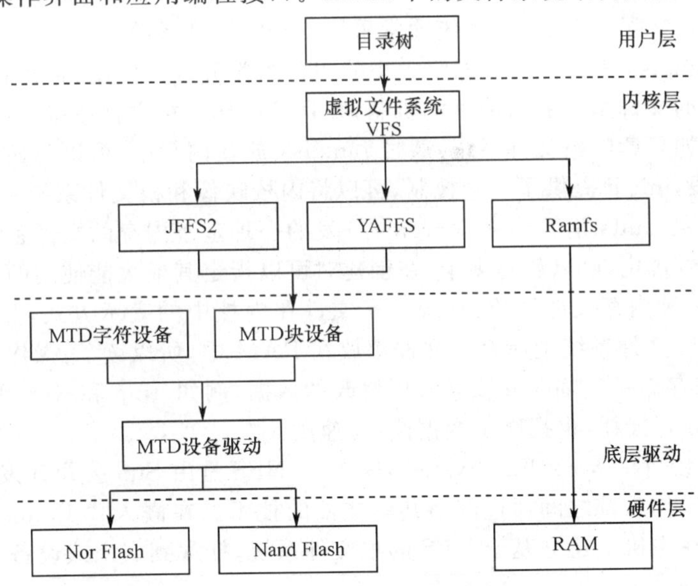

图 4-19 Linux 文件系统结构

文件系统根据不同的原则可以分为不同的类型，下面主要从启动顺序与存储设备类型来划分不同类别的文件系统。Linux 启动时，第一个挂载的系统称为根文件系统，根文件系统主要存放系统启动所必需的应用程序、启动脚本、库文件等；若系统不能从指定设备上挂载根文件系统，则系统会出错而退出启动。常见的根文件系统有 jffs2、yaffs、yaffs2、cramfs 等，也可通过网络直接挂载根文件系统。系统启动之后可以自动或手动挂载其他的文件系统，用来组织存储设备上的文件与目录。常用的文件系统有 ext2、ext3、yaffs、ramfs、tmpfs 等，一个系统中可以同时存在不同的文件系统。

在嵌入式 Linux 应用中，主要的存储设备为 RAM(DRAM、SDRAM)和 ROM(常采用 Flash 存储器)，常用的基于存储设备的文件系统类型包括 jffs2、cramfs、romfs、ramdisk 等。

3) 基于 Flash 的文件系统

Flash(闪存)作为嵌入式系统的主要存储媒介，其擦写次数是有限的，因此必须针对 Flash 的硬件特性设计符合应用要求的文件系统。下面介绍几种常用的基于 Flash 的文件系统。

(1) jffs2：jffs2 文件系统最早是由瑞典 Axis Communications 公司基于 Linux 2.0 的内核为嵌入式系统开发的文件系统。jffs2 是 RedHat 公司基于 JFFS 开发的闪存文件系统，最初是针对 RedHat 公司的嵌入式产品 eCos 开发的嵌入式文件系统，所以 jffs2 也可以用在 Linux、uCLinux 中。

(2) yaffs：yaffs/yaffs2 是专为嵌入式系统使用 NAND 型闪存而设计的一种日志型文件系统。与 jffs2 相比，它减少了一些功能(例如不支持数据压缩)，所以速度更快，挂载时间很短，对内存的占用较小。另外，它还是跨平台的文件系统，除了 Linux 和 eCos，还支持 WinCE、pSOS 和 ThreadX 等。

(3) cramfs：cramfs 是 Linux 的创始人 Linus Torvalds 参与开发的一种只读的压缩文件系统，它也基于 MTD 驱动程序。在 cramfs 文件系统中，每一页(4 KB)被单独压缩，可以随机进行页访问，其压缩比高达 2∶1，为嵌入式系统节省大量的 Flash 存储空间，使系统可通过更低容量的 Flash 存储相同的文件，从而降低系统成本。

(4) romfs：传统型的 romfs 文件系统是一种简单的、紧凑的、只读的文件系统，不支持动态擦写保存，按顺序存放数据，因而支持应用程序以 XIP(eXecute In Place，片内运行)方式运行。在系统运行时，节省 RAM 空间。uClinux 系统通常采用 romfs 文件系统。

(5) ramdisk：ramdisk 是将一部分固定大小的内存当作分区来使用，它并非一个实际的文件系统，而是一种将实际的文件系统装入内存的机制，并且可以作为根文件系统。将一些经常被访问而又不会更改的文件(如只读的根文件系统)通过 ramdisk 放在内存中，可以明显地提高系统的性能。在 Linux 的启动阶段，initrd 提供了一套机制，可以将内核映像和根文件系统一起载入内存。

(6) ramfs/tmpfs：ramfs 是 Linus Torvalds 开发的一种基于内存的文件系统，工作于虚拟文件系统(VFS)层，不能格式化，可以创建多个，在创建时可以指定其最大能使用的内存大小。实际上，VFS 本质上可看成一种内存文件系统，它统一了文件在内核中的表示方式，并对磁盘文件系统进行缓冲。ramfs/tmpfs 文件系统把所有的文件都放在 RAM 中，所以读/写操作发生在 RAM 中，可以用 ramfs/tmpfs 来存储一些临时性或经常要修改的数据，例如/tmp 和/var 目录。这样既避免了对 Flash 存储器的读/写损耗，也提高了数据读/写速度。

(7) 网络文件系统(Network File System，NFS)。NFS 是由 Sun 公司开发并发展起来的一项在不同计算机、不同操作系统之间通过网络共享文件的技术。在嵌入式 Linux 系统的开发调试阶段，可以利用该技术在主机上建立基于 NFS 的根文件系统，挂载到嵌入式设备，可以很方便地修改根文件系统的内容。

4) Linux 文件系统的目录结构

前面介绍过，Linux 和 UNIX 的文件系统是一个以“/”为根的阶层式的树状文件结构，“/”因此被称为根目录。所有的文件和目录都置于根目录“/”之下。根目录“/”下面有/bin、/home、/usr 等子目录。下面依次介绍这几个目录的作用：

(1) /根目录：Linux 中所有的目录及文件都位于根目录下，可以说是所有目录的父目录。

(2) /home 目录：用户目录，所有的用户都用此空间。对于每一个普通用户，都有一个以用户名命名的子目录，里面存放相关的配置文件。

(3) /bin 目录：该目录下存放所有用户(包括系统管理员和一般用户)都可以使用的基本的命

令，这些命令在挂载其他文件系统之前就可以使用，所以/bin目录必须和根文件系统在同一个分区中。不是急迫需要的系统命令可以放在/usr/bin目录下，由用户后来安装的系统命令存放在/usr/local/bin目录下。/bin目录下常用的命令有umount、mkdir等。

（4）/sbin目录：存放系统管理所需要的命令，只有系统管理员能够使用，不是急迫需要的系统命令可以放在/usr/sbin目录下，由用户后来安装的系统命令存放在/usr/local/sbin目录下。/sbin目录下常用的命令有shutdown、reboot、fdisk、fsck等。

（5）/dev目录：该目录下存放的是设备文件，在Linux下以文件的方式访问各种外设，即通过读/写某个设备文件操作某个具体硬件。例如，通过"/dev/ttyS0"文件可以操作串口0。

（6）/etc目录：如表4-1所示，该目录下主要存放各种配置文件。

表4-1 etc目录结构

文件/文件夹	作用说明
/etc/rc /etc/rc.d	系统的所有配置文件都存放在此目录中 启动或改变运行级时运行的脚本或脚本目录
/etc/fstab	启动时执行mout-a命令时自动挂载的文件系统列表
/etc/inittab	init进程的配置文件
/etc/passwd	用户数据库，其中的域给出了用户名、真实姓名、根目录、加密密码和用户的其他信息
/etc/group	类似/etc/passwd，不过它描述的组信息而非用户信息
/etc/shadow	在安装了影子密码软件的系统上的影子密码文件 影子密码文件将/etc/passwd文件中的加密密码移动到此文件中，而后者只对root可读，可以提供破译难度
/etc/mtab	当前安装的文件系统列表 由scripts初始化，并由mount命令自动更新

（7）/lib目录：该目录下存放共享库和可加载模块，共享库用于启动系统、运行根文件系统中的可执行程序，例如/bin、/sbin下的程序，不是根文件系统所必需的库文件放在/usr/lib、/var/lib中。其中的文件主要有共享连接库、动态连接库（libc.so.*）、连接器、加载器（ld*）、内核可加载模块存放的目录等。

（8）/mnt目录：用于临时挂接某个文件系统的挂接点，通常是空目录，可以在里面建一些子文件夹，用来临时挂接光盘、硬盘、NFS卡、SD卡、U盘等。

（9）/tmp目录：临时文件目录，重新启动时被清除。一些需要生成临时文件的程序要用到/tmp目录，为减少对Flash的操作，一般挂载一个虚拟的文件系统。

（10）/usr目录：存放一些共享、只读的程序和数据，如所有命令、库等，/usr目录的内容可以在另一个分区中，在系统启动后再挂载到根文件系统中的/usr目录下，/usr目录下的内容可以在多个主机间共享。

（11）/var目录：与/usr目录相反，/var目录中存放可变的数据，例如spool目录（mail、news、打印机等）。

（12）/proc目录：空目录常作为proc文件系统的挂载点。proc文件系统是个虚拟文件系统，它没有实际的存储设备，里面的目录、文件都是由内核临时生成的，用来表示系统的运行状态。

5）根文件系统的制作

所谓构建根文件系统，就是创建各种目录，并在里面创建各种文件。例如，在/bin、/sbin目录下存放各种可执行程序，在etc/目录下存放各种配置文件，在lib目录下存放库文件。

（1）将 src-busybox-smdkv210-r73. tar. gz 压缩包复制到 Ubuntu 虚拟机中，将压缩包复制到主目录下一个名为 source 的文件夹中，如图 4-20 所示。

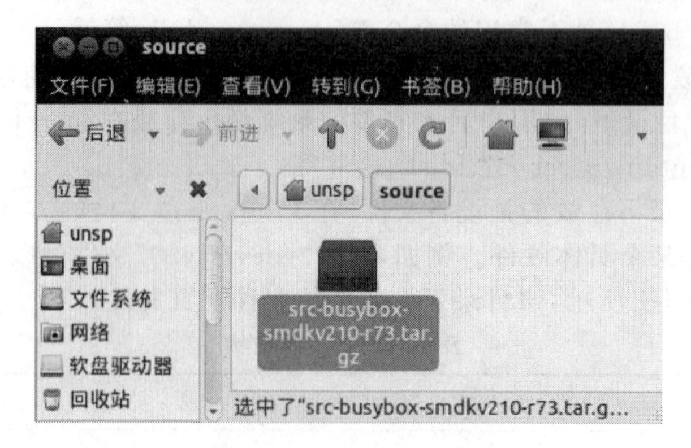

图 4-20　复制 busybox 源码到 Ubuntu 虚拟机

（2）在 Ubuntu 中打开终端，并进入到 source 文件夹，并在该路径下执行 tar xf src-busybox-smdkv210-r73. tar. gz 命令将压缩包解压，如图 4-21 所示。

图 4-21　解压 busybox 源码

（3）使用 cd src-busybox-smdkv210-r73 命令进入到解压之后的文件夹内，并执行 cpsapp-unsp. config 命令，复制默认配置选项，然后执行 make menuconfig 命令，如图 4-22 所示。

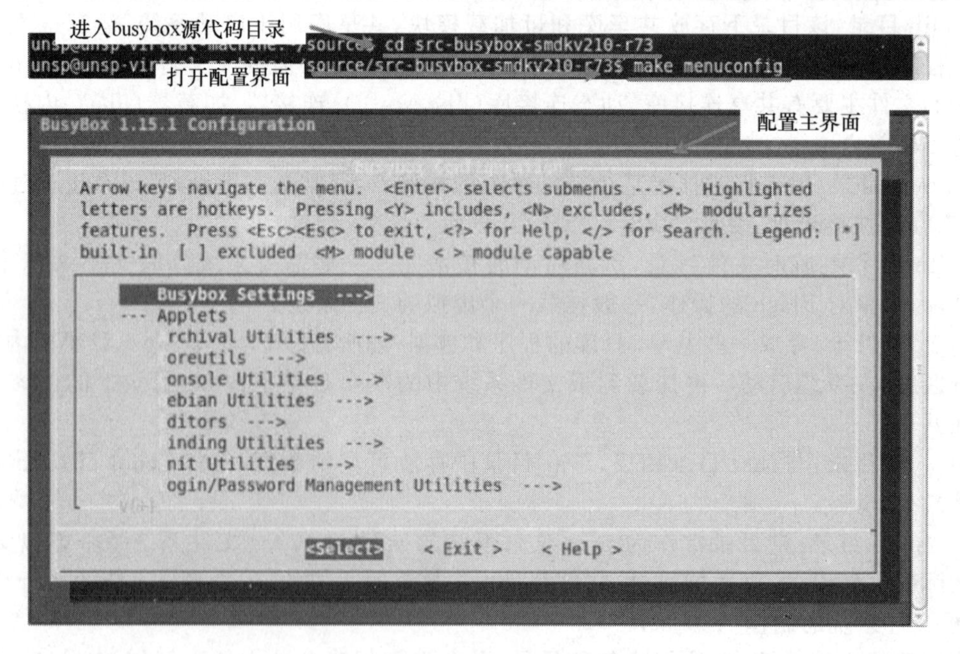

图 4-22　配置 busybox

回到终端后，执行“make:make install”命令，如图 4-23 所示。

图 4-23 编译、安装 busybox

等待编译、安装结束，可以看到如图 4-24 所示的提示。

图 4-24 编译安装结束

可以看到，在 busybox 文件夹中，生成了一个名为“_install”的文件夹，其中包含了 bin、sbin 两个文件夹，并包含一个 linuxrc 的链接，如图 4-25 所示。

图 4-25 安装之后的目录结构

（4）创建其他目录及文件。

（5）构建 etc 目录。

（6）构建 lib 目录。该目录下存放程序运行时所需要的加载器和动态库，可以直接从前面已经安装好的交叉编译器中复制相应的库文件。

（7）构建 media 目录。在 media 目录下建立几个文件夹，为其余文件系统提供挂载点 mkdir media/nfs。

（8）创建 yaffs 文件系统镜像。所谓制作文件系统映像，就是将一个目录下的所有内容按照一定的格式放到一个文件中，这个文件可以直接烧写到存储设备上，当系统启动后挂接这个设备，就可以看到跟原来目录一样的内容。

将 mkyaffs2image 工具复制到 Ubuntu 系统中，并为其增加可执行权限。利用这个工具，即可将制作的根文件系统制作成镜像，如图 4-26 所示。

将制作好的镜像烧写到实验箱的 system 分区，即可进行测试。

图 4-26　制作文件系统镜像

项目实施与评估

一、专业器材

(1) 装有 IAR 开发工具的 PC 1 台;

(2) ZigBee 网络嵌入式网关 1 个;

(3) 下载器 1 个;

(4) ZigBee 网络协调器 1 个;

(5) 1 套 ZigBee 网络传感器终端结点,每套包含有:电压传感器终端结点 3 个、电流传感器终端结点 3 个、风速传感器终端结点 1 个、风向传感器终端结点 1 个、光照度传感器终端结点 1 个、温湿度传感器终端结点 1 个、人体红外传感器终端结点 1 个;

(6) ZigBee 网络输出控制终端结点:继电器输出控制终端结点 1 个、语音控制终端结点 1 个。

二、仪表及工具

(1) 万用表 1 只;

(2) 稳压电源 1 个;

(3) 常用电工电子工具 1 套。

三、硬件系统电路设计

1. 嵌入式网关应用方案

为了实现对风光互补充电站的智能化有效监控,本项目引入本地控制、网络远程控制两种控制方式。其 Internet 远程访问实现方案如图 4-27 所示。

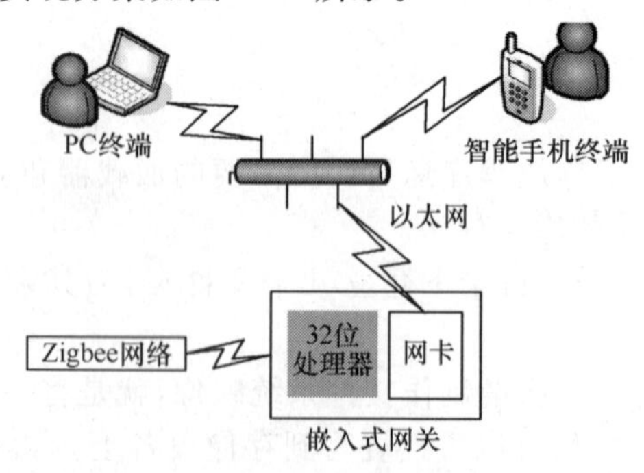

图 4-27　Internet 远程访问实现方案示意图

系统中的 32 位嵌入式网关采用北京凌阳爱普科技有限公司的 Cortex-A8 开发板,开发板自带有线网卡,通过一根普通的网线就可以连接到局域网中或接入万维网中。该监控系统中也可以移植常见的无线网卡驱动,通过无线网卡和无线路由器也可同样接入到局域网或者万维网中,因此通过计算机和智能手机的 WIFI 就可以连接到风光互补充电站远程监控系统。物理连接成功后,在嵌入式开发板启动 HTTP 服务器,PC 就可以通过浏览器访问风光互补充电站远程监控系统。通过网页上的控制按钮就可以实现执行器件的控制和相关信息查询。风光互补充电站远程监控系统中的 HTTP 服务器采用 Linux 2.6 内核自带的 HTTPD 服务器。

2. 嵌入式网关介绍

在风光互补充电站远程监控系统中，采用 Cortex-A8 开发板的嵌入式网关是系统的核心器件,其通过串口通信的方式和系统中的协调器通信。将各传感器采集的数据传到嵌入式网关,并存储到数据库中统一处理,同时将控制命令发送到协调器,传到各控制终端结点。网关与协调器具体传输过程如图 4-28 所示。

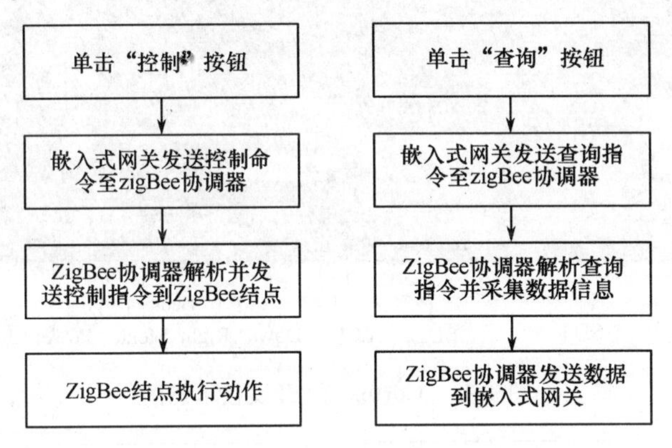

图 4-28　网关与协调器数据传输流程

Cortex-A8 开发板的主要配置如下：

(1) 网关:CPU 采用 S5PV210,主频 1 GHz;DDR RAM,1 GB;Flash,1 GB;网关集成无线网卡、USB、RS232、音频、红外接口、GPRS 模块、GPS 模块、WiFi 模块、蓝牙模块、ZigBee 通信模块、485 总线模块、CAN 总线模块等接口;存储资源——1 个 TF 卡接口,可以外接手机内存卡;1 个 SD 卡接口，支持 SD/SDIO/SDHC，可用于外接 SDIO WiFi、SDIO BlueTooth；板载 I2C (S524AD0XD1)存储器;其他资源——板载热敏电阻,测量当前环境温度;3 路 ADC 输入引出;2 个 SPI 总线接口引出;1 个 IIC 总线接口;1 个独立 RTC;2 个 8 位 GPIO 接口引出。

(2) 人机交互资源:四线电阻式 7in 真彩触摸屏(预留电容式触摸屏接口)16∶9 显示,分辨率为 800×480 像素,能够进行本地数据实时查看;高速 I^2C 接口;3×3 键盘;4 个可编程亮度彩色 LED,1～64 级亮度变化,实现炫彩呼吸灯效果;4 个红色 LED。

图 4-29 所示为 Cortex-A8 开发板示意图。

四、软件系统程序设计与制作

软件包括结点程序设计与嵌入式网关程序设计。结点程序即无线传感器网络软件平台,包括 ZigBee 协议栈和客户端程序(传感器驱动程序、执行器件控制程序)两大部分,在前面的项目中已作介绍。本项目中重点介绍嵌入式网关程序设计方法。

1. Linux 开发平台建立

系统搭建流程如图 4-30 所示,其中包括 PC 平台 Linux 虚拟机环境建立、ARM 平台 Linux 系统搭建。

本项目 Linux 软件开发采用一种交叉编译调试的方式,采用 Ubuntu 10.10 操作系统。

1) 对宿主 PC 的性能要求

由于 Ubuntu 10.10 安装后占用硬盘空间为 2.4～5 GB,还要安装 ARM-LINUX 开发软件,因

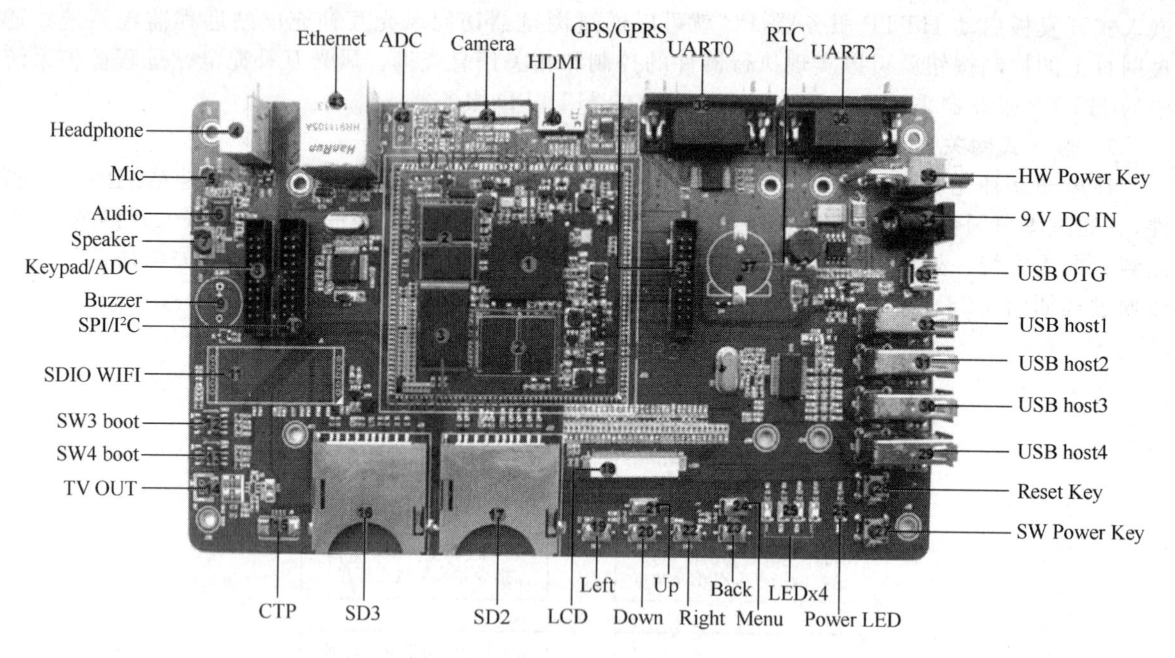

图 4-29　Cortex-A8 开发板示意图

图 4-30　嵌入式 Linux 开发环境搭建流程

此对开发计算机的硬盘空间要求较大。

硬件要求如下：

(1) CPU：高于奔腾 500 MHz，推荐高于奔腾 1.0 GHz；

(2) 内存：大于 512 MB，推荐 2GB；

(3) 硬盘：大于 40 GB，推荐高于 80 GB。

2) Ubuntu 10.10 的安装

嵌入式 Linux 的 PC 开发环境采用的方案：在 Windows 下安装虚拟机后，再在虚拟机中安装 Linux 操作系统，即首先要在 Windows 上安装一个虚拟机软件，常用的虚拟机软件为 VMware；然后在 VMware 上安装 Ubuntu 10.10。安装完 Ubuntu 10.10 后还要安装嵌入式 Linux 的交叉编译器和开发库以及 ARM-Linux 的所有源代码，这些程序安装后总共需要的空间大约为 800 MB。

(1) 安装 VMware 虚拟机软件。双击 VMware-player-3.1.0-261024.exe，开始安装虚拟机软件。

(2) 在虚拟机中安装 Ubuntu 10.10。打开虚拟机，双击桌面图标，出现如图 4-31 所示界面。

单击 Open a Virtual Machine，在弹出的对话框中选择已经配置过的 Ubuntu 系统，将 Ubuntu 10.10.rar 解压至 PC 相应的磁盘中(注：此磁盘为要安装 Ubuntu 操作系统的磁盘，可用空间至少 15 GB)；选择".vmx"文件，打开返回到虚拟机主界面；单击 Play virtual machine，即可打开 PC Ubuntu 操作系统，进行程序开发，如图 4-32 所示。

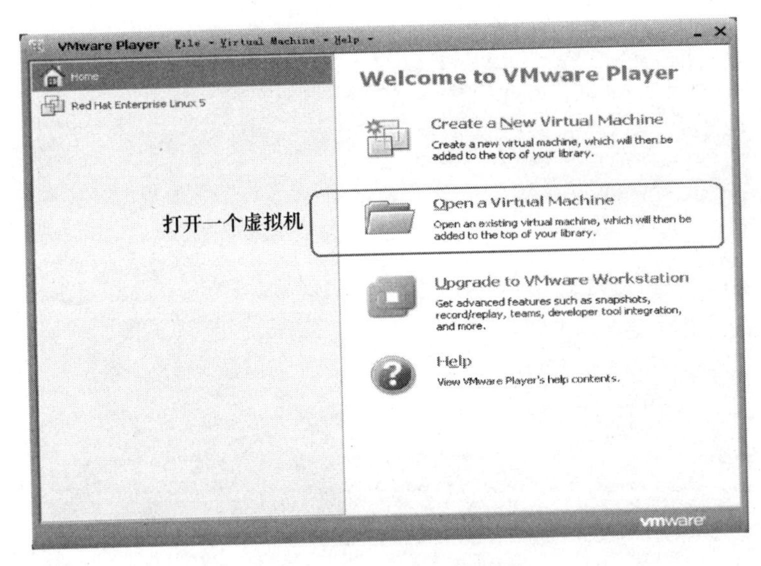

图 4-31　虚拟机开启界面

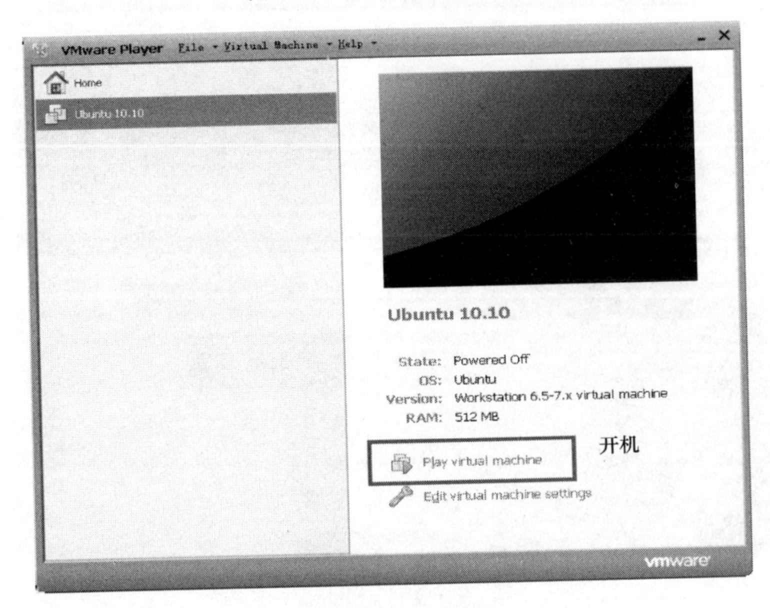

图 4-32　开机

等待片刻，开机后出现登录界面，单击选择 UNSP 用户，并输入密码“111111”，登录到系统，如图 4-33 所示。

如果认为默认的 Ubuntu 系统的显示界面不符合屏幕要求，可在“系统”→“首选项”→“显示器”中更改系统的分辨率。

3) Ubuntu 系统和 Windows 系统之间相互复制文件

(1) 从 Window 系统复制文件到 Ubuntu 系统。将文件或文件夹复制到 Ubuntu 虚拟机系统内的方法非常简单，直接将 Windows 系统上的文件拖动到 Ubuntu 的桌面即可完成复制工作，如图 4-34 所示。

复制完成之后，可以看到在 Ubuntu 的桌面中出现拖动过来的文件。

(2) 从 Ubuntu 系统复制文件到 Windows 系统。将文件从 Ubuntu 系统复制到 Windows 系统的方法类似，只需要从 Ubuntu 中拖动文件到 Windows 的文件夹内即可。

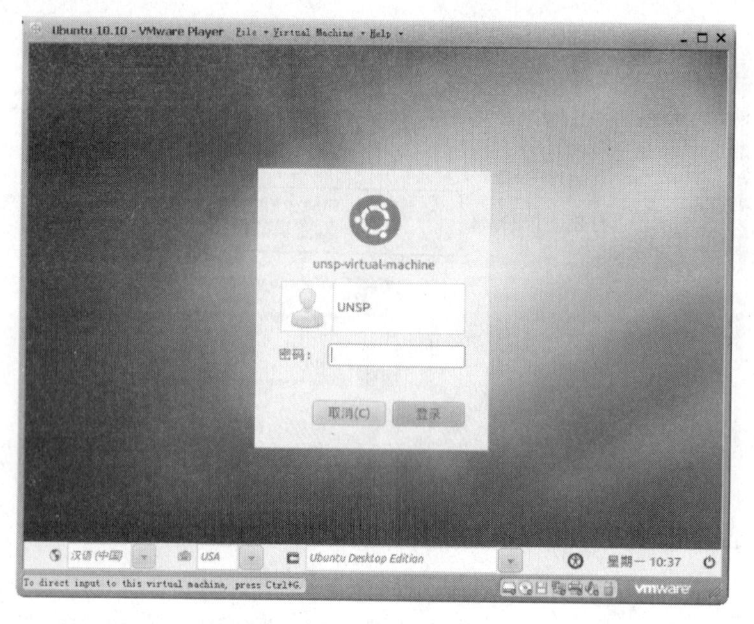

图 4-33　Linux 系统输入用户名

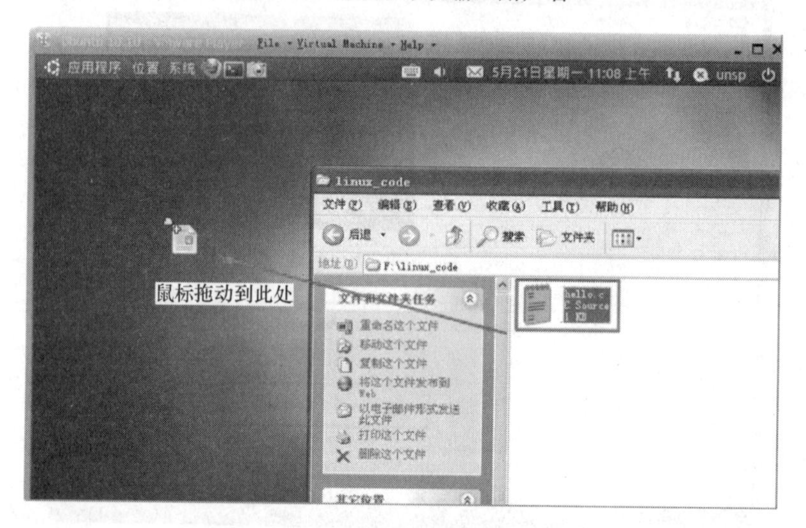

图 4-34　拖动文件到 Ubuntu 系统

4）为 ARM 板的开发准备 PC 端的环境

ARM 板内部运行了一个与 PC 上类似的 Linux 系统。在一般的开发过程中，需要首先在 PC 端做一些准备工作，这些设置包括：ARM 板与 PC 的硬件连接、串口通信软件设置、网络环境设置。

（1）ARM 板与 PC 的硬件连接。一般情况下，ARM 板同时需要两种方式与 PC 建立连接：串口和以太网。首先使用标准 9 针串口线，将 ARM 板的 UART0 与 PC 的串口相连；然后，使用 ARM 板附带的网线，将 ARM 板的以太网接口与 PC 的网卡直接相连，或者将 ARM 板与路由器相连。至此，完成硬件连接，如图 4-35 所示。

（2）串口通信软件设置。在 PC 端需要使用串口通信软件来对 ARM 板进行控制。通常情况下，使用 Windows 系统自带的“超级终端”工具即可（用户也可以使用其他同类型的软件，这里仅针对“超级终端”做详细设置说明）。

首先在“开始”菜单中，找到“程序”→“附件”→“通信”→“超级终端”，如图 4-36 所示。

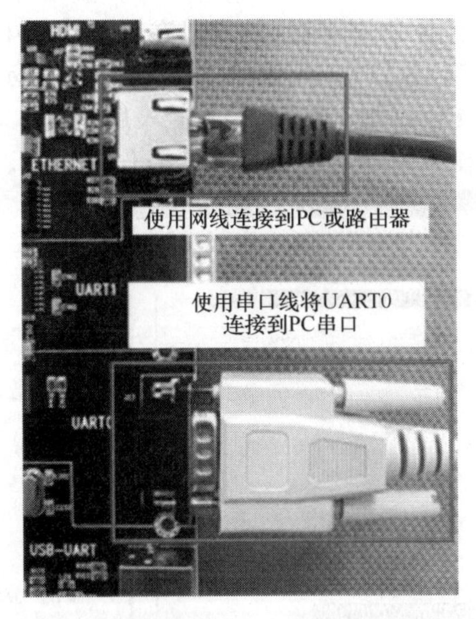

图 4-35　ARM 板与 PC 的基本硬件连接

图 4-36　打开“超级终端”

设置超级终端名称，任意名称即可，如图 4-37 所示。

选择串口，例如，如果已将串口线接在串口 1 上就选择 COM1，如图 4-38 所示。

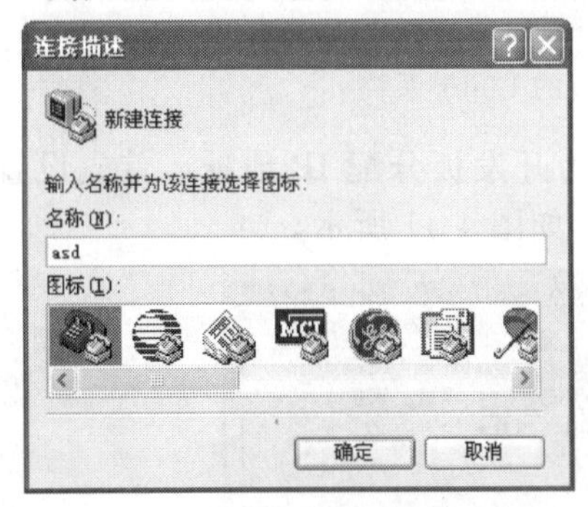

图 4-37　输入连接的名称

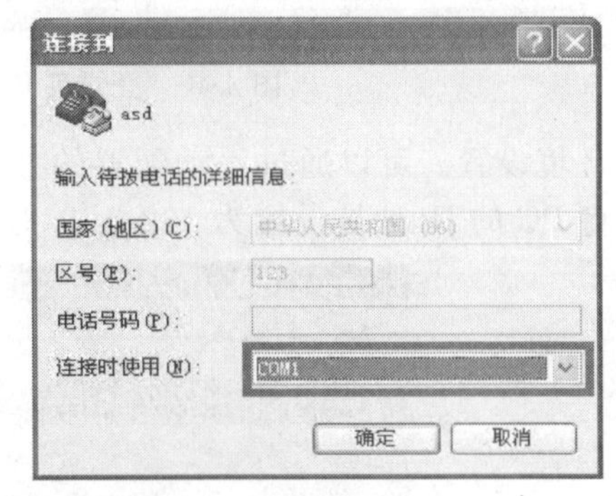

图 4-38　选择连接的串口

设置串口属性，每秒位数设置为 115 200，数据流控制选择“无”，如图 4-39 所示。

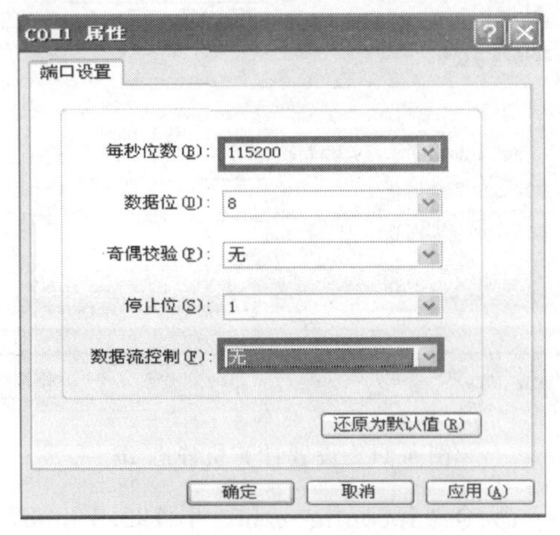

图 4-39　选择串口的设置属性

此时，将 Cortex-A8 开发板接通电源，并按下开发板上的 Power 键，就可以在超级终端中看到开发板的启动提示信息。待系统正常启动之后，可以看到“SAPP210. XXXX login:”的提示。此时，表示 Linux 系统已经正常启动，等待用户登录。按下 Enter 键，进行登录，输入用户名 root，密码 111111，即可登录到系统，如图 4-40 所示。注意，密码输入时超级终端中不会有任何显示。

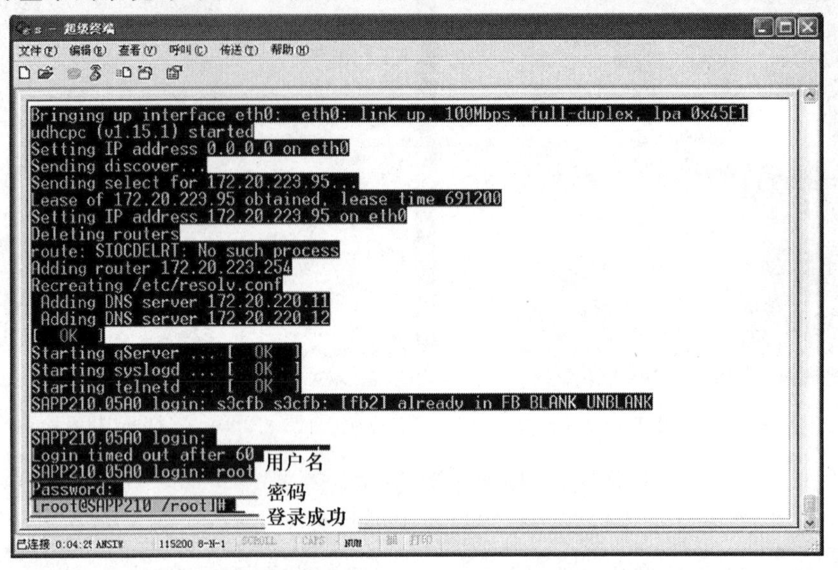

图 4-40　登录到开发板的 Linux 系统

(3) 网络环境设置。可以通过手动配置的方式为开发板分配 IP 地址。首先设置计算机为静态 IP。例如，将 PC 的 IP 地址设置为 192. 168. 87. 1，如图 4-41 所示。

Internet 协议 (TCP/IP) 属性

常规

如果网络支持此功能，则可以获取自动指派的 IP 设置。否则，您需要从网络系统管理员处获得适当的 IP 设置。

自动获得 IP 地址(O)
使用下面的 IP 地址(S):
IP 地址(I): 192 . 168 . 87 . 1
子网掩码(U): 255 . 255 . 255 . 0
默认网关(D):
自动获得 DNS 服务器地址(B)
使用下面的 DNS 服务器地址(E):
首选 DNS 服务器(P):
备用 DNS 服务器(A):
高级(V)...
确定　取消

图 4-41　设置计算机静态 IP

在“超级终端”中，执行命令“ipconfig eth0 -i 192. 168. 87. 130 -m 255. 255. 255. 0 -g 192. 168. 87. 1”，即可为开发板手动配置 IP 地址，如图 4-42 所示。

其中，-i 后面的参数是实验箱的 IP 地址；-m 后面的参数是子网掩码；-g 后面的参数是网关地

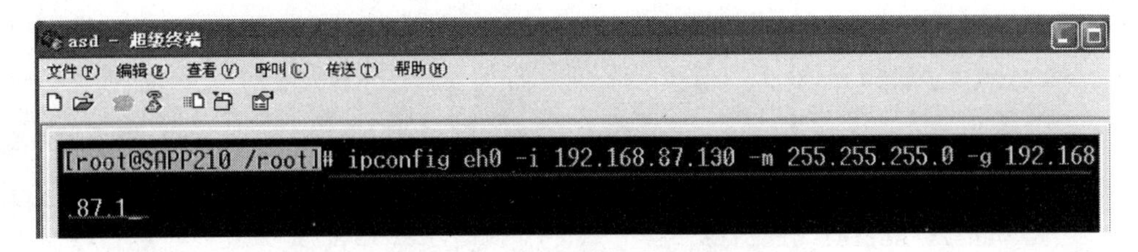

图 4-42　手动配置开发板的 IP 地址

址。如果不需要网关，可以将-g 和其后面的参数省略。设置完成之后，需要执行 service network restart 命令重启网络服务，使设置生效。如果需要查看开发板当前的 IP 地址，可以执行命令 ifconfig eth0。

5）将编译生成的文件复制到开发板上

首先，将在 Ubuntu 系统中的通过“终端”程序命令 arm-linux-gcc 编译好的可执行程序文件，从 Ubuntu 中复制到 Windows 系统，然后打开“我的电脑”，在地址栏中输入“ftp://开发板的 IP 地址”，打开开发板文件系统。最后，使用复制/粘贴的方式将编译好的文件放入开发板内。

2. 网关后台服务程序设计

网关后台服务程序用来衔接无线传感网络和应用决策。服务程序在网关开机后自动运行。服务程序负责监听来自于中心结点（协调器）的异步串行通信接口的数据，或者可以将数据通过异步串行通信接口发送给中心结点（协调器），进而可以将数据通过无线传感网络发送给任意传感器结点。服务程序监听来自于 TCP/IP 网络的请求，并根据这些请求为其他（计算机）的应用程序提供对无线传感网络的信息的访问或者允许其他（计算机）的应用程序对无线传感网络中的任意结点进行控制。

网关后台服务程序的设计内容如下：

1）串口通信程序设计

嵌入式网关与协调器通过串口传输数据。Linux 下的串口驱动遵循 POSIX 接口标准，此处将所有的设备都看作一个文件，因此使用此接口标准可以像操作文件一样操作串口，例如打开串口使用 open()函数进行操作；读串口使用 read()函数。另外，由于在 Linux 中将串口作为一个终端设备，所以其具有终端设备的一些特殊操作函数。

（1）启动串口通信：

```
int wsnsrv_serial_start(const char * devname, const char * fmt)
{
    struct termios option;
    wsnsrv_serial_stop();
    do {
        pthread_t pt;
        serialFD = open(devname, O_RDWR);
        if(serialFD < 0)
            break;
        tcgetattr(serialFD, &option);
        if(parse_serial_param_string(fmt, &option) ! = 0)
        {
            close(serialFD);
            return - 1;
        }
```

```
        option.c_lflag = 0;
        option.c_oflag = 0;
        option.c_iflag = 0;
        tcsetattr(serialFD, TCSANOW, &option);
        if(pthread_create(&pt, NULL, wsnsrv_serial_monitor, NULL))
            wsnsrv_serial_stop();
    } while(0);
    return (serialFD >= 0) ? 0 : -1;
}
```

【函数原型】int open(const char * pathname, int oflag);

int open(const char * pathname, int oflag, mode_t mode);

【功能】打开名为 path 的文件或设备,成功打开后返回文件句柄。

【参数】pathname——文件路径或设备名;oflag——打开方式。

【返回值】成功打开后返回文件句柄,失败返回-1。

【头文件】使用本函数需要包含<sys/types.h>、<fcntl.h>和<sys/stat.h>。

【函数原型】int tcgetattr(int fd,struct termios * option);

【功能】得到串口终端的属性值。

【参数】fd——由 open()函数返回的文件句柄;option()串口属性结构体指针。

termios 的结构如下:

```
struct termios
{
unsigned int c_iflag;          // 输入参数
unsigned int c_oflag;          // 输出参数
unsigned int c_cflag;          // 控制参数
unsigned int c_lflag;          // 局部控制参数
unsigned char c_cc[NCCS];      // 控制字符
unsigned int c_ispeed;         // 输入波特率
unsigned int c_ospeed;         // 输出波特率
}
```

【返回值】成功返回 0,失败返回-1。

【头文件】使用本函数需要包含<unistd.h>、<termios.h> 。注:结构体 termios 中的各参数的常量定义请参考<termios.h>。

【函数原型】int tcsetattr(int fd, int optact, const struct termios * option);

【功能】设置串口终端的属性。

【参数】fd——由 open()函数返回的文件句柄;optact——选项值,有 3 个选项以供选择;TCSANOW——不等数据传输完毕就立即改变属性;TCSADRAIN——等待所有数据传输结束才改变属性;TCSAFLUSH——清空输入/输出缓冲区才改变属性;option——串口属性结构体指针。

【返回值】成功返回 0,失败返回-1。

【头文件】使用本函数需要包含<unistd.h>、<termios.h>。

(2)通过串口写数据:

```
int wsnsrv_serial_write(const unsigned char * buf, int len)
{
```

```
    if(len < =  0)
        len =  strlen((const char * )buf);
      printf("the write set buf is % s\n", buf);
    return write(serialFD, buf, len);
}
```

【函数原型】ssize_t write(int fd, void ＊buffer, size_t count);

【功能】向已经打开的文件中写入数据。

【参数】fd——文件或设备句柄,通常由open()函数返回;buffer——数据缓冲区;count——要写入的字节数。

【返回值】成功写入后返回写入的字节数,失败返回－1。

【头文件】使用本函数需要包含＜unistd. h＞。

(3)通过串口接收结点数据:

```
static void * wsnsrv_serial_monitor(void * param)
{
    PSERIALMSG newMsg =  (PSERIALMSG)malloc(sizeof(SERIALMSG));
    unsigned char * pPayload =  (unsigned char * )&(newMsg- > pkg);
    int index =  0;
    int done =  0;
    memset(newMsg, 0, sizeof(* newMsg));
    serialMonitorRunning =  1;
    usleep(100);
    while(serialFD > =  0)
{
        unsigned char recvChar =  0;
        if(_read_from_serial(serialFD, &recvChar) ! =  0)
        {
            //printf("read the serial timeout\n");
            continue;
        }
        if(index <  2)
        {
            * pPayload =  recvChar;
            //printf("index <  2 recvChar is % x\n", recvChar);
            if(* pPayload ==  SYNC_CODE)
                index+ + ;
            else
                index =  0;
        }
        else
        {
          pPayload[index+ + ] =  recvChar;
        }
        // the type is recved
        if(index ==  16)
```

```
        {
            int i;
            for(i = 0; i < newMsg- > pkg.type.len; i+ + )
            {
                unsigned char recvChar = 0;
                while(_read_from_serial(serialFD, &recvChar) ! = 0);
                pPayload[index+ + ] = recvChar;
            }
            done = 1;
        }
        if(done)
        {
            LOCK_SERIAL();
            List_Append(&serialMsgList, newMsg);
            UNLOCK_SERIAL();
            sem_post(&serialMsgOpWaiter);
            newMsg = (PSERIALMSG)malloc(sizeof(SERIALMSG));
            pPayload = (unsigned char * )&(newMsg- > pkg);
            index = 0;
            done = 0;
        }
    }
    serialMonitorRunning = 0;
    pthread_detach(pthread_self());
    return NULL;
}
```

（4）停止串口通信：

```
int wsnsrv_serial_stop(void)
{
    if(serialFD > = 0)
        close(serialFD);
    serialFD = - 1;
    while(serialMonitorRunning)
        usleep(10);
    wsnsrv_serial_clear();
    return 0;
}
```

【函数原型】int close(int fd)；

【功能】关闭之前被打开的文件或设备。

【参数】fd——文件或设备句柄，通常由 open()函数返回。

【返回值】成功打开后返回 0，失败返回－1。

【头文件】使用本函数需要包含＜unistd. h＞。

2）Linux 下的 Socket 编程

Socket 是 TCP/IP 传输层所提供的接口（称为套接口），供用户编程访问网络资源，它是使用标准 UNIX 文件描述符和其他程序通信的方式。Linux 的套接口通信模式与日常生活中的电话通信非常类似，套接口代表通信线路中的端点，端点之间通过通信网络来相互联系。Socket 接口被广泛应用并成为事实上的工业标准。它是通过标准的 UNIX 文件描述符和其他程序通信的一个方法。

(1) 启动网络通信：

```
int wsnsrv_sockif_start(void)
{
    if(servSock > = 0)
        return 0;
    servSock = socket(AF_INET, SOCK_STREAM, 0);
    int on = 1;
    if(setsockopt(servSock, SOL_SOCKET, SO_REUSEADDR, &on, sizeof(on)))
        perror("setsockopt:SO_REUSEADDR");
    struct sockaddr_in bindAddr;
    memset(&bindAddr, 0, sizeof(bindAddr));
    bindAddr.sin_family = AF_INET;
    bindAddr.sin_port = htons(WSN_SOCKPORT);
    bindAddr.sin_addr.s_addr = htonl(INADDR_ANY);
    if(bind(servSock, (struct sockaddr* )&bindAddr, sizeof(bindAddr)))
    {
        close(servSock);
        servSock = - 1;
        return - 1;
    }
    if(listen(servSock, 1))
    {
        close(servSock);
        servSock = - 1;
        return - 1;
    }
    pthread_t pt;
    pthread_create(&pt, NULL, wsnsrv_sockif_monitor, NULL);
    return servSock;
}
```

为了执行网络 I/O，一个进程必须做的第一件事就是调用 socket()函数，指定期望的通信协议类型。socket()函数的函数原型及功能描述如下：

【函数原型】int socket(int family, int type, int protocol)；

【功能】创建一个套接口。

【参数】family——指定期望使用的协议簇；type——指定套接口类型；protocol——协议类型。

【返回值】执行成功返回非负整数，它与文件描述字类似，称为套接口描述字。

【头文件】使用本函数需要包含<sys/socket.h>。

bind()函数可以把本地协议地址赋予一个套接口。对于网际协议，协议地址是 32 位的 IPv4 地址或 128 位的 IPv6 地址与 16 位的 TCP 或 UDP 端口号的组合。执行 bind()函数后，指定的协议地址(IP 地址和端口)即被宣布由某个套接口拥有，此后通过该地址发生的网络通信都由该套接口进行控制。bind()函数常被 TCP 或 UDP 服务器用来指定某个特定的端口以便可以接收客户端的连接请求。

bind()函数的函数原型和功能描述如下：

【函数原型】int bind(int sockfd, const struct sockaddr *myaddr, socklen_t addrlen);

【功能】将指定协议地址绑定至某个套接口。

【参数】sockfd——套接口描述字，由 socket()函数返回；myaddr 是一个指向 sockaddr 结构体类型的指针；addrlen——地址结构长度。

【返回值】执行成功返回 0，失败返回－1。

【头文件】使用本函数需要包含<sys/socket.h>。

【说明】对于 IPv4 来说，可以使用常量 INADDR_ANY 来表示任意 IP 地址，如果本地 IP 地址设置为 INADDR_ANY，内核将自动确定本地 IP 地址。

listen()函数仅由 TCP 服务器调用，该函数将做下面的工作：

当 socket()函数创建一个套接口时，它被假设为一个主动套接口，即它是一个将调用 connect 发起连接的客户套接口。listen()函数把一个未连接的套接口转换成一个被动套接口，指示内核应接受指向该套接口的连接请求。

该函数的第二个参数规定了内核应该为相应套接口排队的最大连接个数，即指定了 TCP 服务器可以处理的连接请求的个数。

listen()函数的函数原型和功能描述如下：

【函数原型】int listen(int sockfd, int backlog);

【功能】将套接口转换至被动状态，等待客户端的连接请求。

【参数】sockfd——套接口描述字，由 socket()函数返回；backlog——最大允许的连接请求数量。

【返回值】执行成功返回 0，失败返回－1。

【头文件】使用本函数需要包含<sys/socket.h>。

【说明】该函数应在调用 socket()和 bind()两个函数之后，并在调用 accept()函数之前调用。

(2) 停止网络通信：

```
int wsnsrv_sockif_stop(void)
{
    if(servSock > =  0)
    {
        close(servSock);
        servSock =  - 1;
    }
    return 0;
}
```

在完成数据通信之后，可以使用 close()函数来关闭套接口，同时终止当前连接。

close()函数的函数原型和功能描述如下：

【函数原型】int close(int sockfd);

【功能】关闭一个套接口。

【参数】sockfd——套接口描述字。

【返回值】执行成功返回 0，否则返回－1。

【头文件】使用本函数需要包含<unistd.h>。

(3) 获取网络连接:

```
static void * wsnsrv_sockif_monitor(void * arg)
{
    while(servSock > = 0)
    {
        struct sockaddr_in remoteAddr;
        socklen_t addrLen = sizeof(remoteAddr);
        int sockfd = accept(servSock, (struct sockaddr* )&remoteAddr, &addrLen);
        if(sockfd < 0)
        {
            printf("accept error\n");
            continue;
        }
        pthread_t pt;
        pthread_create(&pt, NULL, wsnsrv_sockif_client_processer, (void * )sockfd);
    }
    pthread_detach(pthread_self());
    return NULL;
}
```

accept()函数由 TCP 服务器调用,用于从连接队列获取下一个已完成的连接。如果连接队列为空,则进程将进入睡眠状态(假定套接口为默认的阻塞方式)。accept()函数的第一个参数指定了监听套接口的描述字,该描述字用于指示需要由哪个监听状态的套接口获取连接。accept()函数的返回值也是一个套接口描述字,它表示了已经连接的套接口的描述字。监听套接口在服务器的生命期内一直存在,而连接套接口在与当前客户端的通信服务完成之后即被关闭。

accept()函数的函数原型和功能描述如下:

【函数原型】int accept(int sockfd, struct sockaddr * cliaddr, socklen_t * addrlen);

【功能】从连接队列里获取一个已完成的连接。

【参数】sockfd——监听套接口描述字;cliaddr——用来返回客户端地址信息的结构体指针;addrlen——用来返回客户端地址信息结构体的长度。

【返回值】执行成功返回一个非负的连接套接口描述字,否则返回-1。

【头文件】使用本函数需要包含＜sys/socket. h＞。

(4) 网络数据传输:

```
static void * wsnsrv_sockif_client_processer(void * arg)
{
    int sockfd = (int)arg;
    WSNSOCKPACKAGE * pkg = wsnsrv_sockif_recv_package(sockfd);
    if(pkg ! = NULL)
    {
        switch(pkg- > cmd)
        {
        case CCHECK:
            if(wsnsrv_query() == 0)
                wsnsrv_sockif_send_ack(sockfd, NOERR);
            else
```

```
                wsnsrv_sockif_send_ack(sockfd, IOERROR);
            break;
        case CDEBUGON:
            if(wsnsrv_debug_on((char* )pkg- > data.payload) ==  0)
                wsnsrv_sockif_send_ack(sockfd, NOERR);
            else
                wsnsrv_sockif_send_ack(sockfd, IOERROR);
            break;
          case CDEBUGOFF:
              wsnsrv_debug_off();
              wsnsrv_sockif_send_ack(sockfd, NOERR);
              break;
        case CCTRLSENSOR:
            {
                printf("control the sensor\n");
                int node, value;
                if(sscanf((char * )pkg- > data.payload, "% d= % d", &node, &value) ! =  2)
                {
                    wsnsrv_sockif_send_ack(sockfd, ACCDEN);
                }
                else if(node ! =  0x2D)    // 执行器
                {
                    wsnsrv_sockif_send_ack(sockfd, IOERROR);
                }
                else
                {
                    wsnsrv_set_execute(value);
                    wsnsrv_sockif_send_ack(sockfd, NOERR);
                }
            }
            break;
            default:
            wsnsrv_sockif_send_ack(sockfd, ACCDEN);
            break;
        }
        wsnsrv_sockif_destroy_package(pkg);
    }
    close(sockfd);
    pthread_detach(pthread_self());
    return NULL;
}
```

成功建立连接之后，可以使用 recv()函数来完成数据的接收。

recv()函数的函数原型和功能描述如下：

【函数原型】int recv(int sockfd, void * buf, int len, unsigned int flag);

【功能】从一个已经连接的套接口接收数据。

【参数】sockfd——连接套接口描述字;buf——用于保存接收数据的缓冲区地址;len——需要接收的数据字节数;flag——一般设置为0。

【返回值】执行成功返回实际接收到的数据字节数,否则返回-1。

【头文件】使用本函数需要包含<sys/socket.h>。

使用send()函数可以完成数据的发送。send()函数的函数原型和功能描述如下:

【函数原型】int send(int sockfd, const void * buf, int len, unsigned int flag);

【功能】从一个已经连接的套接口发送数据。

【参数】sockfd——连接套接口描述字;buf——用于保存发送数据的缓冲区地址;len——需要发送的数据字节数;flag——一般设置为0。

【返回值】执行成功返回实际发送的数据字节数,否则返回-1。

【头文件】使用本函数需要包含<sys/socket.h>。

3)数据库服务程序

系统启动后台的服务程序后,后台服务程序为数据库提供服务。它一直在接收从ZigBee网络上传的所有结点的数据,包括网络拓扑信息,并将其存入数据库。数据库服务程序主要是利用SQLite来管理传感器网络相关数据表,并通过动态库的方式向本机的其他进程提供相应的操作接口,方便其他程序访问和控制数据表。

SQLite是一款轻型的数据库,是遵守ACID的关联式数据库管理系统,它的设计目标是嵌入式的,而且目前已经在很多嵌入式产品中使用,它占用资源非常少,能够支持Windows/Linux/UNIX等主流的操作系统,同时能够与很多程序语言相结合,例如,Tcl、C#、PHP、Java等,还有ODBC接口。

在目前的系统中,数据库需要包含两种数据表:结点信息和历史数据(包含最近一次的结点数据)。

数据库的结构如表4-2所示。每种数据表均对应一组操作函数,方便其他模块或程序使用。

表4-2 数据库结构

名称	数据表名	字段	类型	说明
结点信息	wsn_node	id	INTEGER	索引
		nwkaddr	CHAR(4)	结点地址(十六进制存储)
		paraddr	CHAR(4)	父结点地址(十六进制存储)
		hwaddr	CHAR(16)	结点物理地址(十六进制存储)
		type	CHAR(2)	结点类型(十六进制存储)
		refreshcycle	CHAR(2)	结点数据更新周期(十六进制存储)
		data	CHAR(64)	结点数据(字符串形式)
历史数据	wsn_data	id	INTEGER	索引
		date	DATE	数据记录日期
		time	TIME	数据记录时间
		type	CHAR(2)	结点类型(十六进制储存)
		data	CHAR(64)	结点数据(字符串形式)

数据库服务程序提供表4-3所列的函数,帮助用户直接操作数据库。使用这些函数需包含libwsndb.h头文件。

表 4-3　数据库基本操作 API

名称	函数原型	说　明
初始化数据库	int WSNDB_Init(void);	【说　明】初始化数据库。必须在使用任何其他数据库操作函数前调用该函数 【参　数】无 【返回值】成功返回 0,失败返回 -1
关闭数据库	int WSNDB_UnInit(void);	【说　明】关闭数据库。在调用该函数后,对数据库的操作会引起不可预知的结果 【参　数】无 【返回值】成功返回 0,失败返回 -1
执行 SQL 语句	int WSNDB_Exec(const char * exec);	【说　明】执行 SQL 语句,并且不需要返回检索结果 【参　数】exec 为待执行的 SQL 语句 【返回值】成功返回 0,失败返回 -1
	int WSNDB_Query(const char * exec, char * * * dbResult, int * nRow, int * nColumn);	【说　明】执行 SQL 语句,并且返回检索结果。该函数必须与 WSNDB_FinishQuery()函数配对使用,在使用完该函数返回的 dbResult 之后,必须调用 WSNDB_FinishQuery()函数 【参　数】exec 为待执行的 SQL 语句;dbResult 用于返回检索结果,检索结果的保存方式符合 sqlite 的定义;nRow 和 nColumn 分别用来返回检索结果的数量和每一条结果包含的字段数量 【返回值】成功返回 0,失败返回 -1
	int WSNDB_FinishQuery(char * * dbResult);	【说　明】结束执行 SQL 语句。该函数必须与 WSNDB_Query()函数配对使用。在使用完 WSNDB_Query()函数返回的 dbResult 之后,必须调用该函数 【参　数】dbResult 用于返回检索结果,检索结果的保存方式符合 sqlite 的定义; 【返回值】成功返回 0,失败返回 -1
获取错误描述信息	const char * WSNDB_LastError(void);	【说　明】获取最后一次错误的描述 【参　数】无 【返回值】错误描述字符串 【备　注】该函数在目前的版本中功能并不完整

3. 监控界面设计

风光互补充电站远程监控系统主要包括主监控界面、传感器网络拓扑图、温湿度传感器显示界面、人体红外传感器显示界面、传感器的实时数据显示界面、继电器控制界面、传感器的历史数据显示界面等。

图 4-43 为风光互补充电站远程监控系统的主界面,在主界面上有 5 个按钮,分别是系统拓扑图、实时数据、控制、历史数据和设置,这 5 个按钮分别对应系统的 5 个模块,单击“系统拓扑图”按钮,可查看传感器网络拓扑图,如图 4-44 所示。

该模块显示了传感器的网络拓扑关系。在系统拓扑图模块中,显示出本系统的各个传感器结点之间的网络拓扑关系,最上边的蓝色结点“协调器”,是所有传感器结点的父结点,管理所有的传感器结点,也是所有传感器进行通信的网络中转站,该结点对应着硬件协调结点;红色结点表示各传感器的联网情况。若点击“温度”或“湿度”图标,则显示内容如图 4-45 所示。

单击图 4-44 中的“人体红外”图标,显示内容如图 4-46 所示。

该模块显示传感器的实时数据。在实时数据模块中,采用柱状条的形式来显示实时数据,表示数值的大小,使数据显示更加的形象具体,方便用户查看。系统应用 Qt 图形界面设计技术来实现实时数据显示功能。

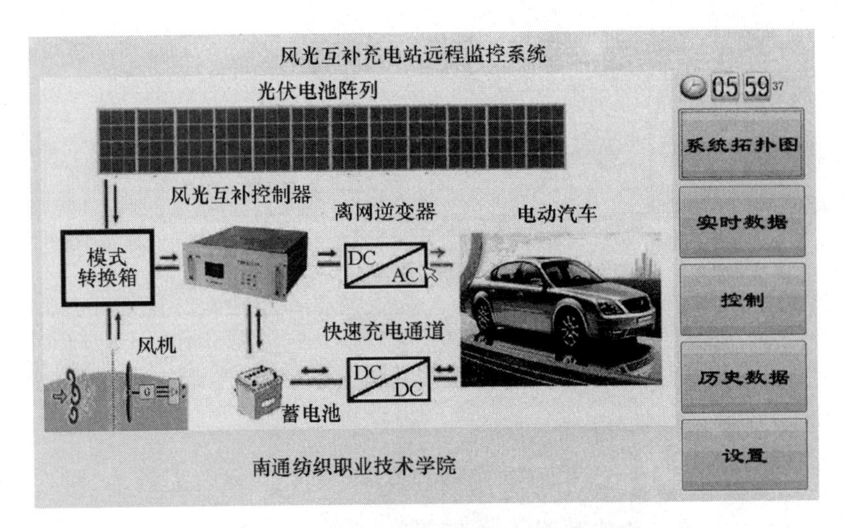

图 4-43　风光互补充电站远程监控系统主界面

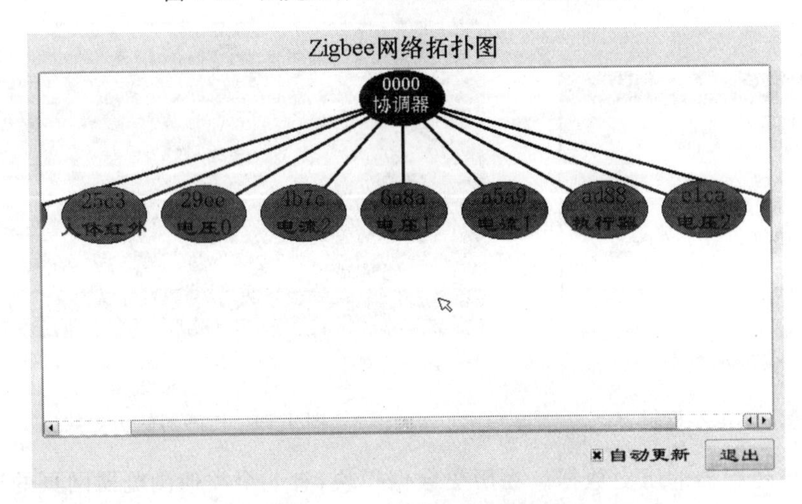

图 4-44　传感器网络拓扑图

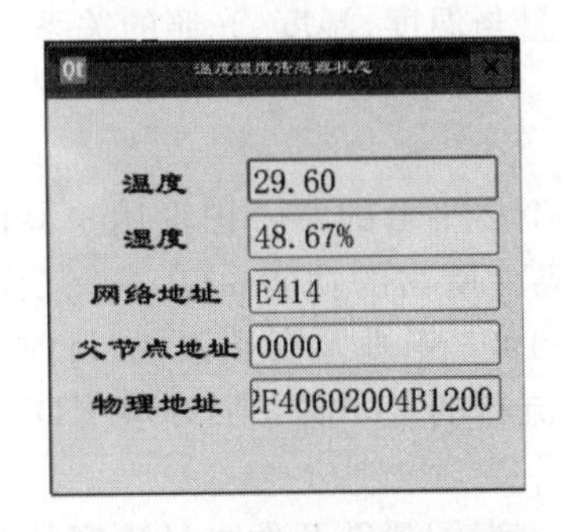

图 4-45　温湿度传感器状态

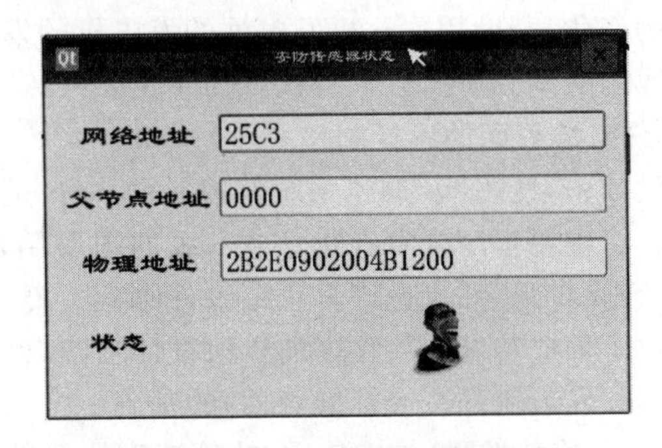

图 4-46　人体红外传感器

单击“实时数据”按钮，显示内容如图 4-47 所示。

单击“控制”按钮，显示内容如图 4-48 所示。

该模块用于继电器的控制。在控制模块中，可以选择是手动还是自动控制继电器的通断。当选中“打开手动控制”标签时，可进行手动控制继电器，单击“关闭”或“打开”按钮，可以手动对继电器的通断进行控制。不选中“打开手动控制”标签时，默认是自动控制继电器。

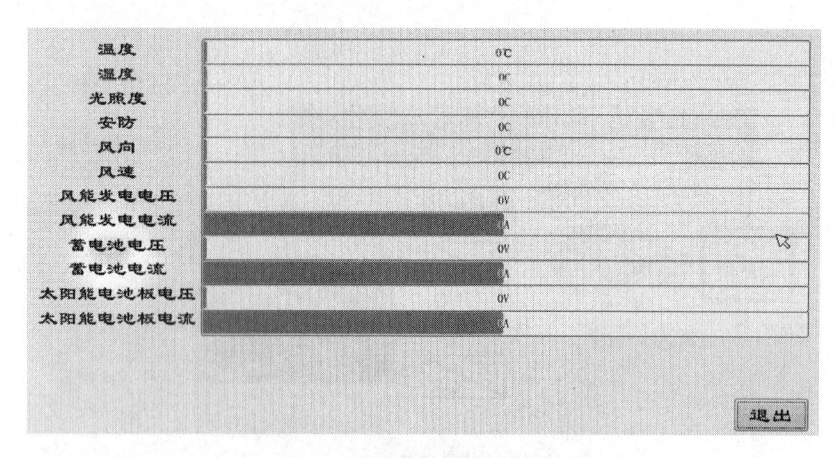

图 4-47 传感器的实时数据

单击“历史数据”按钮，显示内容如图 4-49 所示。

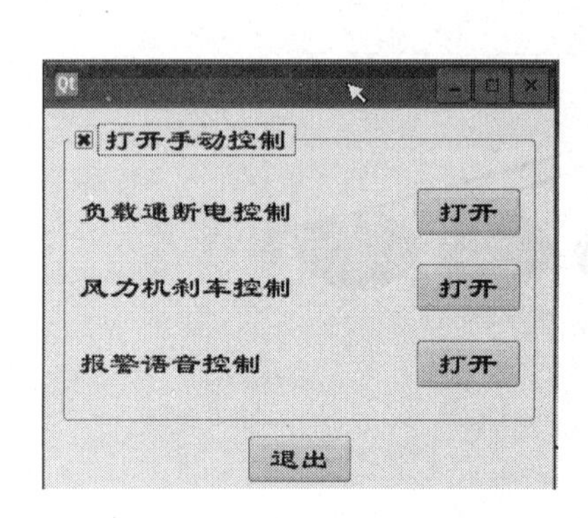

图 4-48 继电器控制

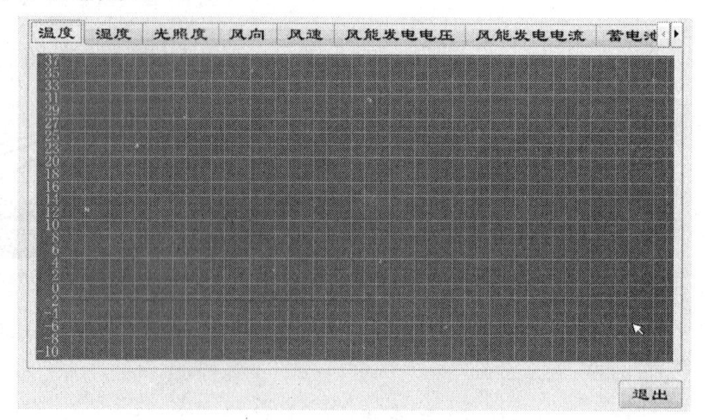

图 4-49 传感器的历史数据

该模块显示了传感器的历史数据。在历史数据模块，有 8 个类似浏览器网页的选项卡，每个选项卡对应一个传感器，每个采用图形曲线的形式显示历史数据的变化情况，方便用户查看数据在一段时间内的变化，帮助用户分析发电站的发电机的发电量与温度、湿度、光照的关系，以便提高转换效率。曲线的时间轴可以以年、月、日为单位。

4. 系统监控界面的设计制作

系统设计中，使用 Qt 制作系统监控界面。Qt 是一个多平台的 C++ 图形用户界面应用程序框架。它提供给应用程序开发者建立艺术级的图形用户界面所需的功能。Qt 是完全面向对象的开发系统，很容易扩展，并且允许真正地组件编程。Qt 于 1996 年进入商业领域，目前已经成为全世界范围内数千种成功的应用程序的界面设计基础，也是流行的 Linux 桌面环境 KDE(KDE 是所有主要的 Linux 发行版的一个标准组件)的基础。

Qt 具有可移植性强、易于使用、执行速度快等特点。为了帮助开发人员更容易高效地开发基于 Qt 这个应用程序框架的程序，Nokia 公司在收购 Qt 之后推出了 Qt Creator 集成开发环境。Qt Creator 可以实现代码的查看、编辑、界面的查看、以图形化方式设计、修改、编译等工作，甚至在 PC 环境下还可以对应用程序进行调试。同时，Qt Creator 还是一个跨平台的工具，它支持包括 Linux、Mac OS、Windows 在内的多种操作系统平台。这使得不同的开发工作者可以在不同平台上共享代码或协同工作。

在本项目提供的 Ubuntu 虚拟机镜像中，已经安装好了 Qt Creator，以及 Qt Embedded for

A8。下面侧重介绍利用 Qt Creator 创建应用程序、编译和在开发板上运行 Qt 程序的方法。

(1) 在 Ubuntu 系统中，双击桌面上的 Qt Creator 的图标，如图 4-50 所示。

(2) 在打开的主界面中，选择菜单栏中的 File→New File or Project 命令，如图 4-51 所示。

图 4-50　Qt Creator 图标

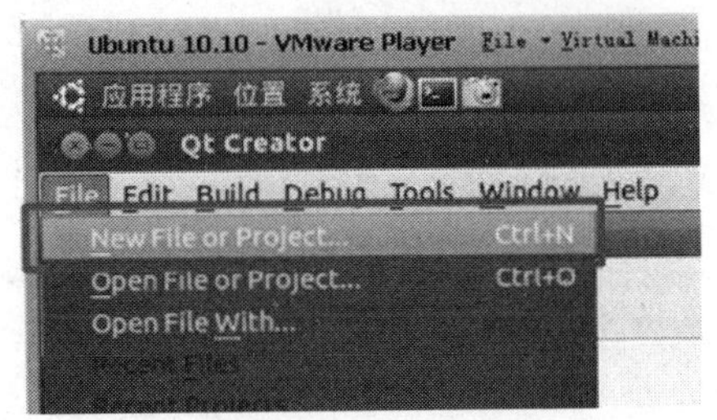

图 4-51　新建文件

(3) 选择新建的文件类型，这里需要在左侧选择“Qt C++ Project”，并在右侧选择 Qt Gui Application，如图 4-52 所示，然后单击 Choose 按钮。

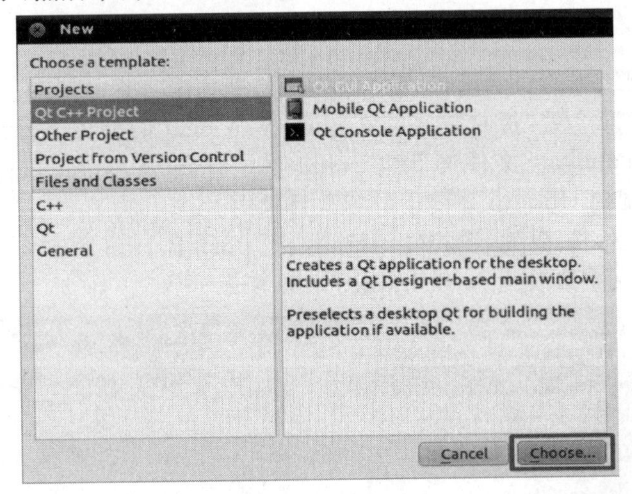

图 4-52　选择工程类型

(4) 输入工程名称 Topology，选择创建工程的路径，单击 Next 按钮。

(5) 选择编译的方式，选中 Qt 4.7.0 OpenSource 表示 PC 按钮的编译方式，选中 Qt 4.7.0 ARM 表示嵌入式版本的编译方式，两项都选择，然后单击 Next 按钮继续，如图 4-53 所示。

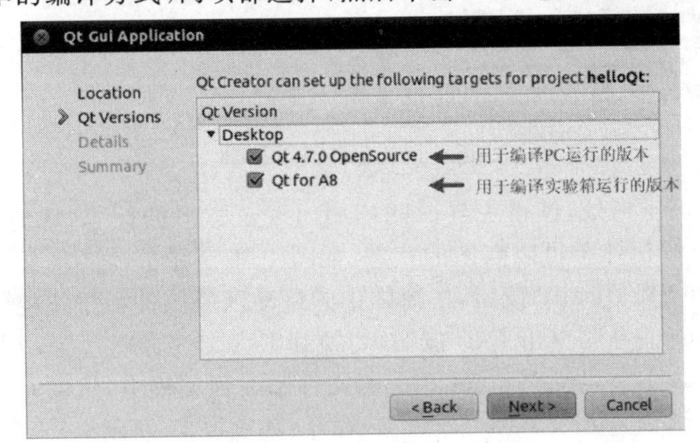

图 4-53　选择编译方式

（6）选择基类为QWidget，其他可以默认，单击Next按钮继续，如图4-54所示。

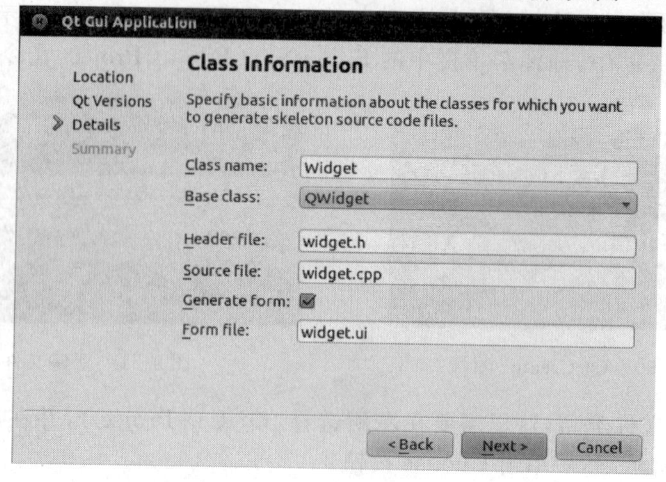

图4-54　Qt Creator的新建类名和基类

（7）看到当前新建工程的目录结构，单击finish按钮完成工程的新建。

（8）完成工程的创建之后，将封装好的Topology Widget的相关文件添加到工程中。将本项目配套的范例代码中Topology文件夹下的include、lib、topologywidget. cpp、topologywidget. h和topologywidget. ui复制到Ubuntu系统中的工程目录内。

（9）进入Qt的窗体编辑界面，在控件区域中找到Push Button和Scroll Area分别拖动它们到主窗体中，并将按钮的文字修改为refresh，如图4-55所示。

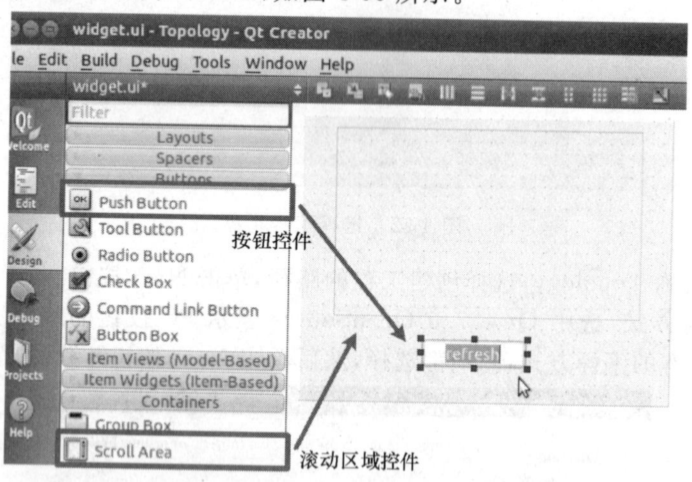

图4-55　窗体编辑界面

（10）单击主界面的空白处，使得主界面的四周出现正方形的标志，此时可以看到主界面上方的Lay Out Vertically按钮处于可以点击的状态，如图4-56所示。

（11）单击Lay Out Vertically按钮，主窗体中的滚动区域控件和按钮控件将以垂直方式布局。

（12）在Qt Creater的左侧单击Edit按钮，切换到工程文件管理界面，为主界面编写代码。

（13）将之前复制的TopologyWidget相关的文件添加到工程中，然后在工程目录结构的根部，即工程名的位置右击，选择Add Existing Files…命令，如图4-57所示。

（14）在弹出的对话框中，选择topologywidget. cpp、topologywidget. h以及topologywidget. ui三个文件，并单击“打开”按钮。

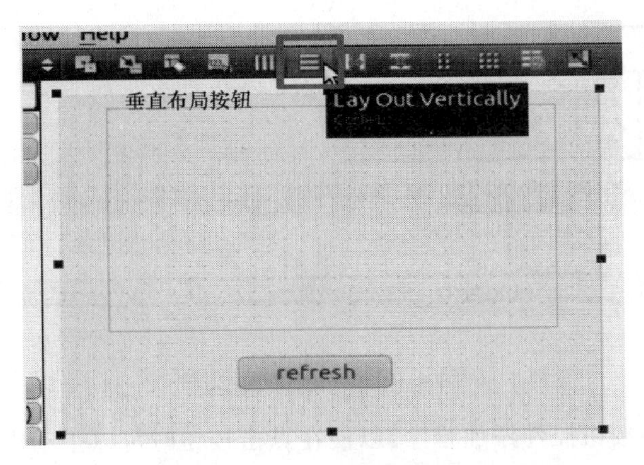

图 4-56　为主窗体设置布局

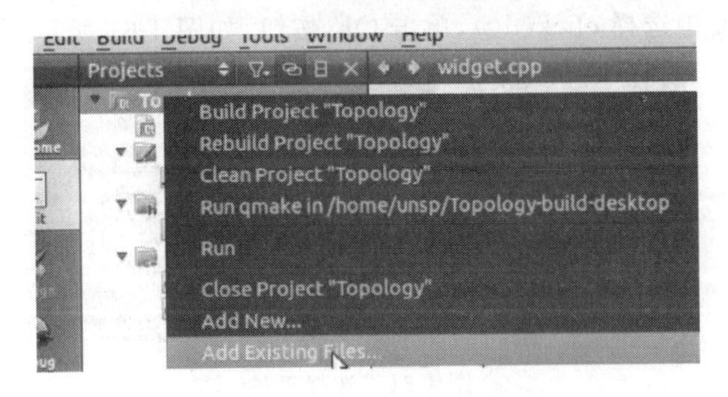

图 4-57　添加文件到工程

(15) 在工程目录结构中找到 Topology. pro 文件，双击将其打开，如图 4-58 所示。

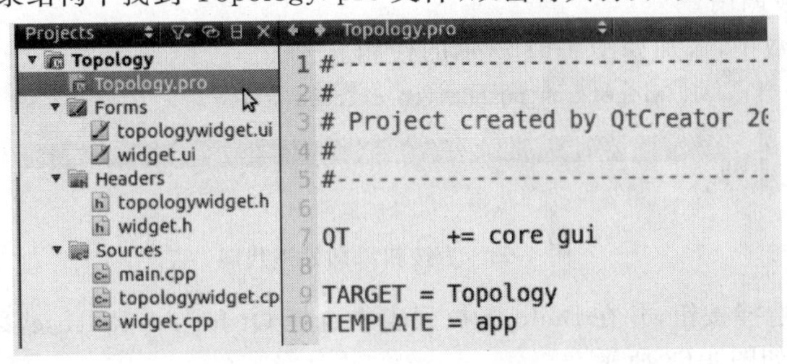

图 4-58　Topology. pro 文件

(16) 在 Topology. pro 文件中，添加如图 4-59 所示的代码。

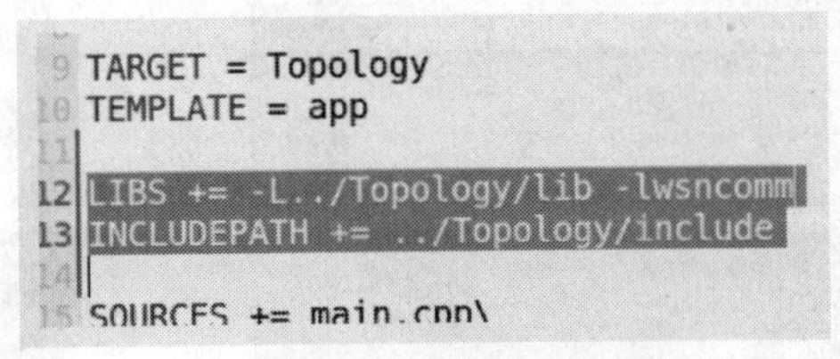

图 4-59　添加链接库信息

(17) 在工程目录结构的 Sources 文件夹中，找到 widget. cpp 文件，双击将其打开。

(18) 在 widget. cpp 文件中添加如图 4-60 所示的代码。

(19) 在工程目录结构的 Forms 文件夹中，双击 widget. ui 文件，回到主界面的编辑界面。

```
#include "widget.h"
#include "ui_widget.h"
#include <libwsncomm.h>
#include "topologywidget.h"
#define MAIN_NODE_CONFIG
#include <node_config.h>

Widget::Widget(QWidget *parent) :
    QWidget(parent),
    ui(new Ui::Widget)
{
    ui->setupUi(this);
    TopologyWidget::SetTopologyArea("127.0.0.1", ui->scrollArea);
}
```

图 4-60　widget. cpp 文件

(20) 在主界面中为按钮控件添加程序，以便在点击按钮时可以手动刷新拓扑图。

(21) 右击主界面中的按钮，在弹出的快捷菜单中选择 Go to slot 命令。

(22) 在弹出的界面中选择 clicked()，单击 OK 按钮，如图 4-61 所示。

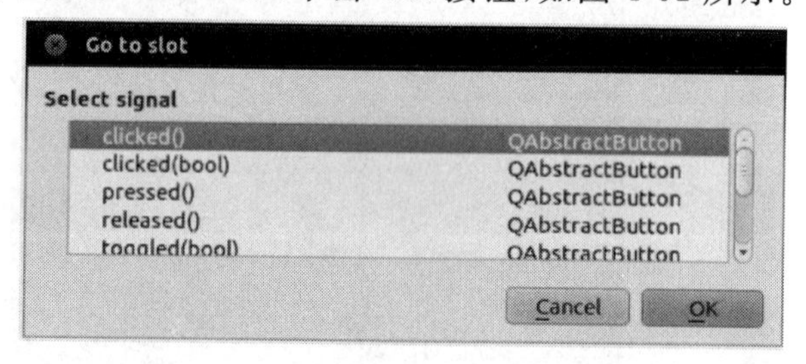

图 4-61　选择事件

(23) 此时，会自动回到代码编辑状态，同时，Qt Creator 已经为工程添加了一个函数，当按钮被点击时该函数会被调用。

(24) 在这个函数中，添加如图 4-62 所示的代码。

```
void Widget::on_pushButton_clicked()
{
    TopologyWidget::UpdateTopologyArea(ui->scrollArea);
}
```

图 4-62　为按钮添加处理代码

(25) 单击编译选择按钮，并在 Build 下拉列表中选择 Qt for A8 Release，以便编译开发板可以运行的可执行程序，如图 4-63 所示。

(26) 单击如图 4-64 所示的 Build All 按钮，即可开始编译开发板的程序。

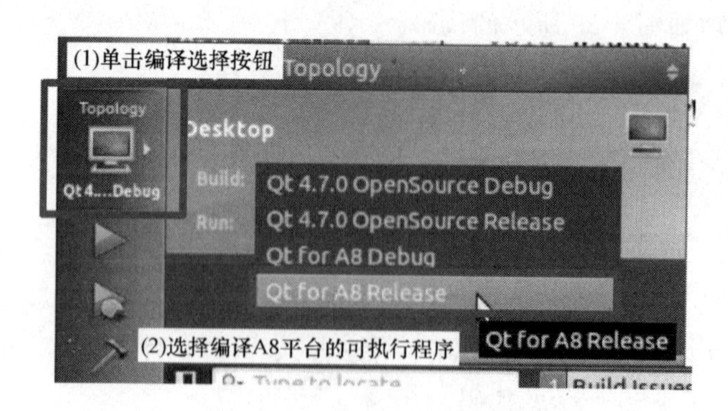

图 4-63　选择编译类型

图 4-64　单击编译按钮

(27) 当看到编译选择按钮上方的进度条变成绿色时，即表示编译完成。

(28) 在工程的保存目录中，可以找到一个名为 Topology-build-desktop 的文件夹，编译生成的可执行程序 Topology 即在此文件夹中。

(29) 将 Topology-build-desktop 文件夹中的 Topology 文件复制到 Windows 下，并将编译生成的文件下载到开发板上。

(30) 将范例代码中 lib 文件夹下的 libwsncomm.so 文件也下载到开发板，并与 Topology 文件放置在同一目录下。

(31) 在超级终端中，使用命令 chmod +x Topology ./Topology 为 Topology 添加可执行权限，并运行该命令。

5. 网络远程数据采集和控制

嵌入式网关连接到 Internet 后，如在嵌入式开发板启动 HTTP 服务器，PC 就可以通过浏览器访问风光互补电站远程监控系统。通过网页上的控制按钮就可以实现执行器件的控制和相关信息查询。风光互补充电站远程监控系统中的 HTTP 服务器采用 Linux 2.6 内核自带的 HTTP 服务器，其监控网页设计如图 4-65 所示。

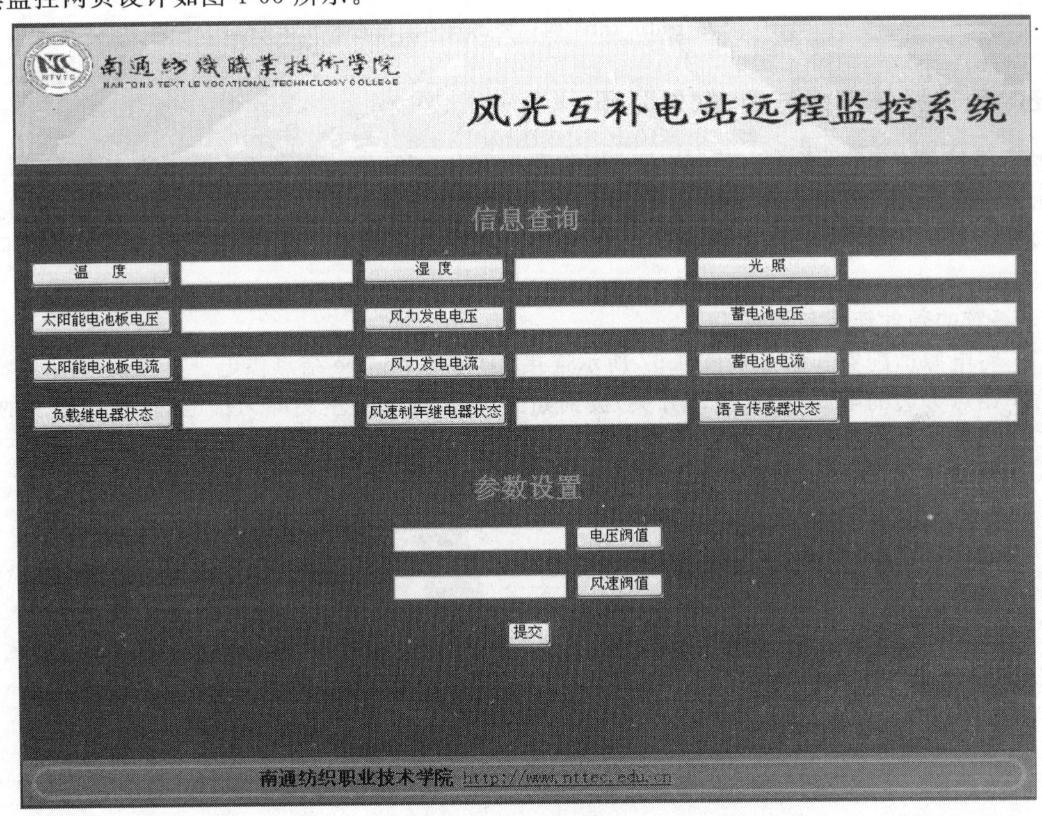

图 4-65　Web 控制页面

在“信息查询”一栏，单击各有文字标注的按钮，就能够在其右面的文本框中显示出相应的传感器检测数据或继电器状态数据。

在“参数设置”一栏，单击“电压阀值”按钮，显示电压的阀值；单击“风速阀值”按钮，显示风速的阀值。单击“电压阀值”左面的文本框，会有跳动的光标，输入数值即可设置电压阀值；单击“风速阀值”左面的文本框，会有跳动的光标，输入数值即可设置风速阀值。

网络远程控制数据的流程结构如图 4-66 所示。

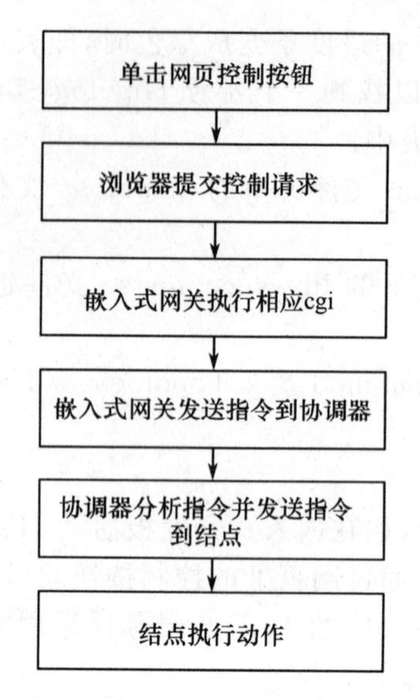

图 4-66　Inter 网远程访问控制流程图

五、硬件系统连接与硬、软件联调

整个系统可分为 ZigBee 网络、嵌入式网关两大部分。ZigBee 网络各个结点供电后可通过 ZigBee 无线网络将各自的数据发送给协调器结点，协调器结点通过串口将数据上传给嵌入式网关，从而实现了数据的传送。所以，ZigBee 结点之间没直接的硬件连接。但 ZigBee 协调器和网关通过串口线相连。

1. 系统的硬件连接与调试

(1) 将电源适配器和结点按图 4-67 所示连接，为每个 ZigBee 结点供电。

(2) 结点旁边的电源开关(拨动开关)拨到如图 4-68 所示的左侧即为接电源，核心板上的电源指示灯会亮起。

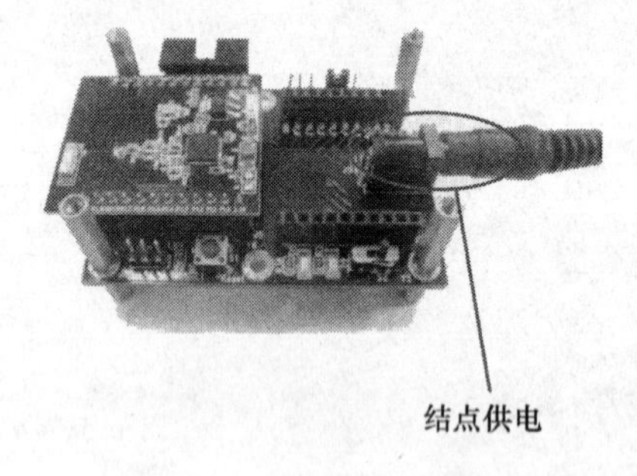

图 4-67　ZigBee 结点供电

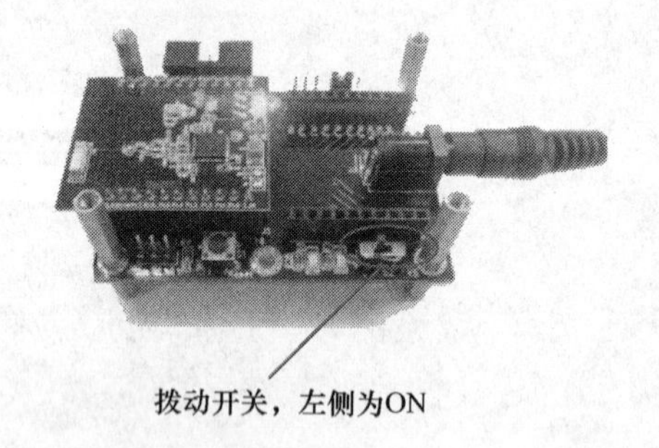

图 4-68　打开 ZigBee 核心板供电开关

(3) 若核心板电源指示灯没有亮起或者呈粉红色，或者不够明亮，则可以用万用表检测图 4-69 所示的排针两端的电压，正常情况下为 3.3 V 或者接近 3.3 V。如果所测电压不足 3.3 V，则需要检查其他供电是否正常。

(4) 如图 4-70 所示，连接 ZigBee 协调器结点的 UART0 和嵌入式网关的 UART1。嵌入式网关的 UART1 接口如图 4-71 所示，ZigBee 结点的 UART0 接口如图 4-72 所示。连接时，协调器的 GND 和网关的 GND 连接，协调器串口通信的 TX(P0_3)连接到网关的 RX1，协调器串口通信的 RX(P0_2)连接网管的 TX1。网关单元背和 ZigBee 网络协调器的串口连接线在背面，如图 4-73 所示。

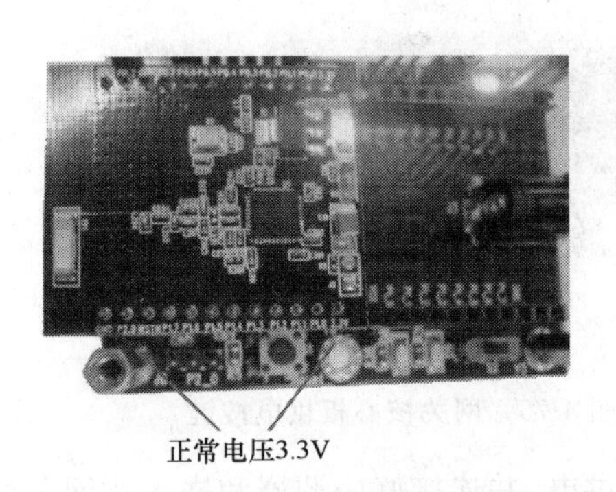

图 4-69　硬件连接电压检测

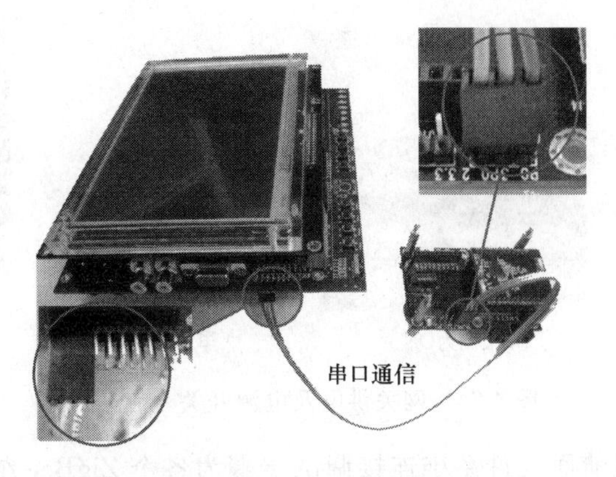

图 4-70　ZigBee 协调器和嵌入式网关串口连接

图 4-71　网关的 UART1 接口

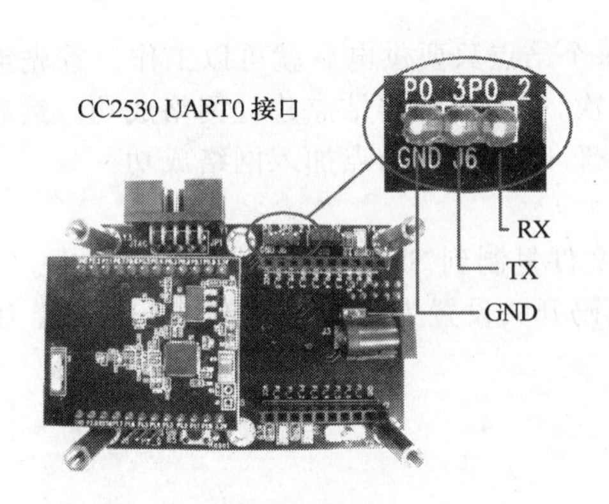

图 4-72　ZigBee 结点 UART0 接口

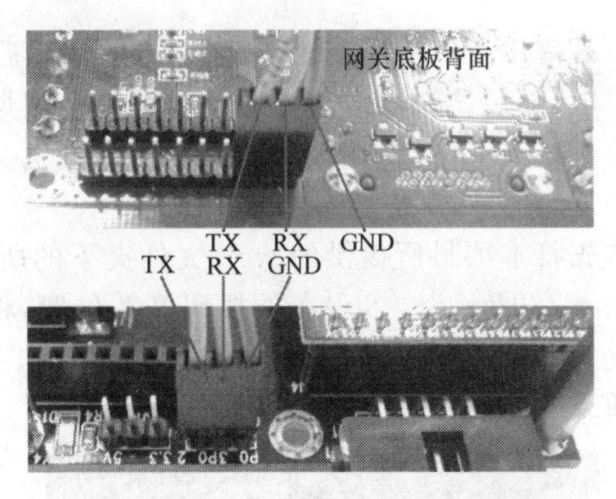

图 4-73　协调器和网关串口连线

(5) 如图 4-74 所示，将网关连接 5V 电源并将电源开关(拨动开关)拨到上方(ON 状态)。再按图 4-75 所示 Power 键为核心板供电。

(6) 网关正常启动后，依次复位 ZigBee 协调器结点和其他传感器结点，便可从 LCD 屏上看到如图 4-76 所示的 ZigBee 网络拓扑图，从而可以知道 ZigBee 网络和网关单元硬件连接正常。

2. 软件系统安装与调试运行

1) ZigBee 网络搭建步骤

ZigBee 网络的工作方式：首先由协调器结点建立通信网络，然后其他通信结点加入协调器建立的通信网络。加入通信网络成功之后，所有的结点都可以接收到协调器结点发送过来的信息。

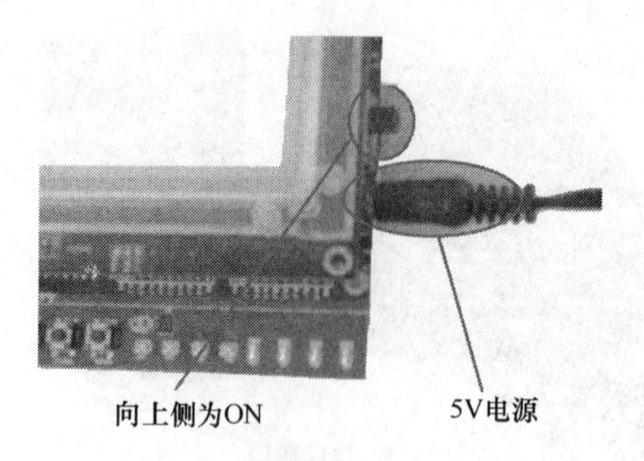

图 4-74　网关供电及电源开关

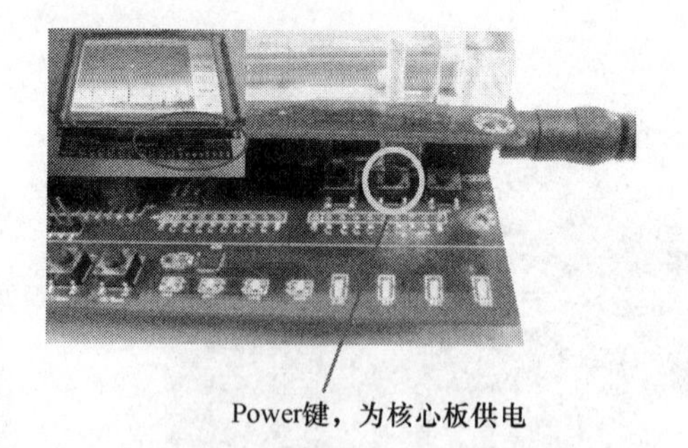

图 4-75　网关核心板供电按键

按照前面硬件系统连接调试步骤为各个 ZigBee 结点供电，并连接好协调器和嵌入式网关的串口后，下载 ZigBee 网络协调器结点程序。连接好下载器和协调器结点(下载器需要安装驱动程序才可使用)，如图 4-77 所示。

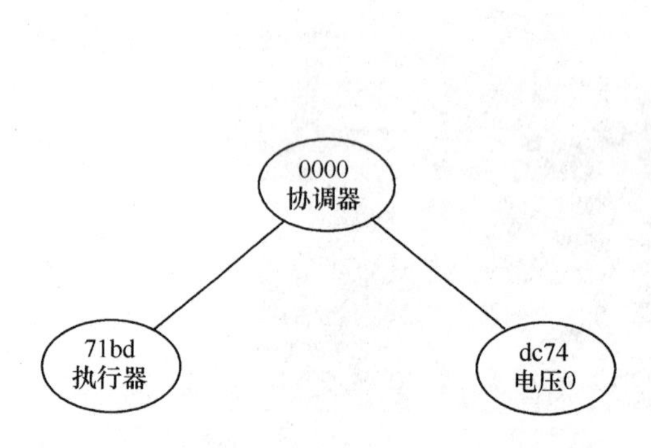

图 4-76　ZigBee 网络在网关上的拓扑图

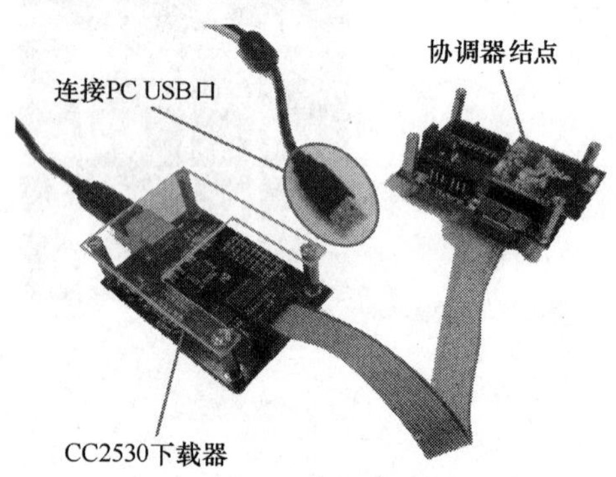

图 4-77　下载协调器代码硬件连接

下载完毕所有的 ZigBee 网络结点的代码后，每个结点只要供电后就可以工作。首先给协调器结点供电，随后协调器结点的通信指示灯会闪烁 4 次，表明协调器结点建立网络成功。然后依次为每个终端结点上电，终端结点的通信指示灯也会闪烁 4 次，表明结点加入网络成功。

2) 网关文件系统烧写步骤

首先将本项目所提供的 web 文件夹下的所有文件复制到 SD 卡的 sdfuse 文件夹内。

图 4-78 所示为 A8 设备的拨码开关位置，将拨码开关设置为从 SD 卡启动：3、4 设置为 ON，其余设置为 OFF。

插入 SD 卡，如图 4-79 所示。

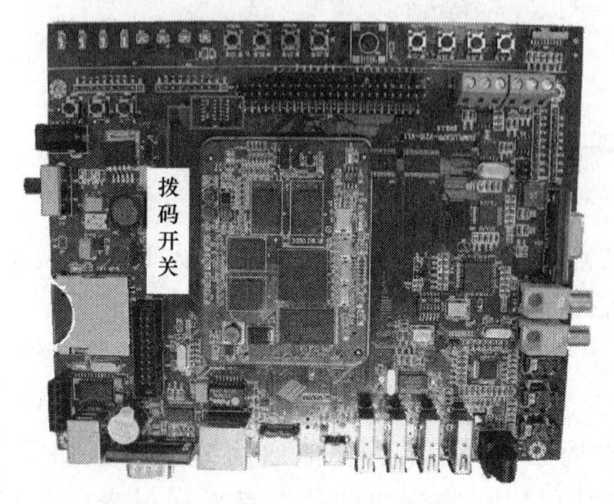

图 4-78　A8 设备拨码开关

图 4-79　SD 卡插入卡槽

然后，将串口线和网线插到开发板上，如图 4-80 所示。

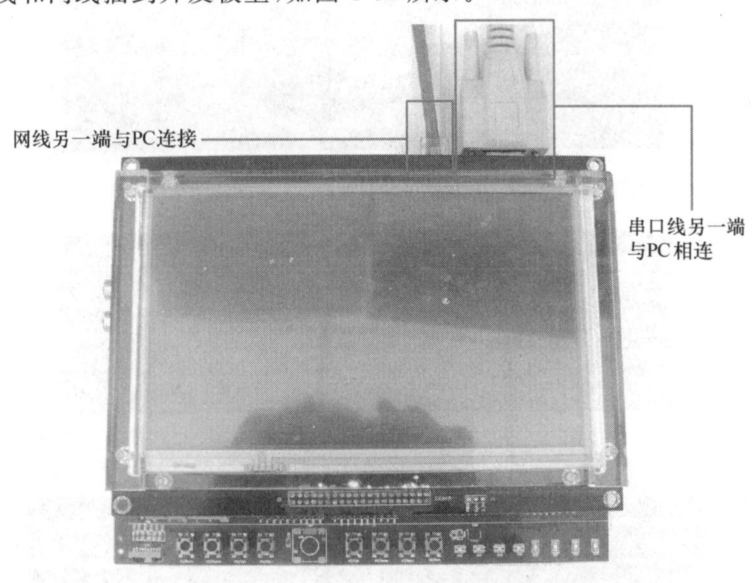

图 4-80　串口线和网线

启动设备，稍等片刻，会启动 Uboot，在“超级终端”界面按任意键进入 Uboot 主菜单，如图 4-81 所示。

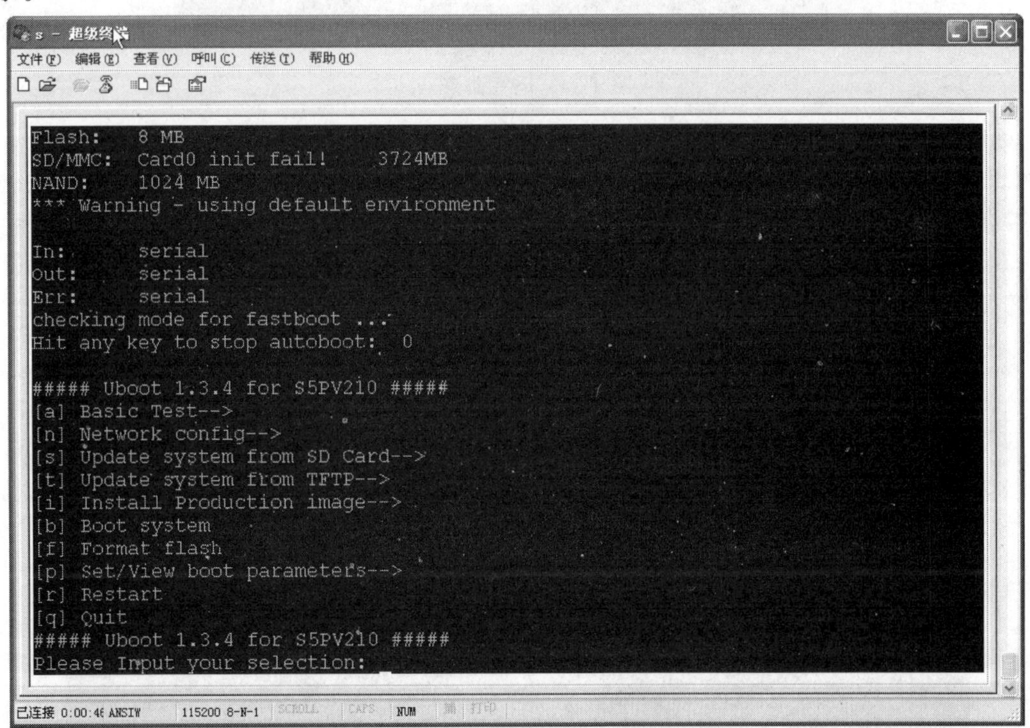

图 4-81　Uboot 菜单

通过键盘输入 i 命令，如图 4-82 所示。

然后输入 s 命令，表示从 SD 卡安装，如图 4-83 所示。

输入 web 命令，即可烧写内核和根文件系统，如图 4-84 所示。

```
##### Uboot 1.3.4 for S5PV210 #####
Please Input your selection: i

##### Install Production image #####
[s] Install from SD card
[t] Install from TFTP
[q] Quit
```

图 4-82　命令 i

```
Please Input your selection: i

##### Install Production image #####
[s] Install from SD card
[t] Install from TFTP
[q] Quit
##### Install Production image #####
Please Input your selection: s
Please input product name: *
```

图 4-83　命令 s

```
##### Uboot 1.3.4 for S5PV210 #####
Please Input your selection: i

##### Install Production image #####
[s] Install from SD card
[t] Install from TFTP
[q] Quit
##### Install Production image #####
Please Input your selection: s
Please input product name: *web
```

图 4-84　烧写命令 web

待系统重新启动后，效果如图 4-43 所示。

例如，在超级终端中，执行命令 ipconfig eth0 -i 210.28.235.71 -m 255.255.255.224 -g 210.28.235.94，即可为嵌入式网关手动配置一个可用 IP 地址，如图 4-85 所示。

设置完成之后，需要执行 service network restart 命令重启网络服务，使设置生效。执行命令 ifconfig eth0，查看网关当前的 IP 地址。

```
[root@SAPP210 /root]# ipconfig eth0 -i 210.28.235.71 -m 255.255.255.224 -g210.28
.235.94
[root@SAPP210 /root]# service network restart
Shutting down interface eth0:  [  OK  ]
Shutting down loopback interface:  [  OK  ]
Bringing up loopback interface:  [  OK  ]
Bringing up interface eth0:  eth0: link down
[  OK  ]
Bringing up interface wlan0:  Waiting for wlan0 ready...
wlan0 detected, bring it up to work...wlan0 not ready![FAILED]
[root@SAPP210 /root]# ifconfig eth0
eth0      Link encap:Ethernet  HWaddr 00:53:50:00:6B:0E
          inet addr:210.28.235.71  Bcast:210.28.235.95  Mask:255.255.255.224
          UP BROADCAST MULTICAST  MTU:1500  Metric:1
          RX packets:0 errors:0 dropped:0 overruns:0 frame:0
          TX packets:0 errors:0 dropped:0 overruns:0 carrier:0
          collisions:0 txqueuelen:1000
          RX bytes:0 (0.0 B)  TX bytes:0 (0.0 B)
          Interrupt:41 Base address:0x4000

[root@SAPP210 /root]#
```

图 4-85　手动配置一个可用 IP 地址

在 Windows 系统中打开一个浏览器，在地址栏中输入 http://210.28.235.71/，按 Enter 键，显示如图 4-65 的监控网页。

六、检查与评估

1. 风光互补充电站远程监控系统设计任务书(见表4-4)

表4-4　风光互补充电站远程监控系统设计任务书

学时	班级	组号	姓名	学号	完成日期
8					
能力目标	(1)了解风光互补充电站系统的组成及工作原理 (2)了解嵌入式系统的开发过程 (3)初步具备无线通信网络终端结点硬件设计能力 (4)初步具备无线通信网络终端结点软件设计能力 (5)具备嵌入式开发环境构建的能力 (6)具备网关简单界面的制作能力				
项目描述	风光互补充电站远程监控系统实验教学,通过教师的操作、学生的参与、师生共同对实验现象的分析,增加学生对风光互补电站远程监控系统构建的感性认识,激发学生学习远程监控系统的兴趣				
工作任务	1. 重点讲授 (1)风光互补充电站的基本概念 (2)风光互补充电站的组成及监控对象 (3)嵌入式系统介绍 (4)嵌入式 Linux 开发流程 (5)嵌入式网关开发环境的构建 (6)QT 技术的应用 2. 学生实作、老师指导 (1)合理选择并能正确使用常用的传感器元器件及执行元器件 (2)正确构建嵌入式网关开发环境 (3)无线通信网络终端结点的硬件电路设计 (4)无线通信网络终端结点的软件程序设计 (5)嵌入式网关监控软件设计及调试运行				
上交材料	(1)写出风光互补充电站远程监控系统实验装置中的各元器件名称和职能符号 (2)写出嵌入式网关与协调器通信部分程序的分析报告				

2. 风光互补充电站远程监控系统设计引导文(见表4-5)

表4-5　风光互补充电站远程监控系统设计引导文

学时	班级	组号	姓名	学号	完成日期
8					
学习目标	以风光互补充电站远程监控系统实训项目为载体,通过本项目的学习,你能够: (1)认识风光互补充电站远程监控系统的技术要求 (2)了解嵌入式系统的开发过程 (3)认识 ZigBee 的无线传感器网络与嵌入式网关的通信方式 (4)掌握风光互补电站远程监控系统中常用的传感器工作原理 (5)掌握嵌入式开发环境的构建方法 (6)掌握利用 Qt 进行网关简单界面制作的方法				
学习任务	(1)合理选择风光互补电站远程监控系统中各种相关的传感器 (2)认知监控网络终端结点的硬件及软件设计方法 (3)认知嵌入式网关的监控软件设计方法 (4)分析风光互补电站嵌入式网关监控系统的软硬件组成 (5)正确调试网关及终端结点和协调器结点				

续表

<table>
<tr><td>学时</td><td>班级</td><td>组号</td><td>姓名</td><td>学号</td><td>完成日期</td></tr>
<tr><td>8</td><td></td><td></td><td></td><td></td><td></td></tr>
<tr><td>任务流程</td><td colspan="5">(1)风光互补充电站远程监控系统构建中所需要的所有元器件明细表
(2)列出嵌入式网关软件系统开发过程
(3)列出嵌入式系统开发环境的构建过程
(4)给出 Qt 监控界面的制作步骤
(5)对风光互补充电站远程监控系统进行调试运行</td></tr>
<tr><td rowspan="4">学习过程</td><td colspan="5">【资讯与学习——明确任务,相关知识学习】
一、安全注意事项
(1)风光互补充电站远程监控系统的实训内容涉及电工电子元器件、太阳能风能发电设备、蓄电池等,要保证所有实训设备和元器件的完好性
(2)要正确安装和固定好元器件
(3)各种电路和管路要连接牢固,管线松脱可能会引起事故
(4)实训中所涉及各种元器件应在系统中正确放置
(5)不得使用超过限制的工作电压或电流
(6)要按要求接好回路,检查无误后才能接通电源
(7)实训现象不能按要求实现时,要仔细检查错误点,认真分析产生错误的原因
(8)在通电情况下不允许拔插元器件,或在电路板上带电接线
(9)要严格遵守各种安全操作规程
二、明确工作任务和工作要求
详见任务书。
三、预备知识
1. 无线传感器网络及 A8 开发板实训设备上的元器件讲解
(1)无线传感结点装置讲解
(2)协调器的讲解
(3)嵌入式网关讲解
(4)辅助装置讲解
2. 无线传感器网络及 A8 开发板的原理讲解
(1)协调器工作原理的讲解
(2)嵌入式系统硬件知识讲解
(3)嵌入式系统软件知识讲解
(4)嵌入式远程监控系统开发讲解</td></tr>
<tr><td colspan="5">【计划与决策】
按照下述步骤开展项目化教学实施,完成工作页的相关内容。
本任务完成步骤:
(1)合理选择风光互补电站远程监控系统中各种相关的传感器
(2)认知嵌入式网关软件系统开发过程
(3)认知嵌入式系统开发环境的构建过程
(4)认知 Qt 监控界面的制作步骤
(5)正确调试运行风光互补电站远程监控系统</td></tr>
<tr><td colspan="5">【项目实施】
操作步骤:
(1)妥善准备本项目实施所需的各种元器件、仪表及工具
(2)正确选择和连接各种相关传感器
(3)正确构建嵌入式系统开发环境
(4)搭建网关及传感器网络
(5)制作嵌入式网关监控软件
(6)对风光互补充电站远程监控系统进行软硬件调试运行</td></tr>
<tr><td colspan="5">【检查与评估】
完成工作页相关内容</td></tr>
</table>

3. 风光互补充电站远程监控系统设计工作页(见表 4-6)

表 4-6 风光互补充电站远程监控系统设计工作页

学时	班级	组号	姓名	学号	完成日期
8					

工作内容	(1)合理选择风光互补充电站远程监控系统中各种相关的传感器 (2)认知嵌入式网关软件系统开发过程 (3)认知嵌入式系统开发环境的构建过程 (4)认知 Qt 监控界面的制作步骤 (5)正确调试运行风光互补电站远程监控系统
实训器材	

教学节奏与方式

序号	项目	时间安排	教学方式(参考)
1	课前准备	课余	自学、查资料、相互讨论嵌入式系统基本概念
2	教师讲授	1 学时	重点讲授: (1)风光互补充电站的基本概念 (2)风光互补充电站的组成及监控对象 (3)嵌入式系统介绍 (4)嵌入式 Linux 开发流程 (5)嵌入式网关开发环境的构建 (6)Qt 技术的应用
3	学生实作	1 学时	学生实作、老师指导: (1)合理选择并能正确使用常用的传感器元器件及执行元器件 (2)正确构建嵌入式网关开发环境 (3)无线通信网络终端结点的硬件电路设计 (4)无线通信网络终端结点的软件程序设计 (5)嵌入式网关监控软件设计及调试运行

原理图	

实习内容

序号	主 要 步 骤	要 求
1	合理选择风光互补充电站远程监控系统中各种相关的传感器	正确标注
2	选择和连接各种相关传感器	掌握传感器与控制器的连接方法
3	协调器硬件设计与分析	作出协调器电路原理图
4	嵌入式网关与无线传感网络通信分析	列出通信方式
5	构建嵌入式 Linux 开发环境	列出嵌入式系统软件步骤
6	嵌入式网关监控软件设计分析	作出软件流程图
7	风光互补充电站远程监控系统调试运行	对监控软件进行调试,记录测试结果

续表

<table>
<tr><td colspan="2">学时</td><td>班级</td><td>组号</td><td>姓名</td><td>学号</td><td>完成日期</td></tr>
<tr><td colspan="2">8</td><td></td><td></td><td></td><td></td><td></td></tr>
<tr><td rowspan="3">思考题</td><td>1</td><td colspan="3">嵌入式网关采用何种方式和无线传感网络进行通信</td><td colspan="2"></td></tr>
<tr><td>2</td><td colspan="3">风光互补充电站远程监控系统在实际实施中主要体现在什么地方</td><td colspan="2"></td></tr>
<tr><td colspan="2">教师签名</td><td colspan="2"></td><td>评分</td><td></td></tr>
</table>

4. 风光互补充电站远程监控系统设计检查单(见表4-7)

表 4-7　风光互补充电站远程监控系统设计检查单

<table>
<tr><td colspan="2">班级</td><td>项目承接人</td><td>编号</td><td>检查人</td><td>检查开始时间</td><td colspan="2">检查结束时间</td></tr>
<tr><td colspan="2"></td><td></td><td></td><td></td><td></td><td colspan="2"></td></tr>
<tr><td colspan="6">检　查　内　容</td><td>是</td><td>否</td></tr>
<tr><td rowspan="3">回路正确性</td><td colspan="5">(1)按照电路原理图要求,正确连接电路</td><td>□</td><td>□</td></tr>
<tr><td colspan="5">(2)系统中各模块安装正确</td><td>□</td><td>□</td></tr>
<tr><td colspan="5">(3)元器件符号准确</td><td>□</td><td>□</td></tr>
<tr><td rowspan="2">调试</td><td colspan="5">(1)正确按照被控对象的监控要求进行调试</td><td>□</td><td>□</td></tr>
<tr><td colspan="5">(2)能根据运行故障进行常见故障的检查</td><td>□</td><td>□</td></tr>
<tr><td rowspan="5">安全文明操作</td><td colspan="5">(1)必须穿戴劳动防护用品</td><td>□</td><td>□</td></tr>
<tr><td colspan="5">(2)遵守劳动纪律,注意培养一丝不苟的敬业精神</td><td>□</td><td>□</td></tr>
<tr><td colspan="5">(3)注意安全用电,严格遵守本专业操作规程</td><td>□</td><td>□</td></tr>
<tr><td colspan="5">(4)保持工位文明整洁,符合安全文明生产</td><td>□</td><td>□</td></tr>
<tr><td colspan="5">(5)工具仪表摆放规范整齐,仪表完好无损</td><td>□</td><td>□</td></tr>
</table>

教师审核:

项目承接人签名	检查人签名	老师签名

5. 风光互补充电站远程监控系统设计评价表(见表4-8)

表4-8　风光互补充电站远程监控系统设计评价表

总　分		项目承接人	班级	工作时间	
				8学时	
评　分　内　容			标准分值	小组互评评分(30%)	教师评分(70%)
资讯学习(15分)	任务是否明确 资料、信息查阅与收集情况		5		
	相关知识点掌握情况		10		
计划决策(20分)	实验方案		10		
	控制元器件		5		
	原理图		5		
实施与检查(30分)	系统安装情况		10		
	系统检查情况		5		
	元器件操作情况		10		
	安全生产情况		5		
评估总结(10分)	总结报告情况		5		
	答辩情况		5		
工作态度(25分)	工作与职业操守		5		
	学习态度		5		
	团队合作精神		5		
	交流及表达能力		5		
	组织协调能力		5		
总　分			100		

项目完成情况自我评价：

教师评语：

被评估者签名	日期	老师签名	日期

项目小结

本项目以电动车用风光互补充电站为应用背景，设计了由 ZigBee 网络、嵌入式网关、PC 访问控制端组成的远程监控系统，实现了对电动车用风光互补充电站的运行状态进行远程监控。介绍了风光互补充电站远程监控系统的结构组成，介绍了嵌入式网关监控软件的开发过程，着重介绍了嵌入式网关与协调器的通信技术、Qt 界面的制作方法及 Web Server 的实现方法，并设计了相应的硬件电路和软件程序。

学生在项目化的实践操作过程中，可充分结合本项目的任务要求，在完善人机界面、无线网络通信等方面做出创新尝试与练习，以进一步提高专业技能。

项目五 船用风光互补电站远程监控系统设计

近年来，随着煤炭、石油和天然气等资源的减少以及环保要求的不断提高，国际社会开始强烈关注能源危机和温室气体排放带来的全球气候变暖问题。由于船舶在运行过程中要消耗大量的能量，并且会排放污染气体，为了使航运业能够可持续发展，世界造船业的主要研究方向开始集中在节能减排和探索新能源等方面，尤其是针对船舶清洁可再生动力能源技术的研究。

太阳能作为一种清洁可持续使用的能源，与常规能源相比较，不会枯竭，而且安全无害，只要加以收集、转换即可直接使用。风能是一种无污染且无限可再生的资源，风能利用存在间歇性、噪声大、受地形影响和干扰雷达信号等难以彻底消除的缺点。将两者结合起来构成风光互补电站，按照合理的容量配置互补运行并安装合适的蓄电池组进行能量存储和负载的均衡，则能够使两者的弱点得以均衡，为船舶作业和船员生活提供稳定可靠的清洁能源。

项目描述

对船用风光互补电站的运行状态进行远程监控，实时了解外界环境状况以及每个船用风光互补电站的子站所对应的太阳能电池板和风力发电机发电输出情况、蓄电池电量输出情况等，并能在蓄电池电压过低的情况下切断对相关用电负载的供电，在风力过大的情况下对风力机采取必要的减速或制动措施，从而确保船用风光互补电站的正常运行。

项目目标

(1) 选取合适的传感器与执行元器件，使其能够实现对太阳能电池板和风力发电机的运行状态进行数据采集与控制。

(2) 选取合适的通信手段，能够将太阳能电池板和风力发电机中各种运行状态数据通过GPRS通信方式发送到远程监控中心的PC中，也可发送到远程用户手机终端，并通过PC人机界面或远程用户手机终端进行显示。同时，还能通过远程监控中心的PC或远程用户手机终端发送控制命令，实现对风光互补发电装置以及蓄电池充放电的实时控制。

项目分析

一、了解船用风光互补电站的组成及工作原理

船用风光互补电站由多个子站组成，每个子站的风光互补发电工作原理与前述的风光互补电站基本相同，都是由太阳能电池板、风力发电机、控制器、蓄电池组、逆变器、机械连接装置等几部分组成。

二、明确船用风光互补电站的监控对象

围绕船用风光互补电站的工作过程确定各种相关的检测和控制对象。

三、设计船用风光互补电站远程监控总体方案

基于ZigBee无线传感网络以及GPRS通信模块设计和构建船用风光互补电站远程监控系统。

四、船用风光互补电站数据检测与控制硬件电路设计

(1) ZigBee 网络网关电路设计；
(2) GPRS 模组电路设计；
(3) 硬件系统连接与调试方法。

五、船用风光互补电站控制软件程序设计

(1) ZigBee 网络网关监控程序设计；
(2) GPRS 通信程序设计；
(3) 通信界面设计。

相关知识

一、船用风光互补电站远程监控方案

船用风光互补电站远程监控系统由 ZigBee 网络、嵌入式网关、用户手机客户端和远程 PC 访问控制端组成。其中，ZigBee 网络负责检测充电站周围环境的温湿度、光照度、风速、风向、太阳能电池板的电压电流、蓄电池的电压电流和风力发电机的电压电流等参数，并可以完成用户发送的调节控制命令。用户可以通过远程监控 PC 端或者手机查看和控制整个系统的状态。考虑到船用风光互补电站在船舶上使用的特点，其远程监控系统采用 GPRS 通信方式。

ZigBee 网络的协调器通过串口将数据上传到嵌入式网关，嵌入式网关通过 GPRS 通信模块与远程监控 PC 及用户手机服务端之间进行通信，整个系统的设计方案如图 5-1 所示。

二、GPRS 通信原理与方法

GPRS 是一种基于 GSM 系统的无线分组交换技术，提供端到端的、广域的无线 IP 连接。它突破了 GSM 网络只能提供电路交换的思维方式，通过增加相应的功能实体和对现有的基站系统进行部分改造来实现分组交换。这种改造的投入相对来说并不大，但得到的用户数据速率却相当可观。

GPRS 通信技术具有以下特点：

(1) 在核心网络中引入 GPRS 支持结点(GSN)，SGSN 和 GGSN 采用分组交换平台方式，定义了基于 TCP/IP 的 GTP 方式来承载高层数据。GGSN 支持与外部分组交换网的互通，并经由基于 IP 的 GPRS 骨干网和 SGSN 连通。

(2) 通过 GGSN 实现了与标准 Internet 的无缝连接，在 GGSN 可实现与外部 IP 网络的透明与非透明的连接，支持特定的点到点和点对多点服务，以实现一些特殊应用，如远程自动抄表等。GPRS 也允许短消息业务(SMS)经 GPRS 无线信道传输。

(3) GPRS 非常适合频繁的、数据量小的突发型数据业务，同时也适合偶尔的大数据量业务。它能高效利用信道资源在无线接口 MAC/RLC 层进行无线资源的有效管理，其核心网部分适用于数据传送的分组交换方式。GPRS 网络适用于突发性数据的有效传送，它支持 4 种不同的 QoS 级别。一般来说，GPRS 能在 0.5～1 s 之内恢复数据的重新传输。

(4) GPRS 支持中、高速率的数据传输，可提供 9.05～171.2 k bit/s 的数据传输速率(每个用户)。GPRS 目前实际能够提供的极限速率是 40.2～53.6 k bit/s，这个速率没有考虑到因为各层重传导致的传输速率下降，因此实际速率和理想速率有一定差距。

(5) GPRS 的资源利用率高。它引入了分组交换的传输模式，使得原来采用电路交换模式的

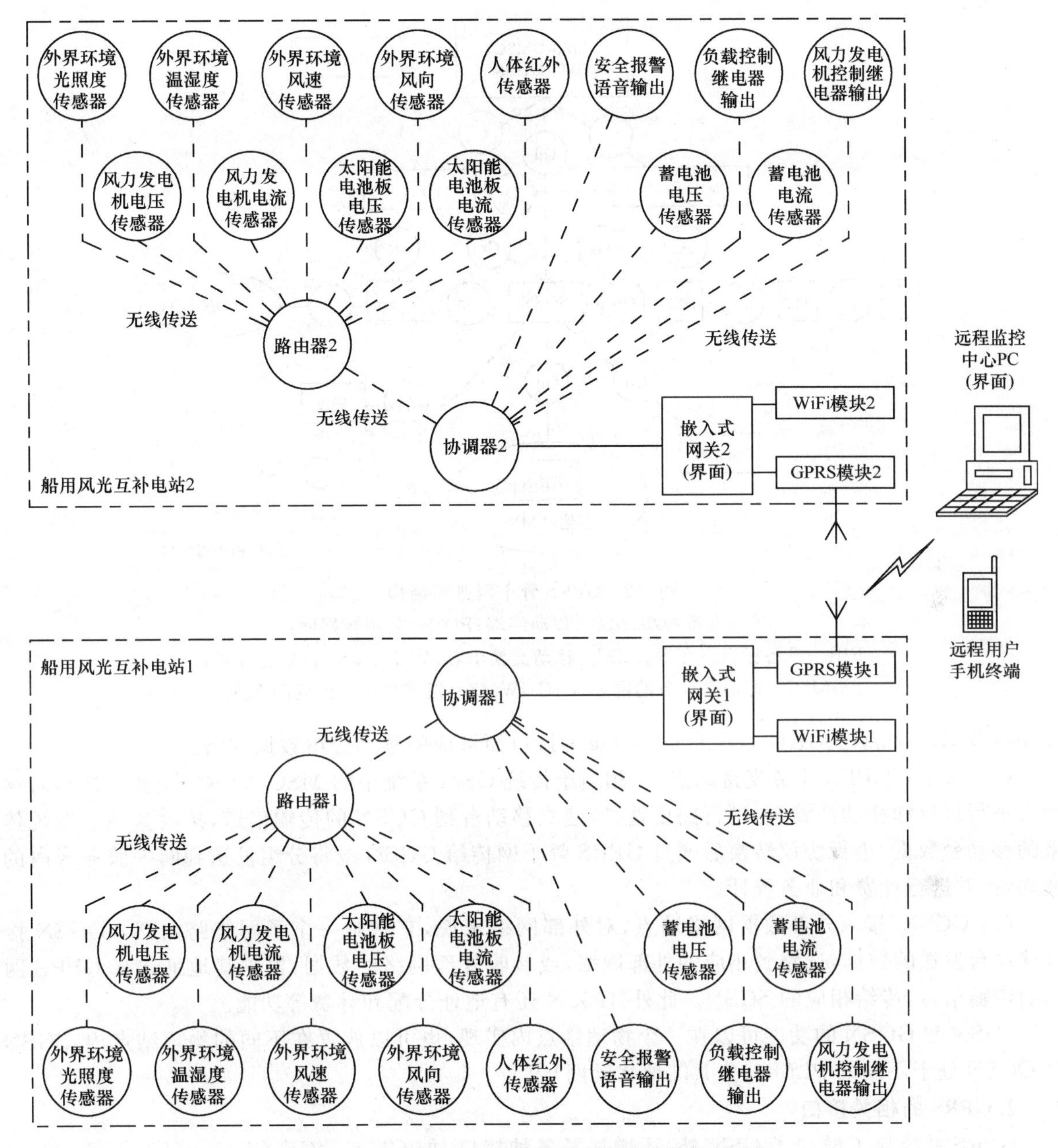

图 5-1 船用风光互补电站远程监控系统设计方案

GSM 传输数据方式发生了根本性的变化，这在无线资源稀缺的情况下显得尤为重要。用户只有在发送或接收数据期间才占用资源，这意味着多个用户可高效率地共享同一无线信道，从而提高了资源的利用率。GPRS 可以实现基于数据流量、业务类型及服务质量等级的计费功能，计费方式更加合理，用户使用更加方便。

1. GPRS 网络结构

GPRS 在现有的 GSM 网络基础上叠加了一个新的网络，通过增加一些硬件设备并对原有网络升级，形成了一个新的网络逻辑实体，提供端到端的广域的无线 IP 连接。GPRS 的网络结构如图 5-2所示。

从网络侧看，新增 SGSN(服务 GPRS 支持结点)和 GGSN(网关 GPRS 支持结点)这两种网络

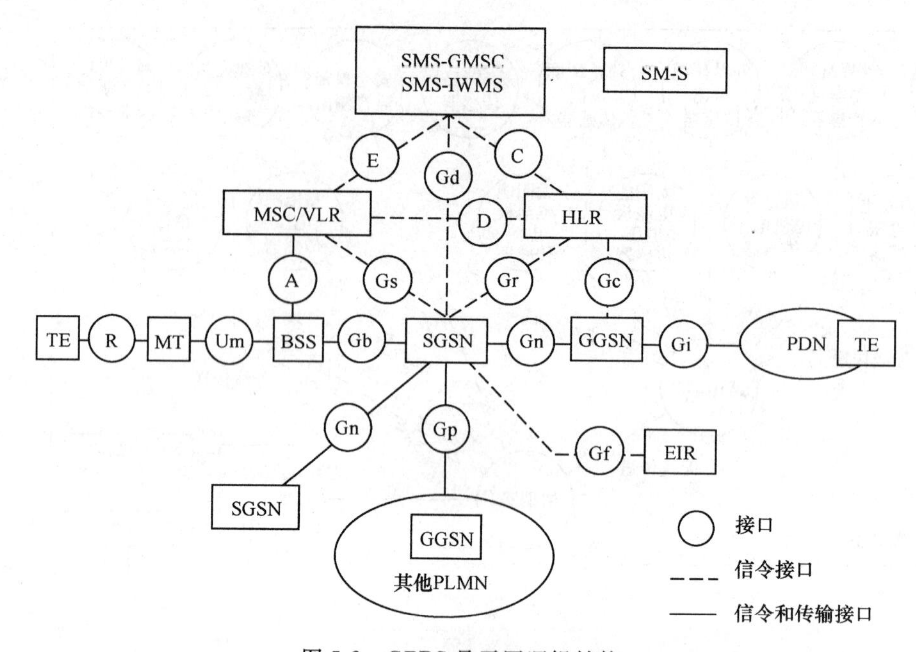

图 5-2 GPRS 骨干网逻辑结构

TE—设备终端；MT—移动终端；PDN—公用数据网；

EIR—设备标识寄存器；MSC—移动交换中心；VLR—访问位置寄存器；

GMSC—短消息业务的网关 MSC；IWMS—短消息业务的网间 MSC

实体以及 Gb、Gn/Gp、Gi、Gr、Gf、Gd、Gs、Gc 等接口而形成的移动分组数据网络。

(1) SGSN：GPRS 业务支持结点，它相当于传统 GSM 系统中的 MSC/VLR。主要功能是对移动台进行授权和移动性管理，进行路由选择，建立移动台到 GGSN 的传输信道，接收基站子系统传来的移动台数据，进行协议转换后通过 GPRS 骨干网传给 GGSN 或将分组发送到同一服务区内的移动台，并进行计费和业务统计。

(2) GGSN：接入外部数据网络结点，对外部网络来说，它就是一个子网络路由器。GGSN 接收移动台发送的数据，选路到相应的外部网络，或接收外部网络的数据，根据其地址选择 GPRS 网内的传输信道，传给相应的 SGSN。此外，GGSN 还有地址分配和计费等功能。

SGSN 和 GGSN 的功能可以在一个物理结点内实现，也可以放置在不同的物理结点内，SGSN 和 GGSN 处于不同的 PLMN(公共陆地移动网)内。

2. GPRS 的相关接口

GPRS 系统除了增加了 GSN 外，还增加了各种接口，如 Gb、Gn/Gp、Gi、Gr、Gf、Gd、Gs 和 Gc 等，下面分述其功能和作用。

(1) Gb 接口：SGSN 和 BSS 中的 PCU 之间的接口。承载 SGSN 与 BSS 间 GPRS 业务和信令，可以采用基于 2.048 Mbit/s 的 EI 帧中断链路。SGSN 通过 Gb 口与基站 BSS 相连，为移动台(MS)服务，通过逻辑链路控制(LLC)协议 SGSN 与 MS 之间的连接，提供移动性管理器(位置跟踪)和安全管理功能。SGSN 完成 MS 和 SGSN 之间的协议转换，即骨干网使用的 IP 协议转换成 SNDCP 和 LLC 协议并提供 MS 鉴权和登记功能。

(2) Gn 接口：同一 PLMN 中 GGSN 与 SGSN 之间的接口，在 PLMN 内提供数据和信令接口，基于 IP 骨干网使用 GPRS 隧道协议(GTP)，通过 GPRS 隧道协议(GTP)建立 SGSN 和外部数据网(X.25 或 IP)之间的通道，实现 MS 和外部数据网的互联。

(3) Gp 接口：不同 PLMN 中 GGSN 与 SGSN 之间的接口，也基于 IP 骨干网，提供与 Gn 相同的功能，同时与边界网关(BG)、防火墙一起跨越PLMN通信的所有功能包括安全和路由等。

(4) Gi接口：支持X.25和IP协议，通过GGSN与GPRS网互连的分组数据网可以是PSPDN网(这时GPRS支持ITU-TX.121和TTU-TE.164编号方案，提供X.25虚电路及对X.25的快速选择，网间的X.75协议连接)，也可以是Internet：(基于IP协议，在IP数据报传输方式中，GPRS支持TCP/IP头的压缩功能)。

(5) Gr接口：SGSN与HLR之间的接口，它向SGSN提供了接入HLR中用户数据的能力。HLR保存GPRS用户数据和路由信息(IMSI、SGSN地址)，每个IMSI(国际移动用户识别码)还包含数据协议(PDP)信息，包括PDP类型(X.25或IP)、PDP地址及其QoS等级以及路由信息。

(6) Gs接口：它是可选择接口，用于SGSN向MSC/VLR发送地址信息、并从MSC/VLR接收寻呼请求，实现分组型业务和非分组型业务的关联。

(7) Gc接口：也是GGSN与HLR之间的可选接口，GGSN通过Gc接口可直接从HLR获取位置信息，否则GGSN需通过其他SGSN或GGSN从HLR获取位置信息。

(8) Gd接口：它是SMS-GMSC和SGSN之间的接口以及SMS-IWMSC和SGSN之间的接口，通过接口可以提高SMS的使用效率。

(9) Gf接口：它是SGSN与EIR之间的接口，认证MS的IMSI信息。

(10) Um接口：它是GPRS/GSM系统与MS之间的接口，GPRS/GSM网络侧通过此接口向移动台提供分组数据业务和电路业务，移动台中的移动终端(MT)部分通过此接口接入GPRS业务。Um接口是GSM/GPRS系统中最重要的一个接口，它在GSM规范(04系列和05系列)中进行了严格的定义，以保证不同厂商GPRS终端与GPRS网络设备之间的良好互操作性。

3. GPRS协议模型

移动台(MS)和GPRS之间的分层传输协议模型如图5-3所示。它主要由GTP、LLC和RLC协议构成。

Um接口是GSM的空中接口。Um接口上的通信协议有5层，自下而上依次为物理层、GSM、MAC(Medium Access Control)层、LLC(Logical Link Control)层、SNDC(Subnetwork Dependant Convergence)层和网络层IP/X.25。

RLC/MAC为无线链路控制/媒质接入控制层。RLC负责LL-PDU的拆装与重组，并提供可靠的无线链路。MAC的主要作用是定义和分配空中接口的GPRS逻辑信道，使得这些信道能被不同的移动台共享。GPRS的逻辑信道共有3类，分别是公共控制信道、分组业务和GPRS广播信道。

中继转发(Relay)在BSS中，用于转发Um和Gb接口间的LLC PDU；在SGSN中，用于转发

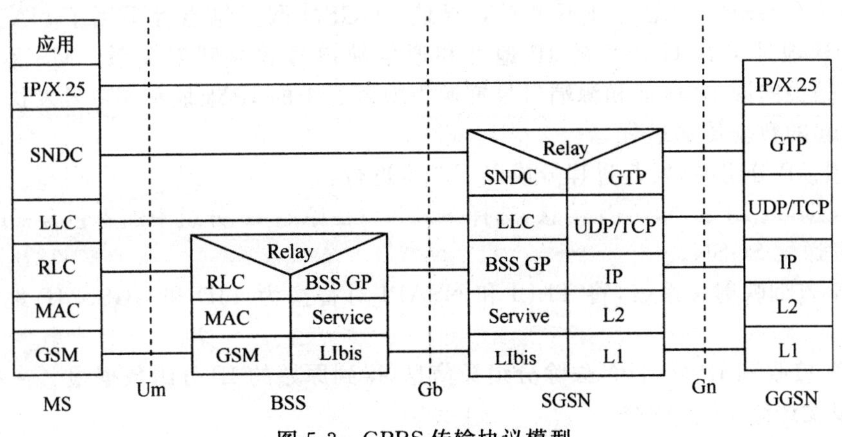

图5-3 GPRS传输协议模型

Gb 和 Gn 接口间的逻辑链接控制数据。

网络层的协议目前主要是第一阶段提供的 TCP/IP 和 X. 25 协议。TCP/IP 和 X. 25 协议对于传统的 GSM 网络设备(如 BSS)是透明的。

GTP 即 GPRS 隧道协议,它将用户数据及信令用隧道技术在 GPRS 网络 GSN 结点之间传送。IP 这是 GPRS 骨干网络协议,用以用户数据和控制信令的选路。GPRS 骨干网最初是建立在 IPv4 协议基础上的,随着 IPv6 的广泛使用,GPRS 会最终采用 IPv6 协议。

4. GPRS 的数据传输方式

基于 GSM/GPRS 网络的数据传输通常有 4 种方式:基于短消息的数据传输;基于 Data 方式(一种以电路交换为基础的传输方式)的数据传输;基于语音方式的数据传输;基于 IP(Internet Protocol)方式的数据传输。

基于 IP 的数据传输方式是 GPRS 系统独有的,因为 GPRS 数据传输的基础是 TCP/IP 协议,因此基于 IP 的数据传输方式中最核心的内容是 TCP/IP 协议的转换。该方案的优点是数据传输的成本比较低,实时性较好,但缺点是 GPRS 终端开发成本高,使用复杂度较高。该方案的组网方案灵活性更好,数据传输将速率更高、数据量更大,适合各种对实时性要求不太高的远程无线数据传输。

5. GPRS 数据传输过程分析

利用 GPRS 网络传输数据,可以将其看成 4 个过程:连接过程、MS 发起数据传输过程、MS 终止数据传输过程、终止过程。这里的分析是针对由 MS 发起的过程,而由网络发起的过程与之类似,外部分组数据网络为 Internet。

1) 连接过程

一个移动台在与主机进行通信前,首先必须连接到 GPRS 网络,即与 SGSN 建立连接。此刻 MS 虽然已经登录 GPRS 网络,但还没有被外部网络所知。要能够收发数据,MS 需要激活 PDP 上下文,建立起与 GGSN 之间的对应关系后,才能够实现与 PDN 之间的通信。

MS 首先向 SGSN 发送一个 PDP 上下文激活请求,SGSN 根据 MS 提供的信息和配置选择相应的 GGSN,请求该 GGSN 为 MS 创建 PDP 上下文。

GGSN 与 SGSN 之间建立通信隧道,并分配有隧道标识 TID(Tunnel Identifier)。在保存了 TIDE SGSN IP 地址和 MS 之间的映射关系后,GGSN 向 SGSN 发送确认消息,其中包括 TID 信息和分配给 MS 的 PDP 地址。SGSN 向 MS 发送消息,通知其 PDP 上下文已经激活。同时 SGSN 更新自身保存的映射关系表。

在 GPRS 系统中,MS 在 PDP 上下文激活时获得的 PDP 地址为动态 IP 地址,如 10.17.55.83,其在 GPRS 网络之外不可对其寻址。GGSN 网关结点处采用了 NAT 网络翻译技术,将 MS 的 IP 地址与该 GGSN 的 IP 地址和通信端口号建立映射关系。MS 发送数据时,在 GGSN 处将数据报的源 IP 地址和源端口号置换为映射表中的 IP 地址和端口号发送出去。

2) MS 发起的数据传输过程

当 MS 产生 IP 分组时,发起过程分成以下 3 步进行:

(1) MS 根据 TLLI 和 NSAPI 信息,选择 SGSN。在原始 IP 分组中加入包含 TLLI 和 NSAPI 的头信息后,发送给 SGSN。

(2) SGSN 查询映射关系表,将 TLLI 和 NSAPI 对替换为 TID 和 GGSN IP 地址对,发送 IP 分组给 GGSN。

(3) GGSN 接收到 IP 分组后,去除分组头信息,得到原始的 IP 分组数据报。在进行地址映射后,将该数据报发送给 PDN 网络。

当移动台从一个 SGSN 服务区移动到另一个 SGSN 服务区时,两个 SGSN 通过 Gn 和 Gp 接口交换用户注册信息(当前移动台首次向网络注册时,SGSN 可能通过 Gf 接口查询移动台的 IMEI,以确定移动台的合法性)。而 GGSN 结点通过 Gi 与 X.25 网和 Internet 相连。

3) MS 终止的数据传输过程

外部分组数据网络向 MS 发送数据的过程与 MT 数据传输过程类似,也分成 3 步实现:

(1) PDN 网络的分组数据到达 GGSN 后,GGSN 根据映射关系表选择相应的 SGSN 和 TID,在原始分组数据前加入包含 GGSN IP 地址、SGSN IP 地址和 TID 的头信息,将该分组数据给 SGSN。

(2) SGSN 查询映射关系表,确定 MS 的位置。SGSN 取得原始 IP 分组,加上包含 TLLI 和 NSAPI 信息的头信息,并将该 IP 分组发送给 MS。

(3) MS 在获得 IP 分组后,去除头信息即可得到相应的用户数据。

4) 终止过程

要将 PDP 上下文撤销,MS 首先向 SGSN 发送一条撤销 PDP 上下文的请求消息,其中包含 NSAPI 信息。SGSN 向 GGSN 发送一个撤销 PDP 上下文的请求消息,其中包含有 TID 信息,GGSN 撤销 PDP 上下文后向 SGSN 回复撤销确认消息,其中包含 TID 信息。此时 GGSN 释放 MS 正在使用的 PDP 地址。SGSN 再向 MS 返回一条包含了 NSAPI 信息的确认消息。

6. GPRS 的特点及优势

GPRS 是 GSMPhaseZ+引入的非常重要的内容之一,与 GSM 电路交换相比,GPRS 非常重要的优点是引入了分组交换功能,利用 GPRS 进行数据传输具有接入范围广、高速传输、快捷登录、永远在线、按流量计费和自如切换等优势。

(1) 接入范围广:GPRS 是在现有的 GSM 网络上升级,可充分利用全国范围的电信网络,可以方便、快速、低成本地为用户数据终端提供远程接入网络的服务。

(2) 高速传输:传输速率高,数据传输速率可达到 57.6 kbit/s,最高可以达到 115～170 kbit/s,是常用有线 Modem 理想速率的两倍,是当前 GSM 网络中电路数据交换业务速度的几十倍,下一代 GPRS 业务的速度甚至可以达到 384 kbit/s,完全可以满足用户应用需求。

(3) 快捷登录:接入时间短,GPRS 接入等待时间短,可快速建立连接,平均耗时为两秒。

(4) 永远在线:提供实时在线功能,即用户随时与网络保持联系,即使没有数据传输,终端还是一直与网络保持联系,这将使访问服务变得非常简单快速。

(5) 按流量计费:用户只有在发送或者接收数据期间才占用无线资源,用户可以一直在线,计费方式是按照用户接收和发送数据包的数量,没有数据流量传输时,用户即使挂在网上也是不收费的。

(6) 自如切换:用户在进行数据传输时,不影响语音信号的接收。数据业务和语音业务的切换有两种方式:自动和手动,具体形式依据不同终端而定。

三、GPRS 模块及其应用

1. GSM 模块

GSM 模块是将 GSM 射频芯片、基带处理芯片、存储器、功放器件等集成在一块线路板上,具有独立的操作系统、GSM 射频处理、基带处理并提供标准接口的功能模块。因此,GSM 模块具有发送 SMS 短信、语音通话、GPRS 数据传输等基于 GSM 网络进行通信的所有基本功能。简单来讲,GSM 模块加上键盘、显示屏和电池,就是一部手机。

开发人员使用 ARM 或者单片机通过 RS232 串口与 GSM 模块通信,使用标准的 AT 命令来控制 GSM 模块实现各种无线通信功能。例如,发送短信、拨打电话、GPRS 拨号上网等。基于 GSM 模块产品的开发往往都是基于 ARM 平台,使用嵌入式系统进行开发。有些 GSM 模块具有

“开放内置平台”功能，可以让客户将自己的程序嵌入到模块内的软件平台中。

GSM模块根据提供的数据传输速率又可以分为GPRS模块、EDGE模块和纯短信模块。短信模块只支持短信服务。GPRS可以认为是GSM的延续，它经常被描述成“2.5G”，也就是说这项技术位于第二代(2G)和第三代(3G)移动通信技术之间。GPRS的传输速率从56 kbit/s到114 kbit/s不等，理论传输速率最高达171 kbit/s。相对于GSM的9.6kbps的访问速度而言，GPRS拥有更快的访问数据通信速度，GPRS技术还具有在任何时间、任何地点都能实现连接，永远在线、按流量计费等特点。EDGE技术进一步提升了数据传输速率达270 kbit/s，被称为“2.75G”，数据传输速率是GPRS的2倍。目前，国内的GSM网络普遍具有GPRS通信功能，移动和联通的网络都支持GPRS，EDGE在部分省市实现了网络覆盖。

GPRS模块是具有GPRS数据传输功能的GSM模块。GPRS模块就是一个精简版的手机，集成GSM通信的主要功能于一块电路板上，具有发送短消息、通话、数据传输等功能。GPRS模块相当于手机的核心部分，如果增加键盘和屏幕就是一个完整的手机。普通计算机或者单片机可以通过RS232串口与GPRS模块相连，通过AT指令控制GPRS模块实现各种基于GSM的通信功能。

GPRS模块区别于传统的纯短信模块，两者都是GSM模块，但是短信模块只能收发短信和语音通信，而GPRS模块还具有GPRS数据传输功能。

GSM模块的厂家最早主要在国外，包括西门子、Wavcom、Sagem等。随着国内技术的进步，国内厂家如华为、移远通信(Quectel)、Simcom、BenQ等模块由于具有更高的性价比，已经逐渐替代了国外品牌，在国内市场占据了主流地位。在市场上比较流行的模块包括华为的GTM900-B，西门子的Mc39i，Sincom的SIM300C、SIM900等。

2. AT命令集介绍

(1) AT：Attention。AT命令集是从TE(Terminal Equipment)或DTE(Data Terminal Equipment)向TA(Terminal Adapter)或DCE(Data Communication Equipment)发送的。通过TA、TE发送AT命令来控制MS(Mobile Station)的功能，与GSM网络业务进行交互。

(2) TE：Terminal Equipment，终端设备，比如一台计算机。它是和信息网络的一端相接的可提供必要功能的设备，这些功能使得用户通过接入协议能接入网络，如发送信息和接收信息。也可指由线路、电路、信道、数据链路的终端或起点组成的设备。

(3) TA：Terminal Adapter，终端适配器，与DCE等价。提供终端适配功能的物理实体，是一种接口设备。

(4) DCE：Data Circuit terminating Equipment，数据电路终接设备。一种接口设备，在线路之间进行代码或信号转换，同数据终端设备实现接口，能够建立、保持和释放数据终端设备与数据传输线之间的连接。

(5) DTE：Data Terminal Equipment，数据终端设备。它具有向计算机输入和接收计算机输出的能力、与数据通信线路连接的通信控制能力以及一定的数据处理能力。

(6) ME：Mobile Equipment，移动设备，比如GSM话机就属于ME。移动台中的一种发射机或接收机或发射机与接收机二者的组合。

(7) MS：Mobile Station，移动台。在移动通信业务中，可以在移动中使用的通信站，包括车(船)载台、便携台和手持机。

用户可以通过AT命令进行呼叫、短信、电话本、数据业务、补充业务、传真等方面的控制。

每个AT命令行必须以AT为前缀开始，以“\r”结束。AT命令通常跟随其回应，回应的格式为：\r\n＋回应＋\r\n。下文中“\r”或“\r\n”都被省略。

1) 基于V.25ter的AT命令集

V.25ter协议是异步串行自动拨号与控制协议，基于V.25ter的AT命令主要有：

(1) ATA(呼叫应答):当模块收到呼叫来电时,设置 RING 信号并向用户发送 RING,然后等待用户应答呼叫。用户输入 ATA 命令后,返回 OK 即完成应答。

(2) ATS0(自动应答):S0 参数控制自动应答。自动应答参数范围为 1～255,如果参数设置得太高,有可能在自动应答之前电话就已经挂断。

```
ATS0=2            //2声振铃后自动应答
OK                //设置成功
ATS0?             //查询当前设置值
002
OK                //返回当前设置值
ATS0=0            //无自动应答
OK
```

(3) ATD(呼叫拨号):ATD 命令用于建立会话、数据业务或传真业务,也可以控制补充业务。

对于数据或传真业务,用户向模块发送如下 ASCII 字符:

ATD＜nb＞　　　　＜nb＞为被叫号码

对于语音电话,用户向模块发送如下 ASCII 字符:

ATD＜nb＞　　　　＜nb＞为被叫号码

(4) ATH(呼叫挂断):用户使用 ATH 来切断与远端用户的连接。在有多个电话的情况下,所有的电话连接都被释放(包括正在通话、挂起和等待的电话)。

(5) ATDL(重拨):用于重拨最近呼叫的用户。

(6) ATI:显示产品识别信息。

(7) +++:从数据模式切换到命令模式。

(8) ATO:从命令模式切换到数据模式。

2) 基于 GSM07.05 协议的 AT 命令

GSM07.05 协议:在短信息服务与小区广播服务中 DTE-DCE 接口的应用标准。基于 GSM07.05 协议主要有:

(1) AT+CMGF(选择消息格式):选择消息为 TEXT 或 PDU 格式。

采用 PDU 格式,十六进制表示的数据单元,包括所有头信息的短消息,以二进制方式传送(写成十六进制的格式)。

采用 TEXT 格式,命令和响应均为 ASCII 字符。

(2) AT+CMGS(发送短消息):采用 TEXT 方式的命令格式。

AT+CMGS=＜da＞[＜toda＞]

Text is entered　　(按 Ctrl+Z 组合键发送出去/按 Esc 键取消)

采用 PDU 方式的命令格式:

AT+CMGS=＜length＞

PDU is entered　　(按 Ctrl+Z 组合键发送出去/按 Esc 键取消)

返回给用户的消息,参考值＜mr＞由模块分配。这个值从 0 开始,每发送一次消息递增 1(不论是否发送成功),在 0～255 之间循环。

(3) AT+CMGR(读取短消息):

命令格式:AT+CMGR=＜index＞

＜index＞为短消息在内存中的存储位置。

(4) AT+CMGD(删除短消息):

命令格式:AT+CMGD=＜index＞

<index>为短消息在内存中的存储位置。

3）基于GSM07.07协议的AT命令

GSM07.07协议：GSM移动设备（ME）的AT命令集标准。基于GSM07.07协议主要有：

（1）AT＋CSQ（信号质量报告）：该命令用来检测接收信号的强度指示（<rssi>）和信道误码率（<ber>），无论有没有插入SIM卡。返回值范围为（0～31，99）和（0～7，99）。

（2）AT＋CPBS（选择电话本存储区）：该命令选择电话本存储区，可用的存储区包括AND（即SM自动拨号电话本）、FDN（固定拨号电话本，受限制）、MSISDN（SIM卡本机号）、EN（紧急电话电话本）。如果当前使用FDN电话本，不能选择AND。

（3）AT＋CPBR（读取电话本）：该命令返回用AT＋CPBS命令选择的存储区一定范围内的记录。

（4）AT＋CPBW（写电话本）：该命令向当前的电话本存储区某一位置处写入记录。对EN电话本不允许使用此命令，因为它不可写。当固定电话拨号本（FDN）锁住时，此命令无效，FDN解锁后，需要输入PIN2码。

4）用于GPRS的AT命令集

（1）AT＋CGATT（连接或分离GPRS）：此执行命令用于使MT与GPRS关联或分离。命令执行完后，MT处于V.25ter命令状态。若MT已经处于请求状态，则忽略此命令，返回OK响应。若不能完成请求状态，则返回一个ERROR或＋CME ERROR响应。当连接的状态变为分离态时，任何激活的PDP上下文将自动失效。读取命令返回当前的GPRS业务状态。测试命令用于请求与支持的GPRS业务状态有关的信息。

（2）AT＋CGACT（激活或失效PDP上下文）：此执行命令用于激活或失效指定的PDP上下文。命令执行完后，MT处于V.25ter命令状态。若任一个PDP上下文已经处于要求的状态，则那个上下文状态不变。若不能进入请求的指定上下文状态，则返回一个ERROR或＋CME ERROR响应。利用＋CMEE命令能扩充错误响应。

当此命令的激活形式执行时，若MT没有与GPRS连接，则MT首先执行关联GPRS，再尝试激活指定的上下文。若关联失败，则MT响应ERROR，或者，若允许使用“扩充的错误响应”功能，则MT以适当的不能连接失败的消息响应。

读取命令返回所有定义的PDP上下文的当前的激活状态。

测试命令用于请求获得支持的PDP上下文激活状态有关的信息。

（3）AT＋CGDCONT（定义PDP上下文）：这一命令为由本地上下文识别参数<cid>标识的PDP上下文规定PDP上下文参数值。在微控（Wavecom）软件中可定义11个PDP上下文。命令集的一个特殊形式＋CGDCONT＝<cid>使上下文号码值<cid>成为未定义的。

测试命令返回一个复合值。若MT支持几种PDP类型<PDP_type>，则每个<PDP_type>的参数值范围在单独一行上返回。<cid>：（PDP上下文标识符）一个数字参数，用于规定特定PDP上下文定义。此参数对于TE-MT接口是本地性质的，用于其他的PDP上下文相关命令。<PDP_type>：（分组数据协议类型）一个字符串参数，用于规定分组数据协议类型的字符串参数。

项目实施与评估

一、专业器材

（1）装有IAR开发工具的PC 1台；

（2）下载器1个；

（3）ZigBee网络嵌入式网关2个；

(4) ZigBee 网络协调器 2 个；

(5) 设置 2 个船用风光互补电站，每个船用风光互补电站 ZigBee 网络传感器终端结点组成：电压传感器终端结点 3 个、电流传感器终端结点 3 个、风速传感器终端结点 1 个、风向传感器终端结点 1 个、光照度传感器终端结点 1 个、温湿度传感器终端结点 1 个、人体红外传感器终端结点 1 个；

(6) 每个船用风光互补电站 ZigBee 网络输出控制终端结点组成：继电器输出控制终端结点 2 个、语音控制终端结点 1 个；

(7) 基础实验板 1 个；

(8) 手机 1 部。

二、仪表及工具

(1) 万用表 1 只；

(2) 稳压电源 1 个；

(3) 常用电工工具 1 套。

三、硬件系统电路设计

船用风光互补电站远程监控系统应用无线传感器网络技术实现数据采集功能(电压电流测量、温湿度数据采集、光照度数据采集、安防信息数据采集功能)。系统采用 ZigBee 协议来协调无线传感器网络中的数据通信，同时采用 GPRS 通信实现远程实时控制。其中，ZigBee 网络传感器终端结点电路、路由器电路、协调器电路的设计参照项目四。ZigBee 网络网关结构设计在项目四的基础上增加 GPRS 模块设计。

1. GPRS 模块的选择

目前市场上常见的 GPRS 数据传输模块有很多种，比如 SINCOM 公司的 SIM300 系列、SIM900 系列，西门子的 MC 系列，还有索爱、华为、BENQ 等几大厂商的设备，这些厂家的产品各有其特点及技术优势，都支持语音、SMS、DATA、FAX 等。下面对上述各种 GPRS 产品进行简要分析：

(1) 西门子公司的 MC 系列 GPRS 模块。MC 系列如 MC35I、Me39I、Me55I 等，其模块有功能多、性能强的优势，但是价格较高，成本难以控制，且 MC35I 与 MC39I 模块均不具有 TCP/IP 协议，在使用时需要用户将 TCP/IP 协议内容编写入单片机中，就使得在开发时增加了开发难度和开发周期。尽管 MC55I 是具有 TCP/IP 协议的，但是其价格很高。对普通用户而言增加了成本的投入。

(2) 华为公司的产品。华为公司的 GTM 系列产品如 GTM900B，与西门子的相比，虽然成本低一些，但同样其没有内置 TCP/IP 协议，在选用时与西门子的某些模块具有相同的局限性。

(3) SIMCOM 公司的产品。SIM 的 GPRS 模块产品功能丰富、性能稳定，产品的价格也比较合理，且均具有内部的 TCP/IP 协议，可以为语音、SMS、DATA 提供无线接入的接口，因此在无线抄表、手机、车(船)载等系统中得到了广泛应用。

鉴于以上分析，本项目选择 SIMCOM 公司的 GPRS 模块 SIM300C。

2. SIM 300C 模块介绍

SIM300C 是小体积即插即用模组中完善的三频 GSM/GPRS 解决方案，它采用了 DIP-60 板对板连接器。使用工业标准界面，使得具备 GSM/GPRS 900/1800/1900 MHz 功能的 SIM 300C 以小尺寸和低功耗实现语音、SMS、数据和传真信息的高速传输。拥有 50 mm×33 mm×6.2 mm 小巧外形的 SIM300C 几乎可以满足工业运用中的任何空间尺寸需求，如 M2M、远程信息处理以及其他移动数据传输系统。其他主要特征参数如下：

（1）通过 AT 命令控制(GSM07.07,07.05 和增强 AT 命令)；

（2）支持电压范围:3.4～4.5 V；

（3）正常操作温度:-30℃～+70℃；

（4）存储温度:-40℃～+85℃。

SIM300C 模块的物理接口是通过一个 60 引脚板对板连接器实现的,具体引脚功能如表 5-1 所示,提供了模块与用户板的所有硬件接口,具有键盘输入与液晶显示接口,提供了用户定制应用程序的灵活性,双重串行端口可以轻易地扩展应用,两路音频通道包括了两路传声器输入和两路扬声器输出,可以通过 AT 命令集设置。

SIM300C 提供了两种射频天线接口:天线连接器和天线衬垫。SIM300C 使用了降功耗技术,在睡眠模式下电流消耗仅为 2.5 mA。SIM300C 内嵌了强大的 TCP/IP 协议栈,扩展 AT 命令集使得用户能够轻松地使用 TCP/IP 协议。

表 5-1　SIM300C 引脚功能表

引脚	名称	输入/输出	引脚	名称	输入/输出
1	VBAT	I	2	GND	
3	VBAT	I	4	GND	
5	VBAT	I	6	GND	
7	VBAT	I	8	GND	
9	VBAT	I	10	GND	
11	CHG_IN	I	12	ADC1	I
13	TEMP_BAT	I	14	VRTC	I
15	VDD_EXT	O	16	Network LED/GPIO12	O
17	PWRKEY	I	18	KBC0	O
19	STATUS	O	20	KBC1	O
21	GPIO5	I/O	22	KBC2	O
23	BUZZER	O	24	KBC3	O
25	VSIM	O	26	KBC4	O
27	SIM_RST	O	28	KBR0	I
29	SIM_I/O	I/O	30	KBR1	I
31	SIM_CLK	O	32	KBR2	I
33	SIM_PRESENT	I	34	KBR3	I
35	GPIO32	I/O	36	KBR4	I
37	DCD	O	38	SPI_EN	O
39	DTR	I	40	SPI_CLK	O
41	RXD	I	42	SPI_DO	I/O
43	TXD	O	44	SPI_AO	O
45	RTS	I	46	SPI_RESET	O
47	CTS	O	48	DBGRX	I
49	RI	O	50	DBGTX	O
51	AGND		52	AGND	

续表

引脚	名称	输入/输出	引脚	名称	输入/输出
53	SPK1P	O	54	MIC1P	I
55	SPK1N	O	56	MIC1N	I
57	SPK2P	O	58	MIC2P	I
59	SPK2N	O	60	MIC2N	I

SIM300C 的应用接口包括电源接口、双重串行端口、两个音频端口、SIM 卡接口等。

1) 电源接口

SIM300C 的电源来自一个单一的电压源(3.4～4.5 V)。有时，由于 SIM300C 模块在发送时电流约 2 A，会因线路阻抗产生压降使 VBAT 电压不稳，所以对模块的供电应该有大于 2 A 的裕量。为了减小线路阻抗增强 VBAT 稳定性，电源线应该尽量宽，走线应该尽量短。

开启 SIM300C 有两种方式：一是使用 PWRKEY 引脚，开启正常工作模式；二是使用 RTC 中断信号，开启警告模式。

通过 PWRKEY 引脚来开启模块需要低电平一段时间(大约 1 500 ms)，然后再转为高电平，如图 5-4 所示。当开启程序完成之后，SIM300C 会发送一个 RDY 代码来表示自己已经准备好，可以正常工作了。

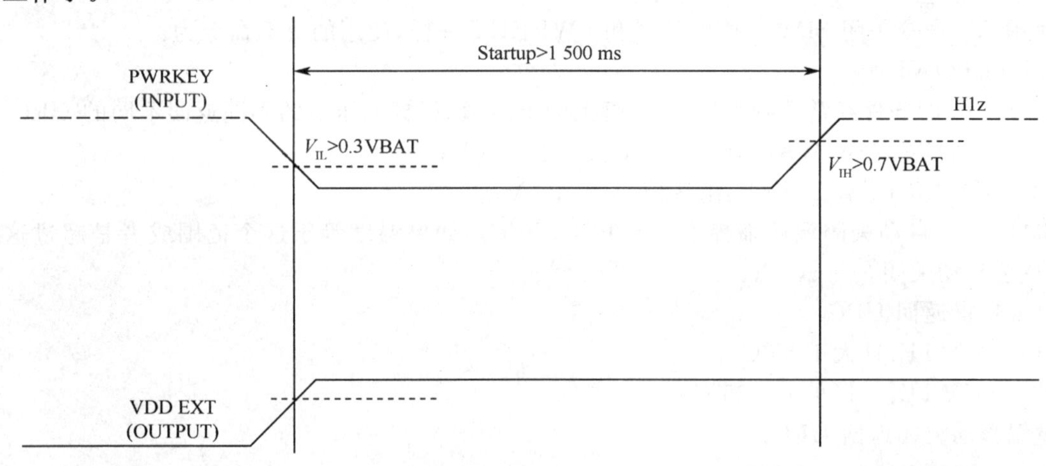

图 5-4　使用 PWRKEY 引脚开启 SIM 300C

RTC 的警报功能可以使 SIM300C 模块从关闭状态进入警告模式。在警告模式下，SIM300C 不能注册到 GSM 网络，而且软件协议栈也是关闭的，此时关于 SIM 卡和协议栈方面的 AT 命令集都是不可以使用的，但是其余的 AT 命令集仍然和正常模式下一样可以使用。用于警告模式的 AT 命令：

(1) AT＋CALARM：设置报警时间；

(2) AT＋CCLK：设置当前时间；

(3) AT＋CFUN：开启/关闭协议栈；

进入警告模式后，SIM300C 会发送一个 RDY ALARM MODE 代码。关闭 SIM300C 有 4 种方式：一是使用 PWRKEY 引脚；二是使用 AT 命令(AT＋CPOWD＝1)；三是低电压状态下，自动关闭模块；四是超过温度范围状态下，自动关闭模块。

通过 PWRKEY 引脚来关闭模块需要低电平一段时间，如图 5-5 所示。这种方式将使软件进入一种安全状态，并且在完全断开电源之前保存好数据。在切断流程完成之前，模块就会发送一个

POWER DOWN 结果代码。之后，所有的 AT 命令集都不能够执行，模块进入 POWER DOWN 模式之后，只有 RTC 依然是活动的。POWER DOWN 模式也能通过 VDD_EXT 引脚描述出来，在这种模式下，VDD_EXT 引脚是低电平。

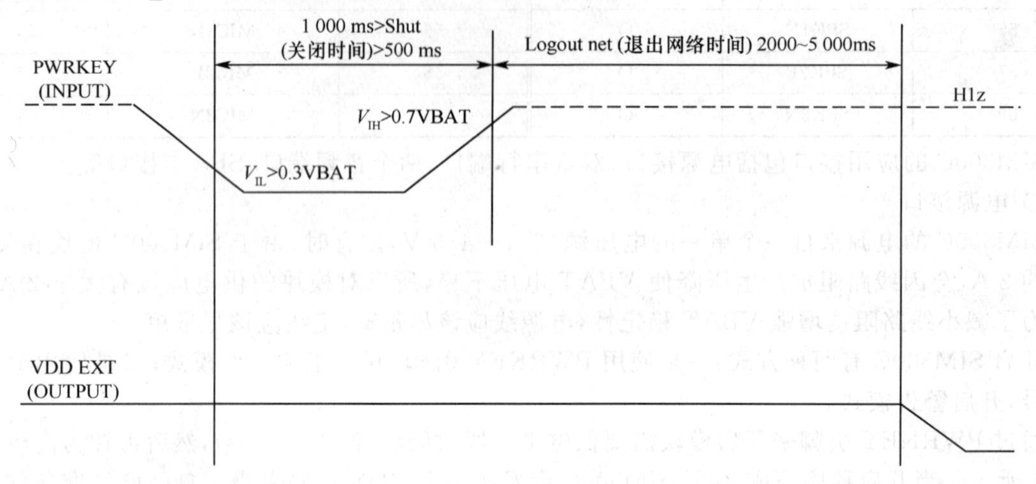

图 5-5 使用 PWRKEY 引脚关闭 SIM300C

使用 AT 命令关闭 SIM300C 的效果和 PWRKEY 一样，使用的 AT 命令为：

AT＋CPOWD＝1

SIM300C 的固件经常监测 VBAT 引脚上的电压值，根据电压值的不同返回不同的 URC：

(1) POWER LOW WARNING：电压值小于 3.5 V；

(2) POWER LOW DOWN：电压值小于 3.4 V；

SIM 300C 自动关闭温度临界点为－40°C、90°C。如果温度等于这个范围或者是超过这个范围，模块会自动关闭。

过温警报返回 URC：

(1) ＋CMTE：1(大于 85°C)；

(2) ＋CMTE：－1(小于－35°C)。

过温自动关闭返回 URC：

(1) ＋CMTE：2(大于 90°C)；

(2) ＋CMTE：－2(小于－40°C)。

2) 双重串行端口

SIM300C 提供了两个不平衡异步串行端口，SIM300C 被设计成 DCE(Data Communication Equipment)，遵循传统 DCE-DTE 连接，支持的波特率范围为 1 200 ～115 200bit/s，系统默认比较好的是 9 600bit/s，如图 5-6 所示。

3) 音频端口

模块提供了两个相同的音频通道，AIN1 和 AIN2。对于每一路通道，都可以通过 AT＋CMIC 来调节传声器的音量大小，AT＋ECHO 来设置回波消除参数。

4) SIM 卡接口

用户可以使用 AT 命令来获取 SIM 卡信息。接口引脚有 SIM_VDD、SIM_I/O、SIM_CLK、SIM_RST、SIM_PRESENCE，可以选用 8 脚或 6 脚的 SIM 卡。区别在于 8 脚的 SIM 卡具有 SIM 卡检测功能，如果不需要此功能，可以选用 6 脚 SIM 卡，将 SIM_PRESENCE 脚接地或悬空。基准电路如图 5-7、图 5-8 所示。推荐使用 6 脚 SIM 卡。

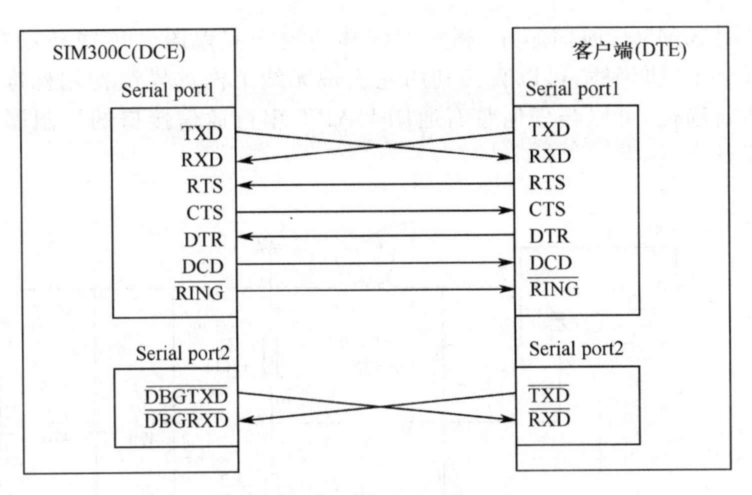

图 5-6　SIM300C 串行端口

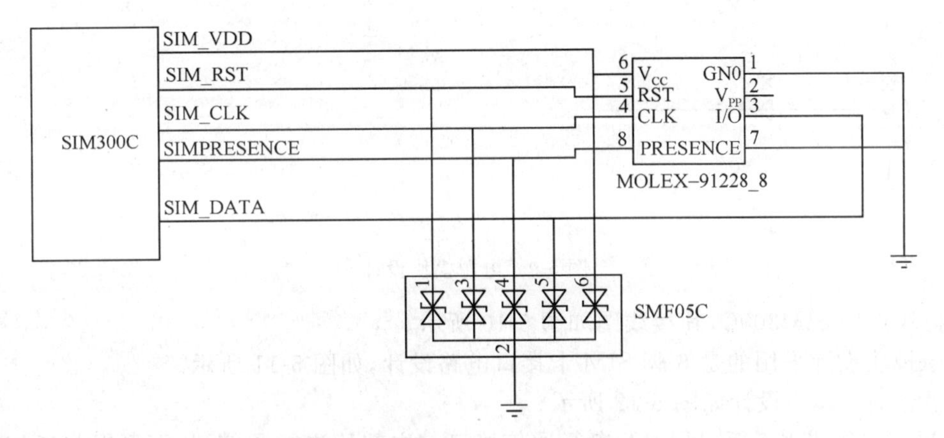

图 5-7　8 脚 SIM 卡基准接口电路

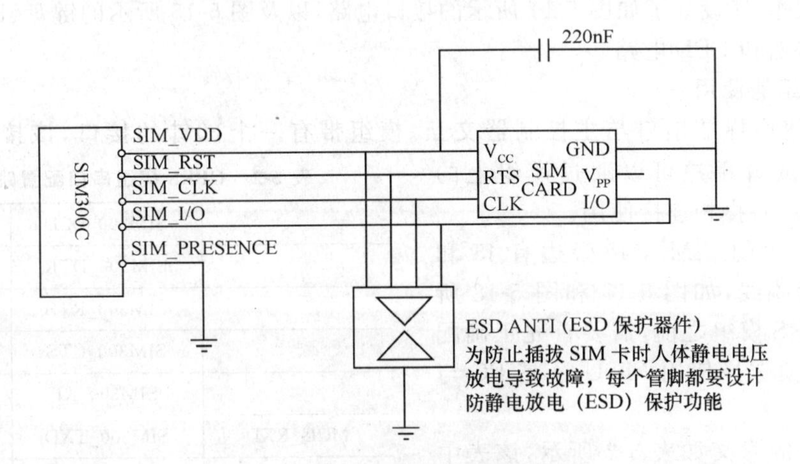

图 5-8　6 脚 SIM 卡基准接口电路

3. GPRS 模组设计

GPRS 模组采用 SIM300 通信芯片，利用无线移动网络实现语音传输和点对点数据传输。同时，模组内具备 TCP/IP 协议栈，可以直接利用它实现无线上网。模组使用标准的 UART 串行通信接口与主芯片进行通信，可以与任何带有通用 UART 串行通信接口的控制器进行连接。图 5-9 为模组电源模块设计。

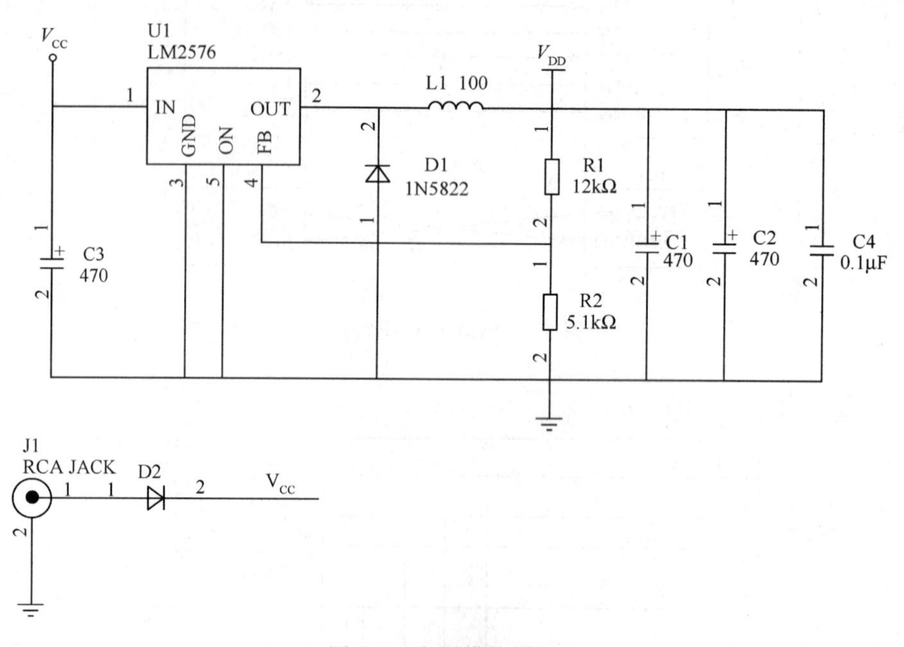

图 5-9　电源模块设计

通信模块选用 SIM300C，其接线图如图 5-10 所示。

SIM 卡模块设计采用的是 6 脚 SIM 卡接口电路设计，如图 5-11 所示。

同时语音输入模块设计如图 5-12 所示。

选用 MAX238 芯片实现 UART 串行通信接口与主芯片进行通信，从而可以与任何带有通用 UART 串行通信接口的控制器进行连接，串行通信接口设计如图 5-13 所示。

为了方便操作，还设计了如图 5-14 所示的接口电路，以及图 5-15 所示的键盘、LCD 电路、以及图 5-16所示蜂鸣器和 LED 电路。

4. GPRS 模组的使用

GPRS模组使用标准串口与主控制器交互。模组带有一个10针的接口，该接口可以直接和 MCU 相连接。或者用户可以通过模组上的 RS232 接口和 PC 直接相连接使用。

在 GPRS 模组的 SIM 卡座旁边有 J5 和 JP1 组成的配置跳线，如图 5-17 和图 5-18 所示。在使用 GPRS 模组之前，需要首先正确配置这些跳线，以便选择使用 MCU 还是 PC 与模组通信。

跳线各引脚的意义如表 5-2 所示，该表中数据与图 5-18GPRS 模组串口控制通道跳线中的各跳线插孔相对应，用以说明各跳线的功能。

表 5-2　GPRS 模组串口配置跳线对照表

	SIM300_DCD	PC_DCD
	SIM300_DTR	PC_DTR
	SIM300_RTS	PC_RTS
	SIM300_CTS	PC_CTS
	SIM300_RI	PC_RI
MCU_RXD	SIM300_TXD	PC_RXD
MCU_TXD	SIM300_RXD	PC_TXD
MCU_GND	SIM300_GND	PC_GND

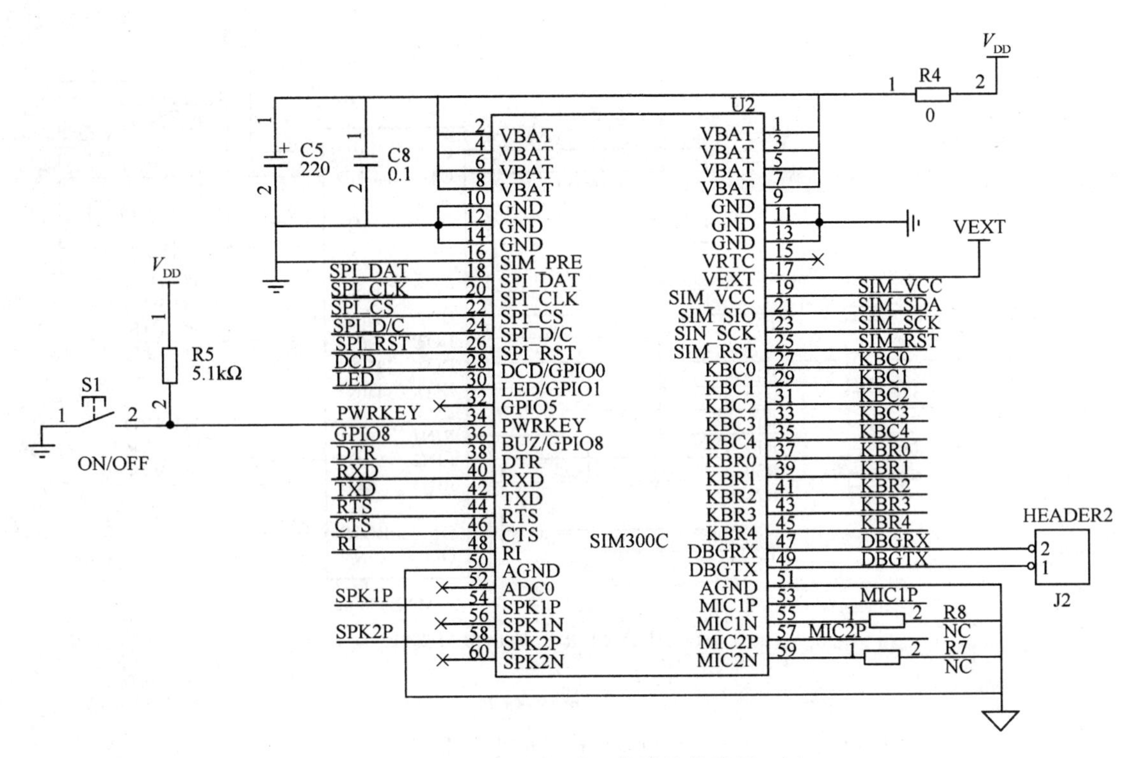

图 5-10　SIM300C 通信模块接线图

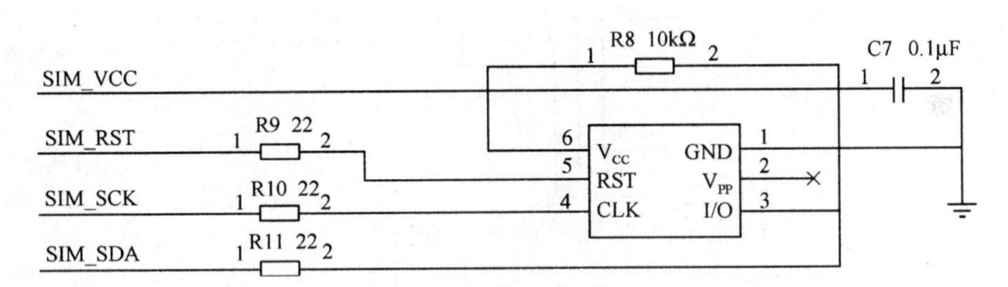

图 5-11　SIM 卡模块设计

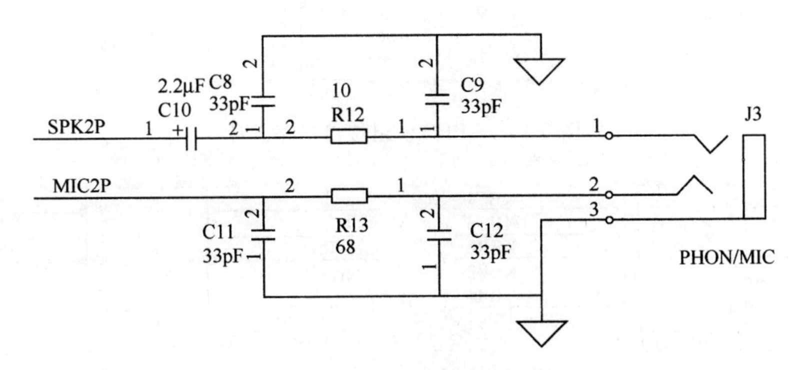

图 5-12　MIC 模块设计

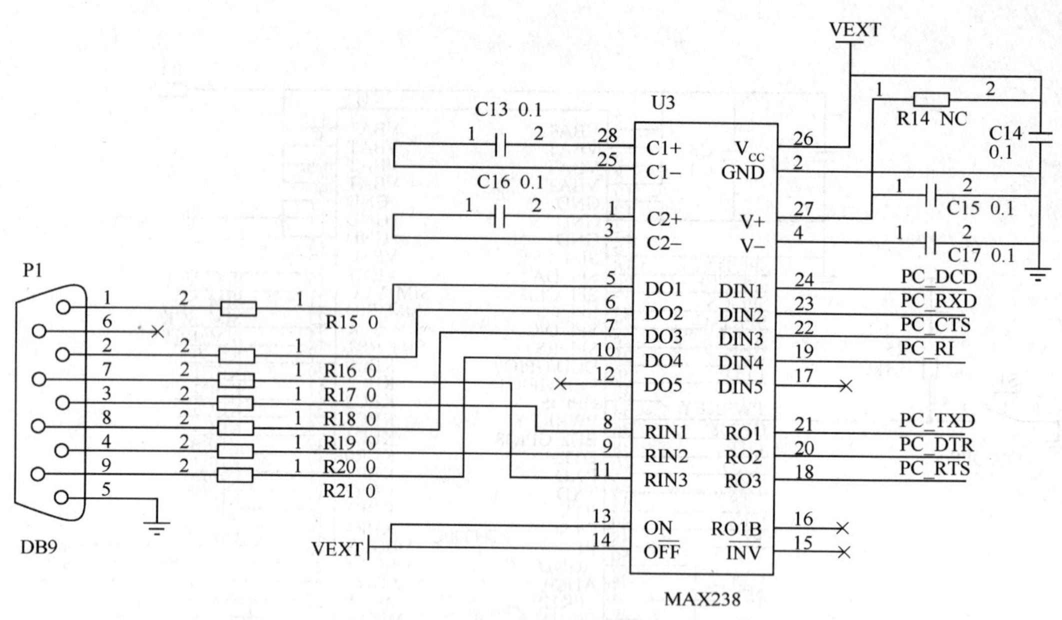

图 5-13 UART 串行通信接口设计

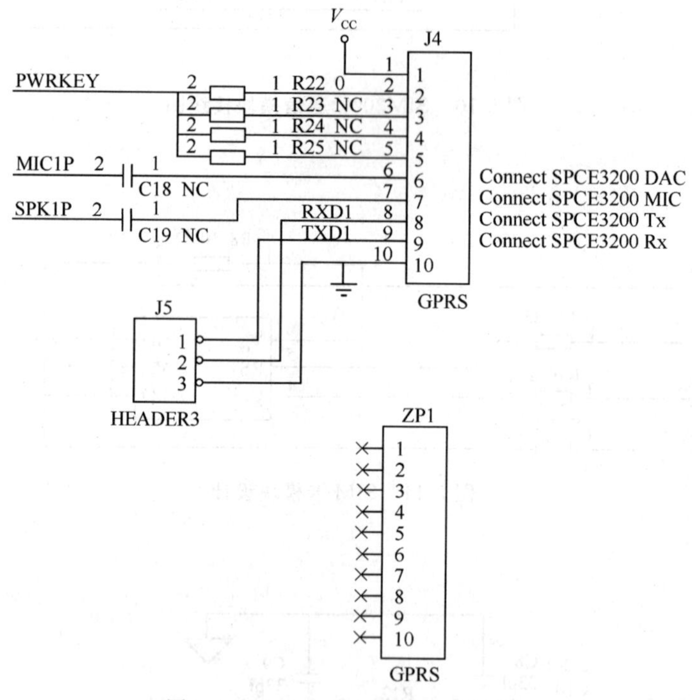

图 5-14 GPRS 模组接口电路设计

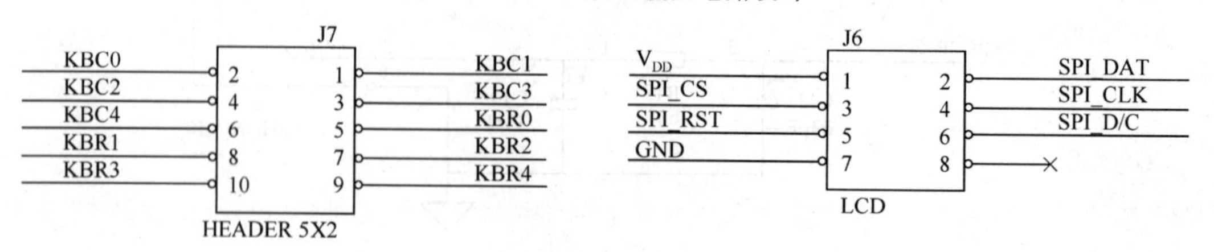

图 5-15 键盘、LCD 电路设计

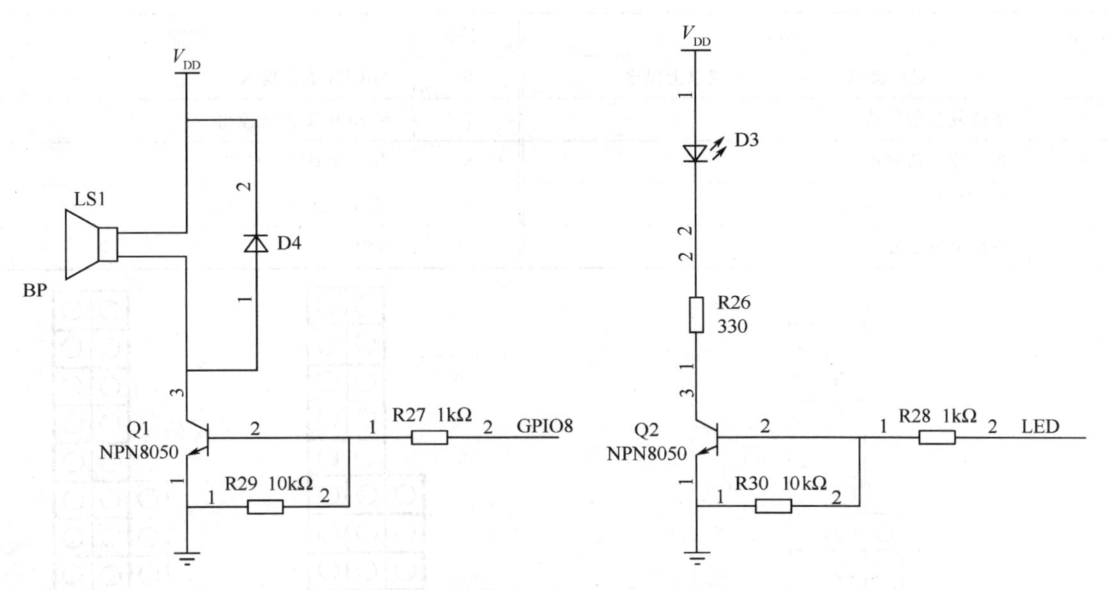

图 5-16　蜂鸣器及 LED 电路设计

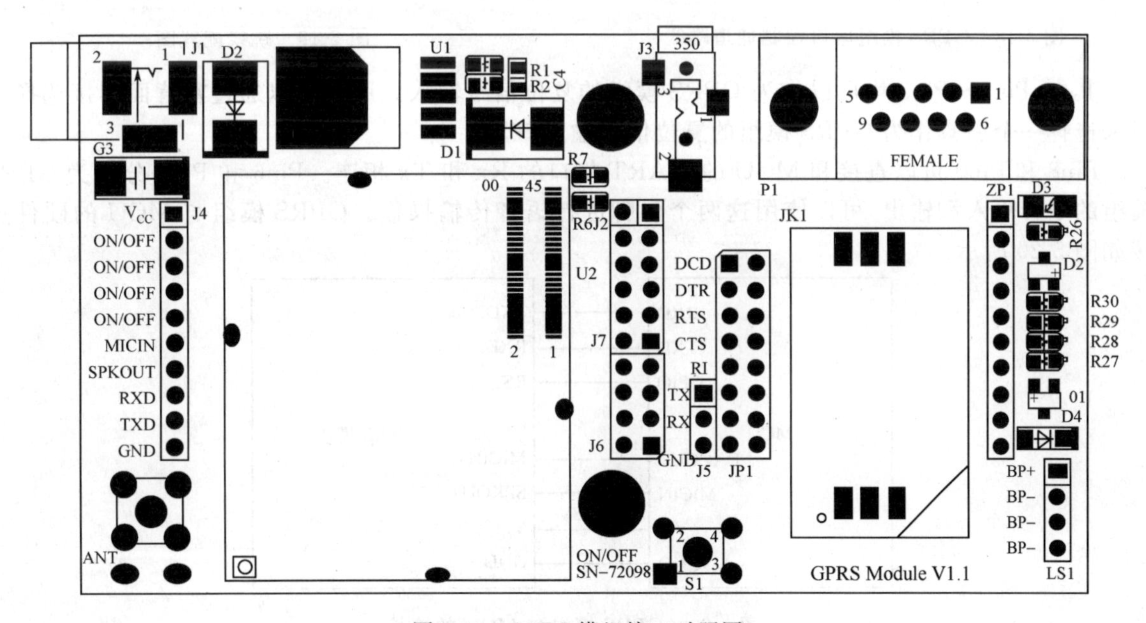

图 5-17　GPRS 模组接口对照图

当需要使用 MCU 控制 GPRS 模组时，需使 MCU 的 UART 接口的 TXD 和 RXD 与 SIM300 的 RXD 和 TXD 短接，以便使用 MCU 与 SIM300 通信。跳线配置如图 5-19(a)所示。当需要使用 PC 控制 GPRS 模组时，需使 PC 的 TXD 和 RXD 与 SIM300 的 RXD 和 TXD 短接，以便使用 PC 与 SIM300 通信。跳线配置如图 5-19(b)所示。

1) 与 MCU 的硬件连接

用户需要首先使用图 5-19 所示的配置来设置 J5 和 JP1 跳线。GPRS 模组左侧的 J4 是 GPRS 和 MCU 的接口。接口定义如表 5-3 所示。

表 5-3　GPRS 模组与 MCU 的接口定义

引脚	功能	引脚	功能
1	GPRS 模组电源输入(推荐 4 V 或以上供电)	6	MICIN 语音输入
2	备选复位信号输入	7	SPKOUT 语音输出
3	备选复位信号输入	8	串行数据接收口 RXD
4	备选复位信号输入	9	串行数据发送口 TXD
5	备选复位信号输入	10	GND

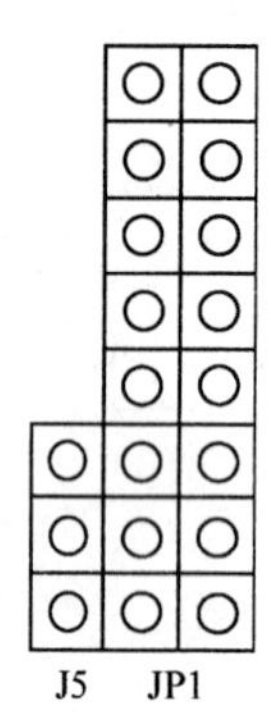

图 5-18　GPRS 模组串口控制通道跳线

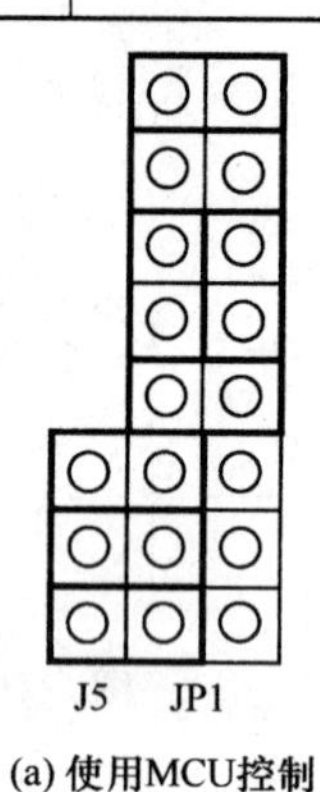

(a) 使用MCU控制

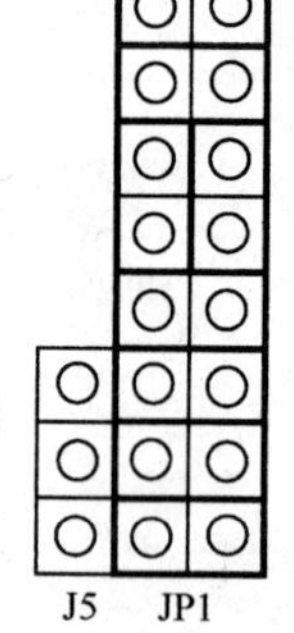

(b) 使用PC控制

图 5-19　跳线配置图

其中:Pin2～Pin5 均可以作为 GPRS 模组的复位信号输入。用户可以通过在背面焊接选择电阻来选择一个引脚作为 GPRS 模组的复位信号输入口。

Pin8 和 Pin9 可以直接和 MCU 的 UART 接口的 Rx 和 Tx 相连。Pin6 和 Pin7 分别为 GPRS 模组的语音输入和输出,可以使用这两个引脚进行语音传输操作。GPRS 模组与 MCU 的硬件连接如图 5-20 所示。

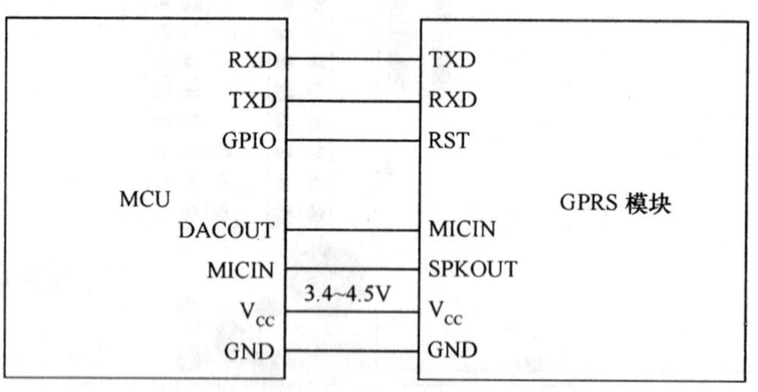

图 5-20　GPRS 模组与 MCU 的连接

2) 与 PC 的硬件连接

GPRS 模组提供了一个九针的标准 RS232 接口用以和 PC 直接通信。用户首先需要使用图 5-19 所示的配置来设置 J5 和 JP1 跳线,然后使用串口线直接将模组右上角的 RS232 接口与 PC 相连即可。当使用 PC 控制 GPRS 模组时,需要使用 9 V 电源给模组供电。电源插座位于模组左上角,如图 5-21 所示。

3) 其他连接

主控制器与 GPRS 模组连接完毕之后,还需要将 GPRS 天线连接至模组左下角的天线接口上,如图 5-22 所示。

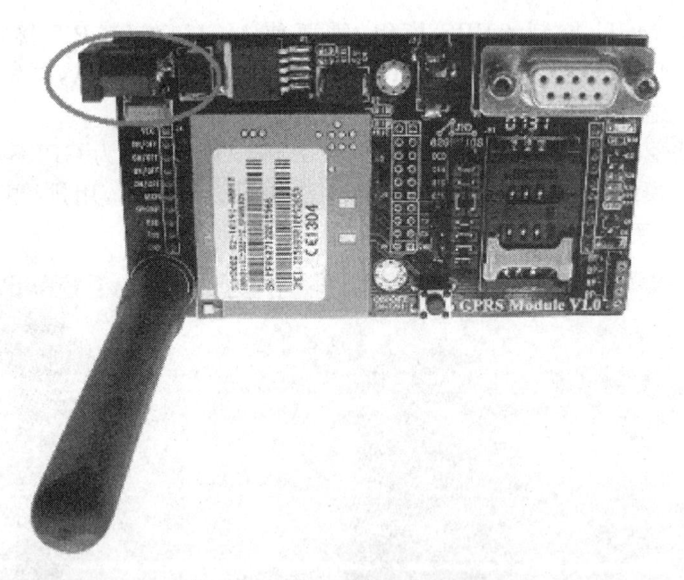

图 5-21　GPRS 模组电源插座

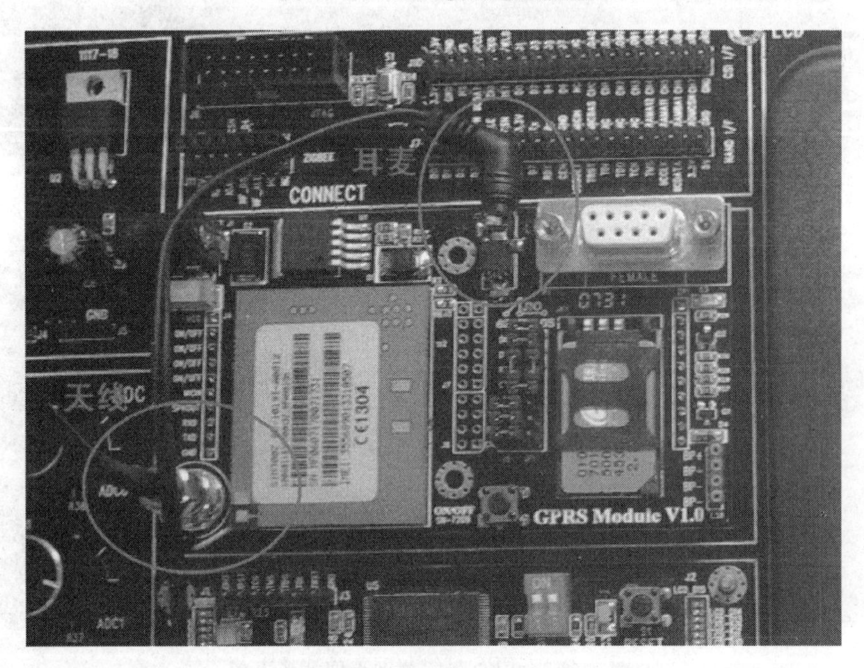

图 5-22　GPRS 模组与天线耳麦连接图

GPRS 模组提供了两个语音收发通道，用户可以将耳麦插接在模组上的耳机插座内（见图 5-22），或者使用 MCU 通过模组 J4 上的 MICIN 和 SPKOUT 两个引脚完成语音收发。

四、硬件系统连接

整个系统可分为 ZigBee 网络、嵌入式网关以及 GPRS 通信三部分。ZigBee 网络各个结点供电后可通过 ZigBee 无线网络将各自的数据发送给协调器结点，协调器结点通过串口将数据上传给嵌入式网关，从而实现数据的传送。所以，ZigBee 结点之间没有直接的硬件连接，但 ZigBee 结点和网关通过串口线相连。网关及各结点的连接方法可以参照项目四的方法，这里只介绍 GPRS 模组与网关的连接方法。

本项目中使用 MCU 控制 GPRS 模组，需要使 MCU 的 UART 接口的 TXD 和 RXD 与 SIM300 的 RXD 和 TXD 短接，以便使用 MCU 与 SIM300 通信。所以，首先按照图 5-23 对 SIM 卡座旁边的 J5 和 JP1 进行跳线（见图 5-23 区域 1）。

其次，将电源适配器和 GPRS 模组相连接（见图 5-23 区域 2），为 GPRS 模组提供电源。

然后，将 GPRS 模组与网关连接起来，具体方法如图 5-24 所示，用排线将 GPRS 模组左侧的 J4（见图 5-23 区域 3）与实验箱上 G7 接口相连。

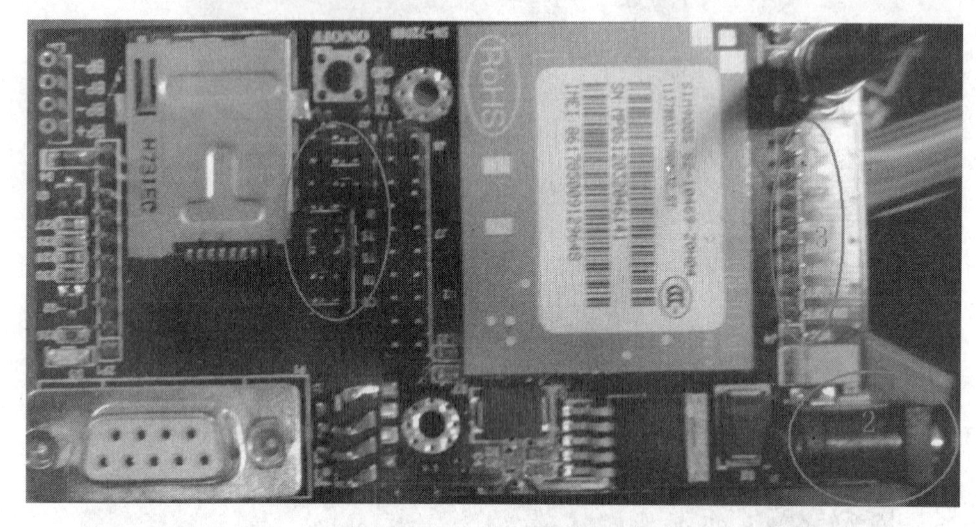

图 5-23　GPRS 模组配置跳线

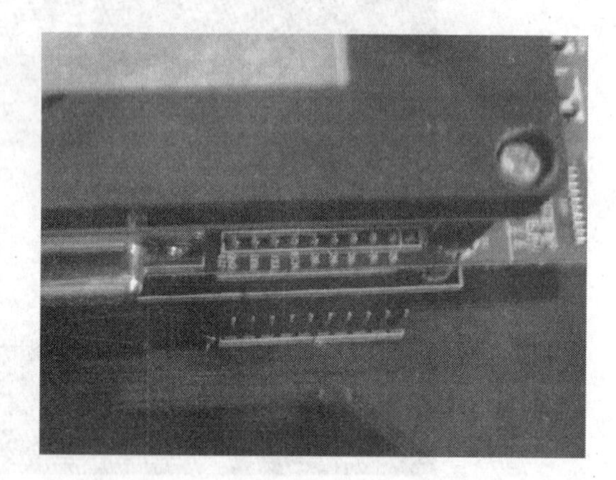

图 5-24　GPRS 模组与网关的连接方法

最后，还需要将 SIM 卡安装至 SIM 卡座内。将 SIM 卡座向下轻推，即可打开卡座盖子，将 SIM 卡插入卡座盖子内，然后关闭卡座盖子，并向上轻推，SIM 卡即被锁在卡座内，即可完成 SIM 卡的安装。

五、软件系统程序设计

船用风光互补电站远程监控系统程序设计包括 ZigBee 网络传感器终端结点程序设计、ZigBee 网络路由器程序设计、ZigBee 网络协调器程序设计、ZigBee 网络网关程序设计 4 部分。ZigBee 网络传感器终端结点程序设计、ZigBee 网络路由器程序设计、ZigBee 网络协调器程序设计与项目四基本相同，这里不再重复。本项目中主要介绍 ZigBee 网络网关程序设计。

1. 主监控界面设计

船用风光互补电站远程监控系统主界面采用 Qt 程序设计，如图 5-25 所示，在主界面上有 5 个按钮，分别是系统拓扑图、实时数据、控制、历史数据、设置，5 个按钮分别对应系统的 5 个模块。

图 5-25　船用风光互补电站远程监控系统主界面

2. GPRS 模组程序设计

网关程序的设计，在项目四的基础上增加了 GPRS 程序设计，从而实现手机远程控制。这里只介绍针对 GPRS 模块 SIM300C 如何进行程序设计。

1) SIM300C 软件特征

(1) 串行接口的波特率：波特率 1 200 ～115 200bit/s。固件 1008B05SIM300C32_SPANSION。

第一次启动模块时，没有 RDY 和 URCS。使用命令"AT＋IPR?"是用来查询当前波特率，返回"＋IPR:0"(0 表示波特率可用)。使用"AT＋IPR＝38400;&w"(改变波特率为 38 400bit/s 并且保存)，下次启动模块时，就有 RDY 了(表示已经准备好，可以工作)。

(2) 透明模式(TCP/IP 协议栈)：SIM 300C 通过 TCP/IP 应用程序支持一种特殊的数据模式用于传送和接收数据，这就是透明模式。一旦在透明模式下建立连接，模块就会进入数据模式。所有从串行端口接收到的数据都被加工成数据包转发出去，同样所有来自远端服务器的数据也会立刻被转到串行端口，而且也提供了在数据模式和命令模式之间来回切换的方法。切换到命令模式之后，所有的 AT 命令就可以使用了。

配置透明模式：

```
AT+CIPMODE=1              //选择透明模式
OK
AT+CIPCCFG=3,2,256,1      //配置模式如下：如果发送失败，重试 3 次；等待 2×200ms
                          //发送一个数据包；如果缓冲区里有 256 个字节就马上发
                          送数据；换码顺序(+++)允许
AT&D1                     //DTR 引脚允许串行端口从数据模式切换到命令模式
```

(3) 建立一个 TCP 连接：

AT+CIPSTART="TCP","222.66.38.187","5000" //建立一个 TCP 连接

OK

CONNECT //连接建立，串行端口进入数据模式，DCD 引脚变为低电平

(4) 从数据模式切换到命令模式：

➢ +++：为了使用这个序列，必须在这个序列的前后都留出 500 ms 的空闲时间，除此之外，每个"+"的时间间隔都不要超过 20 ms，否则会被当成一个 TCP/IP 数据。

➢ 置 DTR 为低电平。如果切换成功，就会返回一个 OK。

(5) 从命令模式切换到数据模式：使用 ATO 命令，如果切换成功，就会返回一个 CONNECT。

(6) 硬件流量控制(CTS)：在透明模式下，硬件流量控制被激活。如果需要流量控制，CTS 引脚将失效(置为高电平)。如果数据缓冲区大于缓冲区大小的 1/2，流量控制就会出现。当流量控制产生时，模块将仍然可以接收来自串口的数据。但是如果接收缓冲器溢出时，模块将不会获得任何数据，直到有足够的缓冲空间。如果数据缓冲区小于缓冲区大小的 1/4，CTS 将会再次启动(置为低电平)。

(7) 在数据模式下处理来电和短消息。在数据模式下，当有电话呼入时，RI 引脚将引起一个 50 ms 的低脉冲。当收到短信时，RI 引脚将引起一个 120 ms 低脉冲。为了处理来电或短消息，首先要进入命令模式(使用 DTR 或+++)，然后模块将会主动返回一个如下的回应：

RING(电话呼入)

+CMTI："SM",17(短消息)

随后就能接听电话或者是阅读短消息。

(8) 处理错误：如果发生错误，例如，如果模块的传输任务失败，同时，传送的数据或是 PDP 上下文由于网络或是远程服务器关闭 TCP 连接的原因而失效，串行端口将会自动从数据模式切换到命令模式，也能使用 AT+CIPSHUT 命令关闭 TCP/IP 连接并且重新建立连接。如果模块在透明模式下不再能够传递数据，可首先使用换码顺序(+++)或者是 DTR 引脚切换到命令模式，然后再使用 AT+CIPSHUT 关闭 TCP/UDP 连接并重新建立连接。

2) GPRS 远程控制和数据采集

通过手机发送控制指令实现手机远程控制，船用风光互补电站监控系统收到用户控制指令短信，经过解析后将控制指令发送到 ZigBee 网络协调器，ZigBee 协调器再分发指令到各个执行结点。

船用风光互补电站远程监控系统 GPRS 远程控制流程如图 5-26 所示。普通手机通过发送短信指令就可以查看电站状态，并实现点对点的控制。

当随意给 GPRS 模组发送信息时，GPRS 模组会回复一个菜单，如下图 5-27 所示。

当发送"01"时，可查看各个传感器的状态；

当发送"02"时，后面加上数值，可以设置电压阀值；

当发送"03"时，后面加上数值，可以设置风速阀值；

当发送"04"时，将负载继电器打开；

当发送"05"时，将负载继电器关闭；

当发送"06"时，将风力制动继电器打开；

当发送"07"时，将风力制动继电器关闭。

要实现这个功能就需要进行程序编写，通过嵌入式网关串口发送 AT 指令，实现发送带有电压、电流等信息的短信。GPRS 远程控制的源代码在 gprs 文件夹下，在 Linux 环境下 make 后生成可执行文件 gprs。

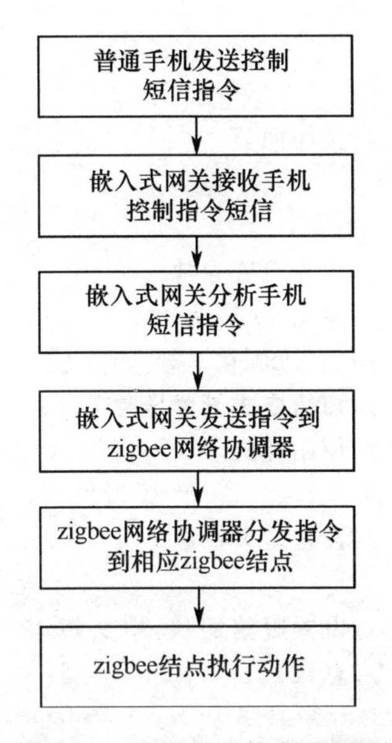

图 5-26　手机远程控制流程图

图 5-27　GPRS 回复的内容

gprs 源码中 main( )函数启动两个线程:一个线程用于接收 GPRS 模组通过串口发往嵌入式网关的数据,另一个线程用于处理 GPRS 模块发送给嵌入式网关的数据,以及发送短信。GPRS 短信处理流程如图 5-28 所示。

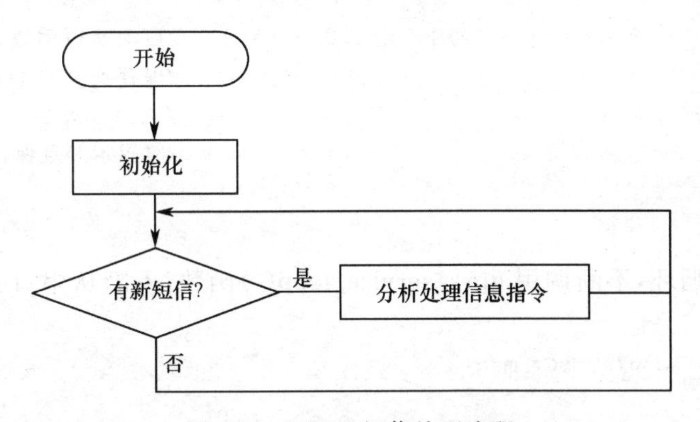

图 5-28　GPRS 短信处理流程

启动之后首先系统初始化,调用 init_gprs( )函数,打开串口,并发送初始化指令给 GPRS 模组。

```
int init_gprs(void)
{
    int try= 10;
    int res= open_serial("/dev/" GPRS_SERIAL_PORT,"115200,8,1,n");
    if(res ! =  0)
        return res;
    while(send_gprs_command("AT\r\n")&& (try-- >  0))
    {
        turn_off_gprs();
        sleep(2);
        turn_on_gprs();
```

```
        usleep(500);
    }
    if(send_gprs_command("ATE0\r\n"))                    //关闭回显
        return 1;
    if(send_gprs_command("AT+ CMIC= 0,15\r\n"))
        return 2;                                        //麦克设置异常
    if(send_gprs_command("AT+ CMGF= 1\r\n"))             //设置短信为 TEXT:1 格
                                                         //式,PDU:0
        return 3;                                        //短信格式设置异常
    if(send_gprs_command("AT+ CHFA= 1\r\n"))//           //使用耳机
        return 4;
    if(send_gprs_command("AT+ CLVL= 100\r\n"))           //设置最大音量
        return 5;
    if(send_gprs_command("AT+ CSMP= 17,0,2,25\r\         //设置短信回执,中文短消
    n"))                                                 //息,test
        return 1;
    if(send_gprs_command("AT+ CSCS= \"UCS2\"\r\          //设置编码为 UCS2
    n"))
        return 6;
    if(send_gprs_command("AT+ CLIP= 1\r\n"))             //设置来电显示
        return 7;
    if(send_gprs_command("AT+ CNMI= 2,2,0,0,0\r\         //启动新短信提示,并且不
    n"))                                                 //保存到 SIM 卡内
        return 8;                                        // AT+ CNMI= 2,1,0,0,0
                                                         //时提示并且保存
        return 0;
}
```

然后系统进入主循环,不断调用 gprs_service_loop( )函数,不断从串口获取数据,检测是否有短信接收。

```
int gprs_service_loop(ATMSG* msg)
{
    int ret= -1;
    char resp[SERIAL_MAX_LINECOUNT];
    LOCK_READER();
    if(timed_read_serial(resp,0,100))
    {
        ATMSG* m= parse_gprs_response(resp);
        if(m)
        {
            memcpy(msg,m,sizeof(* m));
            ret= 0;
        }
    }
    UNLOCK_READER();
    return ret;
}
```

如果收到短信，gprs_service_loop（ ）函数会把短信内容填入 gprs_service_loop（ ）函数的参数中。

嵌入式网关接受分析短信的过程实际上就是处理字符串的过程，对收到的短信采用字符串函数进行比较，看短信内容是否符合某种格式，也就是判断短信要做什么。嵌入式网关分析收到短信后，将指令写入到/root/ctrl_fifo 这个 FIFO 文件中。嵌入式网关接收并分析完短信的流程如图 5-29所示。

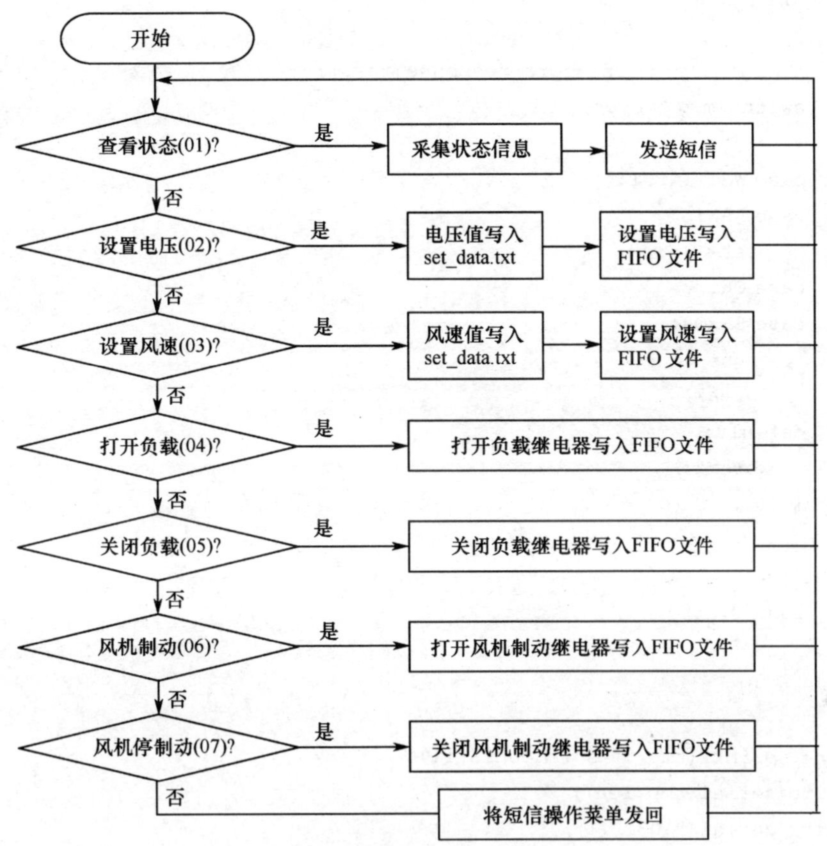

图 5-29　嵌入式网关接收并分析完短信的流程

如果需要回复短信，就调用 send_sms 函数发送短信。

```
int send_sms(const char* phone_number,const char* msg)
{
    int ret= - 1;
    int run= 1;
    char tmpUniNum[100];
    char tmpUniStr[SERIAL_MAX_LINECOUNT];
    char tmp[SERIAL_MAX_LINECOUNT];
    gbstr2unistr(tmpUniNum,phone_number);
    gbstr2unistr(tmpUniStr,msg);
# if 1
    int len= sprintf(tmp,"AT+ CMGS= \"% s\"\r",tmpUniNum);
    LOCK_READER();
    write_serial(tmp,len);
```

```
//printf("send : % s\n",tmp);
ret= -1;
run= 1;
while(run)
{
    char resp[SERIAL_MAX_LINECOUNT]= "";
    if(timed_read_serial(resp,5,0))
    {
        ATMSG* msg= parse_gprs_response(resp);
        switch(msg-> type)
        {
        case WAITINPUT:
        case RAW:
            ret= 0;
        case OK:
        case ERROR:
            run= 0;
            break;
        default:
            break;
        }
    }
    else
        run= 0;
}
if(ret = =  0)
{
    len= sprintf(tmp,"% s",tmpUniStr);
    write_serial(tmp,len);
    write_serial("\032",1);
    ret= - 1;
    run= 1;
    while(run)
    {
        char resp[SERIAL_MAX_LINECOUNT]= "";
        if(timed_read_serial(resp,15,0))
        {
            ATMSG* msg= parse_gprs_response(resp);
            switch(msg-> type)
            {
            case MSGSENDED:
                ret= 0;
                break;
            case OK:
            case ERROR:
                run= 0;
```

```
                    break;
                default:
                    break;
                }
            }
            else
            {
                printf("timeout!!!!!!!! \n");
                run= 0;
            }
        }
    }
    else
        write_serial("\033",1);
    UNLOCK_READER();
# else
    sprintf(tmp,"AT+ CMGS= \"% s\"\r\n% s",tmpUniNum,tmpUniStr);
    printf("% s\n",tmp);
    LOCK_READER();
    clear_serial();
    write_serial(tmp,0);
    write_serial("\032",1);
    while(run)
    {
        char resp[SERIAL_MAX_LINECOUNT]= "";
        if(timed_read_serial(resp,15,0))
        {
            ATMSG* msg= parse_gprs_response(resp);
            switch(msg-> type)
            {
            case MSGSENDED:
                ret= 0;
                break;
            case OK:
                run= 0;
                break;
            case ERROR:
                run= 0;
                break;
            default:
                break;
            }
        }
        else
        {
            printf("timeout!!!!!!!! \n");
```

```
                run= 0;
            }
        }
        UNLOCK_READER();
# endif
        return ret;
}
```

嵌入式网关接收并分析完短信后，要等待嵌入式网关的其他程序来读取指令并将指令发送给ZigBee协调器，ZigBee协调器再把指令分发给相应结点。将指令传到ZigBee网络的流程如图5-30所示，限于篇幅限制这里不对程序进行分析。

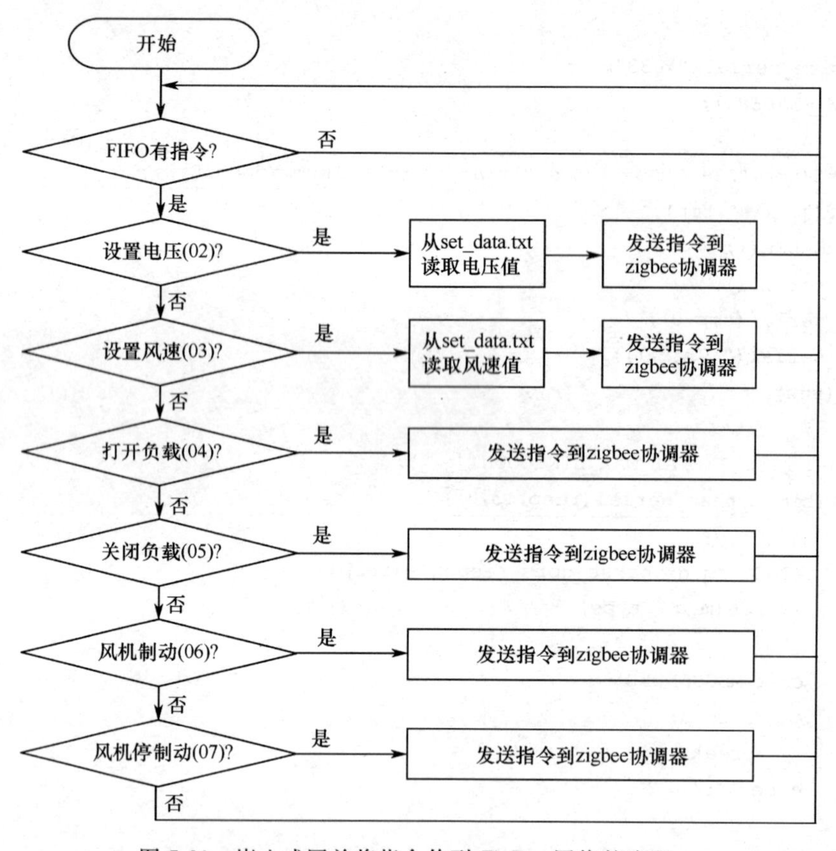

图5-30 嵌入式网关将指令传到ZigBee网络的流程

六、软件系统安装与调试运行

船用风光互补电站远程监控系统软件安装的方法与项目四风光互补电站远程监控系统的安装方法一致，首先安装虚拟机软件，在虚拟机环境下选择配置好的Linux系统，然后就可以打开PCLinux操作系统，进行程序开发，具体操作方法参照项目四。

1. 软件系统安装方法

1）程序的编译

(1) 打开PC Linux操作系统，在桌面上右击，选择“打开终端”命令，单击“确定”按钮，就可进入到命令终端模式，如图5-31所示。

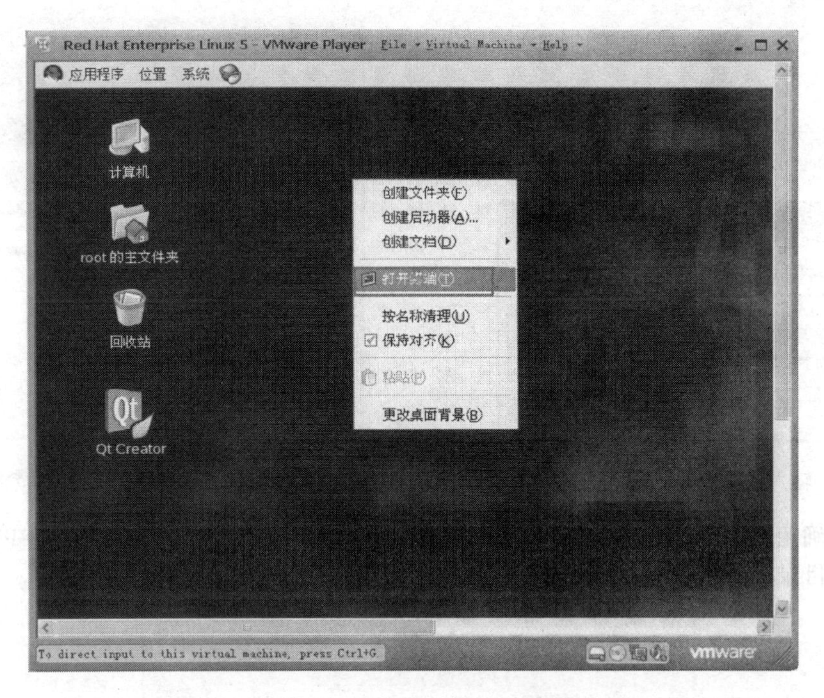

图 5-31 进入 Linux 的终端模式

(2) 在打开的窗口中输入“ifconfig eth0”命令查看本系统的 IP 地址为 192.168.182.128,如图 5-32 所示。

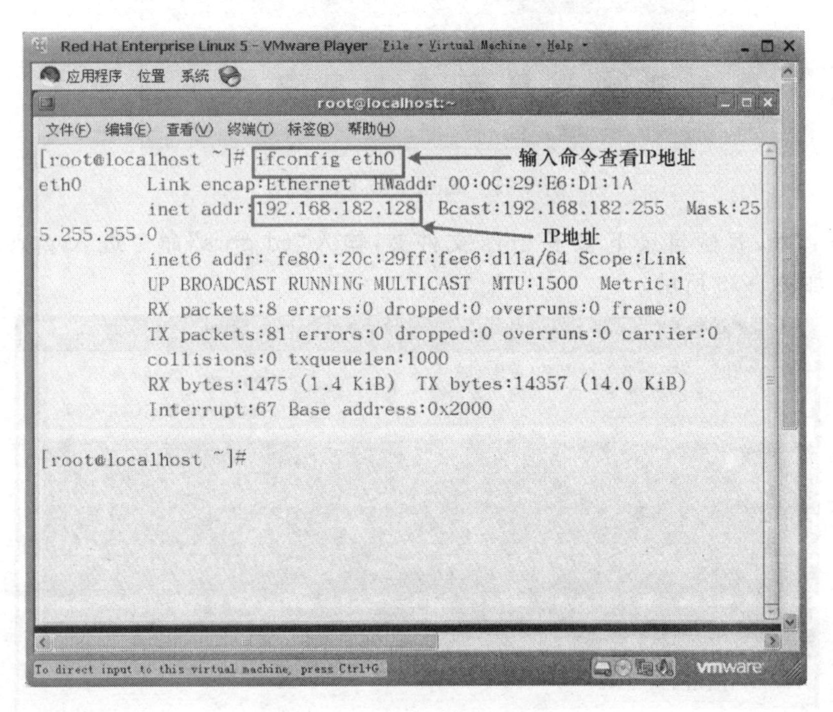

图 5-32 查看系统 IP 地址

(3) 在 Window 下单击“开始”按钮,选择“运行”命令,输入“\\192.168.182.128”,如图 5-33 所示。

(4) 单击“确定”按钮,弹出如图 5-34 所示对话框输入用户名 root,密码 111111,如图 5-34 所示。

图 5-33　输入 Linux 系统的 IP 地址

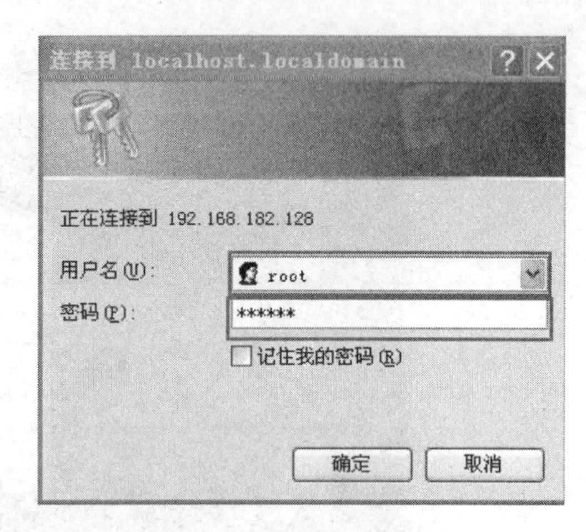

图 5-34　输入用户名和密码

（5）单击“确定”按钮，进入到 Red Hat linux 系统的 root 目录下，将设计好的 gprs 文件夹复制到当前“/root”目录下，如图 5-35 所示。

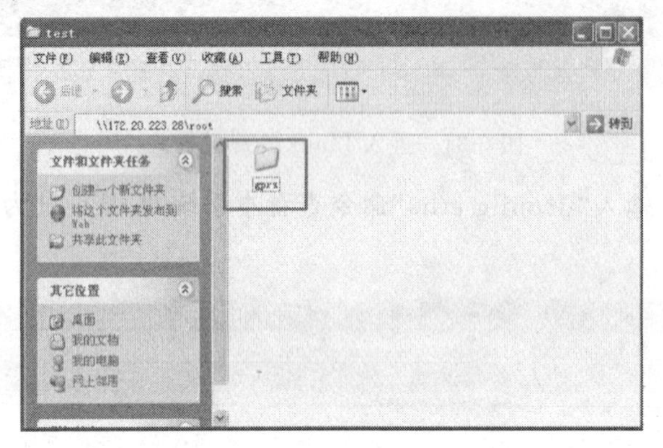

图 5-35　linux 系统下的文件

用 ls 命令查看，看到目录下多了 gprs 文件夹，输入“cd gprs”命令进入 gprs 文件夹，输入“qmake”命令，如图 5-36 所示。

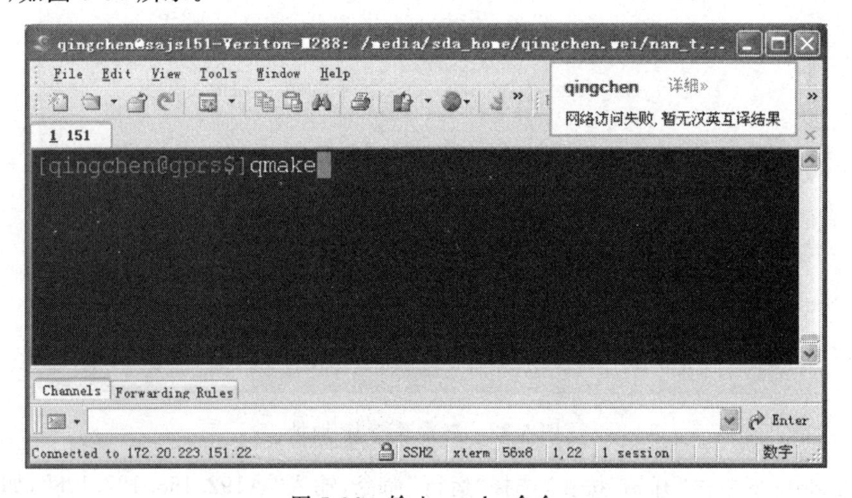

图 5-36　输入 qmake 命令

输入 make 命令，如图 5-37 所示。

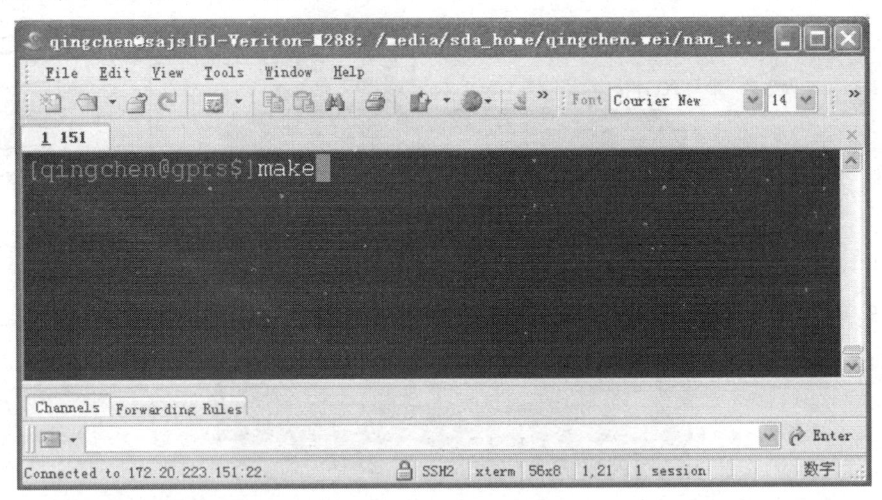

图 5-37　输入 make 命令

在 gprs 文件夹下即可发现 gprs 可执行程序，如图 5-38 所示。

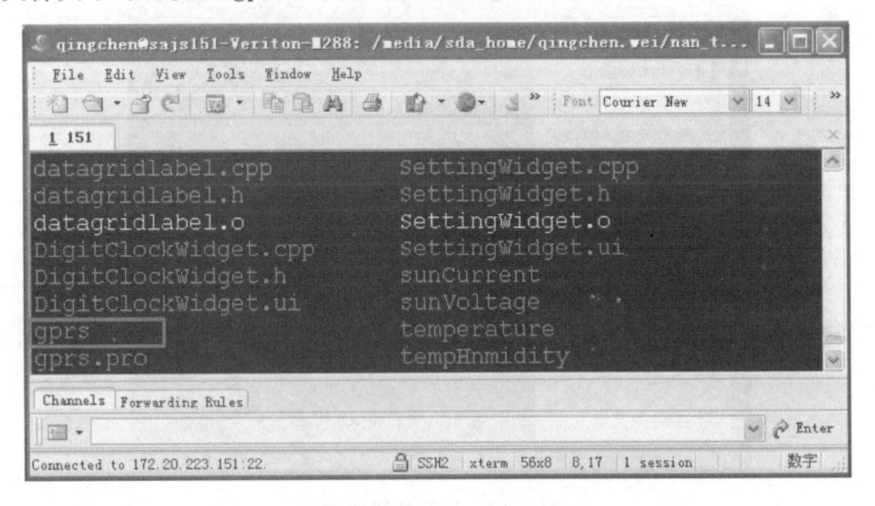

图 5-38　编译后的 Qt 程序

2）网关程序的安装

（1）连接 PC 与实验箱，硬件连接如图 5-39 所示。

（2）打开超级终端，先打开 PC 平台超级终端，如图 5-40 所示。

（3）设置超级终端名称，任意名称即可，如图 5-41 所示。

（4）选择串口，例如，如果自己的 USB 转换后为串口 1，就选择 COM1（在设备管理器中可查看），如图 5-42 所示。

（5）设置串口属性，每秒位数设置为 115200，数据流控制选择“无”，如图 5-43 所示。

（6）打开超级终端，在 shell 的命令提示符下输入“ifconfig eth0”查看开发板的 IP 地址，如图 5-44所示。

（7）打开 Window 中的“我的电脑”，在地址栏中输入 ftp://172.20.223.28，回车后就可以进入开发板的目录，将放在桌面上的文件复制到当前目录，如图 5-45 所示。

打开超级终端，在 shell 的命令提示符下启动 Qt 程序。

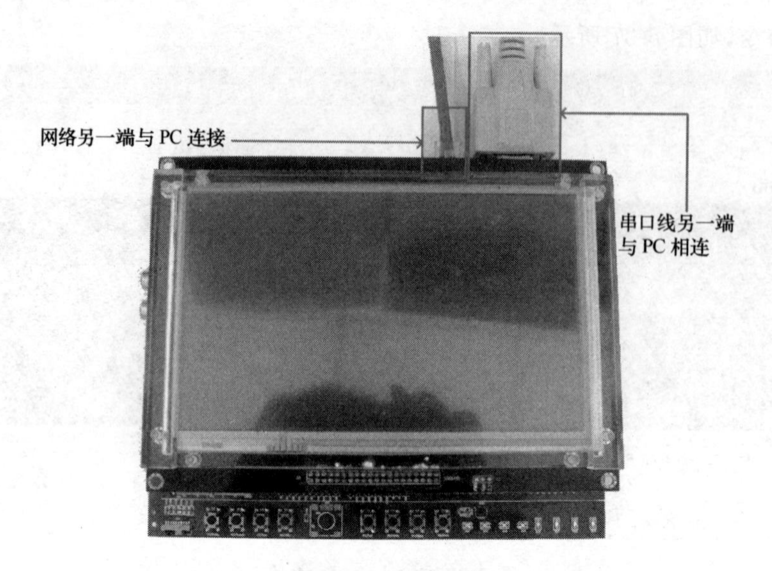

图 5-39　硬件连接

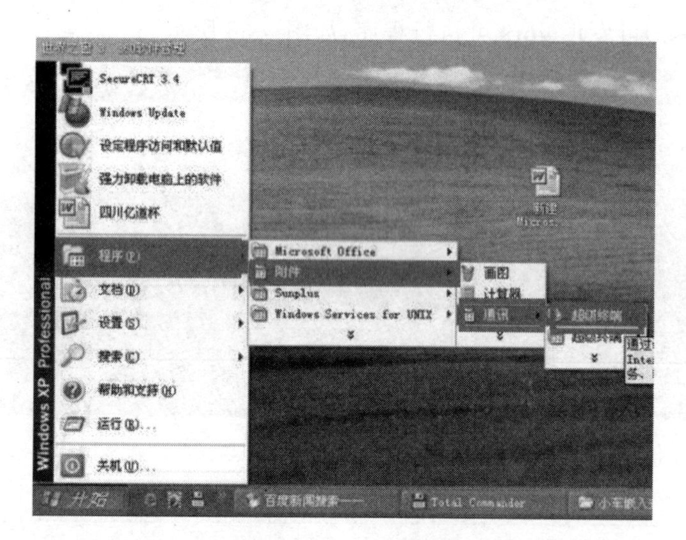

图 5-40　打开超级终端

图 5-41　连接的名称

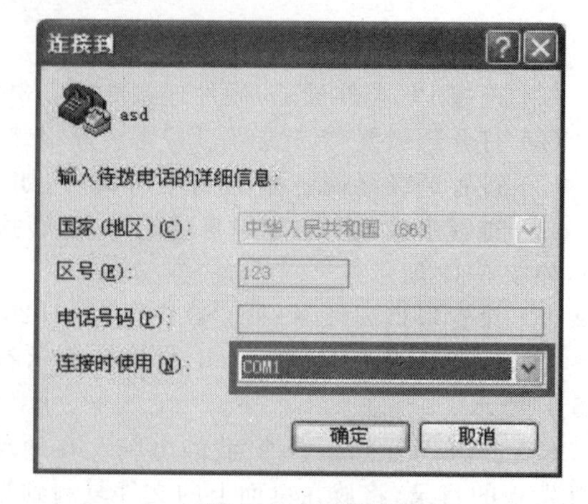

图 5-42　连接的端口

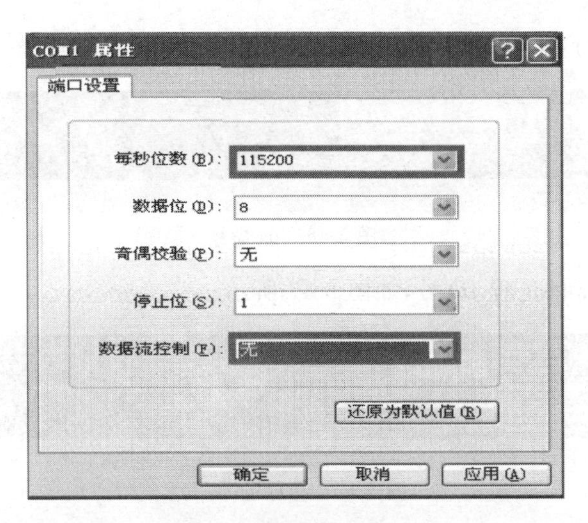

图 5-43　设置端口属性

图 5-44　查看开发板的 IP 地址并启动 ftp 服务器

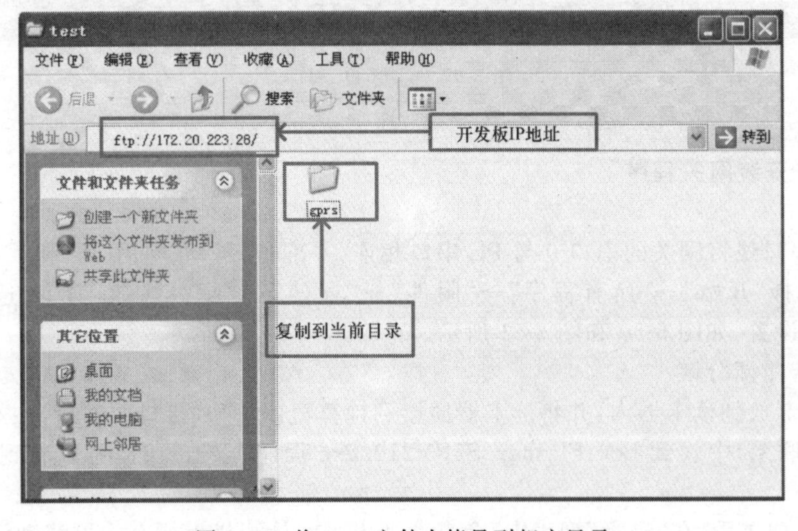

图 5-45　将 gprs 文件夹拷贝到相应目录

如果有网关程序正在运行，可以先输入 ps 命令，如图 5-46 所示。

图 5-46　ps 命令

可以查看 gprs－qws 的进程 ID 号，如图 5-47 所示。

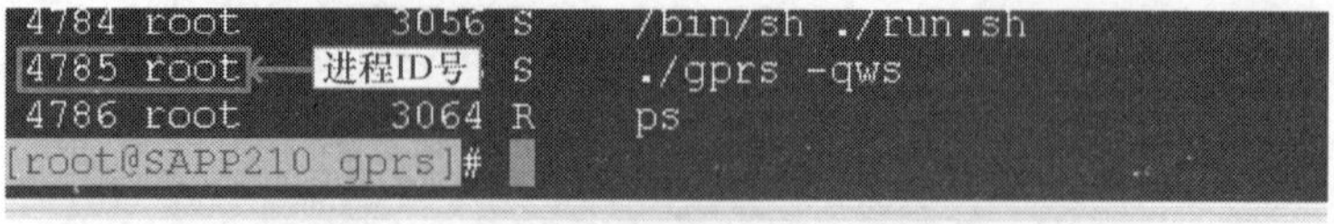

图 5-47　程序的 ID 号

如图 5-48 所示，输入命令“kill 4785”，可以将“. /gprs－qws”删除，然后再运行自己下载的程序。

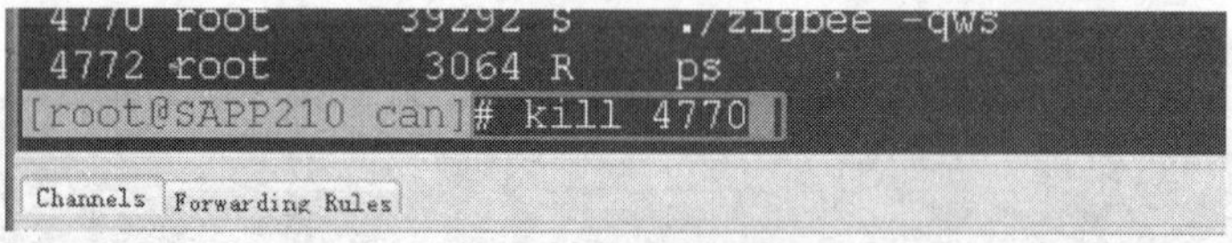

图 5-48　kill 命令

(8) 在串口终端下，输入“cd gprs”进入 gprs 文件夹，如图 5-49 所示。

(9) 输入“. /gprs -qws”，运行 Qt 程序，可以在开发板屏幕看到效果，如图 5-49 所示。

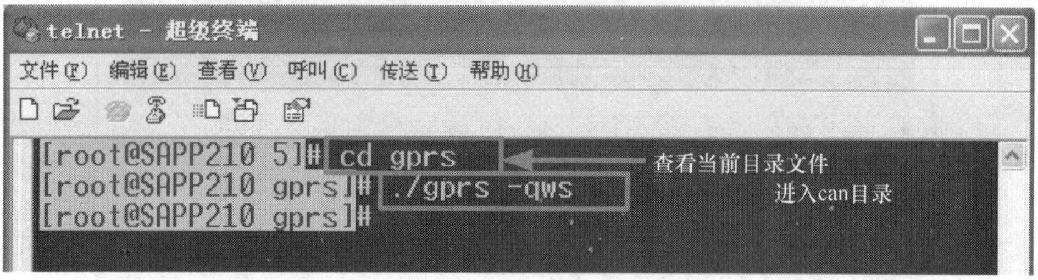

图 5-49　运行 Qt 程序

(10) 运行效果如图 5-25 所示。

2. 从 SD 卡安装网关程序

1) 准备工作

首先使用串口线将网关的串口 0 与 PC 串口相连，并准备好一张空白 SD 卡。

在 PC 上选择“开始”→“所有程序”→“附件”→“通信”→“超级终端”命令，选择连接开发板 COM 口并进行设置，如图 5-50 和图 5-51 所示。

2) 将 SD 卡重新分区

(1) 将 SD 卡放到读卡器内，并将读卡器插接到计算机的 USB 接口。然后，在本教材配套软件资料(可与作者联系)中找到 BootFlasher_S5PV210. exe 程序，双击运行，可以看到如图 5-52 所示的界面。

(2) 软件启动之后，在“磁盘”列表中，会自动列出当前计算机上所有的可移动设备的盘符。在“磁盘”列表中选择 SD 卡读卡器对应的盘符，例如在本例中，盘符为“H”。

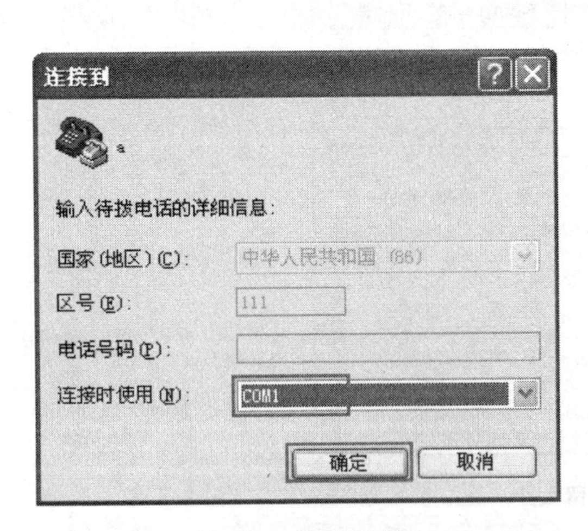

图 5-50　超级终端

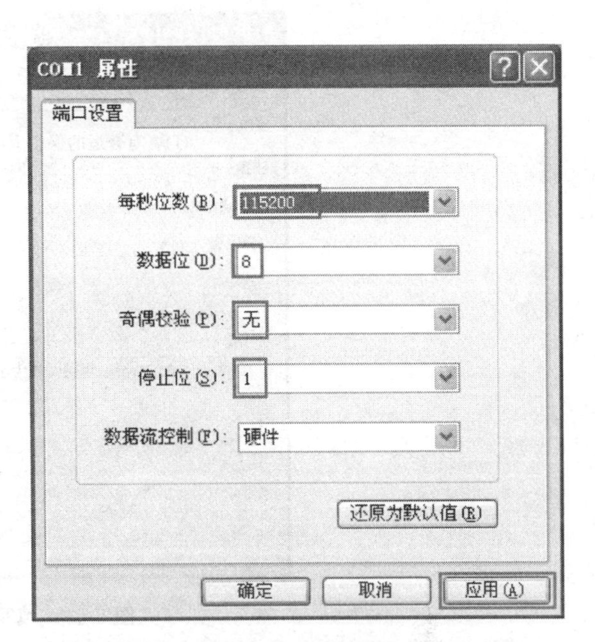

图 5-51　串口配置

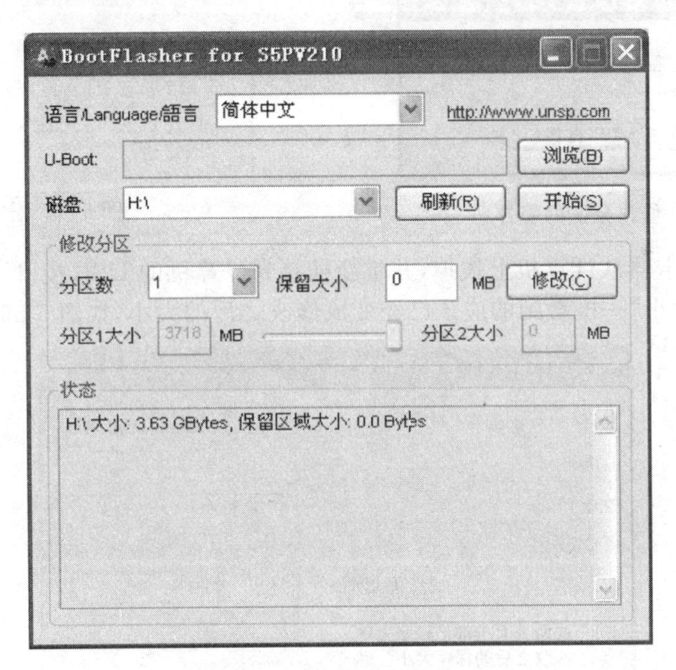

图 5-52　SD 卡制作工具主界面

(3)"保留大小"表示 SD 卡的第一个分区前面的预留空间,如果为 0,则不能写入引导代码,必须要重新分区。否则,用户可以跳过重新分区的步骤,直接进入"将 SD 卡制作成为引导卡"的步骤。

(4) 在"保留大小"文本框内填入一个大于 0 的值,一般填 1 即可。然后,单击"修改"按钮(见图 5-53),即可开始重新分区的过程。

(5) 弹出如图 5-54 所示的警告对话框,单击"是"按钮即可开始修改分区信息。

(6) 等待分区完成后,可以在"状态"信息框中看到"分区完成"的提示,如图 5-55 所示。

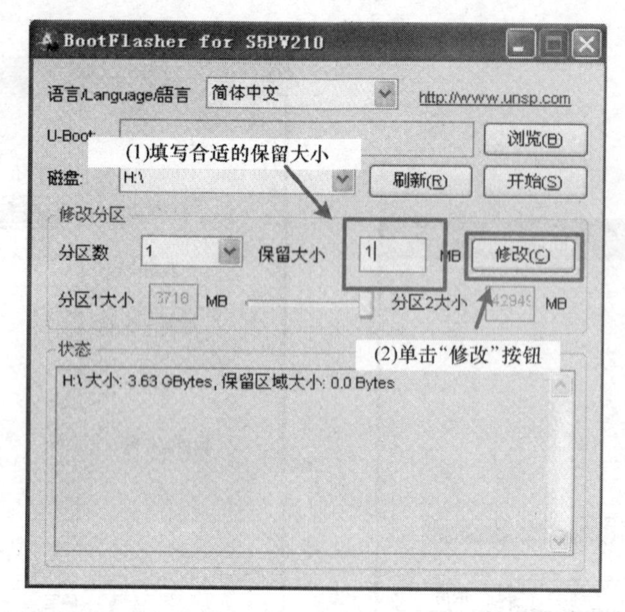

图 5-53　填写保留大小

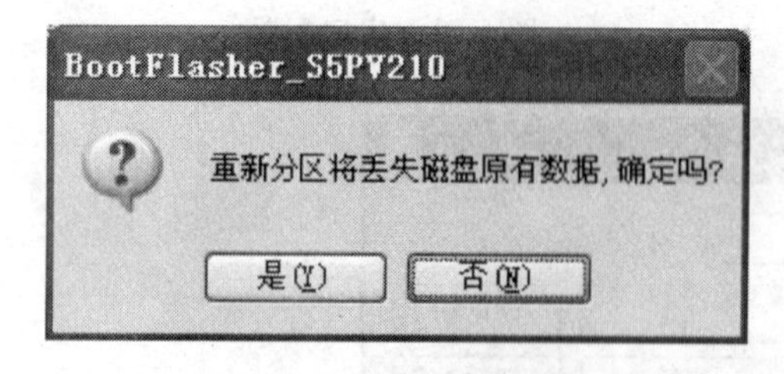

图 5-54　修改分区的警告

图 5-55　分区完成

(7) 将 SD 卡读卡器从计算机上拔掉，并重新插接到计算机的 USB 接口。

此时，在"保留大小"一栏看到的应该已经变成修改之后的大小，如图 5-56 所示。

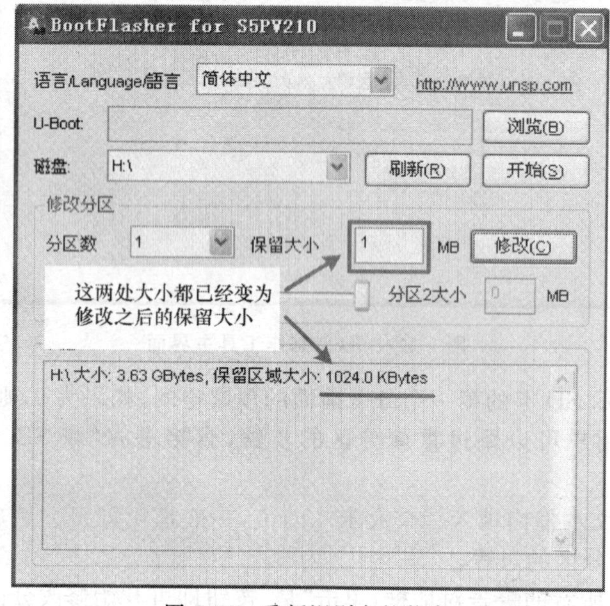

图 5-56　重新识别卡的状态

在资源管理器里，右击 SD 卡读卡器盘符，选择“格式化”命令，并将 SD 卡格式化成 FAT32 格式，如图 5-57 所示。

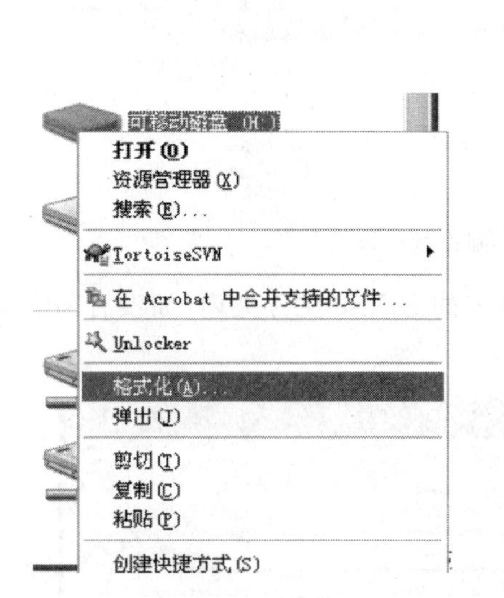

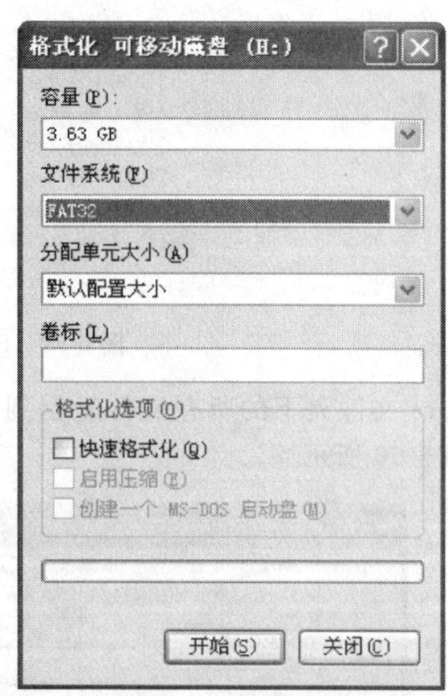

图 5-57　格式化 SD 卡

至此，SD 卡重新分区完成。

3）将 SD 卡制作成引导卡

单击“浏览”按钮，选择 Images 文件夹中的 u-boot. bin 文件，如图 5-58 所示。

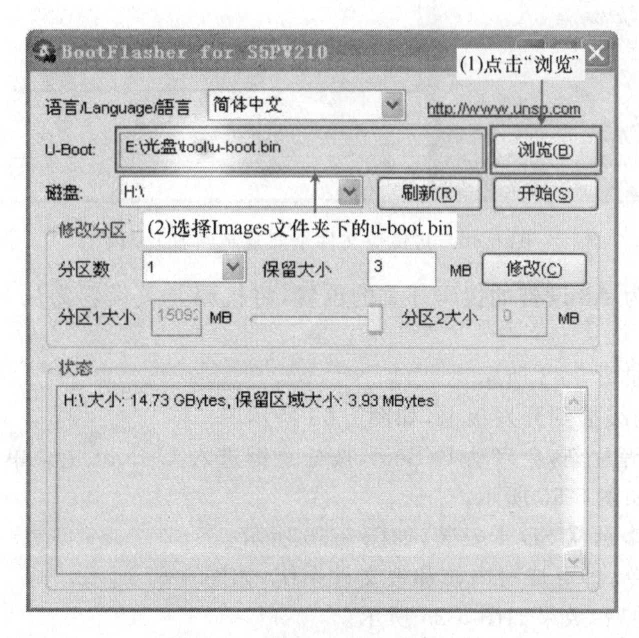

图 5-58　选择 u-boot. bin 文件

单击“开始”按钮，可以看到在“状态”提示框中会有类似于图 5-59 所示的提示，等待其出现“完成”的提示后，表示 SD 卡已经制作完毕。

4）自动化安装监控系统

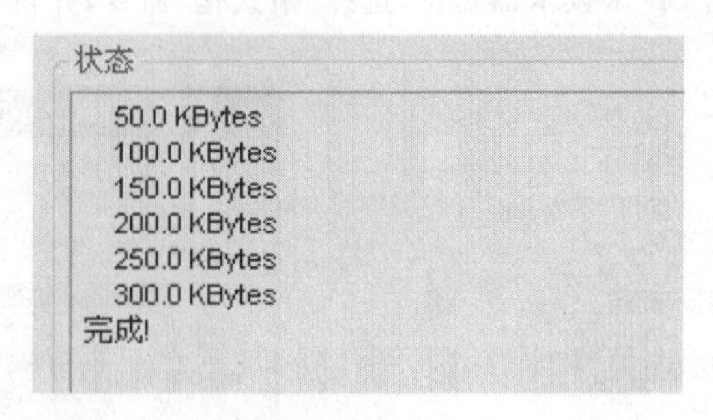

图 5-59　SD 卡制作过程提示

(1) 将 gprs 文件夹下的所有文件复制到 SD 卡的 sdfuse 文件夹内(如没有 sdfuse 文件夹,请先新建),如图 5-60 所示。

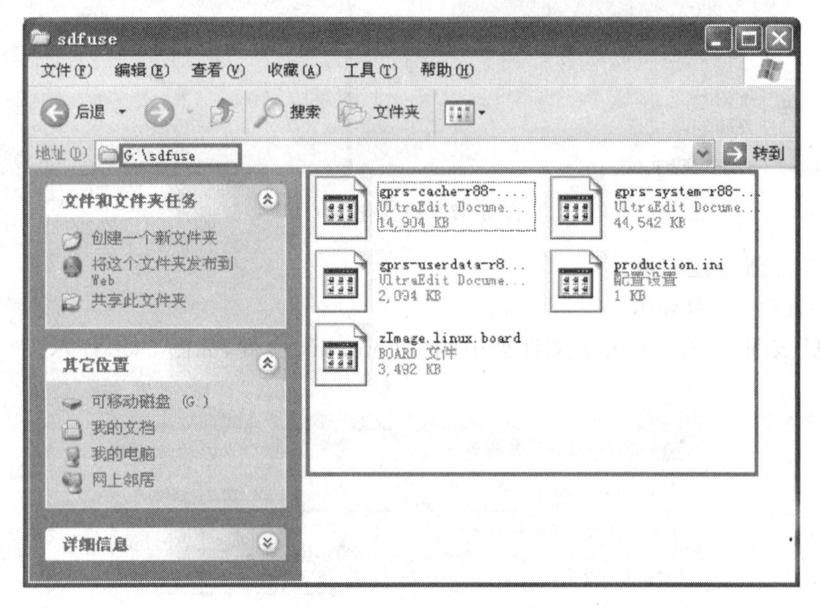

图 5-60　将镜像文件全部复制到 SD 卡内

(2) 图 5-61 所示为 A8 设备的拨码开关的位置,将拨码开关设置为从 SD 卡启动:3、4 设置为 ON,其余设置为 OFF。

(3) 插入 SD 卡,如图 5-62 所示。

(4) 将串口线和网线插到开发板上,如图 5-63 所示

(5) 启动设备,稍等片刻,会启动 U-Boot,按任意键进入 U-Boot 主菜单,如图 5-64 所示。

(6) 输入 i 命令,如图 5-65 所示。

(7) 输入 s 命令,表示从 SD 卡安装,如图 5-66 所示。

(8) 输入 gprs 命令,即可烧写内核和根文件系统,如图 5-67 所示。

(9) 系统重新启动后,效果如图 5-25 所示。

3. 监控系统的调试运行

船用风光互补电站远程监控系统的调试运行,既可以通过网关主界面进行调试,也可以通过远程手机发送短信的方式进行调试运行。这里只介绍如何通过手机发送短信实现对船用风光互补电站的监控。

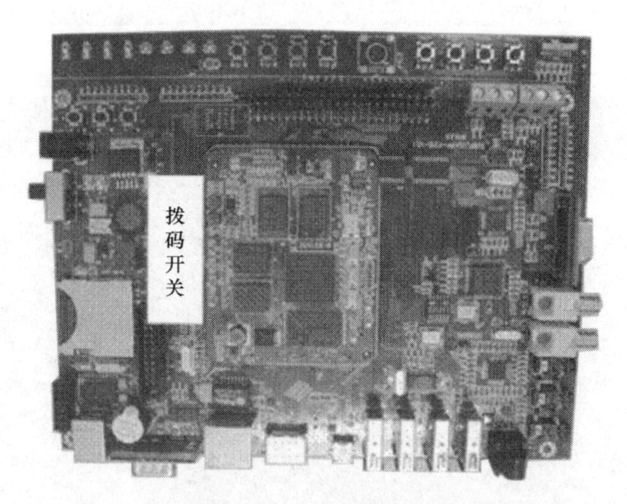

图 5-61　A8 设备拨码

图 5-62　SD 卡插入卡槽

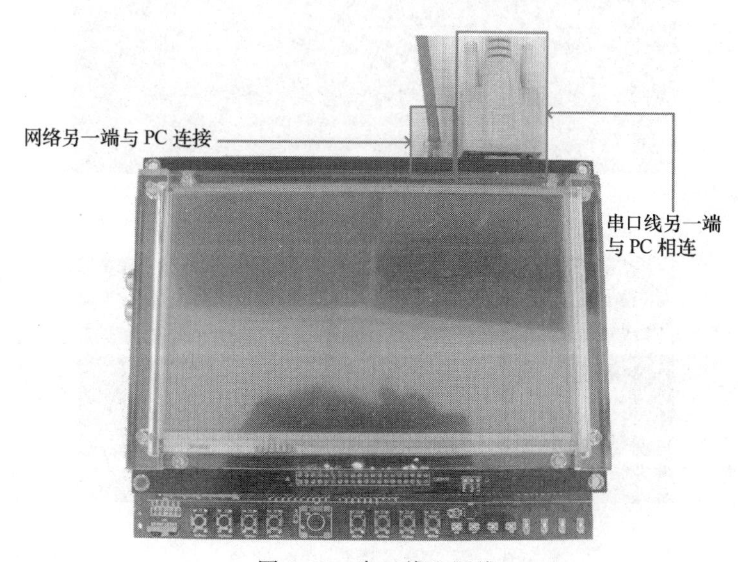

图 5-63　串口线和网线

```
s - 超级终端
文件(F) 编辑(E) 查看(V) 呼叫(C) 传送(T) 帮助(H)

Flash:   8 MB
SD/MMC:  Card0 init fail!    3724MB
NAND:    1024 MB
*** Warning - using default environment

In:      serial
Out:     serial
Err:     serial
checking mode for fastboot ...
Hit any key to stop autoboot:  0

##### Uboot 1.3.4 for S5PV210 #####
[a] Basic Test-->
[n] Network config-->
[s] Update system from SD Card-->
[t] Update system from TFTP-->
[i] Install Production image-->
[b] Boot system
[f] Format flash
[p] Set/View boot parameters-->
[r] Restart
[q] Quit
##### Uboot 1.3.4 for S5PV210 #####
Please Input your selection:

已连接 0:00:46 ANSIW    115200 8-N-1    SCROLL   CAPS   NUM
```

图 5-64　Uboot 菜单

```
##### Uboot 1.3.4 for S5PV210 #####
Please Input your selection: i

##### Install Production image #####
[s] Install from SD card
[t] Install from TFTP
[q] Quit
```

图 5-65　输入 i 命令

```
Please Input your selection: i

##### Install Production image #####
[s] Install from SD card
[t] Install from TFTP
[q] Quit
##### Install Production image #####
Please Input your selection: s
Please input product name: *
```

图 5-66　输入 s 命令

```
##### Uboot 1.3.4 for S5PV210 #####
Please Input your selection: i

##### Install Production image #####
[s] Install from SD card
[t] Install from TFTP
[q] Quit
##### Install Production image #####
Please Input your selection: s
Please input product name: *gprs
```

图 5-67　输入烧写 gprs 命令

首先向绑定的SIM卡号发送任意短信内容。图5-68所示为向绑定的手机号码发送随意字符game，然后监控系统会自动回复操作菜单。

按照菜单提示回复短消息01，系统会自动把当前电站的状态参数以短信形式发回。如图5-69所示，由于参数信息较多，所以信息自动分割成3条短信。

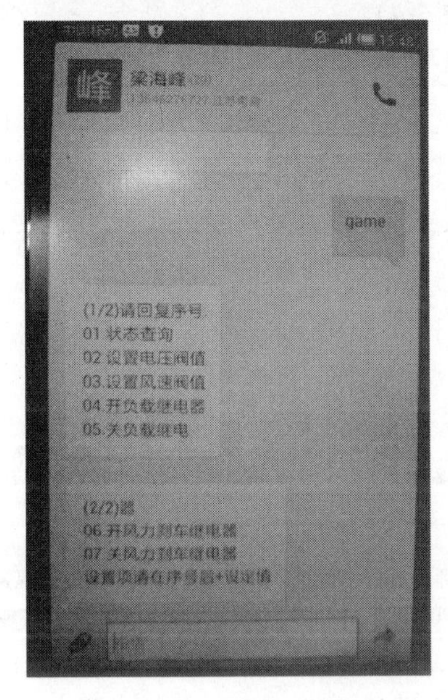

图5-68 发送随机信息获取操作菜单

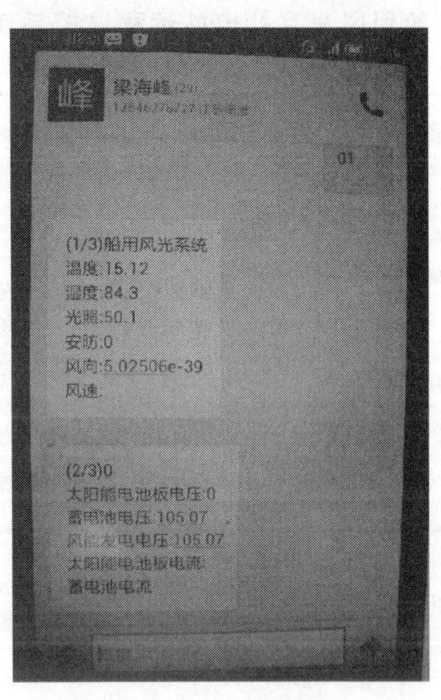

图5-69 发送01查看系统状态参数

按照菜单提示，可以进行电压阀值设置，设置格式为序号＋数值，例如发送0208给绑定手机，就可以把电压阀值设置为8 V。如图5-70所示，当再次发送01查看电站状态时，电压阀值已经变为8。

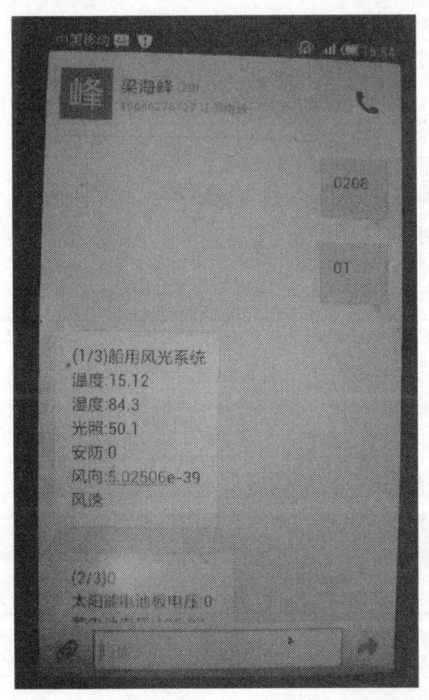

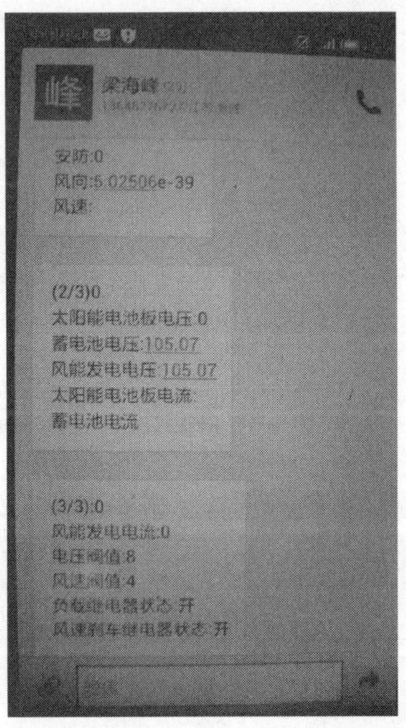

图5-70 通过短信设置电压阀值

鉴于篇幅，其他的功能这里不一一赘述，经过调试运行发现该系统达到了预定的目标，无论身在何处，都可以通过手机短信对船用风光互补电站实施有效监控。

七、检查与评估

1. 船用风光互补电站远程监控系统设计任务书（见表 5-4）

表 5-4 船用风光互补电站远程监控系统设计任务书

<table>
<tr><td>学时</td><td>班级</td><td>组号</td><td>姓名</td><td>学号</td><td>完成日期</td></tr>
<tr><td>8</td><td></td><td></td><td></td><td></td><td></td></tr>
<tr><td>能力目标</td><td colspan="5">(1) 了解船用互补电站系统的组成及工作原理
(2) 了解 GPRS 通信原理及方法
(3) 了解常用 GPRS 模块的技术特点
(4) 建立 GPRS 网络结构的概念
(5) 初步具备 GPRS 通信网络硬件设计的能力
(6) 初步具备 GPRS 通信网络软件设计的能力</td></tr>
<tr><td>项目描述</td><td colspan="5">船用风光互补电站无线通信系统实验教学，通过教师的操作、学生的参与、师生共同对实验现象的分析，增加学生对风光互补电站无线通信系统构建的感性认识，激发学生学习电站无线远程通信的兴趣</td></tr>
<tr><td>工作任务</td><td colspan="5">1. 重点讲授
(1) 船用风光互补电站的基本概念
(2) GPRS 通信原理及方法
(3) 常用 GPRS 模块的技术特点
(4) 常用的 AT 命令集介绍
(5) GPRS 通信网络硬件系统构成的概念
(6) GPRS 通信网络软件系统构成的概念
2. 学生实作、老师指导
(1) 合理选择并能正确使用常用的传感器元器件及执行元器件
(2) 合理选择 GPRS 模块构建远程监控系统
(3) 船用风光互补电站远程监控系统数据检测与控制硬件电路设计
(4) 船用风光互补电站远程监控系统控制软件程序设计
(5) 船用风光互补电站远程监控系统硬件和软件调试运行</td></tr>
<tr><td>上交材料</td><td colspan="5">(1) 写出船用风光互补电站无线通信系统实验装置中的各元器件名称和职能符号
(2) 无线通信网络终端结点的硬件电路原理图作图
(3) 回答问题：
➢ 如何根据船用互补电站的监控要求选择 GPRS 模块
➢ 如何在已有的船用风光互补电站无线监控网络中新增一个新的传感器结点？相应的 GPRS 通信硬件和软件需要做哪些调整</td></tr>
</table>

2. 船用风光互补电站远程监控系统设计引导文(见表 5-5)

表 5-5　船用风光互补电站远程监控系统设计引导文

学时	班级	组号	姓名	学号	完成日期
8					
学习目标	以船用风光互补电站远程监控系统实训项目为载体,通过本项目的学习,你能够: (1) 认识船用风光互补电站远程监控系统的技术要求 (2) 了解 GPRS 通信原理及方法 (3) 了解常用 GPRS 模块的技术特点 (4) 了解 GPRS 网络结构组成 (5) 掌握 GPRS 通信网络硬件设计的方法步骤 (6) 掌握 GPRS 通信网络软件设计的方法步骤				
学习任务	(1) 合理选择船用风光互补电站无线监控网络中各种相关的传感器 (2) 认知 GPRS 通信网络硬件设计方法 (3) 认知 GPRS 通信网络软件设计方法 (4) 分析船用风光互补电站无线监控网络的拓扑结构 (5) 正确调试 GPRS 模组,实现手机远程监控船用风光互补电站状态监控				
任务流程	(1) 读识基于 SIM300C 的 GPRS 模组的电路原理图 (2) 列出船用风光互补电站远程监控系统构建中所需的所有元器件明细表 (3) 提供电压、电流、光照度、风速、风向、温湿度等重要参数的检测数据 (4) 给出 GPRS 远程控制程序的流程图 (5) 利用相应设计软件设计 GPRS 远程控制程序 (6) 对船用风光互补电站远程监控系统进行调试运行				
学习过程	【资讯与学习——明确任务,认识 GPRS 模块、相关知识学习】 一、安全注意事项 (1) 船用风光互补电站远程监控系统的实训内容涉及电工电子元器件、太阳能风能发电设备、蓄电池等,要保证所有实训设备和元器件的完好性 (2) 要正确地安装和固定好元器件 (3) 各种电路和管路要连接牢固,管线松脱可能会引起事故 (4) 实训中所涉及的各种元器件应在系统中正确放置 (5) 不得使用超过限制的工作电压或电流 (6) 要按要求接好回路,检查无误后才能接通电源 (7) 实训现象不能按要求实现时,要仔细检查错误点,认真分析产生错误的原因 (8) 在通电情况下不允许拔插元器件,或在电路板上带电接线 (9) 要严格遵守各种安全操作规程 二、明确工作任务和工作要求: 详见任务书 三、预备知识 1. 无线传感器网络实训设备上的元器件讲解 (1) 传感器装置讲解 (2) 执行装置讲解 (3) 控制装置讲解 (4) 辅助装置讲解 2. 无线传感器网络实训设备的原理讲解 (1) GPRS 通信网络拓扑结构的讲解 (2) GPRS 模块工作原理的讲解 (3) GPRS 模组结构及工作原理的讲解 (4) AT 指令,及 GPRS 远程通信的软件实现				

续表

<table>
<tr><td>学时</td><td>班级</td><td>组号</td><td>姓名</td><td>学号</td><td>完成日期</td></tr>
<tr><td>8</td><td></td><td></td><td></td><td></td><td></td></tr>
<tr><td rowspan="3">学习过程</td><td colspan="5">【计划与决策——船用风光互补太阳能电站远程监控系统方案设计】
按照下述步骤开展项目化教学实施，完成工作页的相关内容。
本任务完成步骤：
(1) 合理选择船用风光互补电站无线监控网络中各种相关的传感器
(2) 合理选择 GPRS 模块
(3) 设计船用风光互补太阳能电站远程监控系统方案
(4)明确小组任务分工</td></tr>
<tr><td colspan="5">【项目实施】
操作步骤：
(1) 妥善准备本项目实施所需的各种元器件、仪表及工具
(2) 正确选择和连接各种相关传感器
(3) 正确设计和制作终端结点以及协调器
(4) GPRS 远程控制船用风光互补电站远程监控系统硬件设计
(5) GPRS 模组及终端结点和协调器结点中程序设计
(6) 利用 PC 串口调试软件对船用风光互补电站远程监控网络进行调试运行</td></tr>
<tr><td colspan="5">【检查与评估】
完成工作页相关内容</td></tr>
</table>

3. 船用风光互补电站远程监控系统设计工作页(见表 5-6)

表 5-6　船用风光互补电站远程监控系统设计工作页

<table>
<tr><td colspan="2">学时</td><td>班级</td><td>组号</td><td>姓名</td><td>学号</td><td colspan="2">完成日期</td></tr>
<tr><td colspan="2">8</td><td></td><td></td><td></td><td></td><td colspan="2"></td></tr>
<tr><td>工作内容</td><td colspan="7">(1) 合理选择并能正确使用常用的传感器元器件及执行元器件
(2) 合理选择 GPRS 模块实现无线通信
(3) 船用风光互补电站远程监控系统数据检测与控制硬件电路设计
(4) 船用风光互补电站远程监控系统控制软件程序设计
(5) 船用风光互补电站远程监控系统硬件和软件调试运行</td></tr>
<tr><td>实训器材</td><td colspan="7"></td></tr>
<tr><td rowspan="3">教学节奏与方式</td><td>序号</td><td colspan="2">项目</td><td>时间安排</td><td colspan="3">教学方式(参考)</td></tr>
<tr><td>1</td><td colspan="2">课前准备</td><td>课余</td><td colspan="3">自学、查资料、相互讨论无线通信技术基本概念</td></tr>
<tr><td>2</td><td colspan="2">教师讲授</td><td>1 学时</td><td colspan="3">重点讲授：
(1) 船用互补电站的基本概念
(2) 认识太阳能、风能发电中常用的传感器元器件及执行元器件
(3) GPRS 通信网络拓扑结构的概念
(4) GPRS 通信网络协议栈的概念
(5) GPRS 通信网络硬件系统构成的概念
(6) GPRS 通信网络软件系统构成的概念</td></tr>
</table>

续表

学时	班级	组号	姓名	学号	完成日期
8					

教学节奏与方式	序号	项目	时间安排	教学方式(参考)
	3	学生实作	1学时	学生实作、老师指导 (1) 合理选择并能正确使用常用的传感器元器件及执行元器件 (2) 合理选择 GPRS 模块 (3) GPRS 通信网络结点的硬件电路设计 (4) GPRS 通信网络结点的软件程序设计 (5) GPRS 通信网络结点硬件和软件调试运行

原理图	

实习内容	序号	主要步骤	要求
	1	认识风光互补电站无线监控网络中的各元器件	正确标注
	2	选择和连接各种相关传感器	掌握传感器与控制器的连接方法
	3	终端结点硬件设计与分析	作出终端结点电路原理图
	4	协调器硬件设计与分析	作出协调器电路原理图
	5	GPRS 通信硬件设计与分析	作出 GPRS 模组电路图
	6	搭建无线传感器网络	作出网络拓扑图
	7	终端结点和协调器结点软件设计与分析	作出软件流程图
	8	船用互补电站远程监控网络调试运行	利用 PC 串口调试软件进行调试,记录测试结果

思考题	序号	题目	
	1	画出无线传感器网络实训设备各主要元器件的名称和符号	
	2	如何根据船用互补电站的监控要求选择 GPRS 模块	
	3	如何在已有的风光互补电站无线监控网络中新增一个新的传感器结点?相应的 GPRS 通信硬件和软件需要做哪些调整	
教师签名		评分	

4. 船用风光互补电站远程监控系统设计检查单(见表5-7)

表5-7　船用风光互补电站远程监控系统设计检查单

班级	项目承接人	编号	检查人	检查开始时间	检查结束时间	
	检查内容				是	否
回路正确性	(1) 按照电路原理图要求,正确连接电路				□	□
	(2) 系统中各模块安装正确				□	□
	(3) 元器件符号准确				□	□
调试	(1) 正确按照被控对象的监控要求进行调试				□	□
	(2) 能根据运行故障进行常见故障的检查				□	□
安全文明操作	(1) 必须穿戴劳动防护用品				□	□
	(2) 遵守劳动纪律,注意培养一丝不苟的敬业精神				□	□
	(3) 注意安全用电,严格遵守本专业操作规程				□	□
	(4) 保持工位文明整洁,符合安全文明生产				□	□
	(5) 工具仪表摆放规范整齐,仪表完好无损				□	□

教师审核:

项目承接人签名	检查人签名	老师签名

5. 船用风光互补电站远程监控系统设计评价表(见表5-8)

表5-8　船用风光互补电站远程监控系统设计评价表

总　分	项目承接人	班级	工作时间	
			8学时	
评分内容		标准分值	小组互评 评分(30%)	教师 评分(70%)
资讯学习 (15分)	任务是否明确 资料、信息查阅与收集情况	5		
	相关知识点掌握情况	10		
计划决策 (20分)	实验方案	10		
	控制元器件	5		
	原理图	5		
实施与检查 (30分)	系统安装情况	10		
	系统检查情况	5		
	元器件操作情况	10		
	安全生产情况	5		
评估总结 (10分)	总结报告情况	5		
	答辩情况	5		

续表

总　分	项目承接人	班级	工作时间	
			8 学时	
评分内容		标准分值	小组互评 评分(30%)	教师 评分(70%)
工作态度 (25分)	工作与职业操守	5		
	学习态度	5		
	团队合作精神	5		
	交流及表达能力	5		
	组织协调能力	5		
总分		100		

项目完成情况自我评价：

教师评语：

被评估者签名	日期	老师签名	日期

项目小结

船用风光互补电站由多个子站组成，每个子站由太阳能电池板、风力发电机组、控制器、蓄电池组、逆变器、机械连接装置等几部分组成。一般情况下，风光互补发电系统是由风电系统和光电系统两部分组合而成的，其中的光电系统利用光电池板将太阳能转换成电能，风电系统将风能转换成电能，它们通过控制器对蓄电池充电，并通过逆变器对负载供电。

本项目选取合适的传感器与执行元器件，实现对太阳能电池板和风力发电机的运行状态进行数据采集与控制。同时选取 SIMCOM 公司的 SIM300C 模块，将太阳能电池板和风力发电机中各种运行状态数据通过 GPRS 通信方式发送到远程用户手机终端，并且通过远程用户手机终端进行显示。同时，还能通过远程用户手机终端发送控制命令，实现对风力发电机和蓄电池放电的实时控制。

参考文献

[1] 都志杰.可再生能源离网独立发电技术与应用[M].北京:化学工业出版社,2009.
[2] 任东明,王仲颖,高虎.可再生能源科技与产业发展知识读本[M].北京:化学工业出版社,2009.
[3] 吴治坚.新能源和可再生能源的利用[M].北京:机械工业出版社,2006.
[4] 黄汉云.太阳能光伏发电应用原理[M].北京:化学工业出版社,2009.
[5] 郭新生.风能利用技术[M].北京:化学工业出版社,2007.
[6] 周志敏,纪爱华.离网风光互补发电技术及工程应用[M].北京:人民邮电出版社,2011.
[7] 朱永强.新能源与分布式发电技术[M].北京:北京大学出版社,2010.
[8] 王东.太阳能光伏发电技术与系统集成[M].北京:化学工业出版社,2011.
[9] 杨庆柏.现场总线仪表[M].北京:国防工业出版社,2005.
[10] 杨春杰,王曙光,亢红波.CAN总线技术[M].北京:北京航空航天大学出版社,2010.
[11] 饶运涛,邹继军,郑勇芸.现场总线CAN原理与应用技术[M].北京:北京航空航天大学出版社,2007.
[12] 汪晋宽,马淑华,吴雨川.工业网络技术[M].北京:北京邮电大学出版社,2007.
[13] 赵新秋.工业控制网络技术[M].北京:中国电力出版社,2009.
[14] 张建忠,徐敬东.计算机网络技术与应用[M].北京:机械工业出版社,2010.
[15] 龙志强,李迅,李晓龙,等.现场总线控制网络技术[M].北京:机械工业出版社,2011.
[16] 于海滨.智能无线传感器网络系统[M].北京:科学出版社,2006.
[17] 孙利民.无线传感器网络[M].北京:清华大学出版社,2005.
[18] 韩斌杰.GPRS原理及其网络优化[M].北京:机械工业出版社,2004.
[19] 夏继强,刑春香.现场总线工业控制网络技术[M].北京:北京航空航天大学出版社,2005.
[20] 贾东永,孙印杰,陈安.ARM嵌入式系统技术开发与应用实践[M].北京:电子工业出版社,2009.
[21] 任哲.嵌入式实时操作系统μC/OS-Ⅱ原理及应用[M].北京:北京航空航天大学出版社,2005.
[22] 任泰明.TCP/IP协议与网络编程[M].西安:西安电子科技大学出版社,2004.
[23] 杨雷,张建奇.电子测量与传感技术[M].北京:北京大学出版社,2008.
[24] 钟永锋,刘永俊.ZigBee无线传感器网络[M].北京:北京邮电大学出版社,2011.
[25] 王小强,欧阳骏,黄宁淋,等.ZigBee无线传感器网络设计与实现[M].北京:化学工业出版社,2012.
[26] 陈文智,王总辉.嵌入式系统原理与设计[M].北京:清华大学出版社,2011.
[27] 邱铁.ARM嵌入式系统结构与编程[M].北京:清华大学出版社,2009.
[28] 武晔卿.嵌入式系统可靠性设计技术及案例解析[M].北京:北京航空航天大学出版社,2012.
[29] 易飞,余刚,何凌,等.GPRS网络信令实例详解[M].北京:人民邮电出版社,2012.
[30] 韩斌杰,杜新颜,张建斌.GSM原理及其网络优化[M].北京:机械工业出版社,2009.

读者意见反馈表

感谢您选用中国铁道出版社出版的图书！为了使本书更加完善，请您抽出宝贵的时间填写本表。我们将根据您的意见和建议及时进行改进，以便为广大读者提供更优秀的图书。

您的基本资料（郑重保证不会外泄）

姓　名：________________　职　业：________________

电　话：________________　E-mail：________________

您的意见和建议

1. 您对本书整体设计满意度

封面创意：☐ 非常好　☐ 较好　☐ 一般　☐ 较差　☐ 非常差

版式设计：☐ 非常好　☐ 较好　☐ 一般　☐ 较差　☐ 非常差

印刷质量：☐ 非常好　☐ 较好　☐ 一般　☐ 较差　☐ 非常差

价格高低：☐ 非常高　☐ 较高　☐ 适中　☐ 较低　☐ 非常低

2. 您对本书的知识内容满意度

☐ 非常满意　☐ 比较满意　☐ 一般　☐ 不满意　☐ 很不满意

原因：____

3. 您认为本书的最大特色：

____

4. 您认为本书的不足之处：

____

5. 您认为同类书中，哪本书比本书优秀：

书名：________________________________　作者：________________

出版社：________________________________

该书最大特色：________________________________

6. 您的其他意见和建议：

____

____

我们热切盼望您的反馈。

请选择以下两种方式之一：

1. 裁下本页，邮寄至：

北京市西城区右安门西街8号-2号楼中国铁道出版社高职编辑部　吴飞

邮编：100054

2. 发送邮件至 wufei43@126com 或 280407993@qqcom 索取本表电子版。

教材编写申报表

教师信息(郑重保证不会外泄)

<table>
<tr><td>姓 名</td><td colspan="2"></td><td>性 别</td><td></td><td>年 龄</td><td></td></tr>
<tr><td rowspan="2">工作单位</td><td>学校名称</td><td colspan="2"></td><td rowspan="2">职务/职称</td><td colspan="2" rowspan="2"></td></tr>
<tr><td>院系/教研室</td><td colspan="2"></td></tr>
<tr><td rowspan="3">联系方式</td><td>通信地址
(**路**号)</td><td colspan="2"></td><td>邮编</td><td colspan="2"></td></tr>
<tr><td>办公电话</td><td colspan="2"></td><td>手机</td><td colspan="2"></td></tr>
<tr><td>E-mail</td><td colspan="2"></td><td>QQ</td><td colspan="2"></td></tr>
</table>

教材编写意向

<table>
<tr><td>拟编写
教材名称</td><td colspan="3"></td><td>拟担任</td><td colspan="2">主编( ) 副主编( )
参编( )</td></tr>
<tr><td>适用专业</td><td colspan="6"></td></tr>
<tr><td>主讲课程
及年限</td><td colspan="2"></td><td>每年选用
教材数量</td><td></td><td>是否已有
校本教材</td><td></td></tr>
<tr><td colspan="7">教材简介(包括主要内容、特色、适用范围、大致交稿时间等,最好附目录)</td></tr>
</table>

请选择以下两种方式之一:

1. 裁下本页,邮寄至:

北京市西城区右安门西街8号-2号楼中国铁道出版社高职编辑部 吴飞

邮编:100054

2. 发送邮件至 wufei43@126com 或 280407993@qqcom 索取本表电子版。